ARITHMÉTIQUE APPLIQUÉE

DEUXIÈME SÉRIE

RECUEIL MÉTHODIQUE

DE 600 PROBLÈMES CHOISIS DANS LES EXAMENS
DU BREVET ÉLÉMENTAIRE ET DU BREVET SUPÉRIEUR

DES ANNÉES 1884, 1885, 1886 ET 1887

Par G. BOVIER-LAPIERRE

Professeur honoraire de l'Université, Officier de l'Instruction publique,
Membre de la Société de linguistique de Paris,
Ancien membre de la Commission des examens de l'Hôtel de Ville de Paris,
Ancien Délégué cantonal du IVe arrondissement.

LIVRE DU MAÎTRE

CONTENANT LES ÉNONCÉS ET LES SOLUTIONS RAISONNÉES
DE TOUS LES PROBLÈMES COMPRIS DANS LE *Livre de l'Élève*

PARIS
LIBRAIRIE CH. DELAGRAVE
15, RUE SOUFFLOT, 15

ARITHMÉTIQUE APPLIQUÉE

DEUXIÈME SÉRIE

AUTRES OUVRAGES DU MÊME AUTEUR

COURS COMPLET D'ARITHMÉTIQUE pour l'enseignement secondaire spécial.
  Première année. 1 vol. in-12, cart. Prix............ 2 fr. »
  Deuxième année et sixième année. 1 vol. in-12, cart. ... 1 fr. 25 c.
ALGÈBRE SIMPLIFIÉE, ou Éléments d'algèbre, comprenant la résolution des équations du 1er et du 2e degré et la théorie des progressions et des logarithmes, à l'usage de l'enseignement primaire supérieur, des écoles normales, des aspirants et aspirantes au brevet de capacité et de l'enseignement secondaire spécial et classique. 3e édition augmentée. 1 vol. in-12, cart. Prix........ 2 fr. »
SOLUTIONS RAISONNÉES des problèmes énoncés dans l'*Algèbre simplifiée*. 1 vol. in-12, cart. Prix.................. 2 fr. »
ARITHMÉTIQUE APPLIQUÉE ou Recueil méthodique de problèmes choisis dans les examens, à l'usage des candidats au certificat d'études, au brevet élémentaire et au brevet supérieur.
Livre de l'Élève, contenant les énoncés.
  2 vol. in-12, cart. Prix de chaque volume............ 1 fr. 25 c.
Livre du Maître, contenant les solutions raisonnées de tous les problèmes du « Livre de l'Élève ».
  2 vol. in-12, cart. Prix de chaque volume............ 2 fr. 50 c.
COURS GRADUÉ D'ARITHMÉTIQUE pour l'enseignement primaire, conforme aux nouveaux programmes officiels du 27 juillet 1882.
  DEGRÉ ÉLÉMENTAIRE ET DEGRÉ MOYEN
Livre de l'Élève, 1 vol. in-12, cart. Prix............ 0 fr. 90 c.
Livre du Maître, 1 vol. in-12, cart. Prix............ 1 fr. 20 c.
  DEGRÉ SUPÉRIEUR
Livre de l'Élève, 1 vol. in-12, cart. Prix............ 1 fr. 50 c.
Livre du Maître, 1 vol. in-12, cart. Prix............ 1 fr. 50 c.
  Admis tous deux sur la liste des ouvrages fournis gratuitement par la ville de Paris aux écoles primaires communales.
GÉOMÉTRIE ÉLÉMENTAIRE exposée dans ses applications au dessin linéaire et à la mesure des surfaces et des volumes, à l'usage de l'enseignement primaire supérieur et des classes élémentaires des lycées et des collèges. 1 vol. in-12, cart. Prix..... 1 fr. 60 c.
LA GÉOMÉTRIE SIMPLIFIÉE, à l'usage des écoles primaires et des aspirants au certificat d'études et au brevet de capacité.
  Admis sur la liste des ouvrages fournis gratuitement par la ville de Paris aux écoles primaires communales.
  1 vol. in-12, cart. Prix............................ 0 fr. 70 c.
ÉLÉMENTS DE TRIGONOMÉTRIE RECTILIGNE, à l'usage de l'enseignement spécial et des écoles normales primaires. 1 vol. in-12, cart. Prix.. 1 fr. 50 c.

Imprimeries réunies, B, rue Mignon, 2.

ARITHMÉTIQUE APPLIQUÉE

DEUXIÈME SÉRIE

RECUEIL MÉTHODIQUE

DE 600 PROBLÈMES CHOISIS DANS LES EXAMENS
DU BREVET ÉLÉMENTAIRE ET DU BREVET SUPÉRIEUR

DES ANNÉES 1884, 1885, 1886 et 1887

PAR G. BOVIER-LAPIERRE

Professeur honoraire de l'Université, Officier de l'Instruction publique,
Membre de la Société de linguistique de Paris,
Ancien membre de la Commission des examens de l'Hôtel de Ville de Paris,
Ancien Délégué cantonal du IVe arrondissement.

LIVRE DU MAITRE

CONTENANT LES ÉNONCÉS ET LES SOLUTIONS RAISONNÉES
DE TOUS LES PROBLÈMES COMPRIS DANS LE *Livre de l'élève*.

PARIS
LIBRAIRIE CH. DELAGRAVE
15, RUE SOUFFLOT, 15

1889

ERRATA

Page 283. — *Lire* XXIV *au lieu de* XXIII.

Page 288. — *Lire* XXX *au lieu de* XXXI.

Page 329. — Dans les quatre premières lignes, on doit remplacer 371 par 330; 19,78 par 17,46; 20 p. 100 par 17 p. 100.

TABLE DES MATIÈRES

Avertissement.. VII
Conseils sur la résolution des problèmes....................... IX

PREMIÈRE PARTIE

BREVET ÉLÉMENTAIRE

Chap. premier. — Problèmes divers............................. 1
Chap. II. — Sur les fractions ordinaires...................... 36
Chap. III. — Sur les mélanges et les alliages................. 58
Chap. IV. — Sur les surfaces et les volumes................... 73
Chap. V. — Sur l'intérêt et l'escompte........................ 90
Chap. VI. — Sur les partages proportionnels................... 114
Chap. VII. — Sur les mobiles.................................. 126

DEUXIÈME PARTIE

BREVET SUPÉRIEUR

Chap. VIII. — Sur l'intérêt et l'escompte..................... 136
Chap. IX. — Sur les partages proportionnels................... 171
Chap. X. — Sur les mélanges et les alliages................... 182
Chap. XI. — Sur les mobiles................................... 195
Chap. XII. — Problèmes divers................................. 207

CHAP. XIII. — Règles sur la mesure des surfaces et des volumes.. 236
Problèmes de géométrie. 239

TROISIÈME PARTIE

EXAMENS DE L'ANNÉE 1887

Brevet élémentaire : Aspirantes............................ 263
                    Aspirants............................ 306
Brevet supérieur : Aspirantes............................ 356
                    Aspirants............................ 426
Examens pour le certificat d'études primaires supérieures..... 441
Concours d'admission aux écoles normales : Institutrices...... 444
                    Instituteurs...... 455
Notes sur quelques problèmes................................ 466

FIN DE LA TABLE DES MATIÈRES

AVERTISSEMENT

Le Recueil de problèmes que nous avons publié sous le titre d'*Arithmétique appliquée* a été accueilli avec une grande faveur, et des témoignages nombreux sont venus reconnaître que cet ouvrage rendait de vrais services aux maîtres et aux élèves. C'est dans l'espérance de continuer à être utile que nous nous sommes décidé, malgré l'aridité de ce travail, à réunir dans un nouveau volume les problèmes proposés, depuis la publication du premier, dans les examens du Brevet élémentaire et du Brevet supérieur, c'est-à-dire pendant les années 1884, 1885, 1886 et 1887.

Nous reproduisons ici les observations que nous avons exposées sur la résolution des problèmes, dans le précédent volume. Nous prenons la liberté d'en recommander la lecture aux candidats; nous osons dire qu'elle ne sera pas sans profit pour leur succès. Nous y ajoutons des conseils et des exemples sur le calcul des nombres complexes, pour leur apprendre à y mettre autant d'ordre et de clarté qu'il est possible.

Un chapitre sur les monnaies et les alliages ne sera point non plus sans utilité pour eux; il est suivi du tableau des monnaies des divers États. Nous ne le conservons pas dans le *Livre du maître*, pour ne pas grossir le volume sans nécessité.

AVERTISSEMENT.

Dans le livre de l'élève on ne trouvera que les énoncés des questions, sans aucune réponse; c'est sur la demande d'un certain nombre de maîtres que nous avons fait cette omission.

C'est pour le même motif que nous avons aussi classé dans une première partie les problèmes destinés à l'examen du Brevet élémentaire, et dans une deuxième partie ceux qui se rapportent plus particulièrement à l'examen du Brevet supérieur.

Quant aux examens de l'année 1887, pour lesquels le choix des sujets a été rendu aux Académies, nous avons pensé qu'il y aurait intérêt à joindre la question de théorie au problème pour le Brevet élémentaire et la question de sciences physiques ou naturelles à la question de mathématiques pour le Brevet supérieur.

On y verra quelle diversité il y a entre les épreuves proposées dans les départements et combien varie le niveau des connaissances qu'elles supposent chez les candidats. Ce sera pour eux un motif de ne pas enfermer la préparation de leur examen dans un cadre tracé à la lettre des programmes.

ARITHMÉTIQUE APPLIQUÉE

LIVRE DU MAITRE

CONSEILS POUR LA RÉSOLUTION DES PROBLÈMES

1° Présentez le raisonnement avec la plus grande concision, en omettant tous les détails inutiles; faites des phrases courtes, en évitant l'emploi des pronoms et des conjonctions.

2° Ne remplacez jamais dans le corps d'un raisonnement les mots *plus, moins, multiplié par, divisé par, égale* par les signes ($+$, $-$, $\times$, $:$, $=$); réservez ces signes pour les placer seulement entre les nombres.

3° Écrivez les nombres avec les signes qui les rattachent entre eux au bout de la ligne, ou mieux sur une seule ligne, afin qu'on les distingue nettement des explications qui les précèdent et de celles qui les suivent.

4° Dans un raisonnement où se présente une multiplication, conservez scrupuleusement à chaque facteur sa fonction et sa place, en ne perdant pas de vue que le multiplicateur reste un nombre abstrait. Par exemple, ne dites jamais que pour trouver le prix de 64 mètres d'étoffe à 7 francs le mètre il faut *multiplier 64 mètres par 7 francs,* langage qu'on entend répéter partout, quoiqu'il soit contraire au bon sens. Dites seulement : *il faut multiplier 7 francs par 64*; car le prix cherché est égal à 64 fois 7 francs, ce qu'on écrit ainsi :
$$7 \times 64 = 448^{\text{f}}.$$

CONSEILS.

N'oubliez pas de placer au-dessus de chaque nombre concret l'indication abrégée du nom de ses unités.

5° Supprimez sur la droite des nombres décimaux les zéros qui sont inutiles, afin d'avoir le moins de chiffres possible dans les opérations.

6° Lorsque dans un problème il est question d'un gain ou d'une perte de 1, 2, 3... pour cent, il faut vous rappeler que cette manière de parler signifie qu'on gagne ou qu'on perd 1, 2, 3... centimes par franc, ou encore que le gain ou la perte sont la centième partie, 2 fois, 3 fois... la centième partie de la somme à laquelle se rapporte le nombre donné pour cent.

7° Il est utile de se rappeler que la division d'un nombre par 2, 4, 5, 8 peut toujours être effectuée complètement et donner un quotient exact, soit en nombre entier, soit en nombre décimal. On se dispense ainsi de conserver le quotient sous la forme d'une fraction ordinaire, qui rend les calculs lourds et embarrassants.

8° Dans les calculs, il convient le plus souvent de remplacer les fractions ordinaires suivantes par leurs valeurs exactes en décimales :

$$\frac{1}{2} \text{ par } 0,5 ; \quad \frac{1}{4} \text{ par } 0,25 ; \quad \frac{3}{4} \text{ par } 0,75 ;$$

$$\frac{1}{5} \text{ par } 0,2 ; \quad \frac{2}{5} \text{ par } 0,4 ; \quad \frac{1}{8} \text{ par } 0,125.$$

9° A la fin du problème, écrivez toujours la réponse seule sur une ligne, en ayant soin de supprimer tous les chiffres qui ne représentent rien de réel. Par exemple, si vous avez trouvé pour une somme demandée 7^f,4236, vous vous bornerez à prendre 7^f,42, en négligeant 36 dix-millièmes, qui expriment une quantité moindre qu'un demi-centime. Vous augmenterez de 1 le dernier chiffre conservé, s'il est suivi d'un chiffre supérieur à 5.

Nota. — Nous devons nous borner ici à ces recommandations générales en nous réservant d'en indiquer d'autres à l'occasion. La résolution complète du problème suivant servira d'exemple pour le raisonnement et la disposition de l'indication des calculs.

CONSEILS.

PROBLÈME. — *Un marchand de faïence a acheté 38 douzaines d'assiettes à 2 francs la douzaine et 500 vases à fleurs en terre à 35 francs le cent. La casse et le rebut enlèvent 2 % sur la quantité des assiettes et 2 % sur la quantité des vases. Le marchand veut gagner dans la vente 10 francs sur les assiettes et 15 francs sur les vases. Combien devra-t-il revendre chaque douzaine d'assiettes et chaque vase restants ?*

(Admission au cours normal de filles. — Haute-Garonne.)

Le nombre des assiettes achetées est
$$12 \times 38 = 456 \text{ assiettes.}$$
Le déchet sur ces assiettes est 0,02 du tout, c'est-à-dire
$$456 \times 0,02 = 9,12 \text{ ou } 10 \text{ assiettes.}$$
Il reste à vendre
$$456 - 10 = 446 \text{ assiettes.}$$
Le déchet sur les 500 vases est 2 fois le 100ᵉ du nombre, c'est-à-dire
$$5 \times 2 = 10 \text{ vases.}$$
Il reste à vendre
$$500 - 10 = 490 \text{ vases.}$$
Le prix d'achat des assiettes était
$$2^f \times 38 = 76^f.$$
La somme à retirer de leur vente est
$$76^f + 10^f = 86^f.$$
Le prix de vente d'une assiette sera
$$86^f : 446.$$
Le prix de la douzaine d'assiettes sera
$$\frac{86 \times 12}{446} = \frac{86 \times 6}{223} = \frac{516}{223} = 2^f,313.$$
Le prix d'achat des 500 vases a été
$$35^f \times 5 = 175^f.$$
La somme à retirer de la vente des 1490 vases sera
$$175^f + 15^f = 190^f.$$
Le prix de vente du vase égalera
$$190^f : 490 = 0^f,387.$$

Réponse. — Le marchand vendra la douzaine d'assiettes $2^f,31$ ou plutôt $2^f,32$ et chaque vase 39 centimes.

OBSERVATION. — La multiplication et la division par un nombre d'un chiffre seulement n'ont pas besoin d'être faites à part. Il en est autrement quand le multiplicateur et le diviseur ont plus d'un chiffre. Dans les devoirs ordinaires, et surtout dans les compositions d'examen, il est indispensable d'écrire ces opérations sur la marge.

Par exemple, dans le problème précédent, on placera en marge la multiplication indiquée sur la 1re ligne 12×38 et la division indiquée vers la fin $516 : 223$.

Quant aux autres opérations, elles se font d'un coup d'œil; telles qu'elles sont écrites dans le corps du raisonnement. Il est donc inutile de les faire figurer en marge.

ARITHMÉTIQUE APPLIQUÉE

LIVRE DU MAITRE

PREMIÈRE PARTIE

BREVET ÉLÉMENTAIRE

CHAPITRE PREMIER

PROBLÈMES DIVERS SUR L'APPLICATION DES QUATRE RÈGLES AUX NOMBRES ENTIERS ET DÉCIMAUX

1. *Un ouvrier économise en un an sur son salaire une somme de* 265^f,75 *et sa dépense a été en moyenne de* 2^f,80 *par jour. Calculer le prix de sa journée de travail, si dans les 365 jours de l'année il a eu 62 jours de repos.*

Par an l'ouvrier dépense.............. 2^f,8 × 365 = 1022^f,00.
Il économise................................. 265^f,75.
                      Gain de l'année............ 1287^f,75.
Le nombre des journées de travail a été...... 365 − 62 = 303.
Le prix de la journée est donc
               1287^f,75 : 303 = 4^f,25.

Réponse. — L'ouvrier gagnait par jour 4^f,25.

2. *Une mère de famille a fait faire des chemises, avec de la toile coûtant $1^f,50$ le mètre. Elle a payé par chemise 15 centimes pour les fournitures et $1^f,35$ pour la façon; la douzaine de chemises lui revient ainsi à 72 francs. Combien de mètres de toile a-t-il fallu pour chaque chemise ?*

12 chemises coûtent 72 fr. ; 1 chemise coûte 6 fr.
On dépense pour fournitures et façon
$$0^f,15 + 1^f,35 = 1^f,50.$$
Le prix de la toile pour 1 chemise est
$$6^f,00 - 1^f,50 = 4^f,50.$$
Le nombre de mètres employés par chemise est
$$4,50 : 1,50 = 3 \text{ mètres}.$$

Réponse. — La chemise a pris 3 mètres de toile.

3. *Un fermier paye annuellement 24 francs par 30 ares de terrain pour le loyer. Sur un champ de 3 hectares 65 ares il a récolté 17 hectolitres 60 litres de colza par hectare et il a vendu ce colza $21^f,75$ l'hectolitre. Les frais ont été de $186^f,50$ par hectare. Trouver quel bénéfice ce champ a rapporté.*

Le champ a 365 ares ou $3^{ha},65$.
Le nombre d'hectolitres de la récolte est
$$17^{hl},60 \times 3,65 = 64^{hl},24.$$
Par are le prix du loyer est.................. $24^f : 30 = 0^f,80$.
Le fermier dépense par an :
pour le loyer.................. $0^f,80 \times 365 = 292^f,000$.
pour frais de culture........... $186^f,50 \times 3,65 = 680^f,725$.
Dépense totale..................... $972^f,725$
La récolte a produit............... $21^f,75 \times 64,24 = 1397^f,22$.
Réponse. — Le bénéfice est de..................... $424^f,50$.

4. *Dans un atelier on emploie 6 femmes et 3 enfants, qui reçoivent ensemble $12^f,30$ par jour. Trouver le prix de la journée d'une femme et celui d'un enfant, si 9 journées de femmes coûtent autant que 16 journées d'enfant.*

PROBLÈMES SUR LES QUATRE RÈGLES.

16 journées d'enfant valent 9 journées de femme

1 journée d'enfant vaut $\frac{9}{16}$ de la journée d'une femme.

Supposons qu'une femme reçoive par jour.............. 1^f,60.
L'enfant recevrait alors.................................. 0^f,90
En ce cas on donnerait par jour :
   aux 6 femmes...... 1^f,6 × 6 = 9^f,60.
   aux 3 enfants...... 0^f,9 × 3 = 2^f,70.
La dépense est justement le total....... 12^f,30.

Réponse.—Journée d'une femme 1^f,60; d'un enfant 0^f,90.

5. *On achète pour 250 francs de haricots, au prix de 5 francs le double décalitre. Combien faut-il revendre le litre pour gagner 65 francs sur le tout?*

Le nombre de doubles décalitres achetés est
   250 : 5 = 50 d. décal. ou 1000 litres.
De la vente de ces 1000 litres on doit retirer
   250^f + 65^f = 315 fr.
Le prix de vente du litre sera donc
   315^f : 1000 = 0^f,315.

Réponse. — On vendra le litre 31 centimes et demi.

6. *Une femme emploie de la laine coûtant 6 francs le kilogramme et il lui en faut un demi-kilogramme pour faire 5 bas. Elle vend la paire 3^f,60 et elle met 16 jours pour en faire 6 paires. Combien gagne-t-elle par jour?*

La laine coûte : pour 5 bas 3 fr. ; pour 1 bas 3 fr. : 5 = 0^f,60 ;
 pour une paire................ 0^f,60 × 2 = 1^f,20.
 Le gain par paire est......... 3^f,60 — 1^f,20 = 2^f,40.
 Le gain avec 6 paires est...... 2^f,40 × 6 = 14^f,40.
Par jour le gain est................... 14^f,40 : 16 = 0^f,90.

Réponse. — La femme gagne 90 centimes par jour.

7. *Deux frères ont reçu, le cadet une certaine somme, et l'aîné le triple de celle du cadet. Avec le total des* *deux sommes, on pourrait acheter 36 mètres d'étoffe à 10 francs le mètre. Trouver la somme reçue par chacun.*

Le total des deux sommes est............ $10^f \times 36 = 360$ fr.
Si le cadet recevait 10^f, l'aîné aurait 30 fr.
Le total de ces deux parts est 40 fr.
Or 40 fr. sont contenus 9 fois dans 360 fr.
Le cadet a reçu 9 fois 10^f c.-à-d. 90 fr.
L'aîné a reçu 9 fois 30^f c.-à-d. 270 fr.

Réponse. — La part du cadet est de 90 francs; la part de l'aîné 270 francs.

8. *Un cafetier paye le café en grains $3^f,70$ le kilogramme et ce café brûlé et moulu perd 20% de son poids primitif. En vendant 40 centimes une tasse de café, y compris 6 centimes de sucre, cet homme gagne 26 centimes par tasse. Trouver le poids de café employé par tasse.*

Le sucre et le gain par tasse font
$$0^f,26 + 0^f,06 = 0^f,32.$$
Le prix du café par tasse est............ $0^f,40 - 0^f,32 = 0^f,08$.
Or 100 gr. de café en grains donnent 80 grammes de poudre.
800 gr. de café en poudre coûtent $3^f,70$.
Pour 1 centime on aurait
$$\frac{800}{370} \text{ ou } \frac{80}{37} \text{ de gramme de café}.$$
Pour 8 centimes le poids de café sera
$$\frac{80}{37} \times 8 = \frac{640}{37} = 17^{gr},297.$$

Réponse. — Par tasse il faut 17 gr. 30 centigr. de café.

9. *Une femme tricote des bas de laine, qu'elle vend au prix de $3^f,50$ la paire. La laine lui coûte $7^f,50$ le kilogramme et 12 paires de bas pèsent 2 kilogr. 160 gr. Que gagne-t-elle par paire de bas ? Que gagne-t-elle aussi par an, si elle fait 21 bas par mois, et si elle prélève 50 centimes par semaine pour une bonne œuvre ?*

PROBLÈMES SUR LES QUATRE RÈGLES.

La paire de bas pèse............... $2160^{gr} : 12 = 180$ gr.
Le gramme de laine coûte $0^f,0075$.
Le prix de la laine d'une paire de bas est
$$0^f,0075 \times 180 = 1^f,35.$$
Le gain par paire est............. $3^f,50 - 1^f,35 = 2^f,15.$
Le nombre des bas faits dans l'année est
$$21 \times 12 = 252 \text{ ou } 126 \text{ paires.}$$
Le gain du travail par an est $2^f,15 \times 126 = 270^f,90.$
On dépense en bonne œuvre.... $0^f,50 \times 52 = 26^f,00.$
Reste............ $\overline{244^f,90.}$

Réponse. — Gain par an $244^f,90$; par paire $2^f,15$.

10. *Un marchand a acheté 29 hectolitres 70 litres de colza, dont 15 hectol. 30 litres au prix de 22^f,50 l'hectolitre, et le reste au prix de 4^f,80 le double décalitre. Trouver quel bénéfice il retirera, s'il revend le tout au prix de 25^f,60 l'hectolitre.*

Le 1er achat comprend $15^{hl},30$; le 2e, $29^{hl},7 - 15,3 = 14^{hl},40.$
L'hectolitre du 2e coûte $4^f,80 \times 5 = 24$ fr.
Le prix du 1er achat est...... $22^f,5 \times 15,3 = 344^f,25.$
Le prix du 2e.............. $24^f,0 \times 14,4 = 345^f,60.$

On a dépensé pour l'achat total............... $689^f,85.$
La vente a produit............ $25^f,6 \times 29,7 = 760^f,32.$
$\overline{70^f,47.}$

Réponse. — Le bénéfice est de $70^f,47$.

11. *Un homme veut envoyer à un ami 490 francs par la poste. Trouver la somme qui sera portée sur le mandat, après la déduction des frais qui comprennent 15 centimes pour un timbre et 1 % sur la somme inscrite au mandat.*

Déduction faite de $0^f,15$ pour le prix du timbre, il reste
$$490^f - 0^f,15 = 489^f,85.$$
Ce reste comprend la somme à inscrire au mandat, plus les frais qui sont de 1 centime par franc de cette somme.
Pour 1 fr. sur le mandat on dépose $1^f,01$. Le mandat portera donc autant de francs qu'il y a de fois $1^f,01$ dans $489^f,85$.
On trouve $\dfrac{489,85}{1,01} = \dfrac{48985}{101} = 485.$

Réponse. — Le mandat portera 485 francs.

12. *Une marchandise est vendue avec un bénéfice de 17%/₀ sur le prix d'achat. Trouver le prix d'achat, en sachant que la vente a produit 365ᶠ,40.*

Un achat de 1 fr. procure dans la vente un gain de 0ᶠ,17.
Ce qui a été payé 1 fr. à l'achat rapporte 1ᶠ,17 dans la vente.
Le prix d'achat est donc égal à autant de francs qu'il y a de fois 1ᶠ,17 dans 3650ᶠ,40. Ce prix d'achat est

$$\frac{3650,40}{1,17} = \frac{365040}{117} = 3120 \text{ fr.}$$

Réponse. — L'achat avait coûté 3120 francs.

13. *On estime qu'il y a en France 240 000 ouvrières occupées à faire de la dentelle. La production annuelle vaut 65 millions de francs et le prix de la matière première est les 0,27 de cette valeur. Trouver le montant des salaires de toutes ces ouvrières et le salaire quotidien de chacune, en supposant qu'elles travaillent en moyenne 240 jours par an.*

Le prix de la matière première, étant les 0,27 de la valeur totale de la production, égale

65 000 000 × 0,27 = 17 550 000 fr.
Retranchons ce nombre de.......... 65 000 000 fr.
Le salaire total est................. 47 450 000 fr.

La somme gagnée par chaque ouvrière est

$$\frac{47\,450\,000}{240\,000} = \frac{4745}{24} = 197^{\text{f}},70.$$

Le salaire quotidien pour chacune est

$$\frac{197^{\text{f}},70}{240} = \frac{19,77}{24} = 0^{\text{f}},823.$$

Réponse. — Une ouvrière gagne par jour 82 centimes et 1 tiers de centime.

14. *On a acheté une douzaine de volumes, dont le prix marqué au catalogue est de 2ᶠ,60. On obtient une remise de 15%/₀ et un 13ᵉ exemplaire gratuitement. Trouver à quel prix revient l'exemplaire, et combien on* *gagnera sur le tout en revendant l'exemplaire au prix du catalogue.*

Le prix fort de la douzaine est...... $2^f,6 \times 12 = 31^f,20$.
La remise égale................... $31^f,2 \times 0,15 = 4^f,68$.
Le prix net de 13 volumes est.............. $26^f,52$.
Le prix net du volume est............ $26^f,52 : 13 = 2^f,04$.
Au prix du catalogue, la vente des 13 volumes rapporte
$$2^f,60 \times 13 = 33^f,80.$$
L'achat avait coûté.............. $26^f,52$.
Bénéfice net............... $7^f,28$.

Réponse. — Le prix de revient du volume est de $2^f,04$. Le bénéfice est de $7^f,28$.

15. *On a acheté 118 kilogrammes 5 hectogrammes d'une marchandise, à raison de 125 francs les 100 kilogrammes. On veut, en revendant le tout, gagner $51^f,50$. Quelle somme retirera-t-on de la vente de 17 kilogrammes et demi?*

A 125 fr. les 100 kilogr. le kilogramme coûte $1^f,25$.
Le bénéfice à faire par kilogramme est
$$\frac{51^f,50}{118,5} \times \frac{515}{1185} = \frac{103}{237} = 0^f,4345.$$
Le prix de vente du kilogramme sera
$$1^f,25 + 0^f,4345 = 1^f,6845.$$

La vente de $17^{kg},5$ doit rapporter
$$1^f,6845 \times 17,5 = 29^f,47875.$$

Réponse. — On retirera $29^f,48$ pour 17 kilogr. et demi.

16. *Un épicier a acheté un tonneau d'huile pour $140^f,75$. Il vend cette huile en détail, par bouteilles de 75 centilitres, à raison de $2^f,50$ la bouteille, vase et bouchon compris. Le cent de bouteilles vides lui coûte $16^f,25$ et le cent de bouchons $1^f,55$. Il fait dans la vente un bénéfice total de $26^f,43$. Trouver la capacité du tonneau.*

La vente produit................... $140^f,75 + 26^f,43 = 167^f,18$.
Le prix de la bouteille vide est.. $0^f,1625$.
Le prix d'un bouchon est........ $0^f,0155$.

A déduire le total.... $0^f,1780$
de................ $2^f,50$.

Reste... $2^f,322$.

75 centilitres ou 3 quarts de litre coûtent $2^f,322$.
1 quart de litre coûte $2^f,322 : 3 = 0^f,774$.
On vend le litre.... $0^f,774 \times 4 = 3^f,096$.
Le nombre de litres est égal à
$$\frac{167,18}{3,096} = \frac{167180}{3096} = 53^l,90.$$

Réponse. — Le tonneau contient 54 litres.

17. *Un libraire achète 8 douzaines de volumes, à $3^f,50$ chacun. Payant comptant, il a une remise de 3% sur le prix d'achat et un 13e exemplaire gratuit par douzaine. Combien doit-il revendre le volume pour gagner 98 francs sur le tout ?*

Le nombre des volumes achetés est $12 \times 8 = 96$.
Le prix de cet achat est.............. $3^f,5 \times 96 = 336^f,00$.
La remise de $0^f,03$ par franc est........ $0^f,03 \times 336 = 10^f,08$.

La somme nette à payer est..................... $325^f,92$.
Bénéfice à faire.......................... $98^f,00$.

On doit retirer de la vente....................... $423^f,92$.
Le nombre des volumes à vendre est $13 \times 8 = 104$.
Le prix de vente du volume sera
$$423,92 : 104 = 4^f,076.$$

Réponse. — On revendra le volume 4 fr. 8 centimes.

18. *Un négociant a acheté 24 barils d'huile, contenant chacun 115 litres, au prix de 220 francs le quintal métrique. Le poids de cette huile est les 0,915 du poids du même volume d'eau. Trouver combien ce négociant gagnera pour 100 du prix d'achat, s'il revend cette huile $2^f,50$ le kilogramme et s'il y a sur chaque baril une perte de 4 litres et demi.*

PROBLÈMES SUR LES QUATRE RÈGLES.

L'achat comprend :
    en litres............ $115^l \times 24 = 2760$ litres;
    en kilogr.......... $2760^{kg} \times 0,915 = 2525^{kg},4$.
Le payement de l'achat a été
$$2^f,2 \times 2525,4 = 5555^f,88.$$
La vente fournit :
    par baril............ $115^l \times 4^l,5 = 110^l,5$.
    pour 24 barils........ $110^l,5 \times 24 = 2652^l$.
    en kilogr............. $2625^{kg} \times 0,915 = 2426^{kg},58$.
Le produit de la vente a été
$$2^f,5 \times 2426,58 = 6066^f,45.$$
L'achat avait coûté.............. $5555^f,88$.

              Reste......... $510^f,57$.

Avec $5555^f,88$ on a gagné $510^f,57$.
Avec 1 fr. le bénéfice serait
$$\frac{510,57}{5555,88} = \frac{51\,057}{555\,588} = 0^f,09189.$$

Réponse. — On a gagné $9^f,19$ pour 100 francs du prix d'achat.

19. *Une pièce d'étoffe a été payée 468 francs. Le tiers a été revendu au prix coûtant et sur le reste on a perdu 60 centimes par mètre. La perte totale ayant été de $28^f,80$, trouver la longueur de la pièce et le prix d'achat du mètre.*

Sur les 2 tiers de la pièce on a perdu $28^f,80$.
Le nombre de mètres de ces 2 tiers est égal au nombre de fois qu'il y a $0^f,60$ dans $28^f,80$.
    Ce nombre de mètres est....... $288 : 6 = 48^m$.
Le tiers de la pièce a 24^m; la longueur de la pièce est donc 72^m.
Le prix d'achat du mètre a été.............. $468^f : 72 = 6^f,50$.

Réponse. — La pièce avait 72 mètres.
        Le mètre avait coûté $6^f,50$.

20. *Un marchand achète 89 moutons, au prix de $36^f,25$ chacun. Il les fait tondre et retire de chacun 3 livres 3 quarts de laine, qu'il vend $4^f,15$ le kilogramme; puis il les remet à un boucher pour la somme* de 2955 *francs. Combien le marchand gagne-t-il pour 100 sur ses déboursés ?*

3 livres 3 quarts font :
$$500^{gr} \times 3 + 500^{gr} \times \frac{3}{4}, \text{ c.-à-d. } 1500^{gr} + 375^{gr} = 1875^{gr} \text{ ou } 1^{kg},875.$$

Le marchand retire pour un mouton :
le prix donné par le boucher .... $2955^f : 89 = 33^f,20.$
le prix de la laine............ $4^f,15 \times 1,875 = 7^f,78.$
La vente d'un mouton a produit............... $40^f,98.$
On avait payé pour un mouton................ $36^f,25.$
Le gain par mouton est donc................. $4^f,73.$

Ainsi avec $36^f,25$ on a gagné $4^f,73$.
Avec 1 fr. on aurait gagné
$$\frac{4,73}{36,25} = \frac{473}{3625} = 0^f,13048.$$

Réponse. — Le marchand a gagné $13^f,05$ pour 100.

21. *Une famille consomme par jour 3 kilogrammes 5 hectogrammes de pain. La dépense pour le pain s'est élevée en un mois de 30 jours à $32^f,90$. Or du 1er du mois à un certain jour le pain a été payé 30 centimes le kilogramme et pendant le reste du mois 32 centimes. Trouver pendant combien de jours le prix du kilogramme a été de 30 centimes.*

Le poids du pain consommé pendant le mois a été de
$$3^{kg},5 \times 30 = 105 \text{ kilogr.}$$
Au prix de $0^f,30$ par kilogr., la dépense pour le mois entier serait
$$0^f,30 \times 105 = 31^f,50.$$
Or l'excès de la dépense réelle sur ce prix est
$$32^f,90 - 31^f,50 = 1^f,40.$$
La différence entre les deux prix du kilogramme est de $0^f,02$.
Autant de fois cette différence est contenue dans $1^f,40$, autant il y a eu de kilogrammes de pain achetés au prix de 32 centimes.
Ce nombre de kilogrammes est
$$\frac{1,40}{0,02} = \frac{140}{2} = 70 \text{ kilogr.}$$
Par jour le poids de pain consommé était $3^{kg},5$.

PROBLÈMES SUR LES QUATRE RÈGLES.

Le nombre de jours où le pain a été payé 0^f,32 est
$$70 : 3,5 = 20 \text{ jours.}$$

Réponse. — Pendant les 10 premiers jours on a payé le kilogramme de pain 30 centimes.

22. *La récolte du blé d'une propriété de 3 hectares 20 ares a été vendue pour* 1324^f,80, *à raison de* 24 *francs les* 100 *kilogrammes. Trouver combien l'hectare a produit d'hectolitres, si l'hectolitre de blé pèse* 75 *kilogrammes.*

La récolte a fourni autant de quintaux de blé qu'il y a de fois 24 fr. dans 1324^f,86.

Le poids du blé est $\dfrac{1384,80}{24} = 55^{qx},2$ ou 5520 kilogr.

Le nombre d'hectolitres est............ $5520 : 75 = 73^{hl},60.$
Ainsi 320 ares ont produit 7360 litres de blé.
1 are produit............................ $7360 : 320 = 23$ litres

Réponse. — L'hectare a produit 23 hectolitres.

23. *Un marchand a acheté* 14 *pièces de vin pour* 1150 *francs. Il a payé* 92^f,50 *de droits et* 26^f,40 *pour le transport. Chaque pièce contenait* 210 *litres; mais il s'en est perdu* 2 % *par évaporation. Combien a-t-il revendu le litre, s'il a gagné* 231 *francs sur son marché ?*

On a déboursé: pour l'achat............ 1150^f,00
      pour les droits......... 92^f,50
      pour le transport .... 26^f,40
       Total........... 1268^f,90.

Le nombre de litres achetés est $210^l \times 14 = 2940.$
On a perdu par évaporation
  $29^l,40 \times 2 = 58^l,8$ c.-à-d. 59 litres.
Il reste à vendre.................... $2940^l - 59^l = 2881$ litres.
Le produit de la vente a été
  $1268^f,90 + 231^f = 1499^f,90.$
Le prix de vente du litre était donc
  $1499^f,90 : 2881 = 0^f,52.$

Réponse. — On a revendu le litre 52 centimes.

24. *Un coutelier a acheté en gros 144 douzaines de couteaux, qui, revendus au détail, ont rapporté 4536 francs. S'il n'en avait retiré que 4082^f,40, il aurait gagné 12^f,50 pour 100 sur le prix d'achat. Trouver le prix d'achat de la douzaine et le gain fait dans la vente.*

Gagner 12,50 % revient à gagner 0^f,125 par franc ; ainsi ce qui coûte 1 franc d'achat est revendu 1^f,125.

Donc le prix d'achat est d'autant de francs qu'il y a de fois 1^f,125 dans 4082^f,40.

L'achat a coûté $\dfrac{4082,40}{1,125} = \dfrac{4\,082\,400}{1125} = 3628^f,80$.

La vente a rapporté .... 4536^f,00.

Le gain est .... 907^f,20.

Le prix d'achat de la douzaine est
$$3628^f,80 : 144 = 25^f,20.$$

Réponse. — La douzaine avait coûté 25^f,20.
Le gain est de 907^f,20.

25. *Un homme a acheté pour la somme de 16 940 francs un terrain de 3 hectares 8 ares. Il en revend 175 ares au prix de 90 francs l'are et 685 mètres carrés au prix de 1^f,50 le mètre carré, et il doit revendre le reste à raison de 8700 francs l'hectare. Trouver combien il retire dans chacune des trois ventes et quel est son bénéfice moyen par hectare.*

Le terrain vendu la 1re et la 2e fois comprend
$$175^a + 6^a,85 = 181^a,85.$$
Il reste pour la 3e vente
$$308^a - 181^a,85 = 126^a,15.$$
On a retiré :
de la 1e vente.......... 90^f × 175 = 15 750^f,00.
de la 2e............. 1^f,5 × 685 = 1 027^f,50.
de la 3e............. 87^f × 126,15 = 10 975^f,05.

Produit total................. 27 752^f,55.
On avait payé pour l'achat.................. 16 940^f,00.

Bénéfice total................. 10 812^f,55.
Le bénéfice moyen est par are 10812^f,55 : 308 = 35^f,10568.

Réponse. — Par hectare le bénéfice est de 3510^f,57.

26. *Un marchand a acheté 28 hectolitres de blé. Ce blé ayant été avarié, il s'en est perdu 5%, et, par suite, en revendant l'hectolitre 19^f,37 le marchand ne gagne que 15%. Trouver combien avait coûté l'achat des 28 hectolitres et le prix de l'hectolitre.*

La perte est le 20e de 28 hectolitres c'est-à-dire 1^{hl},40.
Il reste à vendre.................. 28^{hl} — 1^{hl},40 = 26^{hl},60.
La vente produit................ 19^f,37 × 26,6 = 515^f,24.
Ce qui avait été acheté 1 fr. a été vendu 1^f,15.
L'achat vaut autant de francs qu'il y a de fois 1^f,15 dans 515^f,24.
Le prix de l'achat total est........... 51524 : 115 = 448^f,03.
Le prix d'achat de l'hectolitre est... 448^f,03 : 28 = 16 fr.

Réponse. — L'achat de l'hectolitre coûtait 16 francs.
L'achat total a coûté 448^f,03.

27. *Trois ouvriers travaillent ensemble à un ouvrage. Pour en faire 1 mètre, le premier met 1 heure, le deuxième 50 minutes et le troisième 45 minutes. L'ouvrage comprend 477 mètres. Trouver en combien de journées de 10 heures le travail sera terminé.*

Dans une journée de 10 heures, les trois ouvriers font :
le 1er............................. 1^m × 10 = 10 mètres.
le 2e............................. $\frac{1^m}{50}$ × 60 × 10 = 12 mètres.
le 3e............................. $\frac{1^m}{45}$ × 60 × 10 = $\frac{40}{3}$ de mètre.

Dans une journée de 10 heures ils font ensemble :
$$10^m + 12^m + \frac{40^m}{3} = 22^m + \frac{40^m}{3} = \frac{106}{3} \text{ de mètre.}$$

Autant de fois ce total est contenu dans 477 mètres, autant il faudra de journées de 10 heures.
Ce nombre de journées est donc
$$477 : \frac{106}{3} = \frac{477 \times 3}{106} = \frac{1431}{106} = 13 \text{ j. } \frac{53}{106} \text{ ou } 13 \text{ j. } \frac{1}{2}.$$

Réponse. — Il mettront 13 journées et demie.

28. *Une couturière et son apprentie confectionnent ensemble 4 douzaines de chemises, à raison de 2^f,50 par* chemise, et font 3 chemises en 2 jours. Le travail de l'apprentie valant la moitié de celui de la maîtresse, quel est le gain total et le prix de la journée de chacune ?

Le gain total est.................... 2^f,50 × 48 = 120 fr.
Si l'apprentie recevait 1 franc, la maîtresse aurait 2 francs, ce qui ferait un total de 3 francs.
Ainsi le gain de l'apprentie est le tiers du total, c'est-à-dire 40 fr.
La maîtresse a le double de l'apprentie, c.-à-d. 80 fr.
Elles font 3 chemises en 2 jours; une douzaine en 8 jours.
Pour 4 douzaines elles mettent 32 jours.
Par jour la maîtresse gagne.......... 80 : 32 = 2^f,50.
　　　　　l'apprentie............ 40 : 32 = 1^f,25.

Réponse. — Gain total 120 francs. Prix de la journée : pour la maîtresse 2^f,50; pour l'ouvrière 1^f,25.

29. *Un marchand a acheté un tonneau d'huile à raison de 68^f,45 l'hectolitre, et il a payé pour frais de transport 9^f,75 par 100 kilogrammes. La capacité du tonneau est de 28 décalitres et demi, et le poids de cette huile est les 0,92 du poids du même volume d'eau. Le fût vide pèse 38 kilogrammes. Combien ce marchand doit-il vendre le litre d'huile, s'il veut gagner 12 %/° sur l'argent qu'il a déboursé ?*

Le volume de l'huile achetée est de 285 litres.
Le poids est................... 0^{kg},92 × 285 = 262^{kg},20.
Le poids du tonneau plein est 262^{kg},2 + 38^{kg} = 300 kilogr.
On débourse : pour l'achat...... 68^f,45 × 2,85 = 195^f,08;
　　　　　　　pour le transport.. 9^f,75 × 3 = 29^f,25.
　　　　　　　　　Total........................ 224^f,33.
Bénéfice à faire............ 224^f,33 × 0,12 = 26^f,92.
On doit donc retirer....................... 251^f,25.
Le prix de vente du litre sera............ 251^f,25 : 285 = 0^f,88.

Réponse. — On doit revendre le litre 88 centimes.

30. *Une fermière est venue à la ville, acheter de l'étoffe pour faire 4 robes et du drap pour faire 2 pantalons. Elle a pris 6 mètres 3 quarts d'étoffe pour chaque robe* et 1 mètre 1 quart de drap pour chaque pantalon. Trouver ce qu'elle a payé le mètre de drap, en sachant que l'étoffe lui a coûté 2^f,50 le mètre, et que le marchand lui a rendu 1^f,75 sur un billet de 100 francs.

On a mis : pour les 4 robes....... 6^m,75 × 4 = 27 mètres ;
        pour les 2 pantalons... 1^m,25 × 2 = 2^m,50.
L'étoffe des robes a coûté............... 2^f,50 × 27 = 67^f,50.
Pour le drap et l'étoffe on a donné 100 fr. — 1^f,75 = 98^f,25.
Le prix payé pour le drap des 2 pantalons est donc
$$98^f,25 - 67^f,50 = 30^f,75.$$
Le prix du mètre de drap est $\dfrac{30^f,75}{2,5} = \dfrac{307,5}{25} = 12^f,30.$

Réponse. — Le mètre de drap coûtait 12^f,30.

31. *Un marchand a acheté 31 mètres de drap, au prix de 18^f,75 le mètre. Il en a vendu 14 mètres en gagnant 11 % sur le prix d'achat ; sur le reste il gagne 29 francs. Trouver quel a été le gain total du marchand et combien il a gagné pour 100 sur le tout.*

L'achat a coûté................. 18^f,75 × 31 = 581^f,25.
Dans la vente des 14 mètres, le bénéfice par mètre a été de 11 centièmes de 18^f,75, c'est-à-dire
        18^f,75 × 0,11 = 2^f,0625.
Pour 14 mètres il est................ 2^f,0625 × 14 = 28^f,875.
Le gain total est.................. 28^f,875 + 29^f = 57^f,875.
Avec 581^f,25 on a gagné 57^f,875.
Avec 1 franc le gain serait
$$\dfrac{57,875}{581,25} = \dfrac{5787,50}{58125} = 0,0995.$$

Réponse. — Gain total : 57^f,87. — Gain pour 100 : 9^f,95.

32. *Un aubergiste a vendu en détail un fût de vin, qui lui avait coûté 410 francs, et il a gagné dans cette vente 71^f,75. Sur le quart de la quantité vendue, il a gagné 5 centimes par litre et sur le reste 10 centimes par litre. Trouver la capacité du fût, le prix d'achat du litre et les deux prix de vente.*

Supposons un total de 4 litres.
Sur 1 litre on gagne 0f,05; sur les 3 autres 0f,30.
Le gain sur 4 litres serait.......... 0f,35
Le fût contient 4 litres autant de fois que 0f,35 est dans 71f,75.
Ce nombre de fois est
$$\frac{71,75}{0,35} = \frac{7175}{35} = \frac{1435}{7} = 205.$$
Le nombre de litres est................ 4 lit. × 205 = 820 litres.
L'achat de ces 820 litres avait coûté 410 fr.
Le prix d'achat du litre était............ 410 : 820 = 0f,50.

Réponse. — Capacité du vase : 820 litres. — Prix d'achat du litre : 50 centimes. — Prix de vente : 55 centimes pour le 1er quart; 60 centimes pour le reste.

33. *Le poids du blé est à volume égal les 0,8 du poids de l'eau. Le blé réduit en farine perd 0,16 de son poids, et la farine convertie en pain gagne, en absorbant l'eau, les 0,4 de son poids. En supposant que 30 gerbes de blé fournissent 1 hectolitre de grain, trouver le poids de pain fourni par 135 gerbes de blé.*

Dans 135 gerbes il y a 4 fois et demie 30 gerbes.
Les 135 gerbes donnent donc 450 litres.
Or 10 litres de blé pèsent 8 kilogrammes.
450 litres pèsent...................... 8^{kg} × 45 = 360 kilogr.
La perte de poids de ce blé, transformé en farine, est
360^{kg} × 0,16 = 57^{kg},60.
Le poids de la farine obtenue est donc
360^{kg} − 57^{kg},60 = 302^{kg},40.
L'augmentation de poids de cette farine, transformée en pain, est
302^{kg},40 × 0,4 = 120^{kg},96.
Le poids du pain sera....... 302^{kg},40 + 120^{kg},96 = 423^{kg},36.

Réponse. — On obtient 423 kilogrammes 36 décagrammes de pain.

34. *Un épicier paye 110 francs les 100 kilogrammes de pâtes d'Italie et à cause de la concurrence il est obligé de revendre cette marchandise 50 centimes le demi-kilogramme. En même temps il achète du vermicelle à 60 francs les 100 kilogrammes. Combien devra-t-il*

PROBLÈMES SUR LES QUATRE RÈGLES.

vendre le kilogramme de vermicelle, s'il veut gagner dans la vente des deux articles 10 %, du prix d'achat, en vendant autant de vermicelle que de pâtes ?

L'épicier paye : pour 1 kilogr. de pâtes................. 1^f,10
— pour 1 kilogr. de vermicelle............ 0^f,60
Total......... 1^f,70.

Dans la vente de 1 kilogr. de chaque marchandise, l'épicier veut gagner le 10e du prix d'achat, c'est-à-dire 0^f,17.
En vendant 1 kgr. de pâtes et 1 kgr. vermicelle, il retire
$$1^f,70 + 0^f,17 = 1^f,87.$$
La vente du kilogramme de pâtes ne rapporte que 1 franc.

Réponse. — Le kilogramme de vermicelle sera vendu 87 centimes.

35. *On veut acheter, pour une somme de 100 francs, une provision de café à 4^f,50 le kilogramme et un poids triple de sucre à 1^f,10 le kilogramme. Quel poids de café et quel poids de sucre aura-t-on pour cette somme ?*

Avec 1 kilogr. de café on prend 3 kilogr. de sucre.
On paye : pour 1 kilogr. de café .... 4^f,50.
pour 3 kilogr. de sucre..... 1^{kg},10 × 3 = 3^f,30.
Total......... 7^f,80.

Autant de fois il y a 7^f,80 dans 100 fr., autant de fois on a 1 kilogr. de café et autant de fois 3 kilogr. de sucre.
Ce nombre de fois est exprimé par le quotient
$$\frac{100}{7,8} = \frac{1000}{78} = \frac{500}{39} = 12,820.$$
On aura donc : en café..................... 12^{kg},820.
en sucre..... 12^{kg},820 × 3 = 38^{kg},460.

Réponse. — 12 kilogrammes 82 décagrammes de café ; 38 kilogrammes 46 décagrammes de sucre.

36. *Pour faire un hectolitre d'huile, on a employé 192 kilogrammes 528 grammes de graine de colza. L'hectolitre de cette graine pèse 63 kilogrammes et le litre d'huile 92 décagrammes. Combien faut-il d'hectolitres de graine de colza pour produire 115 kilogrammes d'huile ?*

Les 192^{kg},528 de graine font autant d'hectolitres de graine qu'il y a de fois 63 kilogr. dans 192^{kg},528.

Le volume de graines pour faire 1 hectolitre d'huile est donc
$$192,528 : 63 = 3^{hl},056 \text{ ou } 305^l,6.$$

Les 115 kilogr. d'huile font autant de litres qu'il y a de fois 92 décagr. dans 115 kilogr. ou dans 11500 décagrammes.

Ce nombre de litres est.............. 11500 : 92 = 125 litres.

Pour avoir 1 litre d'huile il faut 3^l,056 de graine.

Pour 115 kilogr. ou 125 lit. d'huile le volume de graine sera
$$305^l,6 \times 125 = 382 \text{ litres}$$

Réponse. — On emploiera 3 hectolitres 82 litres de graines.

37. *La houille pèse 80 kilogrammes par hectolitre et fournit, dans les usines à gaz, 230 litres de gaz par kilogramme. Trouver combien il faudra employer d'hectolitres de houille pour obtenir 245 000 mètres cubes de gaz.*

En litres la quantité de gaz à obtenir est :
$$1000^l \times 245\,000 = 245\,000\,000 \text{ litres.}$$

Le poids de houille à distiller contient autant de kilogrammes qu'il y a de fois 230 litres dans le volume du gaz à fabriquer.

Ce poids en kilogrammes est donc
$$\frac{245\,000\,000}{230} = \frac{24\,500\,000}{23} = 1\,065\,217 \text{ kilogr.}$$

Il faudra autant d'hectolitres de houille que ce poids contient de fois 80 kilogrammes.

On trouve $\frac{1\,065\,217}{80} = \frac{106\,521,7}{8} = 13\,315$ hectolitres.

Réponse. — Pour obtenir 245 000 mètres cubes de gaz on emploiera 13 315 hectolitres de houille.

38. *Un marchand fait confectionner 5 douzaines de chemises, avec de la toile coûtant 1^f,35 le mètre. Pour chaque chemise on emploie 2^m,75 de toile et la façon revient à 19^f,30 par douzaine. Combien le marchand doit-il vendre les 5 douzaines, s'il veut faire un bénéfice de 12 %/₀ sur la somme qu'il a déboursée ?*

La toile pour 5 douzaines ou 60 chemises contiendra
$$2^m,75 \times 60 = 165 \text{ mètres.}$$
Les 5 douzaines coûtent : en toile.. $1^f,35 \times 165 = 222^f,75.$
en façon.. $19^f,3 \times 5 = 96^f,50.$

Dépense totale.................... $319^f,25.$
Le bénéfice à faire est.......... $319^f,25 \times 0,12 = 38^f,31.$
$\overline{357^f,56.}$

Réponse. — La vente devra produire $357^f,56$.

39. *La toile écrue perd au blanchissage 15 % de sa longueur. Un marchand, ayant acheté 12 pièces de toile écrue, les revend, après le blanchissage, au prix de $2^f,10$ le mètre, et retire du tout une somme de $535^f,50$, y compris un gain de $85^f,50$. Quels étaient, à l'achat, la longueur de la pièce et le prix du mètre de toile écrue ?*

On a vendu autant de mètres qu'il y a de fois $2^f,10$ dans $535^f,50$. Ce nombre de mètres est
$$\frac{535,50}{2,10} = \frac{5355}{21} = 255 \text{ mètres.}$$
Par le blanchissage 1 mètre, étant diminué de $0^m,15$, se réduit à $0^m,85$. Donc autant de fois il y a $0^m,85$ dans 255 mètres, autant on avait acheté de mètres de toile écrue.
Le nombre de mètres de toile écrue est
$$\frac{255}{0,85} = \frac{25500}{85} = 300 \text{ mètres.}$$
La longueur de chaque pièce au moment de l'achat est
$$300 : 12 = 25 \text{ mètres.}$$
Pour payer l'achat de la toile écrue, on avait donné
$$535^f,50 - 85^f,50 = 450 \text{ fr.}$$
Le prix d'achat du mètre de toile écrue était
$$450 : 300 = 1^f,50.$$

Réponse. — Longueur de la pièce achetée : 25 mètres.
Prix d'achat du mètre : $1^f,50$.

40. *Une marchandise venant de l'étranger payait à la frontière un droit d'entrée de 12 % de sa valeur. Ce droit ayant été réduit dans une certaine proportion, l'importation augmente de moitié, et le produit des droits d'entrée diminue d'un tiers. Trouver d'après cela de combien pour 100 le droit d'entrée a été abaissé.*

Pour une marchandise de 100 fr. le droit d'entrée était de 12 fr.

Après l'abaissement du tarif, la quantité de marchandise entrée s'augmente de moitié. Par suite une entrée de 100 fr. de marchandises est remplacée par une entrée de 150 fr.

Mais au lieu de 12 fr. on ne perçoit plus que 8 fr.

Ainsi 150 fr. de marchandise payent 8 fr. d'entrée.

Pour 100 fr. de marchandise le droit d'entrée serait
$$\frac{8}{1,5} = \frac{80}{15} = 5^f,333$$

La diminution pour 100 fr. a donc été
$$12 \text{ fr.} - 5^f,333 = 6^f,666$$

Réponse. — Le droit d'entrée a été abaissé de 6,66 %.

41. *Un homme a revendu une propriété pour la somme de 8400 francs et a ainsi gagné le 20ᵉ du prix d'achat. Trouver son bénéfice et le prix d'achat.*

Ce qui avait coûté 1 franc est revendu 1^f,05.

Le prix d'achat contient autant de francs qu'il y a de fois 1^f,05 dans 8400 fr. ou 105 centimes dans 840 000 centimes.

Le prix d'achat est..................... 840 000 : 105 = 8000 fr.

Réponse. — Prix d'achat : 8000 francs. — Bénéfice : 400 fr.

42. *Les deux grandes roues d'une voiture ont 2^m,25 de tour et les petites 1^m,44. Combien les petites roues feront-elles de tours de plus que les grandes sur une distance de 13 kilomètres 212 mètres ?*

En 1 tour les grandes avancent de 2^m,25 ; les petites de 1^m,44.

Sur une distance de 13 212 mètres, le nombre des tours sera :
pour les grandes................. 13 212 : 2,25 = 5872.
pour les petites.................. 13 212 : 1,44 = 9175.
Différence........... 3 303 tours.

Réponse. — Les petites roues feront 3 303 tours de plus que les grandes.

43. *Un voyageur de commerce est payé à raison de 11^f,50 par jour de tournée, non compris un bénéfice de*

PROBLÈMES SUR LES QUATRE RÈGLES.

2 °/₀ sur les commissions qu'il prend. Après un voyage de 70 jours, il a économisé 411 francs, sa dépense quotidienne ayant été de 13ᶠ,20. Trouver le montant des affaires qu'il a faites.

Le voyageur a dépensé dans sa tournée..... $13^f,2 \times 70 = 924^f$.
La somme qu'il a eue pendant ce temps était
$$924 \text{ fr} + 411 \text{ fr} = 1335 \text{ fr}.$$
En appointements fixes il a reçu $11^f,5 \times 70 = 805$ fr.
Son bénéfice sur ses affaires a été 1335 fr. — 805 fr. = 530 fr.
Autant de fois il y a 2 francs dans 530 francs, autant de fois il y a 100 francs dans le montant des affaires faites.
Ce nombre de fois est............................ $530 : 2 = 265$.

Réponse. — Le montant des affaires a été de 26 500 fr.

44. *Un marchand échange 240 mètres de toile valant 1ᶠ,80 le mètre contre une autre étoffe du prix de 6ᶠ,30 le mètre. Il paye, en outre, une somme complémentaire de 46ᶠ,80. Combien doit-il revendre le mètre de la nouvelle étoffe pour gagner 25 °/₀ sur cette affaire ?*

Les 240 mètres valent.............. $1^f,80 \times 240 = 432$ fr.
Pour recevoir la nouvelle toile le marchand donne
$$432 \text{ fr.} + 46^f,80 = 478^f,80.$$
Le nombre de mètres d'étoffe qu'il reçoit doit être égal à
$$478,8 : 6,3 = 76^m.$$
Il doit gagner 25 °/₀ c'est-à-dire le quart de la somme.
Ce bénéfice sera.................... $478,80 : 4 = 119^f,70$.
Il doit donc retirer de la vente des 76 mètres
$$478^f,80 + 119^f,70 = 598^f,50.$$
Le prix de vente du mètre d'étoffe sera
$$598,5 : 76 = 7^f,875$$

Réponse. — On revendra le mètre 7 francs 87 centimes et demi.

45. *Une maison communale est mise en adjudication au rabais. Un entrepreneur offre de la faire pour la somme de 14 861 francs; un second demande 46ᶠ,20 de plus que le premier et fait ainsi un rabais de 3,2 °/₀* *sur le montant du devis. Trouver le montant de ce devis et quel rabais pour 100 offrait le premier.*

La somme demandée par le 2ᵉ entrepreneur est
$$14861 \text{ fr.} + 46^f,20 = 14907^f,20.$$
Le rabais offert par le même est de $0^f,032$ par franc.
Ainsi pour un devis de 1 franc il demande $0^f,968$.
Donc autant de fois il y a $0^f,968$ dans $14907^f,20$, autant il y a de francs dans le montant du devis. Ce montant est
$$\frac{14907,20}{0,968} = \frac{14\,907\,200}{968} = 15\,400 \text{ fr.}$$
Le rabais offert par le 1ᵉʳ était
$$15400 \text{ fr.} - 14861 \text{ fr.} = 539 \text{ fr.}$$
Sur 154 centaines de francs le rabais était de 539 fr.
Sur 100 francs il était :.................. $539 : 154 = 3^f,56$.

Réponse. — Le montant du devis était de 15 400 francs. Le rabais du 1ᵉʳ entrepreneur était de 3,56 pour 100.

46. *Une personne achète 8 tonneaux de vin, contenant chacun 230 litres, et paye par hectolitre $31^f,75$ pour l'achat, $3^f,50$ de transport et $2^f,30$ de droits. Il reste dans chaque tonneau 8 litres de lie, après que le vin a été transvasé. A combien revient le litre de vin clair ?*

La quantité de vin achetée est égale à
$$230^l \times 8 = 1840^l = 18^{hl},40.$$
La somme déboursée pour l'acquisition de ce vin comprend :
- le prix d'achat............ $31^f,75 \times 18,4 = 584^f,20.$
- le prix du transport......... $3^f,50 \times 18,4 = 64^f,40.$
- les droits................. $2^f,30 \times 18,4 = 42^f,32.$
  Total.................. $690^f,92.$

La lie fait perdre $8^l \times 8 = 64$ litres.
Il reste en vin clair............ $1840^l - 64^l = 1776$ litres.
Le prix du litre de vin clair est donc
$$690^f,92 : 1776 = 0^f,389.$$

Réponse. — Le litre de vin clair revient à 39 centimes.

47. *Un industriel achète en Angleterre de la fonte de fer, au prix de 47 schellings 6 pence la tonne anglaise. Le schelling vaut $1^f,16$ et se divise en 12 pence, et la tonne* anglaise pèse 1015 kilogrammes. Calculer en francs, décimes et centimes le prix d'une tonne française de cette fonte.

Les 47 schellings 6 pence font 47^{sh},5.
En francs cette somme vaut 1^f,16 × 47,5 = 55^f,10.
Ainsi 1015 kilogrammes de fonte valent 55^f,10.
Le prix du kilogramme serait.......... 55^f,10 : 1015 = 0^f,05428.

Réponse. — Le prix de la tonne française est de 54^f,28.

48. — *Une vigne de 7 hectares 9 ares vaut 15 hectares 30 ares de prairie, et 28 hectares de prairie valent 62 hectares 5 ares de bois. Trouver quel est le prix d'un hectare de bois, quand l'hectare de vigne vaut 5300 fr.*

709 ares de vignes valent 1530 ares de pré.
2800 ares de pré valent 6205 ares de bois.

1 are de bois vaut $\frac{2800}{6205}$ ou $\frac{560}{1241}$ d'un are de pré.

1 are de pré vaut $\frac{709}{1530}$ d'un are de vignes.

1 are de bois vaut donc $\frac{560}{1241}$ de $\frac{709}{1530}$ de l'are de vignes,

c.-à-d. $\frac{709}{1530} \times \frac{560}{1241}$ ou $\frac{39\,704}{189\,873}$ de l'are de vignes.

Donc l'are de bois vaut en argent

$$53 \text{ fr.} \times \frac{39\,704}{189\,873} = \frac{2\,104\,312}{189\,873} = 11^f,0827.$$

Réponse. — L'hectare de bois vaut 1108^f,27.

49. *Deux terrains, ensemencés en blé, ont produit pour 2457^f,60 de blé, le décalitre de ce blé valant 1^f,60. Or ce terrain produit en moyenne 16 hectolitres par hectare et l'étendue du 2e terrain est les $\frac{7}{9}$ de celle du 1er. Trouver la superficie de chaque terrain.*

La récolte comprend autant de décalitres de blé qu'il y a de fois 1^f,60 dans 2457^f,60.
On trouve $\frac{2457,6}{1,6} = \frac{24576}{16} = 1536$ décal. ou en hectolitres 153^{hl},6.

La surface totale des deux champs contient autant d'hectares qu'il y a de fois 16 hectolitres dans 153^{hl},6.
Cette surface est donc............ 153,6 : 16 = 9^{ha},6 = 960 ares.
Supposons pour le 1er terrain 7 ares ; le 2e aurait 9 ares.
Le total de ces deux surfaces est....... 16 ares.
Or 960 ares égalent 60 fois 16 ares.
Les surfaces demandées sont donc :
pour le 1er terrain.... 7^a × 60 = 420^a.
pour le 2e terrain.... 9^a × 60 = 540^a.

Réponse. — 420 ares pour le 1er terrain ; 540 pour le 2e.

50. *Un négociant a acheté 12 pièces de drap de 40 mètres chacune, à raison de 11 francs le mètre, et il veut faire, dans la vente, un bénéfice de 20 % sur le prix d'achat. Il en a déjà revendu 230 mètres au prix de 12^f,50 le mètre. Trouver combien il doit revendre le mètre de ce qui reste pour réaliser ce bénéfice. Trouver aussi quel sera son bénéfice pour 100 du prix de vente.*

1° On a acheté 12 fois 40 mètres c'est-à-dire 480 mètres.
Le prix d'achat a été 11 fr. × 480 = 5280 fr.
Le bénéfice à faire est 0^f,20 × 5280 = 1056 fr.
Total à retirer.... 6336 fr.
La 1re vente a produit... 12^f,5 × 230 = 2875 fr.
Reste à retirer.... 3461 fr.
Dans la 2e vente il y a............. 480^m — 230^m = 250 mètres.
Ainsi 250 mètres doivent rapporter 3461 fr.
Le prix de vente du mètre dans la 2e vente sera
3461 : 250 = 13^f,844.
2e Dans 6336 fr. produits par la vente il y a un bénéfice de 1056 fr.
Dans une vente de 1 fr. le bénéfice serait

$$\frac{1056}{6336} = \frac{176}{1056} = \frac{88}{528} = \frac{44}{264} = \frac{22}{132} = \frac{11}{66} = \frac{1}{6}$$

Dans 100 francs le bénéfice sera............ 100 : 6 = 16^f,666

Réponse. — On revendra le mètre du reste 13^f,85.
Le bénéfice est de 16,666 % du prix de vente.

51. *Un métallurgiste, qui établit ses prix de vente sur un bénéfice de 8 %, vend la tonne de fer 266 francs. Il*

PROBLÈMES SUR LES QUATRE RÈGLES.   25

emploie un minerai qui renferme 70 % de fer; mais le traitement de ce minerai entraîne un déchet de 4 % du fer qu'il contient. Combien ce métallurgiste a-t-il traité de tonnes de minerai, dans une année où il a gagné 28 600ᶠ,32?

Ce qui coûte 1 franc au métallurgiste est revendu 1ᶠ,08.
Sur la vente d'une tonne de fer il gagne donc autant de fois 0ᶠ,08 qu'il y a de fois 1ᶠ,08 dans 266 francs.
Ce gain par tonne de fer sera
$$0^f,08 \times \frac{266}{1,08} = \frac{4 \times 266}{54} = \frac{1064}{54} = 19^f,703.$$
Autant de fois le gain fait par tonne de fer est contenu dans le gain total de l'année, autant on a vendu de tonnes de fer.
Le nombre de tonnes de fer est
$$\frac{28\,600,32}{19,703} = \frac{28\,600\,320}{19\,703} = 1451^t,571 = 1\,451\,571 \text{ kg.}$$
Or 100 kilogr. de minerai contiennent 70 kilogr. de fer.
La perte de fer est 0,04 de 70 kilogrammes, c'est-à-dire 2ᵏᵍ,8.
100 kilogr. de minerai donnent donc 70 − 2,8 = 67ᵏᵍ,2 de fer.
1 tonne de minerai fournit 672 kilogrammes de fer.
Le nombre de tonnes de minerai traitées est
$$1\,451\,571 : 672 = 2160^t.$$

Réponse. — On a traité 2160 tonnes de minerai.

52. *L'eau de l'Océan contient 2,5 % de son poids en sel, et dans les marais salants on n'obtient que les 0,80 du sel contenu dans l'eau. Trouver combien il faudra de litres d'eau pour obtenir 10 kilogrammes de sel, si 40 centimètres cubes d'eau salée pèsent 41 grammes.*

Dans 100 kilogrammes d'eau de mer il y a 2ᵏᵍ,5 de sel.
Dans 1000 kilogr. d'eau de mer il y a 25 kilogrammes de sel.
Or de ces 1000 kg. d'eau de mer on ne retire que 0,8 de 25 kilogr. de sel, c'est-à-dire
$$25 \times 0,8 = 20^{kg} \text{ de sel.}$$
Pour avoir 10 kilogr. de sel il faut 500 kilogr. d'eau de mer.
Mais 40 litres d'eau de mer pèsent 41 kilogrammes.
Le poids de 1 litre de cette eau est donc
$$41^{kg} : 40 = 1^{kg},025.$$

BOVIER-LAPIERRE.

Le nombre de litres des 500 kilogrammes d'eau de mer sera
$$\frac{500}{1,025} = \frac{500\,000}{1025} = 487^l,8.$$

Réponse. — Il faudra employer 488 litres d'eau de mer.

53. *Un marchand, qui avait acheté une marchandise, la revend ensuite avec un bénéfice de 11 %, mais qui est inférieur de $18^l,15$ aux 0,11 du prix de vente. Trouver les prix de vente et d'achat.*

Pour plus de clarté désignons par p le prix d'achat.
Le bénéfice fait dans la vente est $\frac{11}{100}$ de p ou $\frac{11\,p}{100}$.
Le produit de la vente est
$$p + \frac{11\,p}{100} \quad \text{c.-à-d.} \quad \frac{111\,p}{100}.$$
Or les 0,11 du prix de vente sont
$$\frac{111\,p}{100} \times \frac{11}{100} \quad \text{ou} \quad \frac{1221\,p}{10\,000}.$$
On a donc, d'après l'énoncé, l'égalité suivante :
$$\frac{1221\,p}{10\,000} = \frac{11\,p}{100} + 18,15.$$
En multipliant tous les termes de l'égalité par 10 000, on a
$$1221\,p = 1100\,p + 181500.$$
De là on tire
$$1221\,p - 1100\,p = 181500.$$
$$121\,p = 181500.$$
$$p = \frac{181500}{121} = 1500.$$
Les 11 centièmes de ce prix sont
$$15 \times 11 = 165.$$

Réponse. — Prix de vente : 1665 francs.
Prix d'achat : 1500 francs.

54. *Un marchand a vendu 222 mètres de drap de deux qualités, mais autant de l'une que de l'autre, et il a retiré de la vente 1998 francs. Trouver le prix du mètre de chaque qualité, en sachant que 11 mètres de la 2e valent autant que 7 mètres de la 1re.*

11 mètres de la 2ᵉ qualité valent 7 mètres de la 1ʳᵉ.

Le mètre de la 2ᵉ qualité vaut donc $\frac{7}{11}$ du mètre de la 1ʳᵉ.

Si le mètre de la 1ʳᵉ coûtait 11 fr., le mètre de la 2ᵉ vaudrait 7 fr.; en ce cas 1 m. de la 1ʳᵉ et 1 m. de la 2ᵉ valent ensemble 18 fr.
Il y aura autant de mètres de chaque qualité qu'il y a de fois 18 francs dans 1998 francs.
Ce nombre de mètres est............... 1998 : 18 = 111 mètres.
Il y aurait ainsi 222 mètres dans la vente totale.
Ce nombre est précisément le nombre de mètres donné.

Réponse. — Le prix du mètre est : 11 francs pour la 1ʳᵉ qualité; 7 francs pour la 2ᵉ.

55. *Un fourneau brûle 3 décistères de bois par semaine. En remplaçant le bois par la houille, on fait une économie de 2ᶠ,10. Calculer ce qu'on brûlerait de houille en 18 semaines, si le bois vaut 17 francs le stère et la houille 4ᶠ,50 les 100 kilogrammes.*

Le nombre de stères de bois brûlés en 18 semaines est
$$0^{st},3 \times 18 = 5^{st},4.$$
La dépense pour le chauffage au bois pendant ce temps serait
$$17^f \times 5,4 = 91^f,80.$$
En brûlant de la houille on économise par semaine 2ᶠ,10.
En 18 semaines le gain sera............... 2ᶠ,10 × 18 = 37ᶠ,80.
La dépense du chauffage par la houille est donc
$$91^f,80 - 37^f,80 = 54 \text{ fr.}$$
Or le kilogramme de houille coûte 0ᶠ,045.
Le nombre de kilogr. de houille brûlés en 18 semaines est égal au nombre de fois qu'il y a 0ᶠ,045 dans 54ᶠ.

Ce nombre est $\frac{54}{0,045} = \frac{54000}{45} = 1200$ kilogr.

Réponse. — En 18 semaines on brûlerait 1200 kilogr. de houille.

56. *Un tonneau vide pèse 20 kilogrammes, et plein de vin il pèse 412 kilogrammes. Ce tonneau de vin a coûté, le fût non compris, 175 francs, et le litre pèse 98 décagrammes. Trouver combien on perd pour 100, si on ne peut vendre le litre que 30 centimes.*

Le poids de vin que renferme le tonneau est
$$412^{kg} - 20^{kg} = 392 \text{ kilogr.}$$
Le nombre de litres de vin est égal au quotient
$$\frac{392}{0,98} = \frac{19600}{49} = 400 \text{ litres.}$$
Ces 400 litres de vin ont coûté 175 francs.
En les revendant 0^f,30 le litre, on touche 0^f,30 × 400 = 120 fr.
La perte est donc.............................. 175^f — 120^f = 55 fr.
Sur 175 fr. on perd 55 fr.

Sur 1 fr. la perte est $\dfrac{55^f}{175} = \dfrac{11}{35} = \dfrac{2,2}{7} = 0^f,3143.$

Réponse. — La perte est de 31,43 %.

57. *Les frais nécessaires pour extraire le cuivre d'un quintal de minerai s'élèvent à* 6^f,75. *On achète, au prix de* 18 *francs le quintal, une certaine quantité de minerai, dont la teneur en cuivre est de* 12 %. *Le cuivre perdu dans l'opération s'élève aux* 0,09 *de celui que le minerai contient. A quel prix revient le quintal de cuivre ?*

Le quintal de minerai extrait coûte
$$18^f + 6^f,75 = 24^f,75.$$
Le poids de cuivre dans un quintal de minerai est 12 kilogrammes.
On perd 0,09 de 12 kilogrammes, c'est-à-dire 1^k,08.
On retire donc................ 12^k — 1^k,08 = 10^k,92 de cuivre.
10^k,92 de cuivre coûtent 24^f,75.
1 kilogramme coûterait :
$$\frac{24,75}{10,92} = \frac{2475}{1092} = 2^f,26648.$$

Réponse. — Le quintal de cuivre revient à 226^f, 65.

58. *Une fermière a donné* 9 *kilogrammes de beurre et* 2^f,70 *en argent pour avoir* 1^m,80 *de drap. Si elle avait donné* 3 *kilogrammes de beurre de plus et pas d'argent, elle aurait eu* 2^m,16 *de drap. Trouver le prix du kilogramme de beurre et celui du mètre de drap.*

Avec 9 kilogrammes de beurre et 2^f,70 on a eu 1^m,80 de drap.
Avec 12 kilogrammes de beurre seulement on aurait 2^m,16 de drap.

PROBLÈMES SUR LES QUATRE RÈGLES.

Or 9 étant les $\frac{3}{4}$ de 12, on aurait aussi :

pour 9 kilogr. de beurre les $\frac{3}{4}$ de 2^m,16 c.-à-d. 1^m,62 de drap.

Les 2^f,70 sont donc le prix de 1^m,80 — 1^m,62, c.-à-d. de 0^m,18.
Ainsi 18 centimètres de drap coûtent.............. 2^f,70.
1 centimètre coûterait................. 2^f,70 : 18 = 0^f,15.
Le prix du mètre est donc 15 fr.
Par suite 12 kilogrammes de beurre valent
    15^f × 2,16 = 32^f,40.
Le prix du kilogr. est................. 32^f,40 : 12 = 2^f,70.

Réponse. — Le mètre de drap coûtait 15 francs et le kilogramme de beurre 2^f,70.

59. *Un libraire a vendu 328 exemplaires d'un ouvrage, la moitié au prix du catalogue et l'autre moitié avec une réduction de 10 % sur ce prix. Il avait obtenu lui-même de l'éditeur une remise de 25 % sur la totalité. Il a ainsi gagné 196^f,80. Trouver le prix porté sur le catalogue.*

D'abord la moitié de 328 est 164.
Supposons que le prix de l'exemplaire au catalogue soit de 1 franc.
Ce prix diminué du dixième se réduit à 0^f,90.
De la vente le libraire retirerait en ce cas :
    pour 164 exemplaires à 1 franc............. 164^f,00.
    pour les 164 autres............. 0^f,90 × 164 = 147^f,60.
                Total.......... 311^f,60.
Par la réduction de 25 %, le prix d'achat serait 0^f,75.
Le libraire aurait donc déboursé pour l'achat :
    0^f,75 × 328 = 246 francs.
Au prix de 1 franc sur le catalogue, le libraire aurait gagné
    311^f,60 — 246^f = 65^f,60.
Autant de fois il y a 65^f,60 dans le bénéfice de 196^f,80, autant il y a de francs dans le prix de l'exemplaire au catalogue.
Ce prix est donc.................. 196,80 : 65,60 = 3 fr.

Réponse. — Prix de l'exemplaire au catalogue : 3 francs.

60. *Un père fait avec son fils la convention suivante : quand celui-ci aura dans sa classe la place de premier,*

il recevra de son père 20 francs; mais quand il ne sera pas premier, il rendra à son père 12 francs. Après 12 compositions, le fils se trouve possesseur de 112 francs. Combien de fois a-t-il été premier?

Supposons que le fils ait été 1ᵉʳ à chacune des 12 compositions, il aura en ce cas..................... $20^f \times 12 = 240$ francs.
Mais il ne possède que 112 francs, ce qui fait une différence égale à
$$240^f - 112^f = 128 \text{ fr.}$$
Or quand il manque la place de 1ᵉʳ, il perd :
20 francs qu'il ne reçoit pas, plus 12 francs qu'il paye : total, 32 fr.
Donc autant de fois il y a 32 francs dans 128 francs, autant il y a de place de 1ᵉʳ manquées.
Le nombre de places manquées est............ $128 : 32 = 4.$

Réponse. — Le fils a été premier 8 fois.

61. *Les appointements d'un employé se composent d'un traitement fixe soumis à la retenue de 5 %, et d'une indemnité variable, qui ne subit aucune retenue. Pour l'année 1883 cette indemnité a été égale à la moitié du traitement fixe compté sans retenue, et l'employé a reçu en tout 3480 francs. Trouver le montant du traitement fixe et le montant de l'indemnité pour cette année.*

Désignons le traitement fixe par T, afin d'abréger.
Après la retenue de 5 %, c'est-à-dire du 20ᵉ, l'employé a reçu :
$\frac{19}{20}$ de T plus $\frac{10}{20}$ de T; c'est-à-dire $\frac{29}{20}$ de T.
Les $\frac{29}{20}$ de T valent 3480 francs.
La 20ᵉ partie de T vaut .... $3480 : 29 = 120$ francs.
Le traitement T égale donc.......... $120^f \times 20 = 2400$ francs.
Le 20ᵉ de 2400 francs est 120 francs.
Le traitement après la retenue est $2400 - 120 = 2280$ fr.
L'indemnité est de.................... 1200 francs.

Réponse. — Traitement fixe : 2400 fr.; indemnité : 1200 fr.

62. *Deux ouvriers font en 3 jours et demi un travail qu'on leur paye 46 francs. Le premier travaille de telle* sorte qu'il ferait seul tout l'ouvrage en 5 jours $\frac{3}{4}$. Trouver la part de travail faite par chaque ouvrier et quel est le gain de chacun par jour.

Ensemble les deux ouvriers font le travail en 3 jours et demi; c'est-à-dire en 7 demi-journées ou 14 quarts de journée.
Le 1er le ferait seul en 5 jours 3 quarts ou 23 quarts de journée.

En 1 quart de journée cet ouvrier fait $\frac{1}{23}$ de l'ouvrage.

En 14 quarts de journée il a fait $\frac{14}{23}$ de l'ouvrage.

Le 2e a seulement fait pendant ce temps $\frac{9}{23}$ de l'ouvrage.
On paye : pour le tout 46 fr. ; pour la 23e partie 2 francs.
Ainsi les deux ouvriers reçoivent :
le 1er 28 francs ; le 2e 18 francs.
Par jour ils gagnaient :
le 1er $\frac{28}{3,5} = 8$ fr. ; le 2^e $\frac{18}{3,5} = 5^f,14$.

Réponse. — Le 1er a fait $\frac{14}{23}$ de l'ouvrage et le 2^e $\frac{9}{23}$. Par jour le 1er gagnait 8 francs ; l'autre 5^f,14.

63. *Deux ouvriers ont travaillé dans une usine, le 1er pendant 12 jours et le 2e pendant 15 jours. Le salaire du 2e est 4 fois le tiers de celui du 1er et ils ont touché ensemble un total de 96 francs. Combien chaque ouvrier recevait-il par jour ?*

Supposons que le 1er reçoive par jour 3 francs.
Le 2e recevra.................... 4 francs.
En ce cas ils auraient reçu :
 le 1er pour 12 journées..................... 3^f × 12 = 36 fr.;
 le 2e pour 15 journées..................... 4^f × 15 = 60 fr.;
  Total................. 96 fr.
Les prix de journée supposés, donnant précisément la somme 96 francs, sont les prix demandés.

Réponse. — Pour le 1er ouvrier le prix de la journée est 3 francs ; pour le 2e il est 4 francs.

64. *On plonge un morceau de cuivre dans un vase plein d'un mélange d'eau et d'alcool, pesant 840 grammes par litre. Le liquide qui s'écoule a un poids de 26 grammes 3 décigrammes et représente les $\frac{4}{13}$ du mélange total. Trouver le volume du morceau de cuivre et la capacité du vase.*

Les 840 gr. du mélange font 1 litre ou 1000 centimètres cubes.
Le volume de 1 gramme de ce liquide serait
$$\frac{1000}{840} = \frac{25}{21} \text{ de centimètre cube.}$$
Le volume des 26^{gr},3 sortis du vase est donc en centimètres cubes
$$\frac{25}{21} \times 26,3 = \frac{657,5}{21} = 31^{cc},309.$$
Les $\frac{4}{13}$ de la capacité du vase égalent 31^{cc},309.
Le 13e de cette capacité est 31^{cc},309 : 4 = 7^{cc},82725.
La capacité du vase est donc
$$7^{cc},82725 \times 13 = 101^{cc},75425.$$

Réponse. — La capacité du vase a 101 centimètres cubes 754 millimètres cubes ou 10 centilitres.

Le volume du morceau de cuivre est de 31 centimètres cubes 309 millimètres cubes.

65. *On a 270 kilogrammes d'eau de mer, renfermant 4 % de leur poids de sel. Trouver quel poids d'eau pure il faut en chasser par l'évaporation, pour que le liquide restant renferme 27 % de son poids de sel.*

Le poids du sel contenu dans les 270 kilogr. d'eau de mer est
$$270^{kg} \times 0,04 = 10^{kg},8.$$
Ce poids de sel reste le même après l'évaporation.
Les 0,27 du poids du liquide après l'évaporation sont donc 10^{kg},8.
La 100e partie de ce poids serait............ 10^{kg},8 : 27 = 0^{kg},40.
Ce poids égale 40 kilogrammes.
L'évaporation chassera............ 270^{kg} − 40^{kg} = 230 kilogr.

Réponse. — Le poids de l'eau devra diminuer de 230 kilogrammes.

PROBLÈMES SUR LES QUATRE RÈGLES.

66. *On a vendu 27 kilogr. 376 grammes d'une marchandise pour 8623^f,44 et on a gagné ainsi 20 % sur le prix d'achat. Combien avait coûté le kilogramme de cette marchandise ? Trouver aussi quels poids on a dû mettre dans la balance pour la peser.*

Le bénéfice fait dans la vente est de 0^f,20 par franc.
Ce qui avait coûté 1 franc a donc été revendu 1^f,20.
La somme payée pour l'achat est par conséquent égale à autant de fois 1 franc qu'il y a de fois 1^f,20 dans 8623^f,44.
Cette somme est.................. 8623,44 : 1,2 = 7186^f,20.
Le prix d'achat du gramme était
$$7186,20 : 27376 = 0^f,26250.$$

Réponse. — Le prix d'achat du kilogramme est 262^f,50.

Pour peser la marchandise on a mis dans la balance :
un poids de................	20 kilogr.	⎫
un poids de................	5 kilogr.	⎬ 27 kilogr.
un poids de................	2 kilogr.	⎭
un poids de................	2 hectogr.	⎫ 3 hectogr.
un poids de................	1 hectogr.	⎭
un poids d'un demi-hectogr.	5 décagr.	⎫ 7 décagr.
un poids de................	2 décagr.	⎭
un poids de................	5 grammes	⎫ 6 grammes.
un poids de................	1 gramme	⎭

67. *En vendant 5^f,40 la paire de bas tricotée, une femme gagne 20% sur le prix de la laine. Trouver la valeur du kilogramme de laine, en sachant que la façon coûte 5 fois le quart de ce prix. Dans une paire de bas il y a 200 grammes de laine.*

Supposons que l'hectogramme de laine coûte 1 franc.
La laine de la paire de bas coûtera 2 francs.
La façon coûte 5 fois le quart de 2 francs, c'est-à-dire 2^f,50.
Le bénéfice de la vente est le 5e de 2 fr., c'est-à-dire 0^f,40.
Ainsi au prix de 1 franc l'hectogramme de laine, la somme produite par la vente de la paire de bas est
$$2^f + 2^f,50 + 0^f,40 = 4^f,90.$$
Autant de fois il y a 4^f,90 dans 5^f,40, autant de fois il y a 1 franc dans le prix de l'hectogramme de laine.

Le prix de l'hectogramme est............ 5,40 : 4,90 = 1^f,1020.

Réponse. — Le kilogramme de laine vaut 11^f,02.

68. *Deux groupes d'ouvriers, l'un composé de 5 ouvriers et l'autre de 3 ouvriers, ont fait ensemble, en 17 jours, un ouvrage pour lequel on leur a donné 569^f,50. Un ouvrier du premier groupe recevait par jour 1^f,50 de plus qu'un ouvrier du deuxième groupe. Trouver la somme qui revient à chaque ouvrier.*

La somme totale reçue par les 5 ouvriers surpasse celle qui a été donnée aux trois autres de
$$1^f,50 \times 5 \times 17 = 127^f,50.$$
En prélevant cet excès sur la somme totale, il reste
$$569^f,50 - 127^f,50 = 442 \text{ fr.}$$
Ce reste est la somme donnée aux 8 ouvriers qui seraient payés au prix des 3 ouvriers du 2e groupe.
La somme donnée à chacun de ces trois ouvriers est donc
$$442 : 8 = 55^f,25.$$
La somme donnée à chaque ouvrier du 1er groupe est
$$55^f,25 + 1^f,50 \times 17 = 80^f,75.$$

Réponse. — Chaque ouvrier a reçu : dans le 2e groupe 55^f,25 ; dans le 1er groupe 80^f,75.

69. *Une mère de famille a deux pièces de toile de même qualité, dont l'une a 7^m,80 de plus que l'autre, et qui lui coûtent ensemble 59^f,15. Avec la plus petite elle peut faire 5 chemises, revenant chacune à 4^f,55 pour le prix de la toile seulement. Trouver : 1° la longueur de chaque pièce; 2° le prix du mètre; 3° combien on pourra faire de chemises avec la plus grande pièce; 4° combien de mètres de toile entrent dans une chemise.*

Le prix des 5 chemises à faire avec la petite pièce est
$$4^f,55 \times 5 = 22^f,75.$$
Les deux pièces coûtent ensemble................ 59^f,15.
La petite coûte................................... 22^f,75.
Le prix de la grande est donc.................... 36^f,40.
La différence entre les prix des deux pièces est..... 13^f,65.

Ainsi 7ᵐ,80 de toile coûtent 13ᶠ,65.
Le prix du mètre est.................... 13ᶠ,65 : 7,8 = 1ᶠ,75.
La longueur de la petite pièce est...... 22,75 : 1,75 = 13 mètres.
La plus grande a 7ᵐ,80 de plus, ce qui fait 20ᵐ,80.
La toile de la chemise coûte 4ᶠ,55.
Le nombre de chemises qu'on fera avec la grande pièce est
$$36,40 : 4,55 = 8.$$
Le nombre de mètres de toile qui entrent dans une chemise sera
$$4,55 : 1,75 = 2^m,60.$$

Réponse. — La petite pièce a 13 mètres.
La grande pièce a 20ᵐ,80 et fournit 8 chemises.
Le mètre coûte 1ᶠ,75 et une chemise prend 2ᵐ,60 de toile.

70. *Calculer en mètres la distance de deux villes B et C situées sur le parallèle de 60° de latitude, la longitude de la ville B étant de 12°48', celle de la ville C de 17° 26', et la longueur du degré sur ce parallèle n'étant que la moitié de celle du degré du méridien.*

Soit A le point où ce parallèle est coupé par le premier méridien ; B et C les deux lieux : le problème présente deux cas.
1° Les deux lieux sont du même côté du 1ᵉʳ méridien ;
En ce cas l'arc BC est la différence entre les arcs AB et AC.
On a donc : arc BC = 17° 26' — 12° 48' ;
ou   arc BC = 16° 86' — 12° 48' = 4° 38'.
Or un arc de 90° du méridien a 10 000 000 de mètres.
L'arc de 1° vaut..................... 10 000 000ᵐ : 90 = 111 111ᵐ,1.
L'arc de 1' vaut..................... 111 111ᵐ,1 : 60 = 1851ᵐ,8.
On a donc :
    arc 4° = 111 111ᵐ,1 × 4 = 444 444ᵐ,4
    arc 38' =   1 851ᵐ,8 × 38 = 70 368ᵐ,4.
                    Total   514 812ᵐ,8.
Sur le parallèle des deux lieux, la longueur de l'arc n'est que la moitié de celui du méridien ; on a donc :
    distance BC = 257 406ᵐ,4 ou 257 kilomètres 406 mètres.
2° Le lieu B est à l'*est* du méridien et le lieu C à l'*ouest*.
En ce cas l'arc BC est la somme des deux arcs AB et AC.
On a alors : arc BC = 17° 26' + 12° 48' = 30° 14'.
On obtient ensuite :
    arc 30° = 111 111ᵐ,1 × 30 = 3 333 333ᵐ,3
    arc 14' =   1 851ᵐ,8 × 14 =   25 925ᵐ,2
                    Total........   3 359 258ᵐ,5.

L'arc BC sur le parallèle en est la moitié; on a donc :
arc BC = 1 679 629^m,2, c'est-à-dire 1679 kilomètres 629 mètres.

Réponse. — Si les deux villes sont du même côté du 1er méridien, leur distance est de 257 kilom. 406 mètres. Si elles sont l'une à l'*est* et l'autre à l'*ouest* du 1er méridien, leur distance est de 1679 kilom. 629 mètres.

CHAPITRE II

PROBLÈMES SUR LES FRACTIONS ORDINAIRES

71. *Un marchand a acheté* 140 *hectolitres de froment, à raison de* 18^f,15 *l'hectolitre, et il veut, en les revendant, gagner* 180 *francs. Il en revend d'abord les* $\frac{3}{7}$ *au prix de* 3^f,70 *le double décalitre. A quel prix doit-il revendre l'hectolitre de ce qui lui reste ?*

Le prix d'achat est.............. 18^f,15 × 140 = 2541 francs.
La vente doit rapporter........... 2541^f + 180^f = 2721 francs.
Les 3 septièmes de 140 hectolitres sont :
 20^{hl} × 3 = 60^{hl} = 600 décalitres = 300 doubles décalitres.
La 1re vente a rapporté............ 3^f,70 × 300 = 1110 francs.
Le reste rapportera............. 2721^f — 1110^f = 1611 francs.
Ce reste comprend.............. 140^{hl} — 60^{hl} = 80 hectolitres.
Le prix de vente de l'hectolitre de ce reste sera
 1611^f : 80 = 20^f,137.

Réponse. — On revendra l'hectolitre au prix 20^f,14.

72. *On donne* 12 *mètres* $\frac{2}{3}$ *de calicot en échange de* 1 *mètre de drap. Combien devra-t-on donner de calicot, pour* 10 *mètres* $\frac{5}{6}$ *de drap ? Quel sera le prix de ce calicot, si le mètre de drap vaut* 8 *francs ?*

Le mètre de drap vaut $12^m \frac{2}{3}$ ou $\frac{38}{3}$ de mètre de calicot.

Le calicot à donner pour $10^m \frac{5}{6}$ ou $\frac{65}{6}$ de mètre de drap aura

$$\frac{38}{3} \times \frac{65}{6} = \frac{2470}{18} = \frac{1235}{9} = 137^m \frac{2}{9}.$$

Le prix de cette quantité de calicot sera

$$8^f \times \frac{65}{6} = \frac{4 \times 65}{3} = \frac{260}{3} = 86^f,666$$

Réponse. — Le calicot donné en échange valait $86^f,67$.

73. *Un fermier a mis en pré les $\frac{5}{9}$ d'une pièce de terre et cultive le reste en blé. En semant 2 kilogrammes de blé par are, après l'avoir acheté au prix de 32 francs le quintal métrique, il emploie pour $147^f,20$ de semence. Trouver la surface du champ cultivé en blé et celle du pré.*

100 kilogrammes de blé coûtent 32 francs.
2 kilogrammes de blé coûteront.............. $32 : 50 = 0^f,64$.
Le nombre d'ares du champ de blé sera

$$\frac{147,20}{0,64} = \frac{14720}{64} = 230 \text{ ares}.$$

Le champ de blé comprend les $\frac{4}{9}$ de la pièce de terre totale.
La 9ᵉ partie de cette pièce est................ $230^a : 4 = 57^a,5$.
La surface du pré, qui est 5 fois cette 9ᵉ partie, est égale à
$$57^a,5 \times 5 = 287^a,50.$$

Réponse. — Le champ de blé a 2 hectares 30 ares. — Le pré a 2 hectares 87 ares 50 centiares.

74. *Une ménagère se propose d'acheter de la toile du prix de $1^f,50$ le mètre, pour faire 3 douzaines de serviettes d'égale longueur. Si la longueur de la serviette avait $0^m,10$ de plus, la dépense serait augmentée des $\frac{2}{15}$ du prix que cette femme s'était d'abord fixé. Trouver ce prix et la longueur de la serviette.*

DOVIER-LAPIERRE.

Les 3 douzaines de serviettes font 36 serviettes.
Pour donner 10 centimètres de plus à chacune, il faudrait acheter de plus 36 fois 0ᵐ,10 de toile, c'est-à-dire 3ᵐ,60.
Le prix de ces 3ᵐ,60 serait.................. 1ᶠ,50 × 3,6 = 5ᶠ,40.

Ainsi $\frac{2}{15}$ du prix fixé pour l'achat égalent 5ᶠ,40.

La 15ᵉ partie de ce prix serait la moitié ou 2ᶠ,70.
Le prix fixé pour l'achat est donc
$$2^f,70 \times 15 = 40^f,50.$$
Le nombre de mètres pour 36 serviettes est
$$\frac{40,50}{1,50} = \frac{405}{15} = \frac{81}{3} = 27 \text{ mètres.}$$
La longueur de chaque serviette sera
$$\frac{27^m}{36} = 0^m,75.$$

Réponse. — La somme destinée à l'achat était de 40ᶠ,50.
— La longueur de chaque serviette était de 75 centimètres.

75. *Un aubergiste a acheté un certain nombre de litres de vin. Il les revend en détail à 60 centimes le litre, en faisant un bénéfice de 20 %. Or le prix de vente de 15 litres représente les $\frac{3}{40}$ du prix de tout l'achat. Trouver le prix d'achat du litre de vin et le nombre de litres achetés.*

La vente de 15 litres produit............ 0ᶠ,60 × 15 = 9 francs.
Les $\frac{3}{40}$ du prix d'achat de tous les litres est 9 francs.
La 40ᵉ partie de ce prix est............ 9ᶠ : 3 = 3 francs.
Ce prix d'achat égale donc............ 3ᶠ × 40 = 120 francs.
Or ce qui avait été acheté pour 1 franc a été revendu 1ᶠ,20.
Le litre a été revendu 0ᶠ,60, c'est-à-dire la moitié de 1ᶠ,20.
Donc le prix d'achat du litre a été la moitié de 1 franc, c'est-à-dire 0ᶠ,50.
La somme donnée pour l'achat a été 120 francs.
Au prix d'un demi-franc par litre, le nombre de litres achetés a été le double de 120, c'est-à-dire 240.

Réponse. — Nombre de litres achetés, 240. — Prix d'achat du litre 50 centimes.

PROBLÈMES SUR LES FRACTIONS ORDINAIRES.   39

76. *On a payé* 84 000 *francs pour l'achat d'une propriété, composée de champs, de prés et de bois. Les prés coûtent les* $\frac{6}{14}$ *de la valeur des champs, et les bois les* $\frac{2}{3}$ *de celle des prés. Les champs rapportent* 3 % , *les prés* 4 % , *les bois* 2 % . *Trouver le revenu de la propriété.*

La valeur des prés est $\frac{6}{14}$ ou $\frac{3}{7}$ de la valeur des champs.

La valeur des bois est les $\frac{2}{3}$ de celle des prés.

Supposons que les champs aient une valeur de... 21 francs.
Les prés vaudront 3 septièmes de 21 francs c.-à-d.   9 francs.
Les bois vaudront 2 tiers de 9 francs c.-à-d......   6 francs.
Le total de ces trois valeurs est.................   36 francs.
Or la valeur de la propriété égale

$\frac{84000}{36}$ ou $\frac{7000}{3}$ du total des valeurs supposées

Les prix des trois parties de la propriété sont donc

en champs..... $21^f \times \frac{7000}{3} = 7^f \times 7000 = 49\,000$ francs.

en prés........ $9^f \times \frac{7000}{3} = 3^f \times 7000 = 21\,000$ francs.

en bois........ $6^f \times \frac{7000}{3} = 2^f \times 7000 = 14\,000$ francs.

Les revenus sont :
à 3 % pour les champs........ $3^f \times 490 = 1470$ francs.
à 4 % pour les prés.......... $4^f \times 210 = 840$ francs.
à 2 % pour les bois.......... $2^f \times 140 = 280$ francs.
                                   Total...... 2590 francs.

Réponse. — Le revenu de la propriété est 2590 francs.

77. *Une famille a pu économiser dans une année* 850 *francs. Elle a dépensé les* $\frac{4}{9}$ *de son revenu pour sa nourriture,* $\frac{1}{10}$ *pour son logement et les* $\frac{4}{15}$ *pour son entretien. On demande quel était ce revenu.*

La partie du revenu qui a été dépensée est :

$\frac{4}{9} + \frac{1}{10} + \frac{4}{15}$ ou $\frac{40}{90} + \frac{9}{90} + \frac{24}{90} = \frac{73}{90}$.

La partie du revenu économisée est :

$$\frac{90}{90} - \frac{73}{90} = \frac{17}{90}$$ valant 850 francs.

La 90ᵉ partie de ce revenu vaut.......... 850 : 17 = 50 francs.
Le revenu total est................ 50ᶠ × 90 = 4500 francs.

Réponse. — Le revenu de la famille est de 4500 francs.

78. *D'une barrique de vin entièrement pleine un marchand retire d'abord le quart du contenu, puis le 9ᵉ de ce qui reste. Il vend ensuite en détail ce qui reste dans le tonneau, à raison de 60 centimes le litre et il en retire 91ᶠ,20. Trouver la capacité de la barrique.*

Après qu'on a retiré $\frac{1}{4}$ du vin, il en reste les $\frac{3}{4}$.

La 2ᵉ fois on retire le 9ᵉ de $\frac{3}{4}$ ou $\frac{3}{4 \times 9}$ c.-à-d. $\frac{1}{12}$ du total.

Ainsi en deux fois on a tiré :

$$\frac{1}{4} + \frac{1}{12} \text{ ou } \frac{3}{12} + \frac{1}{12} \text{ c.-à-d. } \frac{4}{12} \text{ ou } \frac{1}{3} \text{ de tout le vin.}$$

Il en reste donc les $\frac{2}{3}$. Ils contiennent autant de litres qu'il y a de fois 0ᶠ,60 dans 91ᶠ,20.

Ce nombre de litres est.......... $\frac{91,20}{0,60} = \frac{912}{6} = 152$ litres.

Ainsi les $\frac{2}{3}$ du tonneau égalent 152 litres.

Le tiers est........................... 152 : 2 = 76 litres.
La contenance totale est................ 76ᶫ × 3 = 228 litres.

Réponse. — La barrique contenait 228 litres.

79. *La graine de colza contient environ 47 % de son poids d'huile ; mais on ne retire par la pression que les $\frac{8}{11}$ de cette huile. Le litre d'huile de colza pesant 92 décagrammes, combien devra-t-on presser de kilogrammes de graines pour avoir 1 hectolitre d'huile ?*

Le poids d'huile obtenu par la pression est les $\frac{8}{11}$ des $\frac{47}{100}$ du poids de la graine pressée, c'est-à-dire

$$\frac{47}{100} \times \frac{8}{11} = \frac{376}{1100} \text{ ou } \frac{94}{275} \text{ du poids de la graine.}$$

PROBLÈMES SUR LES FRACTIONS ORDINAIRES 41

L'hectolitre d'huile pèse $0^{kg},92 \times 100 = 92$ kilogrammes.

92 kilogrammes sont ainsi les $\dfrac{94}{275}$ du poids de graine à presser.

$\dfrac{1}{275}$ de ce poids de graine est $\dfrac{92}{94}$ ou $\dfrac{46}{47}$ de kilogramme.

Ce poids de graine sera donc en kilogrammes :

$$\dfrac{46 \times 275}{47} = \dfrac{12650}{47} = 269^{kg},148.$$

Réponse. — On doit presser 269 kilogr. 148 grammes de graines.

80. *Les frais de construction d'un chemin vicinal, qui relie cinq villages, ont été répartis de la manière suivante : $\dfrac{1}{3}$ pour le 1er; $\dfrac{1}{4}$ pour le 2e; $\dfrac{1}{6}$ pour le 3e; $\dfrac{1}{12}$ pour le 4e. Le 5e a eu à faire pour sa part une longueur de 800 mètres. Les frais s'étant élevés à 2500 francs par kilomètre, on demande de déterminer la dépense supportée par chaque village et la longueur du chemin.*

La partie payée par les quatre premiers villages est

$$\dfrac{1}{3} + \dfrac{1}{4} + \dfrac{1}{6} + \dfrac{1}{12}$$

ou $\dfrac{4}{12} + \dfrac{3}{12} + \dfrac{2}{12} + \dfrac{1}{12} = \dfrac{10}{12} = \dfrac{5}{6}$ de la dépense.

Le 5e village n'a eu que $\dfrac{1}{6}$ de la dépense totale.

Ainsi la 6e partie du chemin a 800 mètres.
La longueur totale était

$$800^m \times 6 = 4800^m = 48 \text{ hectomètres}.$$

A raison de 2500 francs le kilomètre, ou 250 francs l'hectomètre, le chemin coûte

$$250^f \times 48 = 12.000 \text{ francs}.$$

Les frais payés par chaque village sont donc :
pour le 1er.................... 12000 : 3 = 4000 francs.
    le 2e .... 12000 : 4 = 3000 francs.
    le 3e .... 12000 : 6 = 2000 francs.
    le 4e .... 12000 : 12 = 1000 francs.
    le 5e .... 12000 : 6 = 2000 francs.

Réponse. — Le chemin a 4 kilomètres 8 hectomètres.
— Le 4ᵉ village paie 1000 francs; le 3ᵉ et le 5ᵉ chacun 2000 francs; le 2ᵉ 3000 francs; le 1ᵉʳ 4000 francs.

81. *Deux ouvriers de force inégale travaillent à un même ouvrage, qu'ils peuvent faire ensemble en 12 jours. Au bout de 4 jours de travail, le plus habile tombe malade, et l'autre, resté seul, achève l'ouvrage en 18 jours. Trouver combien chacun d'eux, travaillant seul, aurait mis de temps pour faire l'ouvrage entier.*

1° Ensemble les deux ouvriers font par jour $\frac{1}{12}$ de l'ouvrage.

Au bout de 4 jours ils ont fait $\frac{4}{12}$ c'est-à-dire $\frac{1}{3}$ de l'ouvrage.

Il ne reste alors à faire que $\frac{2}{3}$ de l'ouvrage.

Pour faire 2 tiers de l'ouvrage le 2ᵉ ouvrier met 18 jours.
Pour faire 1 tiers de l'ouvrage il mettrait 9 jours.
Pour faire l'ouvrage entier il mettra 3 fois 9 jours ou 27 jours.

2° Par jour le 2ᵉ ouvrier fait $\frac{1}{27}$ de l'ouvrage.

La partie de l'ouvrage faite en 1 jour par le 1ᵉʳ est donc

$$\frac{1}{12} - \frac{1}{27} = \frac{27}{324} - \frac{12}{324} = \frac{15}{324} = \frac{5}{108}.$$

Pour faire $\frac{5}{108}$ de l'ouvrage, le 1ᵉʳ ouvrier met 1 jour.

Pour en faire $\frac{1}{108}$ il mettrait $\frac{1}{5}$ de jour.

Pour faire l'ouvrage entier il mettrait un nombre de jours égal à

$$\frac{1}{5} \times 108 = \frac{108}{5} = 21\frac{3}{5} = 21^{j},6.$$

Réponse. — Au 1ᵉʳ il faudrait 21 jours $\frac{3}{5}$; au 2ᵉ 27 jours.

82. *Une propriété est divisée en trois parcelles. La 1ʳᵉ est les $\frac{3}{8}$ de la surface totale; la 2ᵉ en est les $\frac{5}{12}$. La 3ᵉ ayant une surface de 5856 mètres carrés, trouver, en hectares, ares et centiares, la surface totale de la propriété et celle des deux premières parties.*

PROBLÈMES SUR LES FRACTIONS ORDINAIRES.

La surface occupée par les deux premières parcelles est :
$$\frac{3}{8} + \frac{5}{12} = \frac{9}{24} + \frac{10}{24} = \frac{19}{24} \text{ de la propriété.}$$
La 3ᵉ parcelle occupe
$$\frac{24}{24} - \frac{19}{24} = \frac{5}{24} \text{ de la surface totale.}$$
5 fois la 24ᵉ partie de cette surface font 5856 mètres carrés.
La 24ᵉ partie de cette surface est....... $5856 : 5 = 1171^{mq},20$.
La surface totale est
$$1171^{mq},2 \times 24 = 28\,108^{mq},8.$$
La 1ʳᵉ parcelle a.............. $1171^{mq},2 \times 9 = 10540^{mq},8.$
La 2ᵉ............................ $1171^{mq},2 \times 10 = 11712^{mq}.$

Réponse. — Total, 2 hectares 81 ares 9 centiares. — 1ʳᵉ parcelle, 1 hectare 5 ares 41 centiares ; 2ᵉ parcelle, 1 hectare 17 ares 12 centiares.

83. *On partage une somme entre quatre personnes. La 1ʳᵉ en a les $\frac{3}{10}$; la 2ᵉ $\frac{1}{4}$; la 3ᵉ $\frac{1}{3}$; la 4ᵉ a le reste, qui est de 4900 francs. Quelle est la somme partagée ? Trouver en outre son poids, en sachant que le quart est composé de pièces d'or et les 3 autres quarts de pièces d'argent de cinq francs.*

1° Le total pris par les trois premières personnes est
$$\frac{3}{10} + \frac{1}{4} + \frac{1}{3} = \frac{18}{60} + \frac{15}{60} + \frac{20}{60} = \frac{53}{60} \text{ de la somme.}$$
A la 4ᵉ personne il reste $\frac{7}{60}$ de la somme, valant 4900 francs.

La 60ᵉ partie de la somme égale........ $4900^f : 7 = 700$ francs.
La somme entière est donc........ $700^f \times 60 = 42\,000$ francs.
2° Le quart de la somme est en pièces d'or et les trois autres quarts en pièces d'argent de 5 francs.
Il y a donc :
 en or......................... $42\,000^f : 4 = 10\,500$ francs ;
 en argent.................... $10\,500^f \times 3 = 31\,500$ francs.
Une somme de 10500 francs en argent pèserait
$$5^{gr} \times 10\,500 = 52\,500 \text{ grammes.}$$
En or elle pèse................ $52\,500^{gr} : 15,5 = 3387^{gr},096.$
Les 31500 francs en argent pèsent
$$5^{gr} \times 31\,500 = 157\,500 \text{ grammes.}$$

BREVET ÉLÉMENTAIRE.

Le poids de la partie en or est.......... 3387 grammes.
Le poids de la partie en argent est....... 157500 grammes.
Total...... 160887 grammes.

Réponse. — Le poids de la somme est 160887 grammes.
— Sa valeur est de 42000 francs.

84. *Deux ouvriers se présentent pour défricher un champ. Le 1ᵉʳ pourrait faire seul le travail en 12 jours et demi; le 2ᵉ en 10 jours. Le propriétaire les fait travailler ensemble; mais 2 jours et demi après que le travail a été commencé en commun, le 1ᵉʳ ne peut plus travailler que pendant les $\frac{3}{4}$ du temps de la journée. Trouver au bout de combien de temps le travail sera terminé.*

Le 1ᵉʳ ouvrier seul ferait le travail en 12 jours et demi ou en 25 demi-journées.
En 1 demi-journée il ferait la 25ᵉ partie ou 0,04 de l'ouvrage.
En 1 journée il en fera 0,08.
Le 2ᵉ en 1 journée fait seul 0,1 de l'ouvrage.
Ensemble ils font donc par jour 0,18 de l'ouvrage.
Au bout de 2 jours et demi la partie qu'ils ont faite ensemble est
$$0,18 \times 2,5 = 0,45 \text{ de l'ouvrage.}$$
Il reste à faire.............. $1,00 - 0,45 = 0,55$ de l'ouvrage.
Depuis ce moment le travail fait chaque jour par le 1ᵉʳ ouvrier n'est plus que les 3 quarts des 0,08 c.-à-d. les 0,06 de l'ouvrage.
Pendant ce temps les deux ouvriers ensemble font par jour :
$$0,06 + 0,10 = 0,16 \text{ de l'ouvrage.}$$
Autant de fois il y a 0,16 dans 0,55, autant il leur faudra de jours pour faire le reste de l'ouvrage.
Ce nombre de jours est $55 : 16 = 3$ j. $\frac{7}{16}$.

Réponse. — Le travail sera terminé en 5 jours $\frac{15}{16}$.

85. *Au bout de 4 ans une institutrice a économisé une somme de 608 francs. Trouver son traitement annuel, en sachant que ce traitement subissait une*

PROBLÈMES SUR LES FRACTIONS ORDINAIRES. 45

retenue de $\frac{1}{20}$ et qu'elle a dépensé par an, pour sa nourriture les $\frac{3}{5}$ et pour son entretien les $\frac{2}{9}$ de la somme qu'elle touchait.

Par an l'institutrice économise.......... 608 : 4 = 152 francs.
La dépense pour la nourriture et les vêtements est

$$\frac{3}{5} + \frac{2}{9} \text{ ou } \frac{27}{45} + \frac{10}{45} = \frac{37}{45} \text{ de la somme touchée.}$$

Le reste égale $\frac{45}{45} - \frac{37}{45} = \frac{8}{45}$ de cette somme.

8 fois la 45ᵉ partie de la somme touchée par an font 152 francs.
La 45ᵉ partie de cette somme est.......... 152 : 8 = 19 francs.
Cette somme entière est donc.......... 19ᶠ × 45 = 855 francs.
A cause de la retenue du 20ᵉ, l'institutrice reçoit seulement $\frac{19}{20}$ de son traitement, qui valent 855 francs.
La 20ᵉ partie de ce traitement est.......... 855 : 19 = 45 francs.
Ce traitement est donc.................. 45ᶠ × 20 = 900 francs.

Réponse. — Le traitement annuel sans retenue est de 900 francs.

86. *Une fontaine peut remplir un bassin en 6 heures; une seconde en 8 heures; une troisième en 10 heures. On les laisse couler ensemble pendant 2 heures et alors il manque 26 hectolitres pour que le bassin soit rempli. Calculer la capacité de ce bassin.*

Les parties du bassin remplies en 1 heure par chaque fontaine sont :
pour la 1ʳᵉ $\frac{1}{6}$, pour la 2ᵉ $\frac{1}{8}$, pour la 3ᵉ $\frac{1}{10}$.

La partie remplie par les trois fontaines ensemble en 1 heure est

$$\frac{1}{6} + \frac{1}{8} + \frac{1}{10} \text{ ou } \frac{20}{120} + \frac{15}{120} + \frac{12}{120} = \frac{47}{120} \text{ du bassin.}$$

En 2 heures elles remplissent le double c.-à-d. $\frac{47}{60}$ du bassin.

Il reste à remplir $\frac{13}{60}$ du bassin, qui égalent 26 hectolitres.

La 60ᵉ partie du bassin égale.......... 26ʰˡ : 13 = 2 hectolitres.
Le bassin entier a.................. 2ʰˡ × 60 = 120 hectolitres.

Réponse. — La capacité du bassin est de 120 hectolitres.

3.

87. *Sur un champ de luzerne de 2 hectares 39 ares un cultivateur a répandu 37 hectolitres de plâtre, aussitôt après la 1re coupe. Le produit de la 2e coupe vaut par suite les $\frac{4}{3}$ du produit de la 1re, qui avait fourni 7955 kilogrammes par hectare. La luzerne valait 48 francs les 1000 kilogrammes et l'hectolitre de plâtre coûtait 3 francs. Quel bénéfice cet homme a-t-il retiré de l'emploi du plâtre ?*

Dans la 1re coupe l'hectare fournit 7955 kilogrammes de luzerne.
Le champ entier a fourni
$$7955^{kg} \times 2,39 = 19\,012^{kg},45 \text{ c'est-à-dire } 19\,012 \text{ kilogrammes.}$$
Le kilogramme de luzerne est vendu $0^f,048$.
Le produit de la 1re coupe a donc été
$$0^f,048 \times 19\,012 = 912^f,57.$$
Le produit de la 2e coupe égale 4 fois le tiers de celui de la 1re, ou
$$304^f,19 \times 4 = 1216^f,76.$$
La différence des produits des deux coupes est
$$1216^f,76 - 912^f,57 = 304^f,19.$$
La dépense pour le plâtre a été.......... $3^f \times 37 = 111$ francs.
Le bénéfice est donc................ $304^f,19 - 111^f = 193^f,19$.

Réponse. — Le plâtre a fait gagner $193^f,19$.

88. *Un ouvrier pourrait faucher un pré en 3 journées et demie, et un autre ouvrier en 4 journées et quart. Combien leur faudra-t-il d'heures pour faucher ce pré en travaillant ensemble, la journée étant de 8 heures ?*

La journée comprend 8 heures de travail.
Les deux ouvriers feraient cet ouvrage :

le 1er en 3 jours $\frac{1}{2}$ ou 28 h.; le 2e en 4 jours $\frac{1}{4}$ ou 34 heures.

Par heure, le 1er fait $\frac{1}{28}$ du travail; le 2^e $\frac{1}{34}$.

Ensemble ils font par heure :
$$\frac{1}{28} + \frac{1}{34} = \frac{34}{952} + \frac{28}{952} = \frac{62}{952} = \frac{31}{476} \text{ du travail.}$$
Autant de fois il y a 31 *quatre cent soixante-seizièmes* dans 476 *quatre cent soixante-seizièmes*, autant il leur faudra d'heures.

PROBLÈMES SUR LES FRACTIONS ORDINAIRES. 47

Le nombre d'heures est donc
$$\frac{476}{31} = 15^h \frac{11}{31}.$$

Réponse. — Ensemble ils mettront 15 heures $\frac{11}{31}$.

89. *Un marchand a acheté une pièce de drap, au prix de* $12^f,25$ *le mètre. Il en a vendu le quart à* $15^f,50$; *le* 6e *à 15 francs; le tiers à* $14^f,50$ *et le reste à* $15^f,25$. *Il a ainsi gagné 266 francs sur son marché. Combien y avait-il de mètres dans la pièce?*

Les trois premières parties de la pièce font
$$\frac{1}{4} + \frac{1}{6} + \frac{1}{3} \text{ ou } \frac{3}{12} + \frac{2}{12} + \frac{4}{12} \text{ c.-à-d. } \frac{9}{12} \text{ de la pièce.}$$

Il reste pour la 4e partie $\frac{3}{12}$ de la pièce.

Supposons une pièce ayant 12 mètres de longueur.
On en a vendu :

3^m à $15^f,50$ ce qui donne....... $15^f,50 \times 3 = 46^f,50$
2^m à 15 francs.................. $15^f \times 2 = 30^f,00$
4^m à $14^f,50$.................... $14^f,50 \times 4 = 58^f,00$
3^m à $15^f,25$.................... $15^f,25 \times 3 = 45^f,75$

La vente des 12 mètres aurait produit......... $180^f,25$.
L'achat avait coûté............ $12^f,25 \times 12 = 147^f,00$.

Sur 12 mètres le bénéfice serait............. $33^f,25$.

Autant de fois il y a $33^f,25$ dans 266 francs, autant de fois il y a 12 mètres dans la longueur de la pièce.
Ce nombre de fois est.................... $266 : 33,25 = 8$.

Réponse. — La pièce a 8 fois 12 mètres, c.-à-d. 96 mètres.

90. *Un spéculateur achète des marchandises qu'il revend ensuite. Le bénéfice ainsi réalisé est les* $\frac{12}{100}$ *du prix de vente, et diminué de 1000 francs il est* $\frac{1}{10}$ *du prix d'achat. Trouver le bénéfice net, si le marchand a payé 518 francs pour frais de commission.*

Pour simplifier désignons par a le prix d'achat.
Le prix d'acquisition payé par le marchand est $a + 518$.
Le bénéfice brut est $0,12$ du prix de vente.

Donc dans une vente de 100 francs il y a 12 francs de bénéfice et 88 francs pour le prix d'achat.

Ainsi le bénéfice brut est $\frac{12}{88}$ ou $\frac{3}{22}$ du prix d'acquisition.

c.-à-d. $\frac{3}{22}$ de a + $\frac{3}{22}$ de 518 ou $\frac{3a + 1554}{22}$.

D'après l'énoncé on peut écrire l'égalité

$$\frac{3a + 1554}{22} - 1000 = \frac{a}{10}.$$

En réduisant les termes au même dénominateur 220 et en les multipliant par 220, on obtient cette autre égalité

$$30a + 15540 - 220000 = 22a.$$

De là on tire

$$30a - 22a = 220000 - 15540$$
$$8a = 204460$$
$$a = \frac{204460}{8} = 25557^f,50.$$

Le bénéfice égale le 10ᵉ de a plus 1000 francs,
c.-à-d. $2555^f,75 + 1000 = 3555^f,75$.

Le prix de vente comprend :
 le prix d'achat.................... $25557^f,50$;
 les frais de commission............. $518^f,00$;
 le bénéfice...................... $3555^f,75$;
     Total............ $29631^f,25$.

Réponse. — Le marchand a gagné $3555^f,75$.

91. *Un vase contient de l'eau, qui n'occupe que $\frac{1}{3}$ de sa capacité. On y plonge un morceau de fer, dont la moitié seulement est dans l'eau. Le niveau de l'eau s'élève alors de telle sorte qu'elle occupe les $\frac{5}{8}$ de la capacité totale. Trouver cette capacité, en sachant que le morceau de fer pèse 1 kilogramme 22 décagrammes, et que le poids du fer est égal à 78 fois la 10ᵉ partie du poids du même volume d'eau.*

Le poids du morceau de fer est 1220 grammes.
Le poids d'un centimètre cube de fer est $7^{gr},8$.
Le volume du morceau de fer est en centimètres cubes :

$$\frac{1220}{7,8} = \frac{6100}{39} = 156^{cc},410.$$

PROBLÈMES SUR LES FRACTIONS ORDINAIRES.

La moitié de ce volume est $78^{cc},205$.

Ces $78^{cc},205$ sont l'excès des $\frac{5}{8}$ de la capacité du vase sur le $\frac{1}{3}$.

La différence entre ces deux fractions est
$$\frac{5}{8} - \frac{1}{3} = \frac{15 - 8}{24} = \frac{7}{24}.$$

Les $\frac{7}{24}$ du vase égalent $78^{cc},20$; la 24e partie est $\frac{78^{cc},20}{7}$.

La capacité du vase est donc $\frac{78,20 \times 24}{7} = 268^{cc},114$.

Réponse. — La capacité du vase est de 268 centimètres cubes 114 millimètres cubes, ou seulement 27 centilitres.

92. *En revendant une pièce d'étoffe à $4^f,50$ les $\frac{3}{4}$ de mètre, on fait un bénéfice de 82 francs; en la revendant à 3 francs les $\frac{2}{3}$ de mètre, on fait une perte de 41 francs. Trouver la longueur de la pièce et son prix d'achat.*

Dans le 1er cas le prix de vente de $\frac{3}{4}$ de mètre est $4^f,50$.

Le prix de 1 quart de mètre en serait le tiers, c'est-à-dire $1^f,50$.
Le prix du mètre était................ $1^f,50 \times 4 = 6$ francs.

Dans le 2e cas le prix de vente de $\frac{2}{3}$ de mètre est 3 francs.

Le prix de 1 tiers de mètre en est la moitié c'est-à-dire $1^f,50$.
Le prix du mètre était...................... $1^f,50 \times 3 = 4^f,50$.

La différence entre les prix de vente du mètre est
$$6^f - 4^f,50 = 1^f,50$$

La différence entre les prix de vente de la pièce est
$$82^f + 41^f = 123 \text{ francs.}$$

Donc autant de fois il y a $1^f,50$ dans 123 francs, autant il y a de mètres dans la pièce. Ce nombre de mètres est
$$123 : 1,5 = 82 \text{ mètres.}$$

On gagne 82 fr. dans la 1re vente; le gain par mètre est 1 franc.
Or le prix de vente du mètre était de 6 francs.
Le prix d'achat a donc été de 5 francs.
La pièce entière a coûté................ $5^f \times 82 = 410$ francs.

Réponse. — La pièce avait 82 mètres et coûtait 410 francs.

93. *Une somme d'argent ayant été partagée entre deux personnes, la part de la 1re égale les $\frac{3}{4}$ de celle de la 2e. Si on ajoutait $\frac{1}{10}$ de la 1re aux $\frac{4}{5}$ de la 2e, on obtiendrait 105 francs. Trouver la somme et les deux parts.*

Pour simplifier, désignons par p la part de la 2e personne.
La part de la 1re sera les $\frac{3}{4}$ de p, c'est-à-dire $\frac{3p}{4}$.
Or $\frac{1}{10}$ de la 1re serait $\frac{3p}{40}$; les $\frac{4}{5}$ de la 2e sont $\frac{4p}{5}$.
D'après l'énoncé, on peut écrire l'égalité
$$\frac{3p}{40} + \frac{4p}{5} = 105.$$
En multipliant les deux membres de l'égalité par 40, on a
$$3p + 32p = 4200 ;$$
ou $$35p = 4200.$$
De là $p = \frac{4200}{35} = \frac{840}{7} = 120.$

Réponse. — La part de la 2e personne est de 120 francs.
— La part de la 1re en est les $\frac{3}{4}$ c'est-à-dire 90 francs.
— La somme totale est 210 francs.

94. *Sur un champ de 45 ares on a fait trois coupes de luzerne, dont la 3e a fourni 540 kilogrammes de fourrage sec. La 1re a été les $\frac{3}{5}$ de la 2e et la 3e les $\frac{3}{8}$ de la 2e. Trouver le produit total des trois coupes, au prix de 6^f,50 les 100 kilogrammes de fourrage sec et le produit par hectare.*

La 3e coupe a fourni 540 kilogrammes de fourrage.
Les $\frac{3}{8}$ de la 2e égalent aussi 540 kilogrammes.
La 8e partie de la 2e serait........ 540^{kg} : 3 = 180 kilogrammes.
La 2e a donc fourni............ 180$^{kg} \times$ 8 = 1440 kilogrammes.
La 1re a été $\frac{3}{5}$ ou 0,6 de la 2e, c.-à-d. 144$^{kg} \times$ 0,6 = 864 kilogr.

Le total des trois coupes est
$$540 + 1440 + 864 = 2844^{kg} \text{ ou } 28^{q},44.$$
La vente du total a produit
$$6^{f},50 \times 28,44 = 184^{f},86.$$
Le produit d'un are serait.............. $184^{f},86 : 45 = 4^{f},1080.$

Réponse. — Produit total $184^{f},86$; par hectare $410^{f},80.$

95. *Le filage du coton coûte les 0,9 du prix du coton brut, et le filateur, en vendant ses cotons filés, gagne 10 % sur le prix qu'il a payé. Le tissage coûte les $\frac{5}{6}$ du prix d'achat du coton filé et le manufacturier, en cédant le tissu au marchand, prend un bénéfice de 15 % sur le prix qu'il a déboursé. Enfin ce dernier vend cette étoffe, en gagnant 20 % sur le prix d'achat qu'il a payé en fabrique. Trouver d'après cela ce que le consommateur paie pour une pièce d'étoffe de coton, pesant 1 kilogramme, en supposant que le quintal de coton brut coûte 50 francs.*

100 kilogrammes de coton brut coûtent 50 francs.
Le prix du kilogramme est........................ $0^{f},50$
Les frais de filage du kilogramme sont $0^{f},5 \times 0,9 = 0^{f},45$
Le kilogramme de coton filé coûte............... $0^{f},95$
Le filateur dans la vente gagne...... $0^{f},95 : 10 = 0^{f},095$
Le kilogramme de coton filé est vendu........... $1^{f},045$
Les frais de tissage sont.......... $1^{f},045 \times \frac{5}{6} = 0^{f},871$
Le kilogramme de coton tissé est vendu.......... $1^{f},916$
Le bénéfice de 0,15 dans la vente est $1^{f},916 \times 0,15 = 0^{f},287$
Le kilogramme de coton tissé est vendu.......... $2^{f},203$
Le bénéfice de 0,2 du marchand est $2,203 \times 0,2 = 0^{f},440$
Le prix payé par le consommateur égale.......... $2^{f},643$

Réponse. — Le kilogramme d'étoffe est payé $2^{f},64$ par le consommateur.

96. *A la rentrée des classes, le cours supérieur d'une école comprenait $\frac{1}{4}$ de l'effectif total ; le cours moyen*

$\frac{7}{20}$ de cet effectif; le cours élémentaire, le reste. Or, 6 mois après, l'effectif étant doublé, le cours supérieur comprenait alors $\frac{1}{5}$ du nouvel effectif; le cours moyen les $\frac{3}{8}$; le reste formait le cours élémentaire, le cours supérieur comptant 15 élèves de plus qu'à la rentrée. Trouver quel était l'effectif à la rentrée.

Désignons par x le nombre des élèves de l'école à la rentrée.

Le nombre des élèves du cours supérieur sera $\frac{x}{4}$.

Six mois après, l'effectif de l'école est $2x$.

Le nombre des élèves du cours supérieur est alors $\frac{2x}{5}$.

D'après l'énoncé on peut écrire l'égalité

$$\frac{2x}{5} - \frac{x}{4} = 15 \text{ ou } \frac{8x}{20} - \frac{5x}{20} = 15.$$

On en tire............................. $\frac{3x}{20} = 15$.

Ainsi 3 fois le 20° du nombre des élèves à la rentrée égalent 15. La 20° partie de ce nombre égale 5.

Le nombre total des élèves à la rentrée est donc $5 \times 20 = 100$.

A la rentrée le nombre des élèves était :

dans le cours supérieur............ $100 : 4 = 25$;

dans le cours moyen............ $100 \times \frac{7}{20} = 35$;

dans le cours élémentaire.. $100 - (25+35) = 40$;

Total............ 100.

Six mois après le nombre des élèves était :

dans le cours supérieur............ $200 : 5 = 40$;

dans le cours moyen............ $200 \times \frac{3}{8} = 75$;

dans le cours élémentaire $200 - (40 + 75) = 85$.

Total............ 200.

Réponse. — A la rentrée il y avait 100 élèves.

97. *On demandait leur âge à deux vieux amis. Le plus âgé dit qu'il avait 24 ans de plus que son ami et que celui-ci n'avait que les $\frac{5}{7}$ du sien. Trouver l'âge de chacun.*

L'âge du plus jeune est les $\frac{5}{7}$ de l'âge du plus vieux.

La différence de ces âges est les $\frac{2}{7}$ de l'âge du plus vieux.

Ainsi les $\frac{2}{7}$ de l'âge du plus vieux égalent 24 ans.
La 7e partie de cet âge est la moitié de 24, c'est-à-dire 12 ans.
L'âge du plus vieux est 7 fois 12 ans, c'est-à-dire 84 ans.
L'âge du plus jeune est 5 fois 12 ans, c'est-à-dire 60 ans.

Réponse. — L'un a 84 ans; l'autre 60 ans.

98. *Les $\frac{2}{3}$ d'une pièce de drap coûtent autant que les $\frac{3}{5}$ d'une pièce de soie qui vaut 300 francs, et le mètre de drap vaut 9 francs. Les deux pièces ayant la même longueur, trouver cette longueur, le prix du mètre de soie et le prix de la pièce de drap.*

Les $\frac{3}{5}$ ou les 0,6 de la pièce de soie coûtent
6 fois le 10e de 300 francs, c'est-à-dire 30f × 6 = 180 francs.
Ainsi les 2 tiers de la pièce de drap coûtent 180 francs.
Le tiers de cette pièce coûte la moitié de 180 fr., c.-à-d. 90 francs.
La pièce de drap coûte................ 90f × 3 = 270 francs.
Le drap vaut 9 francs le mètre.
Le nombre de mètres de la pièce de drap est donc
270 : 9 = 30 mètres.
La pièce de soie a 30 mètres et coûte 300 francs.
Le prix du mètre de soie est donc 10 francs.

Réponse. — Chaque pièce a 30 mètres.
Le mètre de soie vaut 10 francs; la pièce de drap 270 francs.

99. *Le plâtre des environs de Paris est composé de sulfate de chaux, d'eau, de carbonate de chaux et d'argile. Le poids de l'eau est les $\frac{47}{176}$ du poids de sulfate de chaux; celui du carbonate de chaux les $\frac{19}{47}$ de* *celui de l'eau; celui de l'argile* $\frac{8}{19}$ *de celui du carbonate de chaux. Trouver les poids de sulfate de chaux, d'eau, de carbonate de chaux et d'argile contenus dans 278 kilogrammes de plâtre.*

Supposons que dans une certaine quantité de plâtre il y ait un poids de sulfate de chaux égal à .... 176 grammes.
L'eau qui s'y trouve pèsera..................... 47 grammes.
Le poids du carbonate de chaux sera de.......... 19 grammes.
Le poids d'argile sera de........................ 8 grammes.
Le poids de cette quantité de plâtre serait..... 250 grammes.

Autant de fois il y a 250 grammes dans 278 000 grammes, autant de fois il y a 176 grammes de sulfate de chaux, 47 grammes d'eau, 19 grammes de carbonate de chaux et 8 grammes d'argile.
Ce nombre de fois est exprimé par le quotient

$$\frac{278000}{250} = \frac{27800}{25} = 1112.$$

Les poids demandés sont donc :
Sulfate de chaux............. $176^{gr} \times 1112 = 195^{kg},712.$
Eau.......................... $47^{gr} \times 1112 = 52^{kg},264.$
Carbonate de chaux........... $19^{gr} \times 1112 = 21^{kg},128.$
Argile....................... $8^{gr} \times 1112 = 8^{kg},896.$
                      Total.......... $278^{kg},000.$

100. *Après avoir perdu successivement les* $\frac{3}{8}$ *de sa fortune, puis* $\frac{1}{9}$ *du reste, enfin les* $\frac{5}{12}$ *du nouveau reste, une personne hérite de 60 800 francs. La perte est alors réduite à la moitié de la fortune primitive.*
Trouver combien cette personne possédait d'abord et combien elle a successivement perdu.

Soit F la fortune. Après la perte des $\frac{3}{8}$ de F, il reste $\frac{5}{8}$ de F.
On perd ensuite $\frac{1}{9}$ de $\frac{5}{8}$ c'est-à-dire $\frac{5}{72}$ de F.
Après cette 2e perte il reste une partie de F égale à

$$\frac{5}{8} - \frac{5}{72} = \frac{45}{72} - \frac{5}{72} = \frac{40}{72} = \frac{5}{9} \text{ de F.}$$

Une 3e fois on perd $\frac{5}{12}$ de $\frac{5}{9}$ de F c'est-à-dire $\frac{25}{108}$ de F.

PROBLÈMES SUR LES FRACTIONS ORDINAIRES. 55

Après cette 3ᵉ perte il reste une partie de F égale à
$\dfrac{5}{9} - \dfrac{25}{108} = \dfrac{60}{108} - \dfrac{25}{108} = \dfrac{35}{108}$ de F.

On a ainsi : $\dfrac{35}{108}$ de F $+$ 60 800 francs $= \dfrac{54}{108}$ de F.

En retranchant $\dfrac{35}{108}$ de F des deux membres de l'égalité, on a :

$\dfrac{19}{108}$ de F $=$ 60 800 francs ; $\dfrac{1}{108}$ de F $= \dfrac{60\,800}{19} =$ 3200 francs.

La fortune égalait.......... 3200ᶠ × 108 = 345600 francs.

1ʳᵉ perte........ 345 600 × $\dfrac{3}{8}$ = 129 600 francs.

1ᵉʳ reste.......... 345 600 − 129 600 = 216 000 francs.
2ᵉ perte,......... 216 000 : 9 = 24 000 francs.
2ᵉ reste.......... 216 000 − 24 000 = 192 000 francs.

3ᵉ perte.......... 192 000 × $\dfrac{5}{12}$ = 80 000 francs.

3ᵉ reste.......... 192 000 − 80 000 = 112 000 francs.

101. *Un marchand achète une pièce de drap à* 18ᶠ,50 *le mètre. Il revend les* $\dfrac{2}{5}$ *à* 19ᶠ,50 *le mètre, puis le quart du reste à* 20ᶠ,50 *et les* $\dfrac{2}{3}$ *du nouveau reste à* 21ᶠ,90. *Après ces trois ventes, il ne lui reste plus que* 3ᵐ,60 *de drap qu'il vend* 21ᶠ,75 *le mètre.*

Trouver combien la pièce contenait de mètres et combien ce marchand a gagné pour cent sur le prix d'achat.

Dans la 1ʳᵉ vente on vend $\dfrac{2}{5}$ de la pièce ; il en reste $\dfrac{3}{5}$.

Dans la 2ᵉ vente on vend $\dfrac{1}{4}$ de $\dfrac{3}{5}$ c.-à-d. $\dfrac{3}{20}$ de la pièce.

On a vendu en ces deux fois $\dfrac{2}{5} + \dfrac{3}{20}$ c.-à-d. $\dfrac{11}{20}$ de la pièce.

Il reste alors $\dfrac{9}{20}$ de la pièce.

La 3ᵉ fois on vend les $\dfrac{2}{3}$ de $\dfrac{9}{20}$ c.-à-d. $\dfrac{6}{20}$ de la pièce.

Ces trois ventes comprennent $\dfrac{11}{20} + \dfrac{6}{20} = \dfrac{17}{20}$ de la pièce.

Il reste $\dfrac{3}{20}$ de la pièce, qui égalent 3ᵐ,60.

La 20ᵉ partie de la pièce a donc......... $3^m,60 : 3 = 1^m,20$.
La pièce entière a.................. $1^m,20 \times 20 = 24$ mètres.
Les nombres de mètres vendus successivement sont :

1ʳᵉ vente, $\dfrac{2}{5}$ ou 0,4 de 24 mètres c'est-à-dire..... $9^m,60$.

2ᵉ vente, $\dfrac{3}{20}$ ou 0,15 de 24 mètres.............. $3^m,60$

3ᵉ vente, $\dfrac{6}{20}$ ou 0,30 de 24 mètres............. $7^m,20$

4ᵉ vente... $3^m,60$

      Total............... $24^m,00$.

Les produits de ces quatre ventes ont été :
 1ʳᵉ................ $19^f,50 \times 9,6 = 187^f,20$
 2ᵉ................. $20^f,50 \times 3,6 = 73^f,80$
 3ᵉ................. $21^f,90 \times 7,2 = 157^f,68$
 4ᵉ................. $21^f,75 \times 3,6 = 78^f,30$
    Produit total........... $496^f,98$.
Le prix d'achat est........ $18^f,5 \times 24 = 444^f,00$
    Bénéfice total......... $52^f,98$.

Avec 444 francs on a gagné $52^f,98$.

Avec 1 franc le bénéfice aurait été $\dfrac{52^f,98}{444} = 0^f,1193$.

Réponse. — La pièce avait 24 mètres. — Le gain par 100 francs a été de $11^f,93$.

102. *Un vieillard, mourant sans enfants, laisse par testament les $\dfrac{5}{8}$ de sa fortune à partager également entre plusieurs neveux. Le quart du reste est donné aux pauvres; les $\dfrac{2}{7}$ à un hospice; un frère reçoit pour sa part le reste qui s'élève à 17 500 francs. Trouver le montant de la fortune et le nombre des neveux, en sachant que chacun a reçu pour sa part 10 470 francs.*

Désignons par F la succession.

Les $\dfrac{5}{8}$ de F, héritage des neveux étant ôtés, il reste $\dfrac{3}{8}$ de F.

Les pauvres et l'hospice reçoivent :

$\dfrac{1}{4} + \dfrac{2}{7}$ ou $\dfrac{15}{28}$ du reste, c.-à-d. $\dfrac{15}{28}$ de $\dfrac{3}{8}$ de F ou $\dfrac{45}{224}$ de F.

Cette portion de F et la partie attribuée aux neveux font
$$\frac{5}{8} + \frac{45}{224} \text{ ou } \frac{140}{224} + \frac{45}{224} = \frac{185}{224} \text{ de F.}$$

Il reste $\frac{39}{224}$ de F, qui valent 17 500 francs.

La 224ᵉ partie de F égalerait.................... 17 500ᶠ : 39.
La succession F égale donc :
$$\frac{17\,500 \times 224}{39} = \frac{3\,920\,000}{39} = 100\,512^{\text{f}},82.$$

La part des neveux est 5 fois la 8ᵉ partie de cette somme,
$$\frac{100\,512^{\text{f}},82}{8} \times 5 = \frac{502\,564,10}{8} = 62\,820^{\text{f}},51.$$

Le nombre des neveux est.................. 62 820 : 10470 = 6.

Réponse. — Il y a 6 neveux. La fortune est de 100 512ᶠ,82.

103. *Un homme, ayant un verre plein de vin, en boit le quart; il le remplit ensuite avec de l'eau et en boit le tiers. Il le remplit de nouveau avec de l'eau et il en boit la moitié; enfin il le remplit encore avec de l'eau et il boit le tout. Trouver combien il a bu de vin chaque fois et la quantité totale d'eau.*

Pour abréger désignons par V la capacité du verre.

Le vin bu la 1ʳᵉ fois est $\frac{1}{4}$ de V; il en reste $\frac{3}{4}$ de V.

Puis le verre étant rempli avec de l'eau contient :
$$\frac{3}{4} \text{ de V de vin et } \frac{1}{4} \text{ de V d'eau.}$$

La 2ᵉ fois on boit le tiers du tout, c'est-à-dire
$$\frac{1}{4} \text{ de V de vin et } \frac{1}{12} \text{ de V d'eau.}$$

Il reste
$$\left(\frac{3}{4} - \frac{1}{4}\right) \text{ ou } \frac{1}{2} \text{ V de vin et } \left(\frac{1}{4} - \frac{1}{12}\right) \text{ ou } \frac{1}{6} \text{ de V d'eau.}$$

Le verre étant rempli avec $\frac{1}{3}$ de V d'eau contient alors
$$\frac{1}{2} \text{ V de vin et } \left(\frac{1}{3} + \frac{1}{6}\right) \text{ ou } \frac{1}{2} \text{ V d'eau.}$$

La 3ᵉ fois on boit la moitié du tout, c'est-à-dire :
$$\frac{1}{4} \text{ de V de vin et } \frac{1}{4} \text{ de V d'eau.}$$

Il reste $\frac{1}{4}$ de V de vin et $\frac{1}{4}$ de V d'eau.

Le verre étant alors rempli avec $\frac{1}{2}$ V d'eau contient :

$\frac{1}{4}$ de V de vin et $\left(\frac{1}{4} + \frac{1}{2}\right)$ ou $\frac{3}{4}$ de V d'eau.

La 4ᵉ fois on boit tout le contenu du verre, c'est-à-dire :

$\frac{1}{4}$ de V de vin et $\frac{3}{4}$ de verre d'eau.

La quantité totale d'eau qui a été bue est

$$\frac{V}{12} + \frac{V}{4} + \frac{3V}{4} = V + \frac{V}{12}.$$

Réponse. —Chaque fois on a bu un quart de verre de vin. — La quantité d'eau bue est un verre et 1 douzième.

CHAPITRE III

PROBLÈMES SUR LES MÉLANGES ET LES ALLIAGES

104. *Un négociant a des vins qui lui reviennent à 65 francs, 72 francs, et 80 francs l'hectolitre. Il mélange 112 litres du 1ᵉʳ, 1 hectolitre et quart du 2ᵉ et $\frac{3}{5}$ d'hectolitre du 3ᵉ. Combien doit-il vendre le litre du mélange pour gagner 12 %?*

Il y a dans le mélange :
112 litres à 0ᶠ,65 ; 125 litres à 0ᶠ,72 ; 60 litres à 0ᶠ,80.
Le prix total du mélange comprend :

0ᶠ,65 × 112 = 72ᶠ,80
0ᶠ,72 × 125 = 90,00
0ᶠ,80 × 60 = 48,00
Total........ 297 lit. 210ᶠ,80.
Bénéfice à faire... 210ᶠ,8 × 0,12 = 25ᶠ,30
Le produit de la vente doit être..... 236ᶠ,10.

PROBLÈMES SUR LES MÉLANGES ET LES ALLIAGES. 59

Le prix de vente du litre sera :
$$236^f,10 : 297 = 0^f,794.$$

Réponse. — On vendra le litre 79 centimes et demi.

105. *On a 20 litres de vin coûtant 75 centimes le litre. Combien de litres d'eau faut-il y ajouter pour que le litre du mélange ne revienne qu'à 60 centimes ?*

Les 20 litres de vin coûtent.......... $0^f,75 \times 20 = 15$ francs.
Le mélange de ce vin avec l'eau coûte le même prix ; mais le prix du litre n'est que $0^f,60$.
Le nombre de litres du mélange sera :
$$15 : 0,6 = 25 \text{ litres}.$$

Réponse. — On devra mettre 5 litres d'eau.

106. *Dans une cuve où sont 1800 kilogrammes d'eau salée, contenant 8 % de sel, on verse 300 kilogrammes d'eau douce. Combien pour cent y a-t-il de sel dans le mélange ?*

Le poids de sel contenu dans les 1800 kilogrammes d'eau salée est :
$$8^{kg} \times 18 = 144 \text{ kilogrammes}.$$
Après qu'on y a versé 300 kilogrammes d'eau douce, le mélange pèse 2100 kilogrammes et contient 144 kilogrammes de sel.
Le poids de sel contenu dans 100 kilogrammes de ce mélange est :
$$\frac{144}{21} = \frac{48}{7} = 6^{kg},857.$$

Réponse. — Le poids du sel est de 6,857 % du poids du mélange.

107. *Un marchand a du vin de 50 centimes et du vin de 75 centimes le litre. Combien doit-il prendre de litres de chaque qualité, pour remplir un tonneau de 230 litres, dont le litre revienne à 60 centimes ?*

1 litre de $0^f,50$ mis dans le mélange fait gagner 10 centimes.
En y mettant 1 litre de $0^f,75$, on perd 15 centimes.
D'après cela on devra mettre dans le mélange :
15 litres de $0^f,50$ pour 10 litres de $0^f,75$.
En effet, avec 15 litres de $0^f,50$, on gagne 15 fois 10 centimes.

Avec 10 litres de 0ˡ,75, on perd 10 fois 15 centimes.
La perte est ainsi compensée par le gain.
15 litres de la 1ʳᵉ qualité et 10 litres de la 2ᵉ font 25 du mélange.
Or on trouve.................................. 230 : 25 = 9,2.
Ainsi 230 litres contiennent 25 litres 9 fois et 2 dixièmes.
On devra donc mettre pour remplir la pièce :
  de la 1ʳᵉ qualité.............. 15 × 9,2 = 138 litres.
  de la 2ᵉ qualité.............. 10 × 9,2 = 92 litres.
      Total.......... 230 litres.

Réponse. — De la 1ʳᵉ qualité 138 litres ; de la 2ᵉ 92 litres.

108. *On mélange 63 litres de vin du prix de 90 centimes le litre avec 77 litres d'un autre vin coûtant 85 centimes le litre. Quelle quantité de vin du prix de 75 centimes le litre faut-il y ajouter, pour obtenir un mélange dont le litre revienne à 80 centimes ?*

Le 1ᵉʳ mélange coûte :
 pour les 63 litres............ 0ˡ,90 × 63 = 56ˡ,70
 pour les 77 litres............ 0ˡ,85 × 77 = 65ˡ,45
Total...... 140 litres coûtant.................. 122ˡ,15.
Le litre de ce mélange vaut..... 122ˡ,15 : 140 = 0ˡ,872 ou 0ˡ,87.
Le problème revient maintenant à celui-ci :
On a 140 litres de vin du prix de 0ˡ,87 le litre; combien faut-il y mettre de litres d'un autre vin coûtant 0ˡ,75 le litre pour que le litre du mélange revienne à 0ˡ,80 ?
En répétant le raisonnement déjà fait au problème 107, on trouve qu'on doit mélanger ensemble :
 7 litres du vin de 0ˡ,75 avec 5 litres du vin de 0ˡ,87.

Or 7 litres sont les $\frac{7}{5}$ ou 1,4 de 5 litres.

Le nombre de litres du prix de 0ˡ,75 à mettre dans le mélange sera donc 14 fois le 10ᵉ de 140, c'est-à-dire 14 × 14 = 196 litres.

Réponse. — On mettra 196 litres de 75 centimes.

Observation. — Dans les problèmes de mélange de cette espèce, il est bon, pour plus de clarté, d'écrire les données du problème sous la forme du tableau suivant :

  140ˡ 0ˡ,87 5
     0ˡ,80
  xˡ 0ˡ,75 7

On écrit en *nombre entier* vis-à-vis le prix de la 2ᵉ qualité la différence entre le prix de la 1ʳᵉ qualité et le prix du mélange et vis-à-vis le prix de la 1ʳᵉ qualité la différence entre le prix de la 2ᵉ qualité et le prix du mélange.

Les deux nombres entiers ainsi placés indiquent le rapport qu'il doit y avoir entre les quantités de vins à mélanger.

109. *On a mélangé du vin de 17 francs l'hectolitre avec du vin de 21 francs l'hectolitre. On a obtenu ainsi 31 hectolitres qui valent 579 francs. Combien y a-t-il d'hectolitres de chaque qualité ?*

Supposons que les 31 hectolitres soient tous du prix de 17 francs.
Le total vaudrait............ $17^f \times 31 = 527$ francs.
Le mélange donné vaut................. 579 francs.
                         Différence........... 52 francs.

Si on remplace 1 hectolitre du prix de 17 francs par 1 hectolitre du prix de 21 francs, le prix des 31 hectolitres augmente de 4 francs.
La différence 52 francs diminue ainsi de 4 francs.
On avait donc mis dans le mélange autant d'hectolitres du prix de 21 francs qu'il y a de fois 4 francs dans 52 francs.
Ce nombre de fois est.............................. $52 : 4 = 13$.

Réponse. — Le mélange contient 13 hectolitres de 21 francs et 18 hectolitres de 17 francs.

OBSERVATION. — Au lieu de cette méthode, nommée, dans les traités d'arithmétique, méthode de *fausse position*, on pourrait résoudre aussi cette question par la méthode employée dans le problème du n° 108, en ayant soin de calculer d'abord le prix de l'hectolitre du mélange.

Mais ici la division de 579 par 31 ne pouvant pas donner un quotient exact, la méthode de la *fausse position* est préférable.

110. *Le souverain, monnaie d'or anglaise, pèse $7^{gr},988$ et contient les 0,916 de son poids en or pur. Combien faut-il de ces pièces pour avoir autant d'or pur qu'il y en a dans 465 pièces françaises de 20 francs ?*

Les 465 pièces de 20 francs valent... $20^f \times 465 = 9300$ francs.

Elles pèsent...... $\dfrac{5^{gr} \times 9300}{15,5} = \dfrac{93\,000}{31} = 3000$ grammes.

Leur poids d'or pur est....... $300 \times 9 = 2700$ grammes.

Le poids d'or d'un souverain est... $7^{gr},988 \times 0,916 = 7^{gr},317$.

Le nombre de souverains sera..... $2700 : 7,317 = 369$.

Réponse. — Il faudra 369 souverains.

OBSERVATION. — Lorsqu'on a à chercher le poids d'une certaine quantité de monnaie d'or française, il faut se garder de prendre pour point de départ le poids de la pièce d'or de 10 francs, par exemple, qui est $3^{gr},2258$. Avec ce grand nombre de chiffres les calculs sont longs.

La seule règle à suivre est celle-ci : on cherche le poids de la monnaie d'argent de même valeur que la monnaie d'or et on le divise par 15,5. En outre cette division ne pouvant être terminée, il vaut mieux laisser le quotient sous la forme d'une fraction ordinaire, qu'on a soin de réduire à sa plus simple expression.

Par exemple 10 francs en argent pèsent 50 grammes.

Le poids de 10 francs en or sera
$$\dfrac{50}{15,5} = \dfrac{500}{155} = \dfrac{100}{31} \text{ de gramme.}$$

C'est cette fraction que l'on introduit dans le calcul, au lieu du nombre décimal approché $3^{gr},2258$.

111. *Un sac contient deux poids égaux de monnaie d'argent et de monnaie de cuivre, valant ensemble 84 francs. Trouver la valeur de l'argent et le poids total.*

5 grammes de monnaie d'argent valent....... 1 franc.
5 grammes de monnaie de cuivre valent...... $0^f,05$
Total......................... $1^f,05$.

Autant de fois il y a $1^f,05$ dans 84 francs, autant il y a de francs en argent et autant de pièces de 5 centimes en cuivre.

Ce nombre de fois est............. $84 : 1,05 = 80$.

Il y a donc : 80 francs en argent et 4 francs en cuivre.

PROBLÈMES SUR LES MÉLANGES ET LES ALLIAGES.

Le poids total comprend :
poids de l'argent................. $5^{gr} \times 80 =$ 400 grammes.
poids de 4 francs ou 400 centimes en cuivre..   400 grammes.
               Poids total............ 800 grammes.

Réponse. — Le poids total est de 800 grammes. — Il y a 80 francs en argent.

112. *La monnaie de bronze contient 0,95 de son poids en cuivre; 0,04 en étain; 0,01 en zinc. Le kilogramme de cuivre vaut $3^f,75$; celui d'étain $3^f,50$; celui de zinc $1^f,80$. Trouver la valeur nominale d'un poids de 25 kilogrammes de cette monnaie et sa valeur intrinsèque, en négligeant les frais de fabrication.*

Comme 1 centime pèse 1 gramme, les 25 000 grammes de monnaie font 25 000 centimes ou 250 francs.
Ces 25 kilogrammes de monnaie de bronze contiennent :
en cuivre............ $25^{kg} \times 0,95 = 23^{kg},75$
en étain............ $25^{kg} \times 0,04 = 1^{kg},00$
en zinc............ $25^{kg} \times 0,01 = 0^{kg},25$
          Total.............. $25^{kg},00.$
Les valeurs de ces trois métaux sont :
pour le cuivre.............. $3^f,75 \times 23,75 = 89^f,06$
pour l'étain................................ $3^f,50$
pour le zinc............ $1^f,80 \times 0,25 = 0^f,45$
          Total............................ $93^f,01.$

Réponse. — La valeur intrinsèque est de $93^{fr},01$. — La valeur nominale est de 250 francs.

113. *On fond 39 pièces de 5 francs en argent, avec 127 pièces de 2 francs et 315 pièces de $0^f,50$. Trouver le titre du lingot et le poids du cuivre qu'il renferme.*

Le poids des pièces au titre de 0,835 est :
pour 127 pièces de 2 francs.......... $10^{gr} \times 127 = 1270^{gr},00$
pour 315 pièces de $0^f,50$.......... $2^{gr},5 \times 315 = 787^{gr},50$
          Total............ $2057^{gr},50$
Les 39 pièces de 5 francs pèsent.......... $25^{gr} \times 39 = 975^{gr},00$
          Le poids du lingot est................ $3032^{gr},50$

Le poids d'argent fin est :
dans les pièces de 2 fr. et de 0ᶠ,50. $2057^{gr},5 \times 0,835 = 1718^{gr},012$
dans les pièces de 5 francs.......... $975^{gr} \times 0,9 = 877^{gr},500$

Le poids d'argent fin du lingot est.................. $2595^{gr},512$
Le poids du lingot est................................ $3032^{gr},500$
Le poids du cuivre est donc.......................... $436^{gr},988$.
Le titre du lingot sera

$$\frac{2\,595,512}{3\,032,5} = \frac{25\,955,12}{30\,325} = 0,855.$$

Réponse. — Le lingot est au titre de 0,855. — Il contient 437 grammes de cuivre.

114. *On fait fondre ensemble 740 pièces d'argent de 5 francs et 660 pièces de 2 francs. Trouver quels poids d'argent et de cuivre il y a dans 750 grammes de cet alliage et le titre.*

Le poids du lingot obtenu comprend :
  en pièces de 5 francs......... $25^{gr} \times 740 = 18\,500$ grammes.
  en pièces de 2 francs......... $10^{gr} \times 660 = 6\,600$ grammes.

      Poids total du lingot............ $25\,100$ grammes.
Le poids d'argent fin du lingot comprend :
  pour les pièces de 5 francs $18500^{gr} \times 0,9 = 16\,650$ grammes.
  pour les pièces de 2 francs $6600^{gr} \times 0,835 = 5\,511$ grammes.

      Poids d'argent fin du lingot.......... $22\,161$ grammes.
Le titre du lingot est

$$\frac{22\,161}{25\,100} = \frac{221,61}{251} = 0,883.$$

Le poids du cuivre est..... $25\,100^{gr} - 22\,161^{gr} = 2\,939$ grammes.
Dans 25 100 grammes de l'alliage il y a 22 161 grammes d'argent fin et 2939 grammes de cuivre.
Dans 1 gramme de l'alliage il y a :
  en argent fin...................... $22161 : 25100 = 0^{gr},8829$;
  en cuivre.......................... $2939 : 25100 = 0^{gr},1171$.
Dans 750 grammes d'alliage les poids d'argent et de cuivre seront :
  en argent.................... $0^{gr},8829 \times 750 = 662^{gr},175$;
  en cuivre..................... $0^{gr},1171 \times 750 = 87^{gr},825$.

Réponse. — Les 750 grammes d'alliage sont au titre de 0,883. Ils contiennent : $662^{gr},175$ d'argent fin ; $87^{gr},825$ de cuivre.

PROBLÈMES SUR LES MÉLANGES ET LES ALLIAGES.   65

115. *Une somme, formée de pièces de 5 francs, les unes en or et les autres en argent, pèse 825 grammes. Le nombre des pièces d'or est 31 fois celui des pièces d'argent. Trouver combien il y a de pièces de chaque espèce.*

Le poids de la pièce de 5 francs en argent est de 25 grammes.
Celui de la pièce de 5 francs en or est
$$\frac{25}{15,5} = \frac{250}{155} = \frac{50}{31} \text{ de gramme.}$$
Le poids de 31 de ces pièces sera
$$\frac{50^{gr}}{31} \times 31 = 50 \text{ grammes.}$$
Ainsi le poids formé par une pièce de 5 francs en argent et 31 pièces de 5 francs en or est
$$25^{gr} + 50^{gr} = 75 \text{ grammes.}$$
Autant de fois 75 grammes sont contenus dans 825 grammes autant il y a de pièces d'argent.
Le nombre des pièces de 5 francs est donc
en argent............................. $825 : 75 = 11$;
en or................................. $11 \times 31 = 341$.

Réponse. — 11 pièces en argent et 341 en or.

116. *Un sac contient 2100 pièces de monnaie : des pièces d'or de 20 francs, des pièces d'argent de 5 francs et des pièces de cuivre de 10 centimes.*
Le nombre des pièces de 10 centimes est double du nombre des pièces de 5 francs et le nombre des pièces de 5 francs est triple du nombre des pièces de 20 francs. Trouver le poids et la valeur de toute cette monnaie.

Pour 1 pièce de 20 francs il y en aurait 3 de 5 francs et 6 de 10 centimes; en tout, 10 pièces.
Autant de fois il y a 10 pièces dans les 2100 pièces du sac, autant il y a de pièces de 20 francs.
Le nombre des pièces de 20 francs est donc.............. 210
Le nombre des pièces de 5 francs est.................... 630
Le nombre des pièces de 10 centimes est................. 1260
                                    Total.............. 2100.

20 fr. en argent pèsent 100 gr.; en or $\frac{100}{10,5} = \frac{200}{31}$ de gramme.

4.

Les 210 pièces de 20 francs pèsent $\dfrac{200 \times 210}{31}$ = 1354^{gr},838 ;
Les 630 pièces de 5 francs pèsent... 25 × 630 = 15750^{gr},000 ;
Les 1260 pièces de 10 centimes pèsent.......... 12600^{gr},000 ;

      Poids total .... 29704^{gr},838.

La valeur de ces pièces comprend :
  210 pièces de 20 francs valant.... 20^f × 210 = 4200 francs.
  630 pièces de 5 francs valant..... 5^f × 630 = 3150 francs.
  1260 pièces de 10 centimes .... 126 francs.

      Valeur totale................ 7476 francs.

Réponse. — La somme vaut 7476 fr. et pèse 29704^{gr},83.

117. *Une somme de 2441 francs, pesant 2780 grammes, est composée de pièces d'or et de pièces d'argent. Trouver la valeur et le poids de la monnaie d'or et de la monnaie d'argent.*

Supposons que toute la somme soit en argent.
Son poids serait.............. 5^{gr} × 2441 = 12205 grammes.
Le poids donné est......................... 2780 grammes.

      Différence............ 9425 grammes.

Or une pièce de 5 francs en argent pèse 25 grammes.
Le poids d'une pièce de 5 fr. en or est 15 fois et demie moindre ou
$$\dfrac{25}{15,5} = \dfrac{250}{155} = \dfrac{50}{31} \text{ de gramme.}$$
Si dans la somme supposée toute en argent on remplace une pièce de 5 francs en argent par une pièce de 5 francs en or, l'excès de poids 9425 grammes est diminué d'un poids égal à
$$25^{gr} - \dfrac{50}{31} = \dfrac{775}{31} - \dfrac{50}{31} = \dfrac{725}{31} \text{ de gramme.}$$
Donc on devra mettre autant de pièces d'or de 5 francs qu'il y a de fois $\dfrac{725}{31}$ de gramme dans 9425 grammes.
Ce nombre de fois est
$$9425 : \dfrac{725}{31} = \dfrac{9425 \times 31}{725} = \dfrac{31 \times 377}{29} = 403.$$
Ainsi la somme comprend 403 pièces de 5 francs en or.
La somme en or vaut............ 5^f × 403 = 2015 francs.
La partie en argent vaut.... 2441^f — 2015^f = 426 francs.
Le poids de la monnaie d'argent est 5^{gr} × 426 = 2130 grammes.
Celui de la monnaie d'or est 2780^{gr} — 2130^{gr} = 650 grammes.

REMARQUE. — En employant dans ce problème la valeur de la pièce de 5 francs en nombre décimal, on n'aurait pas obtenu la valeur exacte des nombres demandés. On voit par là combien il importe de ne pas remplacer toujours une fraction ordinaire par sa valeur approchée en fraction décimale.

118. *Un centimètre cube d'or pèse* $19^{gr},26$ *et un centimètre cube d'argent* $10^{gr},51$; *le kilogramme d'or vaut* $3437^{f},50$ *et le kilogramme d'argent vaut* $220^{f} \dfrac{5}{9}$. *Trouver combien il faut prendre de centimètres cubes d'argent, pour que leur valeur soit la même que celle d'un centimètre cube d'or.*

Le gramme d'or vaut $3^{f},4375$.
Le centimètre cube d'or pesant $19^{gr},26$ vaut
$$3^{f},4375 \times 19,26 = 66^{f},20625.$$
Le kilogr. d'argent vaut $220^{f} \dfrac{5}{9} = \dfrac{1985^{f}}{9}$; le gramme $\dfrac{1^{f},985}{9}$.
Le centimètre cube d'argent pesant $10^{gr},51$ vaut
$$\dfrac{1^{f},985}{9} \times 10,51 = \dfrac{20,86235}{9}.$$
Le nombre de fois que cette valeur du centimètre cube d'argent est contenue dans la valeur du centimètre cube d'or, sera le nombre de centimètres cubes d'argent demandé.
Ce nombre est
$$66,20625 : \dfrac{20,86235}{9} = \dfrac{595,85625}{20,86235} = 28,561.$$

Réponse. — 28 cent. cubes 561 millim. cubes d'argent.

119. *Un orfèvre fond un bracelet d'or, pesant 252 grammes au titre de 0,750, avec 124 grammes d'or fin et 18 grammes de cuivre. Quel sera le titre de l'alliage ainsi obtenu ?*
Trouver combien avec cet alliage on pourra fabriquer d'épingles pesant chacune 4 centigrammes et le poids d'or contenu dans chaque épingle.

Le poids d'or fin du bracelet est $252^{gr} \times 0,75 = 189$ grammes.

Le poids total d'or fin de l'alliage est
$$189^{gr} + 124^{gr} = 313 \text{ grammes.}$$
Le poids total de l'alliage est
$$252 + 124 + 18 = 394 \text{ grammes.}$$
Le titre de l'alliage est....................... $313 : 394 = 0{,}794.$
Le nombre d'épingles sera................... $394 : 0{,}04 = 9850.$
Le poids d'or pur de chaque épingle est.. $313 : 9850 = 0^{gr}{,}032.$

Réponse. — 9850 épingles, contenant chacune 32 milligrammes d'or fin.

120. *Deux poids, dont l'un est double de l'autre, sont mis dans les plateaux d'une balance. Si l'on ajoute d'un côté 310 francs en argent et de l'autre 310 francs en or, l'équilibre est rétabli. Quels sont ces deux poids ?*

Le poids de 310 francs en argent est
$$5^{gr} \times 310 = 1550 \text{ grammes.}$$
Le poids de 310 francs en or est 15 fois et demie moindre ou
$$\frac{1550}{15{,}5} = \frac{15500}{155} = 100 \text{ grammes.}$$
Soit p le plus petit des deux poids, le plus grand sera $2p$.
On aura donc l'égalité
$$p + 1550 = 2p + 100.$$
En retranchant p et 100 aux deux membres, on obtient
$$1450 = p$$

Réponse. — L'un des poids est de 1450 grammes et l'autre de 2900 grammes.

121. *Un lingot, composé d'argent et de cuivre et pesant 30 kilogrammes, est au titre de 0,850. On y ajoute 4 kilogrammes de cuivre. Quel est le titre du nouveau lingot?*

Trouver quel est le poids de cuivre qu'il aurait fallu ajouter au 1ᵉʳ lingot pour abaisser son titre à 0,600?

1° Le poids d'argent fin contenu dans le 1ᵉʳ lingot est
$$30^{kg} \times 0{,}850 = 25^{kg}{,}5.$$
Ce poids d'argent fin reste le même dans le 2ᵉ lingot.
Le poids total de ce 2ᵉ lingot est 34 kilogrammes.
Son titre est donc........................ $25{,}5 : 34 = 0{,}750.$

PROBLÈMES SUR LES MÉLANGES ET LES ALLIAGES.   69

2° Dans le lingot qu'on veut former au titre de 0,600 les 25^{kg},5 d'argent fin ne seront que les 0,6 du poids total que doit avoir ce lingot.
La 10° partie de ce poids total serait... 25^k,5 : 6 = 4^{kg},25.
Le poids total de ce lingot doit être......... 42^{kg},5.
Le poids du 1er lingot était.............. 25^{kg},5.
Différence.............. 17^{kg},0.

Réponse. — Le titre du 2e lingot est 0,750. Au 1er on ajoutera 17 kilogrammes de cuivre pour l'abaisser à 0,600.

122. *Une plaque rectangulaire d'argent pur a le même volume que 3 litres 2 décilitres d'eau. Le poids de l'argent étant égal à 10 fois et demie le poids du même volume d'eau, trouver quel poids de cuivre il faut allier à cet argent pour en faire des pièces de 1 franc.*

3 litres 2 décilitres d'eau font 3200 centimètres cubes.
Or 1 centimètre cube d'argent pèse 10^{gr},5.
Le poids de la plaque d'argent est donc
  10^{gr},5 × 3200 = 33 600 grammes.
Ce poids doit être les 0,835 du poids de l'alliage à former.
La 1000e partie du poids de cet alliage est 33 600 : 835 = 40^{gr},239.
Le poids de l'alliage à former sera..... 40 239 grammes.
Le poids de l'argent fin est............ 33 600 grammes.
Différence............ 6 639 grammes.

Réponse. — On ajoutera 6639 grammes de cuivre.

123. *Sur un plateau d'une balance on met :*
20 pièces de 5 centimes et 30 pièces de 10 centimes en bronze;
25 pièces de 20 centimes, 35 pièces de 1 franc et 15 pièces de 5 francs en argent;
10 pièces de 5 francs en or, 20 pièces de 10 francs et 20 pièces de 50 francs.
Sur l'autre plateau on place un vase cubique en fer-blanc, ayant la capacité d'un décimètre cube et pesant 478 grammes 225 milligrammes; puis on verse dans ce vase l'eau nécessaire pour établir l'équilibre entre les deux plateaux. Trouver la quantité d'eau qu'on y a versée et la hauteur à laquelle cette eau s'élève dans le vase.

La valeur des pièces d'or est :
pour 10 pièces de 5 francs..............   50 francs.
pour 20 pièces de 10 francs.............   200 francs.
pour 20 pièces de 50 francs............. 1000 francs.
Valeur totale................ 1250 francs.

En monnaie d'argent cette somme pèserait
$$5^{gr} \times 1250 = 6250 \text{ grammes.}$$
En monnaie d'or le poids est
$$\frac{6250}{15,5} = \frac{62500}{155} = \frac{12500}{31} = 403^{gr},225.$$

Le poids total des pièces mises dans le plateau comprend :
pièces d'or....................... $403^{gr},225.$
20 pièces de 5 centimes en bronze.. $5^{gr} \times 20 = 100,000.$
30 pièces de 10 centimes en bronze. $10^{gr} \times 30 = 300,000.$
25 pièces de 20 centimes en argent. $25,000.$
35 pièces de 1 franc en argent..... $5^{gr} \times 35 = 175,000.$
15 pièces de 5 francs en argent.... $25^{gr} \times 15 = 375,000.$

Poids total........................ $1378^{gr},225.$
Le vase vide pèse.................. $478^{gr},225.$

Le poids de l'eau versée est la différence... $900^{gr},000.$
Le volume de cette eau est de 900 centimètres cubes.
Le fond du vase a 1 décimètre carré ou 100 centimètres carrés.
La hauteur de l'eau est marquée par le nombre qui multiplié par 100 donnerait le volume 900 : c'est donc 9 centimètres.

Réponse. — On a mis 900 grammes d'eau ; elle s'élève à la hauteur de 9 centimètres.

124. *Un lingot, qui pèse 1200 grammes, est formé de deux poids d'argent et de cuivre, qui sont dans le rapport de 15 à 1. Quel poids de cuivre faut-il y ajouter pour en faire des pièces de 5 francs, et quel est le nombre de pièces qu'on pourra fabriquer ?*

Il y a dans ce lingot 1 gramme de cuivre pour 15 grammes d'argent ; ces deux poids font un total de 16 grammes.
Le poids du cuivre contenu dans ce lingot est donc la 16ᵉ partie de 1200 grammes c.-à-d................ $1200^{gr} : 16 = 75$ grammes.
Le poids d'argent pur est
$$1200 - 75 = 1125 \text{ grammes.}$$
Or dans le lingot d'argent destiné à fabriquer les pièces de 5 francs le poids du cuivre doit être la 9ᵉ partie du poids de l'argent, c'est-à-dire
$$1125^{gr} : 9 = 125 \text{ grammes.}$$

PROBLÈMES SUR LES MÉLANGES ET ALLIAGES.   71

Le poids du cuivre à ajouter est 125 — 75 = 50 grammes.
Le poids total du lingot est 1250 grammes.
Le nombre de pièces à fabriquer sera.......... 1250 : 25 = 50.

Réponse. — Le poids du cuivre à ajouter est de 50 grammes. — Le nombre des pièces est 50.

125. *On a fondu 140 grammes d'or au titre de 0,950 avec un certain nombre de grammes du même métal au titre de 0,700, et on a obtenu ainsi un alliage au titre de 0,770. Trouver ce nombre de grammes.*

Écrivons d'abord l'énoncé sous la forme suivante :
$$140^{gr} \quad 0,95$$
$$0,77.$$
$$x^{gr} \quad 0,70$$

Les poids d'or fin contenus dans 1 gramme de ces alliages sont :
dans 1 gramme à 0,95............. 95 centigrammes.
dans 1 gramme à 0,70............. 70 centigrammes.
dans 1 gramme à 0,77............. 77 centigrammes.

Quand on a pris 1 gramme du 1er lingot pour faire le 3e, il y avait en trop un poids d'or fin égal à
$$95 - 77 = 18 \text{ centigrammes.}$$
A 1 gramme du 2e, il manquait un poids d'or fin égal à
$$77 - 70 = 7 \text{ centigrammes.}$$
D'après ces différences on a fait le mélange en mettant :
7 grammes du 1er avec 18 grammes du 2e.
En effet il y a :
en trop dans 7 grammes du 1er.... $0^{gr},18 \times 7 = 1^{gr},26$ d'or ;
en moins dans 18 grammes du 2e.. $0^{gr},07 \times 18 = 1^{gr},26$ d'or.
Ce qui manque est ainsi compensé par ce qui est de trop.
Or 140 grammes, poids du 1er lingot, égalent 20 fois 7 grammes.
Donc le poids du 2e lingot est aussi égal à 20 fois 18 grammes.

Réponse. — Le poids du 2e lingot était de 360 grammes.

AUTRE MÉTHODE. — On peut aussi raisonner de la manière suivante.
Dans les 140 gr. du 1er alliage il y a en trop un poids d'or fin égal à
$$0^{gr},18 \times 140 = 25^{gr},20 = 2520 \text{ centigrammes.}$$
Quand on y ajoutait 1 gr. du 2e alliage, il manquait 7 centigr. d'or.
Donc pour compenser l'excès d'or du 1er, le poids du 2e lingot est égal à autant de grammes que 7 centigrammes sont contenus de fois dans 2520 centigrammes.
Le poids du 2e alliage était.......... 2520 : 7 = 360 grammes.

126. *On a deux lingots d'argent, l'un au titre de 0,810 et l'autre au titre de 0,940. Quels poids faut-il prendre de chacun pour former un autre lingot destiné à fabriquer 100 pièces de 5 francs ?*

Les pièces de 5 francs sont au titre de 0,900.
Le 3ᵉ lingot doit peser............... $25 \times 100 = 2500$ grammes.
Les poids d'argent fin dans 1 gramme de chaque lingot sont :
81 centigrammes dans le 1ᵉʳ lingot au titre de 0,81 ;
94 centigrammes dans le 2ᵉ au titre de 0,94 ;
90 centigrammes dans le 3ᵉ destiné aux pièces de 5 francs.
Quand on met 1 gramme du 1ᵉʳ lingot dans le creuset, il manque un poids d'argent fin égal à
$$90 - 81 = 9 \text{ centigrammes.}$$
Quand on y met 1 gramme du 2ᵉ lingot, il y a en trop un poids d'argent fin égal à
$$94 - 90 = 4 \text{ centigrammes.}$$
D'après cela on doit mettre :
4 grammes du 1ᵉʳ avec 9 grammes du 2ᵉ.
En effet il y a d'un côté 9 fois 0ᵍʳ,04 ou 0ᵍʳ,36 d'argent fin de trop.
De l'autre il manque 4 fois 0ᵍʳ,09 ou 0ᵍʳ,36 d'argent fin.
Or 9 grammes du 2ᵉ lingot et 4 grammes du 1ᵉʳ font un total de 13 grammes.

Le poids à prendre dans le 2ᵉ lingot sera les $\frac{9}{13}$ de 2500 gr. ou

$$2500^{gr} \times \frac{9}{13} = \frac{22500}{13} = 1730^{gr},769.$$

Le poids à prendre dans le 1ᵉʳ lingot est les $\frac{4}{13}$ de 2500 gr. ou

$$2500^{gr} \times \frac{4}{13} = \frac{10000}{13} = 769^{gr},230.$$

Réponse. — Pour fabriquer 100 pièces de 5 francs, on prendra : du 2ᵉ lingot 1730ᵍʳ,77 ; du 1ᵉʳ lingot 769ᵍʳ,23.

127. *Résoudre ce même problème (126) pour le cas où l'on voudrait former un lingot destiné à fabriquer la même somme en pièces de 2 francs.*

Le poids du 3ᵉ lingot est encore 2500 grammes, comme dans le problème précédent.
Les pièces de 2 francs sont au titre de 0,835.

Les poids d'argent fin dna 1 gramme de chaque lingot sont :
810 milligrammes dans le 1ᵉʳ lingot ;
940 milligrammes dans le 2ᵉ ;
835 milligrammes dans le 3ᵉ.
Dans 1 gramme du 2ᵉ il y a en trop
$$940 - 835 = 15 \text{ milligrammes d'argent fin.}$$
Dans 1 gramme du 1ᵉʳ il manque
$$835 - 810 = 25 \text{ milligrammes d'argent fin.}$$
On devra donc mettre dans le creuset :
25 grammes du 2ᵉ avec 105 grammes du 1ᵉʳ,
ou 5 grammes du 2ᵉ avec 21 grammes du 1ᵉʳ.
Or 5 grammes du 2ᵉ et 21 grammes du 1ᵉʳ font un total de 26 grammes

Le poids à prendre dans le 2ᵉ lingot sera $\frac{5}{26}$ de 2555 gr. ou

$$2500^{gr} \times \frac{5}{26} = \frac{12500}{26} = 480^{gr},769.$$

Le poids à prendre dans le 1ᵉʳ lingot sera $\frac{21}{26}$ de 2555 gr. ou

$$2500^{gr} \times \frac{21}{26} = \frac{10500}{26} = 2019^{gr},235.$$

Réponse. — Pour fabriquer les 250 pièces, on prendra : du 2ᵉ lingot $480^{gr},77$; du 1ᵉʳ lingot $2019^{gr},23$.

CHAPITRE IV

DES SURFACES

Règles et conseils.

RÈGLES. — 1° Pour calculer la surface d'un rectangle ou d'un carré, on multiplie entre eux les deux nombres qui expriment la longueur et la largeur, ou, comme on dit ordinairement, on multiplie la longueur par la largeur.

Si l'unité de longueur est le mètre, le produit exprime des mètres carrés ; si l'unité de longueur est le décimètre, le produit exprime des décimètres carrés ; si l'unité de longueur est le centimètre, le produit exprime des centimètres carrés.

2° Pour trouver un côté d'un rectangle, quand on connaît l'autre côté et la surface, on divise le nombre qui exprime la surface par le nombre qui exprime la longueur du côté connu, ou, comme on dit ordinairement, on divise la surface par la longueur.

Mais avant de commencer la division, on doit convertir en mètres carrés le nombre qui exprime la surface, lorsque le côté connu est évalué en mètres; le quotient est alors un nombre de mètres.

Conseils. — 1° Ne dites pas dans les calculs relatifs aux surfaces : *Je multiplie* 8 *mètres par* 24 *mètres*, ou *je divise* 24 *mètres carrés par* 8 *mètres*, ce qui n'a pas de sens, mais seulement : *Je multiplie* 8 *par* 3 ; *je divise* 24 *par* 8.

2° N'employez pas les mots *mètre, décimètre*, qui désignent des longueurs, pour *mètre carré, décimètre carré*, qui désignent des surfaces, comme on le fait trop souvent.

3° Ne faites jamais usage de cette abréviation m^2, que certains auteurs ont à tort mise en vogue, pour indiquer le mètre carré. La seule abréviation raisonnable est *mq* (la lettre *q* étant l'initiale du mot *quarré* qui s'écrit aujourd'hui *carré*); on réserve *mc* pour désigner le mètre cube.

Ainsi on écrira : 32^{mq} et non pas 32^{m2}.

4° Lorsqu'il s'agit de surfaces peu étendues, prenez une unité plus petite que le mètre, afin de ne pas charger les nombres de zéros inutiles.

Par exemple, s'il s'agit de calculer la surface d'une ardoise rectangulaire ayant 243 millimètres de longueur et 125 de largeur, il ne faut pas écrire $0,243 \times 0,125$, mais 243×125 en prenant le millimètre pour unité, ou $24,3 \times 12,5$ en prenant le centimètre pour unité.

On a ainsi pour la surface cherchée en millimètres carrés :

$$243 \times 125 = 30375^{mmq},$$

ou en centimètres carrés

$$24,3 \times 12,5 = 303^{cmq},75.$$

DE LA MESURE DES SURFACES.

Afin de donner une idée plus claire de l'étendue de la surface calculée, il convient d'indiquer toujours dans la réponse le nombre des mètres carrés, puis celui des décimètres carrés, et ainsi de suite.

Pour la surface de cette ardoise, par exemple, on dira :

3 décimètres carrés 3 centimètres carrés 75 millimètres carrés.

5° Pour des surfaces plus étendues, comme celles d'un département, d'une province, d'un pays quelconque, on emploie comme unités de surface :

Le *kilomètre carré*, c'est-à-dire un carré ayant un kilomètre de côté;

Le *myriamètre carré*, c'est-à-dire un carré ayant un myriamètre de côté.

Ces deux unités sont nommées *mesures topographiques*.

Le myriamètre carré contient 100 kilomètres carrés; le kilomètre carré contient 100 hectomètres carrés ou 100 hectares.

RÈGLE. — *Pour énoncer en hectares, ares et centiares la surface exprimée en mètres carrés, on sépare sur la droite du nombre de mètres carrés deux tranches de deux chiffres. La partie qui reste à gauche exprime les hectares; la tranche suivante, les ares; la seconde tranche, les centiares.*

Par exemple si la surface d'un champ a été trouvée égale à 24837 mètres carrés, on l'énoncera en disant :

2 hectares 48 ares 37 centiares.

REMARQUE. — Il est bon d'observer que si le côté d'un carré est égal à 10 fois le côté d'un autre carré, la surface du plus grand contient 100 fois la surface du plus petit.

De même si le côté d'un carré est égal à 2 fois, 3 fois, le côté d'un autre carré, la surface du 1er contient 4 fois, 9 fois, celle du second.

DES VOLUMES

Règles et conseils.

RÈGLES. — 1° Pour trouver le volume d'un cube ou d'un corps à six faces rectangulaires, on multiplie entre eux les nombres qui expriment les trois dimensions : longueur, largeur et hauteur.

Le résultat est un nombre de mètres cubes, si l'unité linéaire est le mètre; un nombre de décimètres cubes, si l'unité linéaire est le décimètre; un nombre de centimètres cubes, si l'unité linéaire est le centimètre.

2° En multipliant la longueur par la largeur, on obtient la surface de la base. On peut donc dire aussi : pour trouver le volume d'un corps à six faces rectangulaires, on multiplie le nombre qui exprime la surface de sa base par celui qui exprime sa hauteur.

3° Pour trouver la hauteur d'un corps rectangulaire dont on connaît le volume et deux des trois dimensions, on divise le nombre qui exprime le volume par le produit des deux dimensions connues.

Si le quotient doit être un nombre de mètres, il faut que le volume soit évalué en mètres cubes et le produit des deux dimensions connues en mètres carrés.

4° Quand on veut obtenir la capacité en litres, il faut prendre le décimètre pour unité, puisque le litre n'est autre chose qu'un décimètre cube.

CONSEILS. — 1° Ne dites pas : *je multiplie 5 mètres par 4 mètres et par 3 mètres; je divise 60 mètres cubes par 12 mètres carrés, par 5 mètres,* mais seulement : *je multiplie 5 par 4 et par 3; je divise 60 par 12, par 5.*

2° N'employez pas les mots *mètre, décimètre,* etc., qui désignent des longueurs, pour *mètre cube, décimètre cube,* etc., qui désignent des volumes.

3° Rejetez cette abréviation m^3, aussi vicieuse que l'abréviation m^2, pour indiquer le mètre cube, qui doit être désigné toujours par mc.

4° Lorsqu'il s'agit de volumes assez petits, on doit prendre une unité plus petite que le mètre, afin de ne pas charger les nombres de zéros inutiles.

S'il s'agit par exemple de calculer le volume d'un cube qui a 64 millimètres d'arête, on n'écrira pas

$$0,064 \times 0,064 \times 0,064 = 0,000\ 264\ 144,$$

mais, en prenant le centimètre pour unité,

$$6,4 \times 6,4 \times 6,4 = 264^{cmc},144.$$

RÈGLES. — *Pour lire la fraction décimale qui suit un nombre de mètres cubes, on la divise en tranches de trois chiffres à partir de la virgule, et s'il ne reste qu'un ou deux chiffres pour la dernière, on la complète par deux zéros ou un zéro.*

La 1re exprime les décimètres cubes; la 2e, les centimètres cubes; la 3e, les millimètres cubes.

Supposons, par exemple, qu'en calculant le volume d'un corps en mètres cubes, on ait trouvé $2^{mc},95483$.

Au lieu de dire : 2 mètres cubes 954 millièmes 83 cent-millièmes de mètre cube, on dira :

2 mètres cubes 954 décimètres cubes 830 centimètres cubes,

ce qu'on écrit ainsi : $2^{mc},954^{dmc}830^{cmc}$.

En effet, le décimètre cube étant la 1000e partie du mètre cube, les 954 millièmes du mètre cube sont 954 décimètres cubes.

Le centimètre cube étant la $1\ 000\ 000^e$ partie du mètre cube, les 830 millionièmes de mètre cube sont 830 centimètres cubes.

Pour convertir en litres un volume où le mètre cube est pris pour unité, on prend pour unité le décimètre cube.

Par exemple on a trouvé : $3^{mc},24$ pour la capacité d'un bassin ou 3240 décimètres cubes.

Cette capacité est égale à 3240 litres.

PROBLÈMES SUR LES SURFACES ET LES VOLUMES

128. *La lieue carrée étant un carré de 4 kilomètres de côté, combien y a-t-il de lieues carrées dans la surface de l'Europe, qui comprend 990 millions d'hectares ?*

En mètres carrés, la surface de la lieue carrée est
$$4000 \times 4000 = 16\,000\,000 \text{ ou } 1600 \text{ hectares.}$$
Il y a autant de lieues carrées qu'il y a de fois 1600 hectares dans 990 000 000 d'hectares.
Le nombre de lieues carrées demandé est donc
$$\frac{990\,000\,000}{1600} = \frac{9\,900\,000}{16} = 618\,750.$$

Réponse. — L'Europe occupe 618 750 lieues carrées.

129. *Une rue a $72^m,60$ de longueur sur $5^m,50$ de largeur. Combien dépensera-t-on pour la paver, si l'on emploie des pierres carrées ayant 22 centimètres de côté, revenant toutes posées à 75 francs le cent ?*

La surface de la rue est............ $72,6 \times 5,5 = 399^{mq},30.$
La surface de chaque pavé est....... $0,22 \times 0,22 = 0^{mq},0484.$
Le nombre de pavés à employer sera
$$\frac{399,30}{0,0484} = \frac{3\,993\,000}{484} = 8250.$$
Chaque pavé revient à $0^f,75$.
La dépense du pavage sera donc $0^f,75 \times 8250 = 6187^f,50.$

Réponse. — Le pavage de la rue coûte $6187^f,50$.

130. *Un fermier veut semer du lin sur une pièce de terre rectangulaire, ayant 150 mètres de longueur et 80 mètres de largeur, à raison de 180 kilogrammes de graines par hectare. Combien dépensera-t-il pour l'achat de la graine, au prix de 30 francs les 100 kilogrammes ?*

PROBLÈMES SUR LES SURFACES. 79

La surface du champ est égale à
$$150 \times 80 = 12000^{mq} = 120 \text{ ares.}$$
On emploie : par hectare 180 kilogr. de graines; par are $1^{kg},8$.
Le poids de graine employé pour ce champ est donc
$$1^{kg},8 \times 120 = 216 \text{ kilogrammes.}$$
Le kilogramme de graine coûte $0^f,30$.
Pour acheter 216 kilogrammes on paiera $0^f,30 \times 216 = 64^f,80$.

Réponse. — L'achat de la graine coûtera $64^f,80$.

131. *Un tapis rectangulaire a une surface de 3 mètres carrés 60 décimètres carrés. On lui ôte dans le sens de la longueur une bande large de $0^m,15$; la surface alors n'est plus que les 0,9 de ce qu'elle était d'abord. Quelles étaient les deux dimensions du tapis?*

La bande ôtée égale le 10ᵉ de la surface du tapis, c.-à-d. $0^{mq},36$.
Sa largeur est de $0^m,15$.
Sa longueur, c'est-à-dire celle du tapis, a
$$\frac{0,36}{0,15} = \frac{36}{15} = 2^m,40.$$
La largeur du tapis était $\dfrac{3,6}{2,4} = \dfrac{36}{24} = 1^m,50.$

Réponse. — Longueur $2^m,40$; largeur $1^m,50$.

132. *On pourrait faire une robe avec $6^m,50$ d'une étoffe ayant $1^m,20$ de largeur; mais l'étoffe qu'on doit employer n'a que $0^m,70$ de largeur et coûte $2^f,60$ le mètre. La façon et les fournitures devant coûter 15 francs, quel sera le prix de la robe faite avec la 2ᵉ étoffe?*

La surface de l'étoffe nécessaire pour la robe est
$$6,5 \times 1,2 = 7^{mq},80.$$
La longueur de la 2ᵉ étoffe à employer sera
$$7,8 : 0,7 = 11^m,14.$$
Pour la robe on dépensera :
En étoffe.................. $2^f,60 \times 11,14 = 28^f,96$.
En façons et fournitures................. $15^f,00$.
Total............. $43^f,96$.

Réponse. — La robe coûtera $43^f,96$.

133. *Une cour rectangulaire a* $15^m,60$ *de longueur et sa largeur est les* $\frac{2}{3}$ *de la longueur. On veut la couvrir avec des pierres carrées ayant 18 centimètres de côté. Trouver le montant de la dépense, en sachant que le mille de ces pierres coûte 140 francs et que la main-d'œuvre, y compris le mortier, revient à $4^f,15$ le mètre carré.*

La largeur de la cour est égale à

$$15^m,60 \times \frac{2}{3} = 5^m,20 \times 2 = 10^m,40.$$

La surface a .... $15,6 \times 10,4 = 162^{mq},24$.
La surface d'un pavé a. .... $0,18 \times 0,18 = 0^{mq},0324$.
Autant de fois la surface du pavé sera contenue dans 162,24 autant il faudra de pavés. Le nombre de ces pavés sera donc

$$\frac{162,24}{0,0324} = \frac{1\,622\,400}{324} = 5007.$$

Le prix de ces pavés est .... $0^f,14 \times 5007 = 700^f,98$.
Les frais de main-d'œuvre sont $4^f,15 \times 162,24 = 673^f,29$.
Total .... $1374^f,27$.

Réponse. — La dépense totale est $1374^f,27$.

134. *Un homme achète deux terrains rectangulaires. Le 1er, qui a 95 mètres de longueur, a été payé 7125 francs, à raison de 300 francs l'are. Le 2e a 57 mètres de longueur et son prix d'achat est égal aux* $\frac{24}{25}$ *de celui du 1er. A surface égale on aurait payé pour le 2e terrain deux fois autant que pour le 1er. Trouver la largeur de chacun.*

Le premier terrain a coûté 7125 francs, à raison de 300 francs l'are.
Le nombre d'ares du 1er terrain est donc

$$\frac{7125}{300} = \frac{71,25}{3} = 23^a,75 \text{ ou } 2375 \text{ mètres carrés}.$$

Or la fraction $\frac{24}{25}$ égale 0,96.

L'achat du 2e terrain a coûté les 0,96 de 7125 francs, c'est-à-dire:
$$7125^f \times 0,96 = 6840 \text{ francs}.$$
Pour le 2e terrain le prix d'achat était de 600 francs l'are.
Le nombre d'ares du 2e terrain était donc

$$\frac{6840}{600} = \frac{68,40}{6} = 11^a,40 \text{ ou } 1140 \text{ mètres carrés}.$$

Pour avoir la largeur de chaque rectangle il reste à diviser la surface par la longueur. On trouve ainsi :

Largeur du 1ᵉʳ terrain.......... 2375 : 95 = 25 mètres ;
Largeur du 2ᵉ terrain.......... 1140 : 57 = 20 mètres.

Réponse. — Il y a 25 mètres dans la largeur du 1ᵉʳ terrain et 20 mètres dans celle du 2ᵉ.

135. *Le pavage d'une rue, longue de 280 mètres, a coûté 29 040 francs, dont 1540 francs pour la main-d'œuvre. Chaque pavé couvre une surface de 2 décimètres carrés 8 dixièmes, et l'achat des pavés revient à 250 francs le mille. Trouver le nombre des pavés employés, le prix de revient du mètre carré de pavage et la largeur de la rue.*

L'achat des pavés a coûté........ 29040ᶠ — 1540ᶠ = 27500 francs.
Le prix de chaque pavé est 0ᶠ,25.
Le nombre des pavés employés est donc
$$\frac{27500}{0,25} = \frac{2\,750\,000}{25} = 110\,000.$$
La surface de chaque pavé égale 0ᵐᑫ,028.
La surface de la rue est
0ᵐᑫ,028 × 110 000 = 3080 mètres carrés.
Le prix de pavage du mètre carré de la rue est
$$\frac{29040}{3080} = \frac{2904}{308} = 9^f,428, \text{ c.-à-d. } 9^f,43.$$
La longueur de la rue est de 280 mètres.
Sa largeur est donc.................. 3080 : 280 = 11 mètres.

Réponse. — Nombre des pavés 110 000. — Largeur de la rue 11 mètres. — Prix du mètre carré 9ᶠ,43.

136. *On veut doubler un tapis rectangulaire ayant 4 mètres de long et 3ᵐ,60 de large. On a pour cela deux sortes de doublure, dont l'une a 60 centimètres et l'autre 90 centimètres de large. La 1ʳᵉ coûte 0ᶠ,95 le mètre et l'autre 1ᶠ,20 le mètre. On emploie celle des deux qui offre le plus d'avantage; en outre on borde le tapis avec de la bordure coûtant 0ᶠ,25 le mètre. L'ouvrière est payée à raison de 15 centimes par mètre carré. Trouver le montant de la dépense.*

La surface du tapis est égale à............ $4 \times 3,6 = 14^{mq},40$.
La longueur à prendre de chaque doublure serait :

dans la 1re, $\dfrac{14,4}{0,6} = \dfrac{144}{6} = 24$ mètres ;

dans la 2e, $\dfrac{14,4}{0,9} = \dfrac{144}{9} = 16$ mètres.

L'achat de la doublure coûterait :
  avec la 1re................. $0^f,95 \times 24 = 22^f,80$.
  avec la 2e.................. $1^f,20 \times 16 = 19^f,20$.
On emploiera donc la 2e doublure qui coûte le moins.
Le contour du tapis égale le double de la longueur plus le double de la largeur, c'est-à-dire
$$8^m + 7^m,20 = 15^m,20.$$
La bordure coûtera.................. $0^f,25 \times 15,2 = 3^f,80$.
L'ouvrière recevra................... $0^f,15 \times 14,4 = 2^f,16$.
La dépense totale comprend donc :
 pour achat de la doublure............... $19^f,20$
 pour achat de la bordure................. $3^f,80$
 pour l'ouvrière............................. $2^f,16$

Réponse. — La dépense totale est...... $25^f,16$.

137. *Trouver la surface d'un plafond rectangulaire ayant un contour de* $19^m,58$, *la largeur étant les 5 sixièmes de la longueur.*

Le total de la longueur et de la largeur est la moitié du contour, c'est-à-dire
$$19^m,58 : 2 = 9^m,79.$$
Pour connaître les deux dimensions, il faut diviser $9^m,79$ en deux parties dont l'une soit les $\dfrac{5}{6}$ de l'autre.

Supposons que le total $9^m,79$ soit partagé en un certain nombre de parties égales et que la longueur contienne 6 de ces parties ; la largeur en contiendra 5.
Cela fait un total de 11 parties égales.
Or la 11e partie de $9^m,79$ est............ $9^m,79 : 11 = 0^m,89$.
On aura donc :
 pour la longueur............... $0^m,89 \times 6 = 5^m,34$
 pour la largeur................. $0^m,89 \times 5 = 4^m,45$
 pour la surface................. $5^m,34 \times 4,45 = 23^{mq},75$.

Réponse. — Le plafond a 23 mètres carrés et 3 quarts.

138. *On fait placer, à chacune des deux fenêtres d'une chambre, une paire de petits rideaux de mousseline de 1ᵐ,85 de hauteur et une paire de grands rideaux de perse de 2ᵐ,70. Trouver à combien s'élève la dépense, en sachant que le mètre de perse coûte 3ᶠ,60 et le mètre de mousseline un 5ᵉ du prix du mètre de perse, que la façon et la pose coûtent 25 % du prix d'achat.*

Le mètre de perse coûte 3ᶠ,60.
Le mètre de mousseline en coûte le 5ᵉ ou les 0,2 c'est-à-dire
$$3^f,6 \times 0,2 = 0^f,72.$$
Les longueurs d'étoffe employées sont :
en mousseline...... $1^m,85 \times 4 = 7^m,40$
en perse........... $2^m,70 \times 4 = 10^m,80.$
L'achat coûte : pour la mousseline $0^f,72 \times 7,4 = 5^f,328.$
pour la perse..... $3^f,60 \times 10,8 = 38^f,88.$
Prix d'achat.......................... $44^f,208.$
Pour la façon et la pose le quart de ce prix...... $11^f,052.$
Total................... $55^f,260.$

Réponse. — La dépense totale est de 55ᶠ,26.

139. *Un jardin rectangulaire a 12ᵐ,50 de longueur. Deux allées, perpendiculaires l'une à l'autre, de 1ᵐ,10 de largeur, ayant l'une la direction de la longueur et l'autre celle de la largeur, ont ensemble une surface de 21 mètres carrés 56 décimètres carrés. Trouver combien a coûté l'achat du jardin, à raison de 25 000 francs l'hectare.*

La surface de la grande allée a...... $12,5 \times 1,1 = 13^{mq},75$
La surface du carré au croisement a $1,1 \times 1,1 = 1^{mq},21.$
La surface de la petite allée diminuée du carré est
$$21^{mq},56 - 13^{mq},75 = 7^{mq},81.$$
La petite allée a donc.......... $7^{mq},81 + 1^{mq},21 = 9^{mq},02.$
La largeur du jardin a........... $9,02 : 1,10 = 8^m,20.$
La surface du jardin a.......... $12,5 \times 8,2 = 102^{mq},50.$
L'are coûte 250 francs; le mètre carré 2ᶠ,50.
Le prix d'achat du jardin est...... $2^f,50 \times 102,5 = 256^f,25.$

Réponse. — Le jardin a coûté 256ᶠ,25.

140. *Un homme avait acheté, au prix de 4560 fr. l'hectare, un champ rectangulaire de 288 mètres de périmètre, ayant une largeur égale à la 5ᵉ partie de la longueur. Il le revend à 5 fr. le mètre carré. Trouver le bénéfice total et le gain pour 100 sur l'argent déboursé.*

Le total de la longueur et de la largeur est la moitié de 288 mètres c'est-à-dire 144 mètres.

Pour avoir les deux dimensions il faut partager ce nombre de mètres en deux parties dont l'une soit la 5ᵉ partie de l'autre.

Si la largeur avait 1 mètre, la longueur en aurait 5 : total 6 mètres.

Autant de fois il y a 6 mètres dans 144 mètres, autant il y a de mètres dans la largeur.

La largeur est donc............ $144 : 6 = 24$ mètres.
La longueur est............... $24 \times 5 = 120$ mètres.
La surface du terrain a....... $120 \times 24 = 2880$ mètres carrés.
Or le mètre carré a coûté la 10 000ᵉ partie de 4560 fr. c.-à-d. 0^f,456.
La vente a rapporté........... $5^f \times 2880 = 14400^f,00$.
L'achat avait coûté........... $0^f,456 \times 2880 = 1313^f,28$.
Bénéfice total............ $\overline{13086^f,72}$.

Le bénéfice fait avec 0^f,456, prix d'achat du mètre carré, est
$$5^f - 0^f,456 = 4^f,544.$$

Avec 456 francs on aurait gagné 4544 francs.
Avec 1 franc le bénéfice aurait été....... $4544 : 456 = 9^f,96491$.

Réponse. — Gain 13 086^f,72. — Gain pour cent 9^f,965.

141. *On veut entourer d'un mur, ayant 2^m,75 de hauteur, un jardin rectangulaire d'une surface de 180 mètres carrés et ayant une longueur égale à 5 fois sa largeur. Trouver la dépense, si le mètre carré revient à 33 francs.*

La surface du jardin égale 5 fois celle d'un carré dont le côté serait égal à la largeur.

La surface de ce carré serait... $180^{mq} : 5 = 36$ mètres carrés
Le côté de ce carré, c'est-à-dire la largeur, a 6 mètres.
La longueur du jardin a....... $6^m \times 5 = 30$ mètres.
Le périmètre a donc.......... $36^m \times 2 = 72$ mètres.
La surface du mur égale...... $72 \times 2,75 = 198$ mètres carrés.
La dépense sera.............. $33^f \times 198 = 6534$ francs.

Réponse. — Le mur coûtera 6534 francs.

PROBLÈMES SUR LES VOLUMES.   85

142. *Un propriétaire fait construire un hangar, surmonté d'un plancher à la hauteur de* 3^m,25, *et ayant une largeur de* 6^m,05. *Quelle longueur doit-il lui donner pour que la capacité soit de* 245 *mètres cubes?*

De combien de décimètres cubes cette capacité serait-elle réduite, si l'on prenait pour longueur le nombre entier de mètres, en négligeant la fraction décimale?

Le volume 245 mètres cubes est le produit des trois dimensions. Or la hauteur multipliée par la largeur donne 3,25 × 6,05 = 19,6625.
La longueur sera égale à
$$\frac{245}{19,6625} = \frac{2450000}{196625} = 12^m,46.$$
Si on réduit la longueur à 12 mètres, en négligeant les 46 centimètres, la capacité sera seulement
19,6625 × 12 = 235^{mc},950 c'est-à-dire... 236 mètres cubes.
La capacité était auparavant.............. 245 mètres cubes.
    La diminution est de............... 9 mètres cubes.

Réponse. — La longueur du hangar doit être de 12^m,46. — Avec 12 mètres seulement la capacité serait diminuée de 9 mètres cubes.

143. *Un bassin de forme rectangulaire a* 5^m,06 *de longueur,* 4^m,03 *de largeur et* 2^m,07 *de profondeur. Lorsqu'il est plein d'eau, on ouvre un robinet par lequel il se vide en* 2 *heures* 48 *minutes. Quelle est la quantité d'eau qui s'écoule en* 1 *minute par le robinet?*

Prenons le décimètre pour unité de longueur.
La capacité du bassin en décimètres cubes ou en litres est
    50,6 × 40,3 × 20,7 = 42211^l,026.
Les 2 heures 48 minutes font,
    60^m × 2 + 48^m = 120^m + 48^m = 168 minutes.
En 168 minutes il a coulé 42 211 litres d'eau.
Le nombre de litres coulant par minute est donc
    42211 : 168 = 251.

Réponse. — Par minute il coulait 251 litres d'eau.

144. *Un robinet fournit par minute* 3 *litres* 65 *centilitres d'eau. On le laisse ouvert pendant* 4 *heures*

35 minutes. A quelle hauteur s'élèvera l'eau dans un bassin rectangulaire, dont le fond a 1^m,50 de longueur et 46 centimètres de largeur ?

Prenons le décimètre pour unité de longueur.
La surface de la base du bassin est
$$15 \times 4,6 = 69 \text{ décimètres carrés.}$$
Le robinet fournit par minute 3^l,65 ou 3 décimètres cubes 65 centièmes.
Or $4^h 35^m = 60^m \times 4 + 35^m = 240^m + 35^m = 275$ minutes.
Le volume d'eau fourni par la fontaine pendant ce temps sera
$$3^{dmc},65 \times 275 = 1003^{dmc},75.$$
Il a pour base un rectangle ayant 69 décimètres carrés.
Sa hauteur est. $1003,75 : 69 = 14^{dm},54$.

Réponse. — La hauteur de l'eau a 1^m,45.

145. *L'hectolitre de charbon de terre pèse en moyenne 75 kilogrammes. Combien coûte-t-il, lorsque la tonne vaut 47^f,50? Combien vaudrait un tas de charbon de 72 mètres cubes et demi ?*

1000 kilogrammes coûtant 47^f,50, le kilogramme coûte 0^f,0475.
Le prix de 75 kilogrammes, c'est-à-dire de l'hectolitre, sera
$$0^f,0475 \times 75 = 3^f,5625$$
72 mètres cubes et demi font 72 500 décim. cubes ou 725 hectol.
Le prix du tas de charbon sera
$$3^f,5625 \times 725 = 2582^f,81.$$

Réponse. — Le tas de charbon vaut 2582^f,81.

146. *Dans une cuve d'une capacité de 2 mètres cubes 278 décimètres cubes on a versé 3 barriques de vin, contenant chacune 228 litres, du prix de 65 francs l'hectolitre, et 5 autres barriques contenant chacune 215 litres, du prix de 54 francs l'hectolitre. On achève de remplir la cuve avec de l'eau. A combien revient l'hectolitre du mélange ?*

Le nombre de litres de vin comprend :
les 3 premières barriques. . . . . $228^l \times 3 = 684$ litres;
les 5 autres. . . . . $215^l \times 5 = 1075$ litres.
            Total. . . . . 1759 litres.

PROBLÈMES SUR LES VOLUMES.

Le prix du vin est :
  pour les 3 barriques............ 0f,65 × 684 = 444f,60
  pour les 5 barriques............ 0f,54 × 1075 = 580f,50
    Le vin mis dans la cuve vaut............... 1025f,10.
Le mélange de vin et d'eau, qui remplit la cuve, est de 2278 litres.
Le litre de ce mélange vaut.... 1025,10 : 2278 = 0f,45.

Réponse. — L'hectolitre du mélange revient à 45 francs.

147. *Un bassin rectangulaire étant plein contient 26 400 litres d'eau. Sa largeur est de* $1^m,20$ *et la surface du fond est égale à 9 mètres carrés 60 décimètres carrés. Calculer la longueur et la profondeur.*

Prenons le litre pour unité de capacité et par suite le décimètre pour unité de longueur.
  La profondeur sera.......... 26400 : 960 = 27^{dm},5 c.-à-d. 2^m,75.
  La longueur est..... 960 : 12 = 80 décimètres, c.-à-d. 8 mètres.

Réponse. — Longueur 8 mètres ; profondeur 2^m,75.

148. *Une pompe, qui alimente régulièrement un bassin rectangulaire, ayant* $1^m,50$ *de longueur sur* $1^m,30$ *de largeur et* $0^m,90$ *de profondeur, pourrait le remplir en 45 minutes. D'un autre côté un robinet pourrait le vider en 18 minutes.*

Si l'on suppose qu'il y ait d'abord dans le bassin 1170 litres d'eau, on demande au bout de combien de temps il sera vidé, lorsqu'on fait fonctionner la pompe au même instant que le robinet est ouvert.

La capacité du bassin, en décimètres cubes ou litres, est égale à
    15 × 13 × 9 = 1755 litres.
La pompe fournit :
  en 45 minutes.................... 1755 litres d'eau,
  en 1 minute..................... 1755 : 45 = 39 litres.
Par le robinet il s'écoule :
  en 18 minutes.................... 1755 litres.
  en 1 minute..................... 1755 : 18 = 97f,50.
Ainsi par la pompe et par le robinet, le bassin en 1 minute reçoit 39 litres d'eau et en laisse sortir 97f,50.
  Par minute il perd donc............ 97f,50 − 39f = 58f,50.

Autant de fois il y a 58^l,50 dans 1170 litres, autant il y aura de minutes dans le temps au bout duquel le bassin sera vidé.
Ce nombre de minutes est.................. 1170 : 58,5 = 20.

Réponse. — Le bassin sera vidé au bout de 20 minutes.

149. *Le poids de l'air contenu dans une chambre rectangulaire est égal à* 117 *kilogrammes* 208 *grammes et* 1 *litre d'air pèse* 1^{gr},3. *Trouver quel est le volume de cette chambre. Trouver aussi sa longueur, en sachant que sa largeur a* 4^m,90 *et sa hauteur* 3^m,20.

Le nombre de litres d'air de la chambre est égal à
$$\frac{117\,208}{1,3} = \frac{1\,172\,080}{13} = 90160 \text{ litres.}$$
La chambre a donc 90 mètres cubes 160 décimètres cubes.
Le produit de la largeur par la hauteur est
$$4,9 \times 3,2 = 15,68.$$
Ce produit multiplié par la longueur donnerait le volume 90^{mc},160.
La longueur égale donc............... 90,16 : 15,68 = 5^m,75.

Réponse. — La longueur de la chambre est de 5^m,75; son volume a 90 mètres cubes 160 décimètres cubes.

150. *Un robinet a fourni* 158 *litres d'eau en* 2 *heures* 45 *minutes. On le laisse ouvert depuis* 1 *heure* 5 *minutes jusqu'à* 5 *heures* 13 *minutes. On demande à quelle hauteur s'élève l'eau ainsi versée dans un bassin rectangulaire, ayant* 0^m,80 *de longueur et* 0^m,65 *de largeur.*

D'abord 2^h 45^m font........ 60^m × 2 + 45^m = 165 minutes.
De 1^h 5^m jusqu'à 5^h 13^m il y a
$$4^h\ 8^m \text{ ou } 60^m \times 4 + 8^m = 248 \text{ minutes.}$$
En 165 minutes le robinet fournit 158 litres.
En 1 minute il fournirait........................ 158^l : 165.
Le nombre de litres versés en 248 minutes sera
$$\frac{158 \times 248}{165} = \frac{39\,184}{165} = 237^l,4.$$
La surface du fond de la cuve a
$$8 \times 6,5 = 52 \text{ décimètres carrés.}$$

PROBLÈMES SUR LES VOLUMES. 89

La hauteur de l'eau dans la cuve est en décimètres
$$237,4 : 52 = 4^{dm},56.$$

Réponse. — Hauteur de l'eau : 45 centimètres 6 millimètres.

151. *On remplit de mercure aux 3 quarts un vase rectangulaire, dont les trois dimensions ont 15, 12, 7 centimètres. La densité du mercure étant 13,60, calculer le volume de l'eau qui aurait le poids du mercure du vase.*

En centimètres cubes la capacité du vase est
$$15 \times 12 \times 7 = 1260 \text{ centimètres cubes.}$$
Les trois quarts de cette capacité sont
$$\frac{1260}{4} \times 3 = 315 \times 3 = 945 \text{ centimètres cubes.}$$
Or 1 centimètre cube de mercure pèse $13^{gr},6$.
Le mercure mis dans le vase pèse
$$13^{gr},6 \times 945 = 12\,852 \text{ grammes.}$$
Le volume d'eau pure ayant ce poids est de 12 852 centimètres cubes.

Réponse. — Volume de l'eau : 12 litres 85 centilitres.

152. *On réduit une masse de plomb, pesant 1255 kilogrammes, en lames ayant 15 dixièmes de millimètre d'épaisseur. Calculer la surface rectangulaire que ces lames pourraient couvrir, en sachant que 10 centimètres cubes de plomb pèsent autant que 113 centimètres cubes d'eau.*

Le poids de 1 centimètre cube de plomb est........ $11^{gr},3$.
Le poids de la masse de plomb est........ 1 255 000 grammes.
Son volume contient autant de centimètres cubes qu'il y a de fois $11^{gr},3$ dans 1 255 000 grammes. Ce nombre de centimètres cubes est
$$\frac{1\,255\,000}{11,3} = 111\,061,9 \text{ c.-à-d. } 111\,062 \text{ centim. cubes.}$$
L'épaisseur des lames est 15 dixièmes de millimètre ou 0,15 de centimètre.
Toutes ces lames, posées les unes à côté des autres, formeraient un corps dont le volume serait égal à la surface couverte multipliée

par l'épaisseur; on trouvera la surface en divisant le volume pa l'épaisseur. Cette surface est égale à

$$\frac{111\,061,9}{0,15} = \frac{11\,106\,190}{15} = 740\,412,6.$$

Réponse. — La surface couverte aura 740 412 centimètres carrés, ou 74 mètres carrés 4 décimètres carrés 12 centimètres carrés.

CHAPITRE V

PROBLÈMES SUR L'INTÉRÊT ET SUR L'ESCOMPTE

153. *Une somme, augmentée de la moitié des intérêts qu'elle a produits au bout de 8 mois à 4,50 %, a pris une valeur de 3 508^f,45. Quelle est cette somme?*

La moitié de l'intérêt de 8 mois n'est que l'intérêt pour 4 mois.
L'intérêt de 1 franc pour un an serait 0^f,045.
Pour 4 mois, il en est le tiers, c'est-à-dire 0^f,015.
Ainsi 1 franc aurait pris une valeur égale à 1^f,015.
Autant de fois il y a 1^f,015 dans 3 508^f,45, autant il y a de francs dans le capital demandé. Ce capital était donc

$$\frac{3508,45}{1,015} = \frac{3\,508\,450}{1015} = 3\,456^f,60.$$

Réponse. — La somme est 3 456^f,60.

154. *Trouver le capital qui, après avoir été augmenté de ses intérêts à 4,50 % au bout de 8 mois $\frac{2}{3}$, a pris une valeur de 4130 francs.*

8 mois 2 tiers font...... 30^j × 8 + 20^j = 260 jours.
L'intérêt de 1 franc pour 1 an serait 0^f,045.

PROBLÈMES SUR L'INTÉRÊT ET L'ESCOMPTE.

L'intérêt de 1 franc est :

pour 1 jour, $\dfrac{0^f,045}{360}$; pour 260 jours, $\dfrac{0^f,045 \times 26}{36} = 0^f,0325$.

1 franc après 8 mois $\dfrac{2}{3}$ vaudrait $1^f,0325$.

Autant de fois cette valeur de 1 franc est contenue dans 4130 francs, autant il y a de francs dans le capital demandé

Ce capital est $\dfrac{4130}{1,0325} = \dfrac{41\,300\,000}{10\,325} = 4000$ francs.

Réponse. Le capital est de 4000 francs.

155. *Une maîtresse de maison, en payant comptant une fourniture de son épicier, obtient une remise de $3\dfrac{3}{4}$ %, et donne ainsi $157^f,85$. Trouver à combien s'élevait le montant de la fourniture.*

1° Au taux de $3\dfrac{3}{4}$ % la remise sur 1 franc serait de $0^f,0375$.

Une facture de 1 franc se serait réduite à
$$1^f - 0^f,0375 = 0^f,9625.$$

Autant fois il y a $0^f,9625$ dans $157^f,85$ autant il y a de francs dans le montant de la facture. Ce montant est

$$\dfrac{157,85}{0,9625} = \dfrac{1\,578\,500}{9\,625} = 164 \text{ francs.}$$

Réponse. — La fourniture coûtait 164 francs.

156. *Un homme a vendu un pré rectangulaire, ayant 70 mètres de longueur sur 64 mètres de largeur. L'acquéreur, n'ayant pu payer que 6 mois après le jour fixé pour le payement, a dû ajouter au prix d'achat une somme de $39^f,20$ pour les intérêts calculés à 5 %. Quel a été le prix de vente de l'are de ce terrain ?*

La surface du pré est égale à .... $70 \times 64 = 4480^{mq} = 44^a,80$.
L'intérêt de 100 francs pour 6 mois est $2^f,50$.
L'intérêt de 1 franc est $0^f,025$.
Autant de fois il y a $0^f,025$ dans $39^f,20$, autant il y a de francs dans le prix de vente du pré.

Le prix du pré est $\dfrac{39,2}{0,025} = \dfrac{39\,200}{25} = 1568$ francs.

Le prix de l'are est.................... $1568 : 44,8 = 35$ francs.

Réponse. — L'are a été vendu 35 francs.

157. *On achète, au prix de 5000 francs l'hectare, un champ rectangulaire, ayant* $140^m,80$ *de longueur et* $67^m,50$ *de largeur. Les frais d'acquisition sont de* 8 °/₀ *sur le prix d'achat.*

Trouver le taux du placement de cet argent, en sachant que ce terrain est affermé au prix de $2^f,25$ *l'are et que les contributions annuelles, évaluées en moyenne à un total de* $34^f,20$, *sont à la charge du propriétaire.*

La surface du champ a........ $140,8 \times 67,5 = 9504^{mq} = 95^a,04$.
Le prix d'achat de l'are est de 50 francs.
L'acquisition du champ a coûté :
  pour prix d'achat........... $50^f \times 95,04 = 4752^f,00$.
  pour frais............... $0^f,08 \times 4752 = 380^f,16$.
                  Total.............. $5132^f,16$.
On retire pour fermage....... $2^f,25 \times 95,04 = 213^f,84$.
Il faut en ôter les contributions................. $34^f,20$.

Il reste net pour le propriétaire.................. $179^f,64$.
Ainsi un capital de $5132^f,16$ rapporte $179^f,64$.
1 franc rapporterait
$$\dfrac{179,64}{5132,16} = \dfrac{4491}{128304} = 0^f,0350.$$

Réponse. — Le taux du placement est $3^f,50$ °/₀.

158. *Un propriétaire a un terrain de 17 hectares 10 ares, qui lui rapporte en moyenne 75 francs par hectare. Il en vend le tiers à raison de 2125 francs l'hectare, et il place au taux de* 4,50 °/₀ *le produit de la vente. De combien son nouveau revenu surpasse-t-il le premier ?*

La surface du terrain vendu a............. $17^h,10 : 3 = 5^{ha},70$
La vente produit.................. $2125^f \times 5,7 = 12\,112^f,50$
Les intérêts de cette somme à 4,50 °/₀ sont
      $0^f,045 \times 12\,112,5 = 545^f,06$.

PROBLÈMES SUR L'INTÉRÊT ET L'ESCOMPTE.

Le champ qui reste contient	$17^{a},10 - 5^{ha},70 = 11^{ha},40$
Ce champ produit	$75^f \times 11,4 = 855$ francs.
Le nouveau revenu égale	$545^f,06 + 855^f = 1400^f,06$
L'ancien revenu était	$75^f \times 17,1 = 1282^f,50$
Différence	$117^f,56$

Réponse. — Le revenu est augmenté de $117^f,56$.

159. *Une personne, qui possédait 15 obligations, rapportant chacune 80 francs par an, les a vendues à raison de 1750 francs l'une. Elle a ensuite placé au taux de 4 %, la moitié de la somme retirée de la vente, et a mis l'autre moitié dans une entreprise commerciale. Combien cette dernière moitié doit-elle rapporter pour 100, pour que cette personne ait le même revenu qu'auparavant ?*

Les 15 obligations rapportent	$80^f \times 15 = 1200$ francs
Leur vente a produit	$1750^f \times 15 = 26250$ francs.
L'intérêt de la moitié c.-à-d. de 13125 francs à 4 % est	$0^f,04 \times 13125 = 525$ francs.
La 2ᵉ moitié devra produire	$1200^f - 525^f = 675$ francs.
Dans ce placement 1 franc produirait	$675 : 13125 = 0^f,0514$.

Réponse. — La 2ᵉ moitié doit rapporter $5,14$ %.

160. *Une usine à gaz emploie chaque mois 300 000 kilogrammes de houille. Or 200 kilogrammes de houille fournissent 45 mètres cubes de gaz et 50 kilogrammes de coke. Le bénéfice net est de $1^f,50$ par 1000 hectolitres de gaz et de $5^f,50$ par tonne de coke.*

Un capitaliste achète cette usine et son argent lui rapporte ainsi 8 %. Trouver le prix d'achat.

1000 hectolitres de gaz font 100 mètres cubes.
Or 2 quintaux de houille fournissent :
    45 mètres cubes de gaz et 50 kilogrammes de coke.
1 quintal de houille en donne la moitié, c'est-à-dire
    $22^{mc},5$ de gaz et 25 kilogrammes de coke.
300 000 kilogrammes de houille, c.-à-d. 3000 quintaux fournissent :
    en gaz, $22^{mc},5 \times 3000 = 67500^{mc} = 675000$ hectolitres ;
    en coke, $25^{kg} \times 3000 = 75000^{kg} = 75$ tonnes.

Le bénéfice par mois sera :
en gaz................ $1^f,50 \times 675 = 1012^f,50$
en coke............... $5^f,50 \times 75 = 412^f,50$
                        Total......... $1425^f,00$.
Par an le bénéfice est............. $1425^f \times 12 = 17100$ francs
Autant de fois il y a 8 francs dans ce bénéfice de 17 100 francs, autant de fois il y a 100 francs dans le capital d'achat.
Ce nombre de fois est................ $17100 : 8 = 2137,50$.

Réponse. — Le capital demandé est 213 750 francs.

161. *Une personne a prêté une somme à 5 %, et au bout de 3 ans on lui rend cette somme avec les intérêts simples; elle place alors le tout dans une entreprise qui rapporte $6\frac{2}{5}$ %. Trouver quel était le capital primitif, si le dernier placement donne $220^f,80$ d'intérêt.*

Cherchons le capital qui est placé à $6\frac{2}{5}$ %, c.-à-d. à 6,4 %.
Autant de fois il y a $6^f,40$ dans $220^f,80$ autant de fois il y a 100 francs dans le capital.
Ce nombre de fois est le quotient
$$220,80 : 6,40 = 34,50.$$
Le capital est donc 3450 francs.
1 franc à 5 % produit : en 1 an $0^f,05$; en 3 ans $0^f,15$.
1 franc au bout 3 ans est donc devenu $1^f,15$.
Autant de fois il y a $1^f,15$ dans 3450 francs, autant il y avait de francs dans la somme prêtée.
Cette somme était............... $3450 : 1,15 = 3000$ francs.

Réponse. — Le capital primitif était de 3000 francs.

162. *Un homme achète de la rente $4\frac{2}{1}$ % sur l'État et le capital employé à cet achat se trouve ainsi placé à $4\frac{1}{11}$ %. A quel cours la rente a-t-elle été achetée, si on ne tient pas compte des frais de courtage?*

Après l'achat 100 francs rapportent $4^f \frac{1}{11}$ ou $\frac{45}{11}$ de franc.

PROBLÈMES SUR L'INTÉRÊT ET L'ESCOMPTE.   95

Ainsi pour une rente de $\frac{45}{11}$ de franc on a payé 100 francs.

Pour une rente de $\frac{1}{11}$ de franc on aurait payé $\frac{100}{45}$ de franc.

Pour une rente de 1 franc on aurait payé $\frac{100 \times 11}{45}$ fr.

Enfin le prix d'une rente de 4f,50 serait
$$\frac{100 \times 11 \times 4,50}{45} = 110 \text{ francs.}$$

Réponse. — Le cours de la rente était 110 francs.

REMARQUE. — Nous avons conservé $\frac{45}{11}$ sous la forme d'une fraction ordinaire, parce qu'on ne peut pas convertir exactement ce nombre fractionnaire en fraction décimale. En remplaçant $\frac{45}{11}$ par un nombre décimal approché, on n'aurait pas obtenu la valeur exacte 110 et on aurait eu à effectuer des calculs plus longs.

C'est là un point important à considérer dans la résolution des problèmes.

163. *Un homme vend de la rente $4\frac{1}{2}$ % au cours de 110 francs et avec le produit de la vente il achète 125 obligations de chemins de fer, au cours de 330 francs, rapportant chacune 13f,70 d'intérêts nets par an, déduction faite de l'impôt. Trouver quel était d'abord le revenu de cet homme et de combien il se trouve actuellement augmenté.*

Par an les obligations rapportent 13f,70 × 125 = 1712f,50.
Le capital employé à l'achat des obligations est
330f × 125 = 41 250 francs.

En rentes $4\frac{1}{2}$ %, ce capital donnait autant de fois 4f,50 qu'il contient de fois 110 francs.

Ce nombre de fois est............ $\frac{41\,250}{110} = 375$.

On trouve ainsi : revenu en rentes.. $4^f,50 \times 375 = 1687^f,50$
revenu en obligations $13^f,70 \times 125 = 1712^f,50$
Différence.................... $25^f,00$.

Réponse. — Le revenu est augmenté de 25 francs.

164. *Un particulier possède 1800 francs de rentes $4\frac{1}{2}$ % sur l'État. On demande quel devrait être le cours de cette rente, pour qu'en vendant ses titres et en achetant ensuite, avec le produit de la vente, de la rente 3 % au cours de $82^f,50$, il eût le même revenu ?*
On ne tiendra pas compte des frais de courtage.

Une rente de 3 francs coûte $82^f,50$.
Or 1800 francs valent 600 fois 3 francs.
L'achat d'une rente de 1800 francs coûterait donc
$82^f,50 \times 600 = 49\,500$ francs.

La vente de 1800 francs de rente $4\frac{1}{2}$ doit rapporter 49500 francs.

Le cours de cette rente est le prix que coûte une rente de $4^f,50$.
Or une rente de 1800 francs coûte 49 500 francs.
Une rente de 18 francs coûterait 495 francs.
Une rente de 9 francs coûterait $247^f,50$.
Une rente de $4^f,50$ coûtera la moitié, c'est-à-dire $123^f,75$.

Réponse. — Le cours de la rente $4\frac{1}{2}$ devrait être $123^f,75$.

165. *Les $\frac{3}{7}$ d'un capital, étant placés à 6 %, rapportent annuellement 60 francs de plus que le reste placé à 4 %. Quel est ce capital ?*

Supposons un capital de 700 francs.
Il y a : 300 francs placés à 6 % et 400 francs à 4 %.
Les intérêts de ces deux parties sont :
    pour 300 francs à 6 %......... $6^f \times 3 = 18$ francs.
    pour 400 francs à 4 %......... $4^f \times 4 = 16$ francs.
                 Différence............... 2 francs.
Autant de fois cette différence est contenue dans la différence de 60 francs, autant de fois il y a 700 francs dans le capital demandé.

Ce capital est donc............ $700^f \times 30 = 21\,000$ francs.

Réponse. — Le capital est de 21 000 francs.

166. *Une certaine somme a été placée à intérêts simples pendant 3 ans, et l'intérêt annuel était la 20ᵉ partie du capital. En ajoutant à ce capital ses intérêts au bout de ces 3 ans, on a obtenu un total de 4025 francs. Trouver le capital et le taux du placement.*

L'intérêt de 1 franc serait :
    pour 1 an $0^f,05$; pour 3 ans $0^f,15$.
Un capital de 1 franc vaudrait au bout de 3 ans $1^f,15$.
Autant de fois il y a $1^f,15$ dans 4025, autant il y a de francs dans le capital placé.
    Ce capital est égal à............ $4025 : 1,15 = 3500$ francs.

Réponse. — Taux 5 %. — Capital 3 500 francs.

167. *La rente française 3 % étant au cours de $79^f,50$ et la rente $4\frac{1}{2}$ % au cours de $108^f,90$, quelle somme de la 1ʳᵉ rente faut-il échanger contre la même somme de la seconde pour faire sur le capital un gain de 5175 francs ?*

En 3 % une rente de 1 franc coûte......... $\dfrac{79,50}{3} = 26^f,50$.

En $4\frac{1}{2}$ % elle coûte........ $\dfrac{108,90}{4,50} = \dfrac{1089}{45} = 24^f,20$.

En échangeant donc 1 franc de rente 3 % contre 1 franc de rente $4\frac{1}{2}$ %, on gagne............ $26^f,50 - 24^f,20 = 2^f,30$.

Autant de fois il y a $2^f,30$ dans le bénéfice à faire, 5175 francs, autant de rentes de 1 franc 3 % on devra échanger contre une rente de 1 franc $4\frac{1}{2}$ %.
Ce nombre de fois est............ $5175 : 2,3 = 2250$.

Réponse. — On doit échanger 2250 francs de rente 3 % contre 2250 francs de rentes $4\frac{1}{2}$ %.

168. *Avec l'intérêt produit par une certaine somme en 8 mois, au taux de 6 %, on a fait enclore d'un mur coûtant $12^f,50$ le mètre courant, un jardin rectangulaire ayant 120 mètres de longueur et 61 mètres de largeur. Quelle était cette somme ?*

Le total de la longueur et de la largeur du mur est
$$120^m + 61^m = 181 \text{ mètres.}$$
Le périmètre de la propriété est
$$181^m \times 2 = 362 \text{ mètres.}$$
La somme dépensée pour le mur de clôture est
$$12^f,5 \times 362 = 4525 \text{ francs.}$$
Cette dépense est l'intérêt de la somme pour 8 mois ou 2 tiers d'année.

Pour 1 tiers d'année, l'intérêt est la moitié, c.-à-d..... $2262^f,50$.
Pour l'année entière l'intérêt sera
$$2262^f,50 \times 3 = 6787^f,50.$$
Or l'intérêt de 1 franc en 1 an aurait été $0^f,06$.

Le capital contient donc autant de francs qu'il y a de fois $0^f,06$ dans $6787^f,50$ ou de fois 6 dans 678 750.

Ce capital est.................. 678 750 : 6 = 113 125 francs.

Réponse. — On avait placé 113 125 francs.

169. *Un capital a été placé à intérêts simples, pendant 4 ans, au taux de 5 %. On le place ensuite augmenté de ses intérêts, dans une entreprise qui rapporte 7,50 %. Le bénéfice annuel est alors de 468 francs. On demande quel était le capital primitif.*

La somme engagée dans l'entreprise vaut autant de fois 100 francs qu'il y a de fois $7^f,50$ dans 468 francs.
Ce nombre de fois est.................. 468 : 7,5 = 62,4
Cette somme était donc.................. 6240 francs.
Or l'intérêt simple de 1 franc à 5 % au bout de 4 ans est
$$0^f,05 \times 4 = 0^f,20.$$
1 franc au bout de 4 ans prend une valeur de $1^f,20$.

Autant il y a de fois $1^f,20$ dans 6240 francs, autant il y a de francs dans le capital primitif.

Ce capital égale 6240 : 1,2 = 5200 francs.

Réponse. — Le capital demandé est de 5200 francs.

PROBLÈMES SUR L'INTÉRÊT ET L'ESCOMPTE.   99

170. *Un homme a divisé un capital en deux parties égales. L'une, placée à 5 %, rapporte annuellement 80 francs de plus que l'autre moitié placée à 4,50 %. Quel est ce capital ?*

Les 80 francs sont l'intérêt que produirait la moitié du capital, au taux de $\frac{1}{2}$ %, c'est-à-dire au taux de 0^f,50 pour 100 francs.

1 franc est par conséquent l'intérêt de 200 francs.
La moitié du capital est donc 80 fois 200 francs c.-à-d. 16 000 francs.

Réponse. — Le capital demandé est 32 000 francs.

171. *Un ménage, qui a un revenu annuel de 3800 francs, dépense en moyenne, par mois, 254 francs ; avec ce qui reste du revenu à la fin de l'année, on achète de la rente 3 % au cours de 81 francs. De combien le revenu sera-t-il augmenté l'année suivante ?*

Le revenu annuel est.................... 3800 francs.
La dépense annuelle est..... 254^f × 12 = 3048 francs.
Somme économisée................... 752 francs.

Avec 81 francs on a 3 francs de rente.
Avec 1 franc on aurait une rente égale à
$$\frac{3}{81} \text{ ou } \frac{1}{27} \text{ de franc.}$$
Avec 752 francs on a une rente égale à
$$\frac{1}{27} \times 752 = \frac{752}{27} = 27^f,85_1.$$

Réponse. — Le revenu sera augmenté de 27^f,85.

172. *Le 8 juin 1880, la rente française 5 % était cotée à la Bourse 115^f,415 et la rente 3 % était à 83^f,10. Une personne à ce moment employa une somme de 4155 francs à acheter de la rente 5 %. De combien son revenu annuel était-il plus élevé que si elle avait acheté de la rente 3 % ?*

En rentes 5 % 115^f,415 rapportent 5 francs.
1 franc rapporterait $\dfrac{5}{115^f,415} = \dfrac{1000^f}{23083}$.

4155 francs rapportent $\dfrac{1000}{23083} \times 4155 = 180$ francs.

En rentes 3 % 83ᶠ,10 rapportent 3 francs.

1 franc rapporterait $\dfrac{3^f}{83,1} = \dfrac{10^f}{277}$.

4155 francs rapporteront $\dfrac{10}{277} \times 4155 = 150$ francs.

La différence des deux intérêts est...... 180ᶠ — 150ᶠ = 30 francs.

Réponse. — En rentes 5 % on a 30 francs d'intérêt de plus.

173. *Avec l'intérêt annuel d'un capital placé à 4,50 %, un rentier a pu dépenser 247ᶠ,50 par mois et acheter une vigne de 28 ares au prix de 6000 francs l'hectare. On demande quel était le capital.*

Le rentier a dépensé :
pour son entretien............ 247ᶠ,50 × 12 = 2970 francs.
pour l'achat de la vigne..... 60ᶠ × 28 = 1680 francs.
    Le revenu total est égal à............ 4650 francs.

Cherchons le capital qui placé à 4ᶠ,50 % donne 4650 francs par an.
Ce capital vaut autant de fois 100 francs qu'il y a de fois 4ᶠ,50 dans 4650 francs.
Ce nombre de fois est.................... 4650 : 4,5 = 1033,333.

Réponse. — Le capital était 103 333ᶠ,33.

174. *Une personne dépose chez un banquier une certaine somme, qui doit produire intérêt à 3 % par an. Au bout de 16 mois elle retire son argent et reçoit, capital et intérêts réunis, un total de 6656 francs. Quelle était la somme ?*

Trouver aussi de combien le total reçu aurait été augmenté, si le banquier avait d'abord capitalisé les intérêts de la somme à la fin du 12ᵉ mois.

1° D'abord 16 mois font 1 an $\dfrac{1}{3}$.

A 3 % l'intérêt de 1 franc au bout de ce temps serait
    0ᶠ,03 + 0ᶠ,01 = 0ᶠ,04.

PROBLÈMES SUR L'INTÉRÊT ET L'ESCOMPTE. 101

Ainsi 1 franc au bout de 16 mois est devenu 1^f,04.
Autant il y a de fois 1^f,04 dans 6656, autant il y a de francs dans la somme déposée.
Cette somme est égale à
$$\frac{6656}{1,04} = \frac{665\,600}{104} = \frac{166\,400}{26} = 6400 \text{ francs.}$$
2° Au bout de l'année, l'intérêt produit par cette somme aurait été
$$3^f \times 64 = 192 \text{ francs.}$$
Au commencement de la 2ᵉ année la somme placée serait
$$6400^f + 192^f = 6592 \text{ francs.}$$

Pendant les 4 mois suivants ou $\frac{1}{3}$ d'année, l'intérêt de cette nouvelle somme aurait été
$$0^f,01 \times 6592 = 65^f,92.$$
La personne aurait donc retiré de cette manière en tout :
6592 + 65,92 c'est-à-dire 6657^f,92
La somme qui a été retirée est................ .... 6656^f,00

Différence..... .... 1^f,92.

Réponse. — La somme placée était 6400 francs.
Par la capitalisation de l'intérêt au bout de l'année, on aurait retiré 1^f,92 de plus.

175. *On veut payer le 1ᵉʳ juillet une dette de 675 francs, avec un billet de 578 francs, dont l'échéance est au 15 octobre. Trouver quelle somme il faut y ajouter, en calculant l'escompte au taux annuel de* $5\frac{1}{2}$ %.

Du 1ᵉʳ juillet au 15 octobre le nombre de jours est:
$$31 + 31 + 30 + 14 = 106 \text{ jours.}$$
L'escompte de 578 francs à 5,50 % serait :
pour 1 an................ $0^f,055 \times 578 = 31^f,79$;
pour 106 jours... $\frac{31^f,79 \times 106}{360} = 9^f,36.$
Le billet escompté vaut................ $578^f - 9^f,36 = 568^f,64.$
La somme à payer est................................. 675^f,00.
Différence................................. 106^f,36.

Réponse. — On devra ajouter 106^f,36.

REMARQUE. — Nous rappelons que pour le nombre de jours entre deux dates données, on compte le premier mais non le dernier.

176. *Un homme, qui devait 1 200 francs payables le 15 novembre, a réglé son compte le 2 septembre. Il donne ce jour-là un billet de 630 francs, payable le 31 décembre suivant, et le reste en argent comptant. Quel est le montant de cet argent, le taux de l'escompte étant 4,50 %?*

Du 2 septembre inclusivement au 15 novembre exclus il y a :
$$29 + 31 + 14 = 74 \text{ jours.}$$
L'escompte de 1200 francs pour 74 jours est
$$\frac{4^f,5 \times 12 \times 74}{360} = 1,5 \times 7,4 = 11^f,10.$$
Au 2 septembre cet homme doit
$$1200^f - 11^f,10 = 1188^f,90.$$
Du 2 septembre au 31 décembre il y a :
$$29 + 31 + 30 + 30 = 120 \text{ jours ou } \frac{1}{3} \text{ d'année.}$$
L'escompte de 630 francs pour un tiers d'année est
$$\frac{0^f,045 \times 630}{3} = 0^f,015 \times 630 = 9^f,45.$$
Le billet de 630 francs se réduit au 2 septembre par l'escompte à
$$630^f - 9^f,45 = 620^f,55.$$
On devra donc donner en argent, le 2 septembre,
$$1188^f,90 - 620^f,55 = 568^f,35.$$

Réponse. — On ajoutera 568^f,35 au billet.

177. *Un homme a placé 21 000 francs, partie à 5 %, partie à 4,50 %, et il retire ainsi par an 1 010 francs pour le revenu. Quelles sont les deux parties ?*

Supposons la somme entière placée à 5 %.
L'intérêt serait..................... 21000^f : 20 = 1050 francs.
L'intérêt donné est..................... 1010 francs.
    Différence..................... 40 francs.
Or, chaque fois qu'on substitue 100 francs placés à 4,5 à 100 francs placés à 5 %, il y a une diminution de rente de 0^f,50.
Il y a donc autant de fois 100 francs placés à 4,5 % que 0^f,50 sont contenus de fois dans 40 francs.
Ce nombre de fois est..................... 40 : 0,5 = 80.

Réponse. — Il y a 8000 fr. à 4,50 %; 13 000 fr. à 5 %.

PROBLÈMES SUR L'INTÉRÊT ET L'ESCOMPTE. 103

178. *Une personne, qui avait placé de l'argent au taux de 4,50 %, le retire au bout de 8 mois et touche, pour le capital et les intérêts, la somme de 4635 francs. Elle emploie les intérêts pour ses dépenses et replace le capital à 5 %. Trouver au bout de combien de jours ce nouveau placement aura rapporté le même intérêt que le premier et quel était le capital placé.*

1° Au taux de 4,50 % l'intérêt de 1 franc par an est 0^f,045.
Pour 4 mois ou 1 tiers de l'année l'intérêt de 1 franc est 0^f,015.
Pour 8 mois l'intérêt est.............. 0^f,015 × 2 = 0^f,03.
Pour 1 franc placé à 4,50 % pendant 8 mois on retire en tout 1^f,03.
Autant de fois il y a 1^f,03 dans 4635 francs, autant il y a de francs dans le capital placé.

Ce capital est $\frac{4635}{1,03} = \frac{463500}{103} = 4500$ francs.

L'intérêt produit par ce capital dans le 1er placement est
$$4635^f - 4500^f = 135 \text{ francs.}$$

2° Il s'agit maintenant de chercher au bout de combien de jours un capital de 4500 francs placé à 5 % produirait 135 francs d'intérêt.
L'intérêt de 4500 francs serait :
pour 1 an......................... 5^f × 45 = 225 francs;
pour 1 jour............ $\frac{225}{360} = \frac{2,5}{4} = 0^f,625$.

Le nombre de jours demandé est égal au nombre de fois qu'il y a 0^f,625 dans 135 francs. Ce nombre de jours est
$$\frac{135}{0,625} = \frac{135000}{625} = \frac{5400}{25} = 216.$$

Réponse. — Le capital placé était de 4500 francs.
Au bout de 216 jours il produit à 5 % le même intérêt qu'au bout de 8 mois à 4,50 %.

179. *Un capital est resté placé pendant 3 ans et demi à intérêts simples et au taux de 4 %. On le retire avec les intérêts échus et on place le tout dans un commerce qui produit 8 %, ce qui fait un revenu de 2950 francs. Trouver quel était le capital primitif.*

La somme qui produit 2950 francs de revenu par an à 8 % vaut autant de fois 100 francs qu'il y a de fois 8 francs dans 2950 francs.
Ce nombre de fois est...................... 2950 : 8 = 368,75.

Cette somme est donc 36 875 francs.
Elle comprend le capital demandé plus l'intérêt de ce capital pour 3 ans et demi au taux de 4 %.
Or l'intérêt simple de 1 franc pour 3 ans et demi à 4 % est
$$0^f,04 \times 3,5 = 0^f,14.$$
1 franc prendrait au bout de ce temps une valeur de $1^f,14$.
Donc le capital demandé vaut autant de francs qu'il y a de fois $1^f,14$ dans 36 875 francs.

Ce capital est $\dfrac{36875}{1 14,} = \dfrac{3687500}{114} = 32\,346^f,491$.

Réponse. — Le capital était $32\,346^f,49$.

180. *Trois ouvriers ont placé ensemble une somme totale de 1200 francs. Au bout de 8 ans, ils ont retiré pour le capital et les intérêts simples: le 1er, 792 francs; le 2e, 528 francs; le 3e, 264 francs. Trouver quelle était la mise de chacun et le taux de l'intérêt.*

Le total des trois sommes reçues par les ouvriers est
$$792^f + 528^f + 264^f = 1584 \text{ francs.}$$
Le montant des intérêts produits au bout de 8 ans est
$$1584^f - 1200^f = 384 \text{ francs.}$$
L'intérêt de 1200 francs au bout de 1 an a été $384 : 8 = 48$ francs.
L'intérêt de 100 francs en 1 an était......... $48^f : 12 = 4$ francs.
L'intérêt de 1 franc au bout de 8 ans serait... $0^f,04 \times 8 = 0^f,32$.
Au bout de 8 ans 1 franc augmenté de ses intérêts vaut $1^f,32$.
Autant de fois il y a $1^f,32$ dans chacune des sommes reçues par les ouvriers, autant il y a de francs dans la mise de chacun.
Les mises de ces ouvriers étaient :

pour le 1er................ $792 : 1,32 = 600$ francs.
pour le 2e................. $528 : 1,32 = 400$ francs.
pour le 3e................. $264 : 1,32 = 200$ francs.

Réponse. — Le 1er a mis 600 francs; le 2e 400 francs; le 3e 200 francs. — Le taux du placement a été 4 %.

181. *Un homme a placé à 4,50 % deux capitaux, dont l'un est le double de l'autre. Avec le revenu de ces capitaux il paye les $\dfrac{5}{6}$ de son loyer annuel qui est de $224^f,40$ par trimestre. Quels sont ces capitaux ?*

PROBLÈMES SUR L'INTÉRÊT ET L'ESCOMPTE. 105

Le loyer annuel est égal à...... 224',40 × 4 = 897',60.
Le 6ᵉ de cette somme est.......... .... 149',60.
Les intérêts produits par les deux capitaux valent
149',60 × 5 = 748 francs.

La somme, qui, au taux de 4',50 %, fournit cet intérêt, contient autant de fois 100 francs qu'il y a de fois 4',50 dans 748 francs.
Cette somme est

$$100 \times \frac{748}{4,5} = \frac{74800 \times 2}{9} = \frac{149600}{9} = 16\,622',22.$$

Le 1ᵉʳ capital est double de l'autre ; le 2ᵉ est donc le tiers de la somme trouvée. On a par conséquent :
2ᵉ capital...................... 16 622',22 : 3 = 5540',74.
1ᵉʳ capital..................... 5540',74 × 2 = 11 081',48.

Réponse. — 1ᵉʳ capital 11081',48 ; 2ᵉ capital 5540',74.

182. *Un capitaliste a placé la moitié d'une somme à 4,50 % et déposé l'autre moitié dans une banque, où l'intérêt est seulement de 2 %. Il retire cette seconde moitié au bout de 4 mois, avec l'intérêt, qui est inférieur de 50 francs à celui que la première moitié aurait rapporté au bout du même temps. Quelle est la somme ?*

Les 50 francs sont l'intérêt qu'aurait produit au bout de 4 mois la moitié de la somme placée au taux de 2',50 %.
Pour l'année l'intérêt serait le triple, c'est-à-dire 150 francs.
Or l'intérêt de 1 franc en 1 an à ce taux serait 0',025.
La moitié du capital contient donc autant de francs qu'il y a de fois 0',025 dans 150 francs. Cette moitié est

$$\frac{150}{0,025} = \frac{150\,000}{25} = 1500 \times 4 = 6000 \text{ francs.}$$

Réponse. — La somme demandée est 12 000 francs.

183. *Un négociant doit une somme de 2000 francs exigible aujourd'hui. Il entre en arrangement avec son créancier et il lui remet : un billet de 1000 francs, payable à 90 jours ; un billet de 1000 francs payable à 120 jours ; le complément en espèces. Quel est le montant de ce complément, si le taux de l'escompte est 6 % ?*

L'escompte de 1000 francs à 6 % pour 1 an serait 60 francs.
Pour 90 jours ou 1 quart d'année l'escompte est 15 francs.

Pour 120 jours ou 1 tiers d'année l'escompte est 20 francs.
En remettant les deux billets, le débiteur paye seulement :
par le 1ᵉʳ billet 1000ᶠ — 15ᶠ = 985 francs.
par le 2ᵉ   1000ᶠ — 20ᶠ = 980 francs.
Total......... 1965 francs.

Réponse. — On donnera en espèces 35 francs.

184. *On place les $\frac{3}{4}$ d'un capital à 4 %, et le reste à 5 %, et on retire au bout de 72 jours 12 102 francs, pour le capital et les intérêts réunis. Quel était ce capital ?*

Pour un capital de 100 francs, il y a 75 fr. à 4 % et 25 fr. à 5 %.
L'intérêt de 75 francs pour 1 an est..... 0ᶠ,04 × 75 = 3ᶠ,00.
L'intérêt de 25 francs serait........... 0ᶠ,05 × 25 = 1ᶠ,25.
Ainsi 100 francs en 1 an auraient produit............... 4ᶠ,25.
Or 72 jours sont la 5ᵉ partie de l'année.
L'intérêt de 100 fr. pour 72 jours est un 5ᵉ de 4ᶠ,25 c.-à-d. 0ᶠ,85.
Pour un capital de 100 francs prêté on aurait reçu....... 100ᶠ,85.
Le capital demandé vaut autant de fois 100 francs qu'il y a de fois 100ᶠ,85 dans 12 102 francs. Ce nombre de fois est

$$\frac{12\,102}{100,85} = \frac{1\,210\,200}{10\,085} = 120.$$

Réponse. — Le capital est de 12 000 francs.

185. *Un capital de 12 000 francs a été divisé en deux parties ; l'une est placée à 6 % et l'autre à 4 %. Le revenu ainsi produit est le même que si le capital avait été placé tout entier à 5,50 %. Trouver les deux parties du capital.*

L'intérêt produit par 12 000 francs ou 120 fois 100 francs serait :
à 5,5 %................... 5ᶠ,50 × 120 = 660 francs,
à 6 %.................... 6ᶠ,00 × 120 = 720 francs.
Différence...................... 60 francs.
Supposons 100 francs à 4 % et par suite 1100 francs à 6 %.
La différence de 60 francs diminuera de 6ᶠ — 4ᶠ ou 2 francs.
Pour annuler cette différence, il faut supposer à 4 % autant de fois 100 francs qu'il y a de fois 2 francs dans 60 francs.
Ce nombre de fois est 30.

Réponse. — 3000 francs à 4 % ; 9000 francs à 6 %.

PROBLÈMES SUR L'INTÉRÊT ET L'ESCOMPTE.

186. *Un homme a engagé un capital dans une entreprise. La 1re année il perd 12 % de cette somme et la 2e année 8 % du reste. La 3e année il gagne 6 % de ce qu'il avait à la fin de la 2e année, et il lui manque alors encore 3545^f,60 pour retrouver le capital primitif. Calculer ce capital.*

Supposons que le capital soit de 1000 francs.
A la fin de la 1re année la perte est...... 12^f × 10 = 126 fr.
A cette époque il reste.............. 1000^f — 120^f = 880 fr.
A la fin de la 2e année la perte est... 0^f,08 × 880 = 70^f,40.
A ce moment il reste.............. 880^f — 70^f,40 = 809^f,60
Pendant la 3e année le gain est...... 0^f,06 × 809,6 = 48^f,576
A la fin de la 3e, le capitaliste possède............. 858^f,176.
Sa perte est donc............. 1000^f — 858^f,176 = 141^f,824.
Le capital demandé valait autant de fois 1000 francs qu'il y a de fois 141^f,824 dans 3545^f,60.
Ce nombre de fois est.............. 3545,600 : 141,824 = 25.

Réponse. — Le capital était 25 000 francs.

187. *Un négociant a souscrit à la même personne un billet de 1400 francs, payable dans 8 mois, et un autre billet de 1000 francs, payable dans 1 an. Puis 3 mois après le jour de la souscription de ces billets, on les remplace par un billet unique, payable dans 6 mois. Trouver la valeur nominale de ce billet, le taux de l'escompte étant 6 %.*

A dater de la souscription du billet unique, l'échéance des deux billets est :
à 5 mois ou 5 douzièmes d'année, pour celui de 1400 francs ;
à 9 mois ou 3 quarts d'année, pour celui de 1000 francs.
Au jour de cette souscription l'escompte est :

pour le billet de 1400 francs... $6 \times 14 \times \dfrac{5}{12} = 35$ francs ;

pour le billet de 1000 francs... $6 \times 10 \times \dfrac{3}{4} = 45$ francs ;

Total............ 80 francs.

La dette au jour de la souscription du billet unique est
2400^f — 80^f = 2320 francs.

Il reste maintenant à chercher la somme qui escomptée pour 6 mois à 6 % se réduit à 2320 francs.

L'escompte de 1 franc pour 6 mois serait de 0^f,03.

1 franc se réduirait donc par l'escompte à 0^f,97.

Autant de fois il y a 0^f,97 dans 2320 francs, autant il y a de francs dans la somme cherchée.

Le montant du billet unique est

$$\frac{2320}{0,97} = \frac{232\,000}{97} = 2391^f,75.$$

Réponse. — La valeur inscrite au billet était 2391^f,75.

188. *Un commerçant gagne au bout de la 1re année le 5e de son capital. Avec ce bénéfice joint au capital, il gagne pendant la 2e année la 5e partie de ce 2e capital. Il fait de même pour la 3e année et possède à la fin de cette 3e année une somme de 14 472 francs. Quel était son capital primitif ?*

Supposons un capital de............................	100 francs.
Le gain au bout de la 1re année est................	20 francs.
Le capital au commencement de la 2e année est	120 francs.
Le gain pendant cette année égale 12 × 2 =	24 francs.
Le capital au commencement de la 3e année est	144 francs.
Le gain pendant cette année égale 14,2 × 2 =	28^f,80
Total........	172^f,80.

Autant de fois il y a 172^f,80 dans 14472 francs, autant de fois il y avait 100 francs dans le capital primitif.

Ce nombre de fois est $\frac{14\,474}{172,8} = \frac{144\,720}{1728} = 83,75.$

Réponse. — Le capital est 8375 francs.

189. *On emprunte 12 500 francs remboursables au bout d'un an, avec les intérêts à 5 %, ou bien par trois payements égaux faits au bout de 6 mois, 9 mois, 1 an. Quel sera le montant de ces payements égaux ?*

Le capital emprunté est......................	12500 francs.
L'intérêt pour 1 an serait 5 × 125 c.-à-d.	625 francs.
La somme à rembourser est donc........	13125 francs.

PROBLÈMES SUR L'INTÉRÊT ET L'ESCOMPTE.

Supposons que chacun des trois payements soit de 1 franc.
Le 1ᵉʳ, avec son intérêt pour 6 mois, vaut............ $1^f,0250$.
Le 2ᵉ, avec son intérêt pour 3 mois, vaut............ $1^f,0125$.
Le 3ᵉ est... $1^f,0000$.
                                    Total............ $3^f,0375$.

Le capital remboursé au bout de l'année, par ces trois payements de 1 franc chacun, est ainsi de $3^f,0375$.
Autant de fois $3^f,0375$ sont contenus dans 13125 francs, autant de francs il y aura dans le montant de chacun des trois payements à faire.
Le montant de chaque payement sera

$$\frac{13125}{3,0375} = \frac{525}{0,1215} = \frac{1\,050\,000}{243} = 4320^f,987.$$

Réponse. — Chaque payement sera de 4321 francs.

190. *Deux capitaux font un total de 180 000 francs. Le 1ᵉʳ placé à 4 % rapporte en 3 mois le double de l'intérêt que produirait l'autre à 5 % pendant 6 mois. Quels sont ces capitaux ?*

Au bout de 6 mois le revenu du 1ᵉʳ capital vaudrait 4 fois le revenu du 2ᵉ capital au bout du même temps.
Par suite au bout de 1 an le revenu du 1ᵉʳ capital vaut aussi 4 fois le revenu du 2ᵉ.
Supposons 100 francs pour le 1ᵉʳ capital.
Son revenu à 4 % au bout de 1 an sera............ 4 francs.
Le revenu du 2ᵉ capital sera seulement........... 1 franc.
Ce 2ᵉ capital à 5 % vaut 20 fois son intérêt ; il est de 20 francs.
Ainsi le 2ᵉ capital est la 5ᵉ partie du 1ᵉʳ capital.
Il n'y a donc qu'à partager 180 000 francs en deux parties dont l'une soit le 5ᵉ de l'autre.
Pour cela on divise la somme en 6 parties égales ; puis on prend 1 de ces parties pour le 2ᵉ capital et les 5 autres pour le 1ᵉʳ.
On trouve ainsi :

Capital à 5 %.................. 180 000 : 6 = 30 000 francs.
Capital à 4 %.................. 30 000 × 5 = 150 000 francs.

Réponse. — 1ᵉʳ capital 150 000 fr. ; 2ᵉ capital 30 000 fr.

191. *Un rentier achète 15 obligations d'un chemin de fer, au cours de 595 fr. Chacune rapporte un revenu de 25 fr. dont il faut déduire un impôt de 3 % sur ce revenu, plus un impôt de $0^f,20$ par 100 fr. sur le capital.*

BOVIER-LAPIERRE. 7

Trouver le capital déboursé pour cet achat et le revenu net de ces obligations, sans tenir compte des frais de négociation.

Y aurait-il avantage à placer la même somme en rentes 3 %, sur l'État, au cours de 81^f,25 ?

On n'a pas à tenir compte des frais de courtage.
1° Le capital déboursé pour l'achat des obligations est
$$595^f \times 15 = 8925 \text{ francs.}$$
Le revenu brut de ces 15 obligations serait
$$25^f \times 15 = 375 \text{ francs.}$$
Le montant des deux impôts est :

3 %, sur le revenu.............. $0^f,03 \times 375 =$ 11^f,25
0,20 %, sur le capital........... $0^f,20 \times 8925 =$ 17^f,85
Total................ 29^f,10.

Le revenu net est donc :
$$375^f - 29^f,10 = 345^f,90.$$
2° En rentes 3 %, un capital de 81^f,25 rapporte 3 francs. Un capital de 1 franc rapporterait :
$$\frac{3}{81^f,25} = \frac{300}{8125} = \frac{12^f}{325}.$$
Avec un capital de 8925 francs, on aurait une rente égale à
$$\frac{12^f}{325} \times 8925 = \frac{12 \times 354}{13} = 329^f,538.$$

Réponse. — Le capital déboursé est de 8 925 francs,
Le revenu net est de 345^f,90.
En rentes 3 %, le revenu serait de 329^f,54.

192. *Une somme de 7 200 francs a été prêtée à intérêts simples pour un certain temps. Si la durée du prêt était augmentée de 10 jours, l'intérêt total serait augmenté de 12 francs; si le taux était diminué de $\frac{1}{2}$ %, l'intérêt du prêt serait diminué de 24 francs. Trouver le taux et la durée du prêt. (L'année est comptée de 360 jours.)*

1° Les 12 francs d'augmentation de l'intérêt dans le 1er cas sont l'intérêt de 7200 francs, pour 10 jours, au taux demandé.
L'intérêt de 100 francs pour 10 jours serait
$$\frac{12^f}{72} = \frac{1}{6} \text{ de franc.}$$

PROBLÈMES SUR L'INTÉRÊT ET L'ESCOMPTE. 111

Pour 360 jours il sera donc $\frac{1^f}{6} \times 36 = 6$ francs.

2° Dans le 2e cas la diminution de 24 francs est l'intérêt de 7200 francs, au taux de $\frac{1}{2}$ pour 100, pendant le nombre de jours cherché.

Or l'intérêt de 7200 francs à ce taux pendant 360 jours est
$$0^f,50 \times 72 = 36 \text{ francs.}$$

Or 24 francs sont les $\frac{2}{3}$ de 36 francs.

Le nombre de jours demandé est donc les 2 tiers de 360 c.-à-d. 240 j.

Réponse. — La durée du placement était de 240 jours et le taux 6 %.

193. *Un homme, ayant divisé un capital en deux parties, place la 1re à $5\frac{1}{4}$ % et la 2e à $4\frac{1}{2}$ %, et il obtient ainsi un revenu de 2805 francs. Trouver ces deux capitaux, en sachant qu'on aurait obtenu le même revenu en plaçant le capital tout entier au taux de 5 %.*

Le capital qui à 5 % produirait 2805 francs est égal à 20 fois ce revenu, c'est-à-dire à............. $2805^f \times 20 = 56100$ francs.

Cherchons les deux parties de 56 100 francs, qui seraient placées :

la 1re à $5\frac{1}{4}$ % et la 2e à $4\frac{1}{2}$ %.

Supposons les 56 100 francs placés à $4\frac{1}{2}$ %.

Le revenu serait...........	$4^f,50 \times 561 =$	$2524^f,50$
Le revenu réel est........................		$2805^f,00$
Différence............		$280^f,50.$

Plaçons à 5 % un des 561 billets de 100 francs.
Le revenu augmente de..............$5^f,25 - 4^f,50 = 0^f,75$.
Autant de fois il y aura $0^f,75$ dans $280^f,50$, autant il y aura de billets de 100 francs placés à $5\frac{1}{4}$ %.

Le nombre de ces billets sera :
$$\frac{280,50}{0,75} = \frac{5610}{15} = 374.$$

L'autre capital est égal à...... $56100^f - 37400^f = 18700$ fr.

Réponse. — 37 400 fr. à $5\frac{1}{4}$ % ; 18 700 fr. à $4\frac{1}{2}$ %.

194. *Un homme avait remis à son créancier un billet de 1750 francs payable dans 48 jours et un autre de 3000 francs payable dans 4 mois 5 jours. Il veut les remplacer par un billet unique, payable dans 3 mois. Calculer la somme qui sera portée sur ce billet, le taux de l'escompte étant 6%.*

D'abord 4 mois 5 jours font 125 jours.
L'échéance du billet de 1750 francs est reculée de
$$90 - 48 = 42 \text{ jours.}$$
Ce billet doit donc être augmenté de son intérêt à 6 % pendant 42 jours.

Cet intérêt est............ $\dfrac{1740 \times 42}{6\,000} = 12^f,25.$

L'échéance du 2ᵉ billet est avancée d'un nombre de jours égal à
$$125 - 90 = 35 \text{ jours.}$$
Ce billet doit donc subir l'escompte pour ce temps.
Cet escompte (escompte commercial) est
$$\dfrac{3000 \times 35}{6\,000} = 17^f,50.$$

Les valeurs des deux billets au terme de 3 mois sont ainsi :
Pour le 1ᵉʳ .... $1750^f + 12^f,25 = 1762^f,25.$
Pour le 2ᵉ .... $3000^f - 17^f,50 = 2982^f,50.$
Total.......... $4744^f,75.$

Réponse. — Le billet unique portera $4744^f,75.$

195. *Un homme achète une maison, et pour la payer il offre trois billets : le 1ᵉʳ de 2000 francs payable dans 3 mois; le 2ᵉ de 4000 francs payable dans 6 mois; le 3ᵉ de 6000 francs payable dans 9 mois. On remplace ces trois billets par un billet unique payable dans 7 mois. Quel doit être le montant de ce billet, le taux de l'escompte étant 5%?*

L'échéance des deux premiers billets est reculée :
de 4 mois pour celui de 2000 francs;
de 1 mois pour celui de 4000 francs.
Elle est au contraire avancée :
de 2 mois pour celui de 6 000 francs.
On ajoutera : au 1ᵉʳ son intérêt à 5 % pour 4 mois;
au 2ᵉ son intérêt pour 1 mois.
On diminuera le 3ᵉ de son escompte pour 2 mois.

PROBLÈMES SUR L'INTÉRÊT ET L'ESCOMPTE.

Ces intérêts sont :

sur 2000 fr. pour $\frac{1}{3}$ d'année $\frac{5^f \times 20}{3} = 33^f,333$

sur 4000 fr. pour $\frac{1}{12}$ d'année $\frac{5^f \times 40}{12} = 16^f,666$

 Augmentation....... $\overline{50^f,000}$

Diminution sur 6000 fr. pour.. $\frac{1}{6}$ d'année. $50^f,000$

 Différence........... $\overline{0^f,000.}$

Réponse. — Les trois billets seront remplacés, sans perte pour personne, par un billet unique égal au total des trois billets donnés, c'est-à-dire par un billet de 12 000 francs.

196. *On a souscrit trois billets : le 1ᵉʳ de 600 francs payable dans 4 mois; le 2° de 1500 francs payable dans 8 mois; le 3° de 700 francs payable dans 10 mois. On propose de remplacer ces trois billets par un billet unique payable dans un an. Quel sera le montant de ce billet, calculé au taux de 4,50 % ?*

L'échéance de chaque billet est reculée :
pour le 1ᵉʳ de 8 mois; pour le 2° de 4 mois; pour le 3° de 2 mois.
Les augmentations à faire au montant de chacun sont :

Sur 600 francs........ $4^f,5 \times 6 \times \frac{2}{3} = 4^f,5 \times 4 = 18^f,00$

Sur 1500 francs....... $4^f,5 \times 15 \times \frac{1}{3} = 4^f,5 \times 5 = 22^f,50$

Sur 700 francs........ $4,5 \times 7 \times \frac{1}{6} = \frac{1,5 \times 7}{2} = 5^f,25$

 Augmentation.... $\overline{45^f,75}$
 Total des trois billets......... $2800^f,00$
 Montant du billet unique......... $2845^f,75$

Réponse. — Le billet payable dans 1 an sera de $2845^f,75$.

CHAPITRE VI

PROBLÈMES SUR LES PARTAGES PROPORTIONNELS

197. *Partager une somme de 258 francs entre deux frères, de manière que la part du plus jeune soit les $\frac{3}{5}$ de la part de l'aîné.*

Supposons qu'on donne à l'aîné 5 fr. le plus jeune recevra 3 fr. Le total de ces deux parts est 8 francs.
Autant de fois il y a 8 francs dans 258 francs, autant de fois l'aîné aura 5 francs et le cadet 3 francs.
Ce nombre de fois est.................... 258 : 8 = 32,25.
Les parts demandées sont :
    A l'aîné............ $5^f \times 32,25 =\ 161^f,25$
    Au cadet.......... $3^f \times 32,25 =\ \underline{\ 96^f,75}$
                   Total........ $258^f,00$.

Réponse. — L'aîné reçoit $161^f,75$; le cadet $96^f,75$.

198. *Une personne fait distribuer une somme de 300 francs entre trois familles pauvres de son quartier, proportionnellement au nombre d'enfants de chaque famille. Trouver la part de chacune, la première ayant 3 enfants, la seconde 4 et la troisième 5.*

Le nombre total des enfants des trois familles est
            3 + 4 + 5 = 12.
Pour 12 enfants on donne une somme de 300 francs.
La part d'un enfant en serait le 12ᵉ c'est-à-dire 25 francs.

Réponse. — Les trois familles recevront :
    La 1ʳᵉ............ $25^f \times 3 =\ 75$ francs.
    La 2ᵉ............ $25^f \times 4 = 100$ francs.
    La 3ᵉ............ $25^f \times 5 = 125$ francs.

PROBLÈMES SUR LES PARTAGES PROPORTIONNELS. 115

199. *Partager la fraction $\frac{3}{4}$ en deux fractions telles que la plus petite soit égale aux $\frac{5}{9}$ de la plus grande.*

Supposons que le nombre $\frac{3}{4}$ soit divisé en un certain nombre de parties égales.

Si on en prend 9 pour la 2ᵉ des fractions demandées, on en prendra 5 pour la 1ʳᵉ, ce qui fait un total de 14 parties égales.

Or la 14ᵉ partie du $\frac{3}{4}$ est................. $\frac{3}{4 \times 14}$ ou $\frac{3}{56}$.

Réponse. — Les fractions demandées sont :

La 1ʳᵉ.......................... $\frac{3}{56} \times 5 = \frac{15}{56}$

La 2ᵉ........................... $\frac{3}{56} \times 9 = \frac{27}{56}$

200. *On a partagé 27 en parties proportionnelles à trois nombres dont les premiers sont $\frac{3}{4}$ et $\frac{5}{6}$ et on a obtenu 8 pour la 3ᵉ partie. Trouver le 3ᵉ de ces nombres et les deux premières parties.*

Le total des deux autres parties de 27 est l'excès de 27 sur la 3ᵉ partie 8, c'est-à-dire 19.

Ces deux parties doivent être proportionnelles aux fractions

$$\frac{3}{4} \text{ et } \frac{5}{6} \text{ ou } \frac{9}{12} \text{ et } \frac{10}{12},$$

c'est-à-dire aux nombres 9 *douzièmes* et 10 *douzièmes*, ou seulement aux nombres 9 et 10.

Si l'on suppose que la plus grande des deux parties demandées est 10, la plus petite sera 9.

Le total de 10 et 9 égale le total à diviser qui est 19.

Les nombres 9 et 10 sont donc précisément les deux parties.

Réponse. — Les trois parties de 27 sont 8, 9, 10.

Le troisième nombre demandé est $\frac{8}{12}$

201. *Quatre ouvriers tisseurs travaillent dans le même atelier et au même prix par mètre. A la fin de la semaine, le patron règle leur compte et donne : à Jean 63 francs; à Jacques 50^f,40; à Pierre 35 francs; à Paul 27 francs. Jean ayant fait 34^m,50 d'étoffe, trouver le travail fait par chacun des trois autres.*

Pour 34^m,50 Jean a reçu.................... 63 francs.
Les trois autres ont reçu :
Jacques 50^f,40; Pierre 35 fr; Paul 27 fr.
Pour sortir de la méthode de réduction à l'unité, cherchons le rapport qu'il y a entre la somme donnée à chacun des trois derniers et celle qui a été donnée au premier.

La part de Jacques est $\dfrac{50,4}{63} = \dfrac{56}{70} = \dfrac{4}{5}$ de celle de Jean.

Celle de Pierre est $\dfrac{35}{63} = \dfrac{5}{9}$ de celle de Jean.

Celle de Paul est $\dfrac{27}{63} = \dfrac{3}{7}$ de celle de Jean.

Les nombres de mètres faits par les trois derniers sont donc :

Pour Jacques............. $34^m,5 \times \dfrac{4}{5} = \dfrac{138}{5} = 27^m,60$

Pour Pierre............. $34^m,5 \times \dfrac{5}{9} = \dfrac{172,5}{9} = 19^m,16$

Pour Paul............. $34^m,5 \times \dfrac{3}{7} = \dfrac{103,5}{7} = 14^m,80.$

Réponse. — Jacques 27^m,60; Pierre 19^m,16; Paul 14^m,80.

202. *Deux amis ont fait en commun une spéculation où ils ont engagé 1600 francs et où ils ont gagné 240 francs. Le 1er a retiré pour sa mise et son bénéfice 1127 francs. Trouver la mise et le bénéfice de chacun.*

Le total des mises et du gain est 1600^f + 240^f = 1840 francs.
Pour la mise et le gain réunis ces deux amis ont reçu :
le premier 1127 fr.; le second 1840^f — 1127^f = 713 fr.
Or le gain réalisé est une partie du total des mises et du gain marquée par la fraction $\dfrac{240}{1840} = \dfrac{6}{46} = \dfrac{3}{23}.$

PROBLÈMES SUR LES PARTAGES PROPORTIONNELS.

Les bénéfices de chacun sont :

pour le 1ᵉʳ $\frac{3}{23}$ de 1127 fr. c.-à-d. $1127^f \times \frac{3}{23} = 147$ fr.

pour le 2ᵉ $\frac{3}{23}$ de 713 fr. c.-à-d. $713 \times \frac{3}{23} = 93$ fr.

Les mises étaient donc :
Pour le 1ᵉʳ.................... $1127^f - 147^f = 980$ francs.
Pour le 2ᵉ.................... $713^f - 93^f = 620$ francs.

Réponse. — 1ᵉʳ : mise 980 francs; gain 147 francs.
2ᵉ : mise 620 francs; gain 93 francs.

203. *Trois frères ont mis ensemble en commerce une somme totale de 15200 francs, avec laquelle ils ont réalisé un bénéfice de 1900 francs. Ce bénéfice ayant été partagé proportionnellement aux mises, l'aîné a eu 1200 francs pour sa part et le second 400 francs. Trouver le bénéfice du cadet et la mise de chacun.*

Les gains des trois frères sont :
à l'aîné 1200 fr.; au 2ᵉ 400 fr.; au cadet 300 francs.
Or le total des mises 15200 fr. vaut 8 fois le gain total 1900 fr.
Les trois mises sont donc 8 fois les trois bénéfices :
mise de l'aîné................ $1200^f \times 8 = 9600$ francs
mise du 2ᵉ.................... $400^f \times 8 = 3200$ francs
mise du cadet................. $300^f \times 8 = 2400$ francs.

Réponse. — Mise de l'aîné 9600 francs; du second 3200 francs.
Mise du cadet 2400 francs; gain du cadet 300 francs.

204. *Trois amis se sont associés pour monter un magasin. Le 1ᵉʳ a fourni 15000 francs; le 2ᵉ 18500 francs; le 3ᵉ les $\frac{3}{4}$ du total des deux autres. Au bout de la 1ʳᵉ année ils ont réalisé un bénéfice net de 9420 francs. Trouver la part de bénéfice de chacun, en sachant que le plus âgé, chargé de la direction générale, doit d'abord prélever $8\frac{1}{2}$ % sur le bénéfice avant la répartition.*

La somme à prélever d'abord au profit de l'aîné est
$$8^f,50 \times 94,2 = 800^f,70$$
Il reste à partager................. $9420^f - 800^f,70 = 8619^f,30$.
Les mises des trois frères sont :
pour l'aîné........................ 15 000 fr. ⎫
pour le 2ᵉ........................ 18 000 fr. ⎬ 33 000 fr.
pour le 3ᵉ les 2 tiers de 33 000ᶠ c.-à-d... 22 000 fr. ⎭

Total des mises............ 55 000 fr.

A un capital de 55 000 francs revient un gain de $8619^f,30$.

A 1000 francs revient un gain égal à $\dfrac{8619^f,30}{55}$.

Les parts de ce gain seront :

A l'aîné..................... $\dfrac{8619^f,30}{55} \times 15 = 2350^f,72$

Au 2ᵉ........................ $\dfrac{8619^f,30}{55} \times 18 = 2820^f,86$

Au cadet.................... $\dfrac{8619^f,30}{55} \times 22 = 3447^f,72$.

La part totale de l'aîné sera :
$$2350^f,72 + 800^f,70 = 3151^f,42.$$

Réponse. — L'aîné reçoit $3151^f,42$; le second $2820^f,86$; le troisième $3447^f,72$.

OBSERVATION. — Au lieu de faire pour le calcul de chaque part une multiplication et une division, on peut abréger en divisant d'abord $8619^f,30$ par 55, ce qui donne la part de bénéfice revenant à 1000 francs; mais ce bénéfice devant être ensuite multiplié par des nombres de deux chiffres, il sera nécessaire de le calculer avec quatre chiffres décimaux pour que le résultat soit exact jusqu'aux centimes. On aurait de cette manière le tableau suivant :

$$8619,30 : 55 = 156,7145.$$
Part de l'aîné.......... $156,7145 \times 15 = 2350^f,7175$ ou $2350^f,72$
Part du 2ᵉ............. $156,7145 \times 18 = 2820^f,8610$ ou $2820^f,86$
Part du cadet.......... $156,7145 \times 22 = 3447^f,7190$ ou $3447^f,72$.

En outre si l'on remarque que la part du cadet doit être les $\dfrac{18}{15}$ ou les $\dfrac{6}{5}$ c'est-à-dire les 1,2 de la part de l'aîné, on trouvera plus rapidement la part du cadet en multipliant celle de l'aîné par 1,2.
On opérerait d'une manière analogue pour la part du troisième.

PROBLÈMES SUR LES PARTAGES PROPORTIONNELS.   119

205. *Une somme a été partagée proportionnellement à trois nombres, dont le plus petit est 17,21. Trouver les deux autres nombres, les trois parties obtenues étant : la 1re 1567,831 ; la 2e 1823,822 ; la 3e 2288,432.*

Pour plus de simplicité regardons les trois parties obtenues comme des nombres entiers de millièmes :
$$1\,567\,831\ ;\ 1\,823\,822\ ;\ 2\,288\,432.$$
Entre le 2° nombre inconnu et le 1er qui est 17,21, il doit y avoir le même rapport qu'entre la 2° partie 1 823 822 et la 1re 1 567 832.
Ce rapport est exprimé par le quotient
$$\frac{1\,823\,822}{1\,567\,831}.$$
Le 2° des trois nombres demandés est donc
$$17,21 \times \frac{1\,823\,822}{1\,567\,831} = \frac{31\,387\,976,62}{1\,567\,831} = 20,02.$$
Entre le 3° nombre inconnu et le 1er 17,21, il doit y avoir le même rapport qu'entre la 3° partie 2 288 432 et la 1re 1 567 831.
Ce rapport est exprimé par le quotient
$$\frac{2\,288\,432}{1\,567\,831}.$$
Le 3° des trois nombres demandés est donc
$$17,21 \times \frac{2\,288\,432}{1\,567\,831} = \frac{39\,383\,914,72}{1\,567\,831} = 25,12.$$

Réponse. — Les deux nombres demandés avec le 1er sont : le premier 17,21 ; le second 20,02 ; le troisième 25,12.

206. *Deux sœurs tricotent des bas de laine, qu'elles vendent 2^f,80 la paire. La laine leur coûte 5^f,60 le kilogramme et 12 paires pèsent 1 kilogramme 980 grammes. En un mois elles ont fait 38 paires, l'aînée faisant 2 fois plus de travail que la cadette. Trouver leur gain total par mois et la part de bénéfice qui revient à chacune.*

Le poids de la laine de chaque paire de bas est
$$1980^{gr} : 12 = 165 \text{ grammes.}$$
Le prix de la laine de la paire de bas est
$$5^f,60 \times 0,165 = 0^f,924$$
Le prix de vente de la paire est...... 2^f,800
Le bénéfice par paire est............ 1^f,876.

Le bénéfice pour 38 paires sera
$$1^f,876 \times 38 = 71^f,288.$$
Le bénéfice total par mois est donc $71^f,29$.

L'aînée faisant 2 fois plus de travail que la cadette, il faut partager $71^f,29$ en deux parts telles que l'une soit le double de l'autre.

Pour cela il suffit de diviser $71^f,29$ en 3 parties égales et d'en donner une à la cadette et deux à l'aînée.

Les parts de bénéfice par mois sont :
A la cadette.......... $71^f,29 : 3 = 23^f,763$
A l'aînée............ $23^f,763 \times 2 = 47^f,526$

Réponse. — Par mois le gain total est $71^f,29$.
La cadette gagne $33^f,76$; l'aînée $47^f,53$.

207. *Trois personnes ayant à parcourir une distance de 40 kilomètres, louent à frais communs une voiture avec deux autres personnes, qui veulent seulement se rendre à 22 kilomètres du point de départ. On demande pour la voiture $22^f,50$. Calculer la part que chaque personne devra payer, en proportion de la distance parcourue.*

Les trois premières personnes ont à payer la même somme que pour une seule parcourant 3 fois 40 kilom. c.-à-d. 120 kilomètres.
Les deux autres ont à payer ensemble la même somme que pour une seule parcourant 2 fois 22 kilomètres, c'est-à-dire 44 kilomètres.
Le total de ces deux nombres de kilomètres est 164 kilomètres.
Pour 164 kilomètres on doit payer $20^f,50$.
Pour 1 kilomètre on payerait............ $20^f,50 : 164 = 0^f,125$.
Ensemble les trois premières doivent... $0^f,125 \times 120 = 15$ francs ;
Les deux autres.................................$0^f,125 \times 44 = 5^f,50$.

Réponse. — Chacune des trois premières payera 5 francs.
Chacune des deux autres payera $2^f,75$.

208. *Une somme de 20 000 francs doit être partagée proportionnellement aux nombres 3, 4, $\dfrac{22}{7}$. Quelles sont les trois parts ?*

PROBLÈMES SUR LES PARTAGES PROPORTIONNELS. 121

Les trois nombres réduits au dénominateur commun 7 deviennent :
21 septièmes ; 28 septièmes ; 22 septièmes.
La question revient ainsi à diviser 20 000 francs en trois parties proportionnelles aux trois nombres entiers : 21 ; 28 ; 22.
Le total de ces trois nombres est 71.
On divisera donc 20 000 fr. en 71 parties égales et on en prendra :
21 pour la 1re part; 28 pour la 2e ; 22 pour la 3e.
La 71e partie de 20 000 francs est......... $20000 : 71 = 281^f,690$.

Réponse. — Les trois parts demandées sont :

1re........... $281^f,6901 \times 21 = 5915^f,50$.
2e............ $281^f,6901 \times 28 = 7887^f,32$.
3e............ $281^f,6901 \times 22 = 6197^f,18$.

209. — *Une somme doit être partagée entre deux personnes ; mais le total de ce qu'elles réclament dépasse de 4090 francs le montant de la somme. Le partage étant fait proportionnellement à leurs demandes, la première reçoit 20 250 francs et la seconde 16 560 francs. Combien chacune réclamait-elle ?*

La somme partagée est............ $20\,250^f + 16\,560^f = 36\,810$ fr.
La somme totale réclamée était....... $36\,810^f + 4\,090^f = 40\,900$ fr.
Quand on reçoit 1 fr. la somme réclamée était
$$\frac{40900}{36810} \text{ ou } \frac{4090}{3681} \text{ de franc.}$$

Réponse. — Les deux sommes réclamées étaient donc :

Pour la 1re............... $\dfrac{4090}{3681} \times 20\,250 = 225\,000$ fr.

Pour la 2e .... $\dfrac{4090}{3681} \times 16\,560 = 18\,400$ fr.

210. — *On a partagé une somme de 10 800 francs entre quatre personnes, de telle sorte que la 1re a les $\dfrac{3}{4}$ de 1 franc, la 2e les $\dfrac{2}{3}$ de 1 franc, la 3e la $\dfrac{1}{2}$ de 1 franc et la 4^e $\dfrac{1}{3}$ de 1 franc. Trouver les quatre parts.*

Remplaçons les fractions $\dfrac{3}{4}$, $\dfrac{2}{3}$, $\dfrac{1}{2}$, $\dfrac{1}{3}$

par les fractions équivalentes........ $\frac{9}{12}$, $\frac{8}{12}$, $\frac{6}{12}$, $\frac{4}{12}$.

Supposons que la 1re personne reçoive 9 francs.
La 2e aura 8 francs; la 3e 6 francs; la 4e 4 francs.
Le total de ces quatre parts est 27 francs.
Autant de fois il y a 27 fr. dans 10 800 fr., autant de fois elles ont:
la 1re 9 fr.; la 2e 8 fr.; la 3e 6 fr.; la 4e 4 fr.
Or on trouve............. 10800 : 27 = 400.

Réponse. — Les parts sont:
1re..... 9 × 400 = 3600 fr.
2e..... 8 × 400 = 3200 fr.
3e..... 6 × 400 = 2400 fr.
4e..... 4 × 400 = 1600 fr.

211. *Un propriétaire a acheté une maison et un jardin. Il a payé pour la maison 1284 francs de plus que pour le jardin, et le prix du jardin n'est que les $\frac{13}{17}$ du prix de la maison. Trouver le prix de l'une et de l'autre.*

Pour plus de simplicité désignons par p le prix du jardin; celui de la maison sera $p + 1284$ francs.
D'après l'énoncé on peut écrire:

$$p = (p + 1284) \times \frac{13}{17}.$$

En effectuant la multiplication et en réduisant tous les termes au dénominateur commun 17, on a

$$\frac{17\,p}{17} = \frac{13\,p}{17} + \frac{16692}{17}.$$

De là on tire successivement:
17 p = 13 p + 16 692,
4 p = 16 692.
p = 16 692 : 4 = 4173 francs.
Le prix de la maison était......... 4173 + 1284 = 5457 francs.

Réponse. — Le jardin coûtait 4173 francs.
La maison coûtait 5457 francs.

212. *Un patron occupant quatre ouvriers leur a distribué par portions égales une certaine somme, comme gratification au bout du 1er mois. Au bout du 2e mois il*

PROBLÈMES SUR LES PARTAGES PROPORTIONNELS.   123

leur distribue une somme supérieure de 108 francs à la 1ʳᵉ, mais d'après leur assiduité au travail. Dans ce nouveau partage le 1ᵉʳ ouvrier reçoit une gratification double de celle du mois précédent ; le 2ᵉ en reçoit une triple ; le 3ᵉ une quadruple ; le 4ᵉ une quintuple.

Trouver les deux sommes qui ont été distribuées et les parts des quatre ouvriers.

Soit a la somme donnée à chaque ouvrier à la fin du 1ᵉʳ mois.
La somme totale ainsi distribuée est $4a$.
La somme distribuée pour le 2ᵉ mois sera .... $4a + 108$ francs.
Les parts ont été en ce 2ᵉ mois :
au 1ᵉʳ $2a$; au 2ᵉ $3a$; au 3ᵉ $4a$; au 4ᵉ $5a$.
Le total de ces quatre parts est $14a$.
Ainsi $14a$ égalent $4a + 108$ francs.
Par suite $10a$ égalent 108 francs et la part a est 10ᶠ,80.

Réponse. — La somme du 1ᵉʳ mois est 43ᶠ,20 et la part de chacun 10ᶠ,80.

La somme du 2ᵉ est 151ᶠ,20. Les parts sont : au 1ᵉʳ 21ᶠ,60 ; au 2ᵉ 32ᶠ,40 ; au 3ᵉ 43ᶠ,20 ; au 4ᵉ 54 francs.

213. — *Un vigneron a vendu à trois marchands 672 hectolitres de vin. Le 2ᵉ marchand a pris le quadruple de la quantité achetée par le 1ᵉʳ et le 3ᵉ a pris 2 fois et demie autant que les deux autres ensemble. Trouver les nombres d'hectolitres achetés par chacun.*

Soit a le nombre d'hectolitres du 1ᵉʳ ; celui du 2ᵉ sera $4a$.
La part du 3ᵉ sera............. $5a \times \dfrac{5}{2}$ c'est-à-dire $\dfrac{25a}{2}$.
Le total de ces trois nombres d'hectolitres est
$$5a + \dfrac{25a}{2} \text{ ou } \dfrac{35a}{2}$$ qui égalent 672 hectolitres.
35 fois a égalent .... $672^{hl} \times 2 = 1344$ hectolitres.
La part du 1ᵉʳ a est................ $1344^{hl} : 35 = 38^{hl},40$.
La part du 2ᵉ est................ $38^{hl},40 \times 4 = 153^{hl},60$.
          Total de ces deux parts............ $192^{hl},00$
La part du 3ᵉ est................ $192^{hl} \times 2,5 = 480^{hl},00$.

Réponse. — Le 1ᵉʳ a pris 38 hectolitres 40 litres ; le 2ᵉ 153 hectolitres 60 litres ; le 3ᵉ 480 hectolitres.

214. — *Trois spéculateurs ont engagé ensemble dans une entreprise une somme totale de 31500 francs, qui leur a rapporté un bénéfice de 1575 francs. Le partage de ce bénéfice ayant été fait proportionnellement aux mises, le 2ᵉ a eu 55 francs de plus que le 1ᵉʳ et le 3ᵉ a eu autant que les deux autres ensemble.*

Trouver les mises et les parts de bénéfice de chacun.

Désignons par a le bénéfice du 1ᵉʳ.
Celui du 2ᵉ est $a + 55$ fr.; celui du 3ᵉ a $2a + 55$ fr.
Le total de ces trois quantités est.................. $4a + 110$ fr.
Ainsi $4a + 110$ francs valent 1575 francs.
$4a$ seulement valent 1575ᶠ — 110ᶠ, c'est-à-dire 1465 francs.
Le bénéfice a du 1ᵉʳ est.............. 1465ᶠ : 4 = 366ᶠ,25
Celui du 2ᵉ est........ .... 366ᶠ,25 + 55ᶠ = 421ᶠ,25
Celui du 3ᵉ est...................... 787ᶠ,50
                            Total............ 1575ᶠ,00.
Pour un gain de 1575 francs la mise était de 31 500 francs.
Pour un gain de 1 franc la mise serait $\dfrac{31500}{1575} = \dfrac{1260}{63} = 20$ fr.
Les mises des trois spéculateurs étaient :
Pour le 1ᵉʳ................. 366ᶠ,25 × 20 = 7325 francs.
Pour le 2ᵉ................. 421ᶠ,25 × 20 = 8425 —
Pour le 3ᵉ................. 787ᶠ,68 × 20 = 15750 —
                    Total............ 31500 francs

Réponse. — Mises : 1ᵉʳ 7325 fr.; 2ᵉ 8425 fr.; 3ᵉ 15750 fr.
Gains : 1ᵉʳ 366ᶠ,25 ; 2ᵉ 421ᶠ,25 ; 3ᵉ 787ᶠ,50.

215. *Partager le nombre 72 en trois parties telles que la moitié de la 1ʳᵉ, le tiers de la 2ᵉ et le quart de la 3ᵉ soient des nombres égaux entre eux.*

Supposons que la moitié de la 1ʳᵉ partie, le tiers de la 2ᵉ et le quart de la 3ᵉ semaine soient 1.
Les trois parties seraient : la 1ʳᵉ 2; la 2ᵉ, 3; la 3ᵉ, 4.
En ce cas le total est....................... $2 + 3 + 4 = 9$.
Autant il y a de fois 9 dans 72, autant de fois la 1ʳᵉ partie vaut 2; la 2ᵉ, 3; la 3ᵉ, 4.
Ce nombre de fois est............................. $72 : 9 = 8$

PROBLÈMES SUR LES PARTAGES PROPORTIONNELS.

Réponse. — Les trois parties sont :
$$\text{La } 1^{re} \ldots \ldots 2 \times 8 = 16.$$
$$\text{La } 2^{e} \ldots \ldots 3 \times 8 = 24.$$
$$\text{La } 3^{e} \ldots \ldots 4 \times 8 = 32.$$
$$\text{Total} \ldots 72.$$

216. *Trois personnes ont mis en commun dans une entreprise une somme d'argent, qui s'est augmentée du quart de sa valeur et s'est ainsi élevée à* 60500 *francs. Trouver la part de chaque personne dans le bénéfice, en sachant que la* 1re *personne avait fourni les* $\frac{3}{8}$ *de la somme, la* 2e *les* $\frac{2}{5}$ *et la* 3e *le reste.*

Le capital fourni par les trois personnes s'étant augmenté d'un quart, la somme 60500 francs est égale à 5 fois le quart du capital.
Le quart du capital, c'est-à-dire le bénéfice à partager, est donc
$$60500 : 5 = 12100 \text{ francs}.$$
La partie du capital fournie par les deux premières est :
$$\frac{3}{8} + \frac{2}{5} \text{ ou } \frac{15}{40} + \frac{16}{40} = \frac{31}{40}.$$
La partie du capital fournie par la 3e en est donc les $\frac{9}{40}$.
Supposons que le bénéfice soit divisé en 40 parties égales.
La 1re personne en aura 15; la 2e en aura 16; la 3e en aura 9.
Or la 40e partie de 12100 francs est $302^f,50$.
La part de la 1re est donc............ $302,5 \times 15 = 4537^f,50$.
La part de la 2e est.................. $302,5 \times 16 = 4840^f,00$.
La part de la 3e est.................. $302,5 \times 9 = 2722^f,50$.
$$\text{Total}\ldots\ldots 12100^f,00.$$

Réponse. — 1re $4537^f,50$; 2e 4840 francs; 3^e $2722^f,50$

217. *Un propriétaire a acheté deux champs dont l'un contient* 29 *ares* 65 *centiares de plus que l'autre. Les* $\frac{7}{9}$ *du* 1er *égalent les* $\frac{10}{11}$ *du* 2e. *Trouver le prix payé pour chacun des deux champs, l'hectare coûtant* 9876 *francs.*

Soit x le nombre de centiares du 2ᵉ champ.
Le nombre de centiares du 1ᵉʳ sera.................. $x + 2965$.
Or les $\dfrac{7}{9}$ de $(x + 2965)$ égalent $\dfrac{10}{11}$ de x.
On peut donc écrire l'égalité suivante :

$$\frac{10\,x}{11} = \frac{7\,x}{9} + \frac{2965 \times 7}{9}.$$

On en déduit en multipliant tous les termes par 99 :
$$90\,x = 77\,x + 2965 \times 77,$$
$$90\,x - 77\,x = 228\,305,$$
$$13\,x = 228\,305,$$
$$x = \frac{228\,305}{13} = 17562 = 175^a,62.$$

La surface du 1ᵉʳ champ a $175^a,62 + 29^a,65 = 205^a,27$.
Les valeurs des deux terrains sont :
  Pour le 2ᵉ........ $98^f,76 \times 175,62 = 17\,344^f,23$.
  Pour le 1ᵉʳ....... $98^f,76 \times 205,27 = 20\,272^f,46$.

Réponse. — On a payé : pour le 1ᵉʳ champ $20\,272^f,46$; pour le 2ᵉ $17\,344^f,23$.

CHAPITRE VII

PROBLÈMES SUR LES MOBILES

218. *Deux voyageurs partent à 5 heures du matin, l'un de Chartres vers Paris et l'autre de Paris vers Chartres, le 1ᵉʳ faisant 6 kilomètres à l'heure et le 2ᵉ 9 kilomètres. La distance de ces deux villes est de 90 kilomètres. À quelle heure et à quelle distance de Paris se rencontrent-ils ?*

Au bout de 1 heure la distance qui sépare les deux courriers est diminuée de....................... $6 + 9 = 15$ kilomètres.
Autant de fois il y a 15 kilomètres dans 90 kilomètres, autant il y aura d'heures depuis le départ jusqu'à la rencontre.
Ce nombre d'heures est................ $90 : 15 = 6$ heures.
Ainsi la rencontre aura lieu à 11 heures.

PROBLÈMES SUR LES MOBILES. 127

Les distances parcourues pendant ces 6 heures sont :
Pour le courrier de Chartres... $6^k \times 6 = 36$ kilomètres.
Pour le courrier de Paris...... $9^k \times 6 = 54$ kilomètres.

Réponse. — La rencontre arrive à 11 heures, à 54 kilomètres de Paris.

219. *Deux trains, ayant la même vitesse, partent l'un de Paris à 7 heures du matin et l'autre de Lyon à 8 heures, allant l'un vers l'autre, et conservant la même vitesse commune. Trouver quelle est cette vitesse, en sachant que leur rencontre se fait à 240 kilomètres de Lyon, la distance de cette ville à Paris étant de 512 kilomètres.*

Soit A le point où le train de Paris est arrivé à 8 heures, moment où part le train de Lyon. Soit R le point de rencontre.
La distance L R est de 240 kilomètres.
Les deux trains ayant la même vitesse, la distance A R est aussi égale à 240 kilomètres.
Ainsi de L à A il y a 2 fois 240 kilomètres, c'est-à-dire 480 kilom.
Donc la distance P A parcourue en 1 heure égale :
$512 - 480 = 32$ kilomètres.

Réponse. — La vitesse est de 32 kilomètres à l'heure.

220. *Un piéton chargé de porter une commission à une certaine distance, part de la mairie du village et marche à raison de 6 kilomètres par heure. Quelque temps après, une voiture part du même point et suit la même route avec une vitesse de 8 kilomètres par heure. Elle atteint le piéton à 1500 mètres du point de départ. Combien de temps la voiture est-elle partie après le piéton ?*

Le piéton parcourt en 1 heure 6000 mètres.
Or les 1500 mètres sont le quart de 6000 mètres.
Le piéton quand il est atteint par la voiture a donc marché pendant 1 quart d'heure, ou 15 minutes.

La voiture parcourt 8.000 mètres par heure.
Or entre 1500 mètres et 8000 mètres le rapport est
$$\frac{15}{80} \text{ c.-à-d. } \frac{3}{16}.$$
Pour parcourir ces 1 500 mètres la voiture met :
$$\frac{3}{16} \text{ d'heure c.-à-d. } 60^m \times \frac{3}{16} = 11 \text{ minutes.}$$
Pour la même distance le piéton avait mis 15 minutes.

Réponse. — La voiture est partie 4 minutes après le piéton.

221. *Deux trains partent, l'un de Paris pour Mantes à 8 heures, l'autre de Mantes pour Paris à 7 heures 56 minutes ils marchent sans arrêt à raison de 55 kilomètres à l'heure. La distance des deux villes étant de 58 kilomètres, trouver à quelle heure et à quelle distance de Paris ils se rencontreront.*

Le train de Mantes part 4 minutes avant celui de Paris.
Ces 4 minutes étant la 15° partie de l'heure, le train de Mantes a déjà parcouru pendant ce temps
$$\frac{55^{km}}{15} = \frac{11}{3} \text{ de kilomètre.}$$
A 8 heures, au moment du départ du train de Paris, la distance qui sépare les deux trains est
$$58^{km} - \frac{11}{3} = \frac{174}{3} - \frac{11}{3} = \frac{163}{3} = 54^{km}\frac{1}{3}.$$
En 1 heure chaque train parcourt 55 kilomètres.
En $\frac{1}{5}$ d'heure ou 12 minutes chacun parcourt 11 kilomètres.
Au bout de 12 minutes les deux trains se sont rapprochés de 22 kilomètres.
Il y aura donc depuis 8 heures jusqu'à la rencontre autant de fois 12 minutes qu'il y a de fois 22 kilomètres dans $54^{km}\frac{1}{3}$.
Ce nombre de fois est exprimé par le quotient.
$$\frac{163}{3} : 22 = \frac{163}{66}.$$
Le temps écoulé depuis 8 heures jusqu'à la rencontre est
$$12^m \times \frac{163}{66} = \frac{163 \times 2}{11} = \frac{326}{11} = 29^m,63.$$

La rencontre aura lieu au milieu de la distance qui sépare les deux trains à partir de 8 heures.

La distance de ce point à Paris est donc $27^{km}\dfrac{1}{6}$ ou $27^{km},167$.

Réponse. — La rencontre a lieu à $8^h\ 29^m$ et à 27 kilomètres 167 mètres de Paris.

222. *La distance de Paris à Tours est de 225 kilomètres. Un train part de Paris pour Tours avec une vitesse moyenne de 25 kilomètres par heure. Une heure 48 minutes après, un train part de Tours pour Paris avec une vitesse de 35 kilomètres par heure. Au bout de quel temps et à quelle distance de Paris se croiseront-ils, si l'on suppose qu'ils marchent sans s'arrêter à aucune station ?*

D'abord 1 heure 48 minutes font 108 minutes.
Au bout de ce temps le train de Paris a parcouru
$$25^{km} \times \dfrac{108}{60} = \dfrac{5^{km} \times 108}{12} = 5^{km} \times 9 = 45\text{ kilomètres.}$$

La distance qui sépare les deux convois au moment du départ du train de Tours est donc égale à $225^{km} - 45^{km} = 180$ kilomètres.
Or cette distance diminue en 1 heure d'une quantité égale à
$$25^{km} + 35^{km} = 60 \text{ kilomètres.}$$
Elle sera nulle au bout d'un nombre d'heures égal à
$$180 : 60 = 3.$$
Le croisement a lieu 3 heures après le départ du train de Tours.
Pendant ce temps le train de Tours a parcouru
$$35^{km} \times 3 = 105 \text{ kilomètres.}$$

Réponse. — Les deux trains se croisent à 120 kilomètres de Paris, 4 heures 48 minutes après le départ du train de Paris.

223. *Un train de chemin de fer met un certain temps pour aller d'une station A à la station B. Si sa vitesse était augmentée de 5 kilomètres par heure, le temps du parcours entre A et B ne serait plus que les $\dfrac{4}{5}$ du premier temps. Calculer la vitesse ordinaire du train.*

Soit d la distance entre les deux stations, et x la vitesse par heure en kilomètres.

Le nombre d'heures employées pour le parcours est :

dans le 1er cas $\dfrac{d}{x}$; dans le 2e $\dfrac{d}{x+5}$.

On a donc $\dfrac{d}{x+5} = \dfrac{d}{x} \times \dfrac{4}{5}$ ou $\dfrac{1}{x+5} = \dfrac{4}{5x}$.

De là on tire.................... $5x = 4x + 20$
$$x = 20 \text{ kilomètres.}$$

Réponse. — La vitesse ordinaire est de 20 kilomètres.

224. *Un canotier parcourt 50 mètres par minute en descendant une rivière et 20 mètres en remontant. Trouver à quelle distance il peut descendre d'un point donné pour qu'en partant à 10 heures 25 minutes du matin, il soit de retour au point de départ à 3 heures 5 minutes.*

De $10^h 25^m$ du matin à $3^h 5^m$ du soir il y a $4^h 40^m$ c'est-à-dire 280^m.

En 1 minute le canotier parcourt :
à la descente 50 mètres; à la montée 20 mètres.

Or 50 mètres contiennent 2 fois et demie 20 minutes.

Pour remonter 50 mètres il faut donc 2 minutes et demie.

Ainsi pour descendre et remonter 50 mètres le canotier met 3 minutes et demie.

Donc la distance laquelle il descendra est égale à autant de fois 50 mètres qu'il y a de fois 3 minutes et demie dans 280 minutes.

Ce nombre de fois est.......... $280 : 3,5 = 80$.

Réponse. — La distance demandée est 80 fois 50 mètres c'est-à-dire 4000 mètres.

225. *La distance de Paris à Bordeaux est de 578 kilomètres. Un train express partant de Paris à 9 heures 30 minutes du matin arrive à Bordeaux à 10 heures 34 minutes du soir. Trouver quelle est la vitesse moyenne de ce train.*

Trouver aussi à quelle heure arrivera à Bordeaux le train rapide, qui part de Paris $\dfrac{3}{4}$ d'heure avant le précédent, ayant une vitesse moyenne qui surpasse de 19 kilom. 64 mètres par heure la vitesse de l'autre train.

PROBLÈMES SUR LES MOBILES.

De 9h30m à midi il y a 2h30m.
Pour aller de Paris à Bordeaux le train express a mis :

$$2^h30^m + 10^h34^m = 13^h4^m = 13^h\frac{1}{15} = \frac{196}{15} \text{ d'heure.}$$

Par heure il parcourait

$$578 : \frac{196}{15} = \frac{578 \times 15}{196} = \frac{8670}{196} = 44^{km},234.$$

Par heure le train rapide parcourt
$$44^{km},234 + 19^{km},064 = 63^{km},298.$$
Le nombre d'heures qu'il met de Paris à Bordeaux est
$$\frac{578}{63,298} = \frac{578\,000}{63\,298} = 9^h7^m.$$

Ce train est parti de Paris $\frac{3}{4}$ d'heure avant le 1er c'est-à-dire à
$$9^h30^m - 45^m = 8^h45^m.$$
Du départ de Paris jusqu'à midi il y a 3h15m.
Il reste pour sa marche après midi un temps égal à
$$9^h7^m - 3^h15^m = 8^h67^m - 3^h15^m = 5^h52^m.$$

Réponse. — La vitesse moyenne du train express est de 44 kilomètres 234 mètres par heure.
Le train rapide arrive à Bordeaux à 5h 52m, du soir.

226. — *Un train de chemin de fer part à* 6h 15m *du matin et parcourt* 10 *kilomètres en* 11 *minutes. Un autre train part du même endroit* 2 *heures* 57 *minutes plus tard dans le même sens et fait* 25 *kilomètres en* 20 *minutes. Trouver la distance du point de départ au point où le* 2e *train atteindra le* 1er, *en supposant qu'ils ne s'arrêtent à aucune station.*

Les 2h57m font 60m × 2 + 57m = 177 minutes.
En 1 minute les trains parcourent :

Le premier...... $\frac{10}{11}$ de kilomètre ;

Le second...... $\frac{25}{20}$ ou $\frac{5}{4}$ de kilomètre.

Quand le 2e part, le 1er est en avant d'une distance égale à
$$\frac{10}{11} \times 177 = \frac{1770}{11} \text{ de kilomètre.}$$
Par minute le 2e gagne sur le 1er :
$$\frac{5}{4} - \frac{10}{11} = \frac{55 - 40}{44} = \frac{15}{44} \text{ de kilomètre.}$$

Pour gagner l'avance totale du 1ᵉʳ il faudra au 2ᵉ un nombre de minutes égal à

$$\frac{1770}{11} : \frac{15}{44} = \frac{1770 \times 44}{11 \times 15} = \frac{77880}{165} = 472 \text{ minutes.}$$

L'espace parcouru pendant ce temps par le 2ᵉ train sera :

$$\frac{5}{4} \times 472 = 5 \times 118 = 590 \text{ kilomètres.}$$

Réponse. — L'un atteindra l'autre à 590 kilomètres du point de départ.

227. — *Il est 3 heures à une montre ; trouver à quelle heure la grande aiguille sera sur la petite.*

Désignons par x le nombre de minutes que la petite aiguille doit parcourir à partir du point 3 heures jusqu'au point où elle se trouve quand la grande aiguille arrive sur elle.

Le nombre de minutes parcourues sur le cadran par la grande aiguille dans le même temps sera $15 + x$.

Or la vitesse de la grande aiguille est 12 fois celle de la petite.
On a donc l'égalité :

$$15 + x = 12\,x.$$

De là on tire :

$$11\,x = 15 \text{ et } x = \frac{15}{11} = 1\frac{4}{11}.$$

Réponse. — La rencontre arrive à $3^h\ 16^m\ \frac{4}{11}$.

228. — *Il est $7^h\ 14^m$ à une montre ; dans combien de temps la grande aiguille se trouvera-t-elle sur la petite ?*

OBSERVATION. — Dans les problèmes où il s'agit de la marche de deux mobiles parcourant une même ligne, droite ou courbe, pour arriver à se rencontrer, il y a quelque avantage à tracer la ligne sur le papier en y marquant les points de départ et le point de rencontre : les yeux aident ainsi l'intelligence et font découvrir plus facilement le raisonnement qui peut conduire au résultat demandé.

PROBLÈMES SUR LES MOBILES.

Nous supposerons donc ici qu'on ait tracé un cadran de montre où la grande aiguille est sur le point de midi et la petite sur 3 heures.

Cherchons à quelle heure aura lieu la rencontre demandée, et pour cela partons de 7 heures au lieu de $7^h 14^m$.

Soit x le nombre de minutes du cadran qu'aura parcourues la petite aiguille à partir de 7 heures jusqu'au moment où elle est atteinte par la grande.

Pendant ce temps celle-ci a parcouru un nombre de ces minutes égal à $35 + x$.

Or sa vitesse étant 12 fois plus grande que celle de la petite, le nombre $35 + x$ est égal à 12 fois le nombre x.

On a donc l'équation :
$$12 x = 35 + x.$$
De là on tire
$$11 x = 35 \text{ et } x = \frac{35}{11}.$$
Le nombre de divisions parcourues par la grande aiguille pendant ce même temps, c'est-à-dire à partir du point midi sera
$$\frac{35}{11} \times 12 = \frac{420}{11} = 38^m \frac{2}{11}.$$
Ainsi la rencontre aura lieu à
$$7^h 38^m \frac{2}{11} \text{ ou } 7^h 38^m 10^s \frac{10}{11}.$$
De $7^h 14^m$ à $7^h 38^m 10^s \frac{10}{11}$ il y a $24^m 10^s \frac{10}{11}$.

Réponse. — De $7^h 14^m$ jusqu'à la rencontre des deux aiguilles il s'écoulera 24 minutes 10 secondes $\frac{10}{11}$.

229. — *Une montre marque midi 20 minutes. Combien l'angle formé par les deux aiguilles vaut-il de degrés?*

A partir de midi, la grande aiguille a parcouru 20 minutes.
La petite, qui va 12 fois moins vite, a parcouru
$$\frac{20}{12} = \frac{5}{3} \text{ de minute.}$$
Les deux aiguilles sont donc écartées l'une de l'autre d'un nombre de minutes égal à $20 - \frac{5}{3} = \frac{55}{3}$ de minute.

Les 60 minutes du cadran valent 360 degrés.
1 minute du cadran vaut 6 degrés.

BOVIER-LAPIERRE.

Les $\dfrac{55}{3}$ de minute du cadran valent

$$\dfrac{6° \times 55}{3} = 2 \times 55 = 110°.$$

Réponse. — Les aiguilles font un angle de 110 degrés.

230. — *Deux marchés, A et B, sont distants de 17 myriamètres. Le quintal d'avoine coûte 20 francs en A et 21ᶠ,50 en B. Les frais de transport sont de 0ᶠ,035 par quintal et par kilomètre. Trouver en quel endroit de la route AB l'avoine prise en A ou en B reviendra au même prix.*

La distance AB est de 170 kilom.; sa moitié est de 85 kilomètres.

Au milieu M de cette distance, la différence des prix du quintal d'avoine, achat et transport compris, est la même que celle des deux prix d'achat, c'est-à-dire 1ᶠ,50.

A 1 kilomètre au delà de M vers B, le prix du quintal d'avoine vendu, venant de A, est augmenté de 0ᶠ,035 et le prix du quintal d'avoine venant de B est diminué de 0ᶠ,035.

La différence des deux prix, qui était de 1ᶠ,50 en M, est donc diminuée à 1 kilomètre à droite de M de 2 fois 0ᶠ,035, c'est-à-dire de 0ᶠ,07.

A 1 kilomètre plus loin, c'est-à-dire à 2 kilomètres à droite de M, la différence est diminuée de 2 fois 0ᶠ,07 et ainsi de suite.

Donc le nombre de kilomètres du point M au point demandé est égal au nombre de fois que 7 centimes sont contenus dans 150 centimes.

Ce nombre est.......................... 150 : 7 = 21^{km},428.
Les distances au point cherché sont :
  Du point A............. 85^k + 21^k,428 = 106^k,428.
  Du point B............. 85^k − 21^k,428 = 63^k,572.

Réponse. — Le point cherché est à 106 kilom. 428 mètres du point A et à 63 kilom. 572 mètres du point B.

MÉTHODE ALGÉBRIQUE. — Cette méthode est plus rapide.

Soit x le nombre de kilomètres du point A au point demandé; la distance de ce dernier point au point B sera 170 − x.

Au point demandé le prix du quintal sera :
pour l'avoine venant de A............. 20 + 0,035 × x;
pour l'avoine venant de B............. 21,50 + 0,035 × (170 − x).

PROBLÈMES SUR LES MOBILES.

On a donc l'équation :
$$20 + 0{,}035 \times x = 21{,}50 + 0{,}035 \times (170 - x).$$
En multipliant tous les termes par 1000 on trouve :
$$20\,000 + 35\,x = 21\,500 + 35 \times 170 - 35\,x.$$
On a ensuite successivement :
$$35\,x + 35\,x = 21\,500 - 20\,000 + 5950$$
$$70\,x = 7\,450$$
$$x = \frac{7450}{70} = \frac{745}{7} = 106{,}428.$$

DEUXIÈME PARTIE

BREVET SUPÉRIEUR

CHAPITRE VIII

PROBLÈMES SUR L'INTÉRÊT ET L'ESCOMPTE

231. *Un fonctionnaire, qui reçoit par an 4200 francs nets, en économise les $\frac{2}{7}$ à la fin de chaque année et les place aussitôt à intérêts simples au taux de 4,50 %. Trouver la somme qu'il possède ainsi à la fin de la 5ᵉ année.*

La 7ᵉ partie de 4200 francs est 600 francs.
La somme économisée chaque année en est le double, c.-à-d. 1200 fr.
Le total économisé au bout de 5 ans est donc
$$1200 \text{ fr.} \times 5 = 6000 \text{ francs.}$$
A cette somme on ajoutera les intérêts de 1200 fr, à 4,5 % pendant
$$4 + 3 + 2 + 1 = 10 \text{ ans.}$$
Ces intérêts valent............ $4,5 \times 12 \times 10 = 540$ francs.

Réponse. — La somme économisée au bout de 5 ans s'élève à 6540 francs.

232. *Un homme doit au même créancier 1500 francs payables dans 3 mois et 4000 francs payables dans*

PROBLÈMES SUR L'INTÉRÊT ET L'ESCOMPTE.   137

15 *mois*. On lui propose de remplacer ces deux sommes par un billet unique payable dans 22 mois. Quel sera le montant de ce billet, les intérêts étant simples et à 5 %?

Le payement des deux dettes sera différé :
pour les 1500 fr. de 19 mois; pour les 4000 fr. de 7 mois,
On aura à payer en sus du montant des deux dettes les intérêts :
de 1500 fr. pour 19 mois; de 4000 fr. pour 7 mois.
Ces intérêts à 5% sont :

pour la 1re $\dfrac{15 \times 5 \times 19}{12} = \dfrac{5 \times 5 \times 19}{4} = \dfrac{475}{4} = 118^f,75$

pour la 2^e $\dfrac{40 \times 5 \times 7}{12} = \dfrac{10 \times 5 \times 7}{3} = \dfrac{350}{3} = 116^f,66.$

Total des intérêts............... 235^f,41
Total des dettes. .... 5500^f,00
Montant du billet.......... 5735^f,41

Réponse. — Le montant du billet sera de 5735^f, 41.

233. — *Un capital, augmenté de ses intérêts en 10 mois prend une valeur de 29 760 francs. Diminué au contraire des intérêts simples en 17 mois, il se réduirait à 27 168 francs. Trouver ce capital et le taux du placement.*

Pour abréger désignons par C le capital demandé.
C *plus* son intérêt au bout de 10 mois vaut..... 29760 fr.
C *moins* son intérêt pour 17 mois vaut........ 27168 fr.
La différence de ces deux sommes est...... 2592 fr.
Cette différence est l'intérêt de C pour 27 mois.
Pour 1 mois l'intérêt de C serait........ 2592^f : 27 = 96 francs.
Pour 10 mois l'intérêt de C est 960 francs.
Le capital C est donc........... 29 760^f — 960^f = 28 800 francs.
Ainsi 28 800 francs ont produit en 1 mois 96 francs.
En 1 an l'intérêt serait.............. 96 × 12 = 1152 francs.
L'intérêt de 100 francs pour 1 an est 1152^f : 288 = 4 francs.

Réponse. — Capital 28 800 francs. — Taux 4 %.

234. — *On a placé à intérêts simples et au taux de 5,50 % un premier capital, et en même temps au taux de 4,50 % un autre capital dont la valeur est à celle* *du premier dans le rapport de* 11 *à* 7. *Trouver chacun de ces capitaux, en sachant qu'on a retiré, au bout de* 4 *ans et* 3 *mois, la somme de* 5477^f, 50 *pour les capitaux et leurs intérêts réunis.*

Supposons 7 francs à 5,50 %; il y aura 11 francs à 4,50 %.
Les 7 francs en 1 an produiront.. 0^f,055 × 7 = 0^f,385.
Les 11 francs .... 0^f,045 × 11 = 0^f,495.
Au bout de 4 ans 3 mois, c'est-à-dire 4^a,25 les intérêts seront :
    pour 7 francs.......... 0^f,385 × 4,25 = 1^f,63625.
    pour 11 francs......... 0^f,495 × 4,25 = 2^f,10375.
Un capital de 18 francs aurait donc produit.... 3^f,74000.
Ainsi ces deux capitaux augmentés de leurs intérêts au bout de 4 ans 3 mois valent................ 18^f + 3^f,74 = 21^f,74.
Autant de fois il y aura 21^f,74 dans 5477,50, autant de fois il y a 7 francs dans le 1er capital et 11 francs dans le 2e.
Or ce nombre de fois est marqué par le quotient

$$\frac{5477,50}{21,74} = \frac{547\,750}{2\,174} = \frac{273\,875}{1\,087}.$$

Les deux capitaux demandés sont donc :

Le 1er..... $7 \times \frac{273\,875}{1\,087} = \frac{1\,917\,125}{1\,087} = 1763,684.$

Le 2e..... $11 \times \frac{273\,875}{1\,087} = \frac{3\,012\,625}{1\,087} = 2771,504.$

Réponse. — 1763^f,68 à 5,50 %; 2771^f,50 à 4,50 %.

235. — *Un spéculateur place un certain capital à intérêts simples, au taux de* 5 %, *pendant* 3 *ans* 2 *mois. Il joint au capital les intérêts produits; puis il place les* $\frac{2}{3}$ *du total à* 6 % *et le reste à* 4,50 %. *Le revenu total de ces deux placements au bout de l'année étant de* 458^f, 70, *trouver quel était le capital primitif.*

Cherchons le capital qui produit 458^f,70 d'intérêt par an.
Supposons un capital de 300 francs; il y aura :
200 francs à 6 % et 100 francs à 4,50 %.
L'intérêt annuel de ces deux capitaux serait :
pour 200 francs à 6 %................ 6^f × 2 = 12^f,00
pour 100 francs à 4,50 %.............   4^f,50
Ainsi 300 francs produiraient un intérêt de....... 16^f,50.

PROBLÈMES SUR L'INTÉRÊT ET L'ESCOMPTE.

Autant il y a de fois 16f,50 dans 458f,70, autant il y a de fois 300 francs dans le dernier capital.
Ce capital est donc

$$\frac{458,7}{16,5} \times 300 = \frac{458700}{55} = 8340 \text{ francs.}$$

2° A 5 % 1 franc en 3 ans $\frac{1}{6}$ ou $\frac{19}{6}$ d'année produirait

$$0^f,05 \times \frac{19}{6} = \frac{0^f,95}{6}.$$

Au bout de ce temps 1 franc augmenté de son intérêt vaudrait

$$1^f + \frac{0,95}{6} = \frac{6^f,95}{6}.$$

Autant de fois cette valeur de 1 franc sera contenue dans 8340 francs, autant il y aura de francs dans le capital primitif.
Ce capital était donc

$$8340 : \frac{6,95}{6} = \frac{8340 \times 6}{6,95} = \frac{5\,004\,000}{695} = 7200.$$

Réponse. — Le capital primitif était de 7200 francs.

236. *Deux capitaux, dont le total est de 22 970 francs, sont placés à des taux différents et produisent en 2 ans pour intérêts simples 2202f,50. L'un des capitaux surpasse l'autre de 4070 fr. et rapporte par an 250f,75 de plus que l'autre.*
Trouver les taux auxquels ils sont placés.

1° La somme des deux capitaux est................ 22 970 fr.
Leur différence est........................... 4070 fr.
Or quand on connaît la somme de deux nombres et leur différence, le plus grand est égal à la demi-somme plus la demi-différence ; le plus petit est égal à la demi-somme moins la demi-différence.
La demi-somme des capitaux est................ 11485 fr.
La demi-différence est......................... 2035 fr.
Le plus grand est le total..................... 13520 fr.
Le plus petit est la différence................ 9450 fr.
2° Le total des intérêts pour 2 ans est 2202f, 50.
Le total pour 1 an est la moitié, c'est-à-dire 1101f, 25.
Leur différence pour 1 an est 250f, 75.
La demi-somme des intérêts pour 1 an est..... 550f,625.
Leur demi-différence est...................... 125f,375.
L'intérêt du plus grand est donc le total 676f,000.
L'intérêt du plus petit est la différence.. 425f,250.

3° Le capital 13520 francs a produit en 1 an 676 francs.
100 francs produiraient......... 676 : 135,2 = 5 francs.
Le capital 9450 francs a produit en 1 an 425^f,25.
100 francs produiraient........ 425,25 : 94,5 = 4^f,50.

Réponse. — Les deux capitaux étaient placés :
le plus grand à 5 %; le plus petit à 4,50 %.

237. *Un homme doit au même créancier : une somme de 740 francs, payable dans 3 mois; une somme de 840 francs, payable dans 4 mois; une somme de 950 francs, payable dans 5 mois.*

Ils conviennent de remplacer ces trois dettes par une somme unique de 2530 francs, payable dans 6 mois. A quel taux le calcul de l'intérêt a-t-il été fait ?

En reportant à 6 mois le payement on a dû ajouter :
A 740 francs l'intérêt de cette somme pour 3 mois;
A 840 francs l'intérêt de cette somme pour 2 mois;
A 950 francs l'intérêt de cette somme pour 1 mois.
Or 2530 francs, total de ces trois sommes, surpasse la somme de 2550 francs de 20 francs.
Ces 20 francs sont donc le total de ces trois intérêts.
Pour trouver le taux, on peut faire le raisonnement suivant.
L'intérêt de 740 francs pour 3 mois est le même que celui que rapporterait en 1 mois une somme 3 fois plus grande, c'est-à-dire
$$740^f \times 3 = 2220 \text{ francs.}$$
L'intérêt de 840 francs pour 2 mois est le même que celui que rapporterait en 1 mois une somme 2 fois plus grande, c'est-à-dire
$$840^f \times 2 = 1680 \text{ francs.}$$
Les 20 francs d'intérêts ajoutés pour le retard du paiement sont donc l'intérêt produit en 1 mois par le total des trois sommes, qui est
$$2220^f + 1680^f + 850^f = 4850 \text{ francs.}$$
L'intérêt produit par ce total en 1 an serait
$$20^f \times 12 = 240 \text{ francs.}$$
L'intérêt produit par 1 franc serait $\dfrac{240}{4850}$
L'intérêt produit par 100 francs est donc
$$\frac{240 \times 100}{4850} = \frac{2400}{485} = 4^f,948.$$

Réponse. — Le taux est 4,95 %.

PROBLÈMES SUR L'INTÉRÊT ET L'ESCOMPTE.

OBSERVATION. — Cette méthode n'est autre que celle qu'on applique sous le nom de règle de l'échéance moyenne. Nous allons résoudre le même problème par la méthode algébrique.

Soit x le taux de l'intérêt.
Les intérêts des trois sommes pour le retard du paiement seront, d'après la règle ordinaire :
$$\frac{740 \times x \times 3}{1200} \; ; \; \frac{840 \times x \times 2}{1200} \; ; \; \frac{950 \times x}{1200}.$$
Le total de ces trois intérêts est :
$$\frac{2220\,x}{1200} + \frac{1680\,x}{1200} + \frac{950\,x}{1200} \text{ c'est-à-dire } \frac{4850\,x}{1200}.$$
On a donc l'équation
$$\frac{4850\,x}{1200} = 20.$$
De là on tire :
$$4850\,x = 24000 ;$$
$$x = \frac{24000}{4850} = \frac{2400}{485} = 4,948.$$

238. *Un homme place les $\frac{2}{5}$ de sa fortune en achat de terres qui lui rapportent $3\frac{3}{4}$ %, les $\frac{2}{7}$ sur hypothèques au taux de 5 % et le reste en rentes 3 % achetées au cours de 75 fr. Il se fait ainsi un revenu de 3,516 francs. Quel était le montant de sa fortune?*

Réduites au même dénominateur les deux fractions $\frac{2}{5}$ et $\frac{2}{7}$ deviennent $\frac{14}{35}$ et $\frac{10}{35}$ ou $\frac{28}{70}$ et $\frac{20}{70}$.

Leur total est $\frac{48}{70}$; la 3ᵉ partie est donc $\frac{22}{70}$.

En outre 75 francs rapportent 3 francs de rentes.
1 franc rapporte.................................. 3 : 75 0f,04.
Supposons maintenant un capital de 70 francs.
Les placements seront :
    28 francs à 3,75 % ; 20 francs à 5 % ; 22 francs à 4 %.
Or 28 francs rapportent............ 0f,0375 × 28 = 1f,05.
   20 francs à 5 %.............. 0f,05 × 20 = 1f,00.
   22 francs à 4 %.............. 0f,04 × 22 = 0f,88.
    70 francs rapporteraient ainsi......... 2f,93.

Autant de fois il y a $2^f,93$ dans 3516 francs autant de fois il y aura 70 francs dans le montant de la fortune.

On trouve $\dfrac{3516}{2,93} = \dfrac{351600}{293} = 1200.$

Réponse. — La fortune est $70^f \times 1200 = 84\,000$ francs.

239. *Une personne place aujourd'hui 15832 francs à 5 %; puis 65 jours après 16940 francs à 5,25 %. Au bout de combien de temps les intérêts simples des deux sommes seront-ils égaux?*

L'intérêt rapporté au bout de 1 an est :
pour le 1ᵉʳ capital............ $5^f \times 158,32 = 791^f,60.$
pour le 2ᵉ. .... $5^f,25 \times 169,4 = 889^f,35.$
Différence ...... $97^f,75.$

Or au moment où est placé le 2ᵉ capital, le 1ᵉʳ a déjà produit pendant 65 jours un intérêt égal à

$$\dfrac{791^f,60 \times 65}{360} = \dfrac{5145,4}{36} = 142^f,927.$$

A partir de ce moment l'intérêt du 2ᵉ capital surpasse annuellement le 1ᵉʳ de $97^f,75$.

Donc le nombre d'années au bout duquel il l'égalera sera le nombre de fois qu'il y a $97^f,75$ dans $142^f,927$.

Ce nombre d'années est $\dfrac{142,927}{97,75} = \dfrac{14292,7}{9775} = 1,462.$

Réponse. — 1 an 5 mois 16 jours.

240. *Un rentier place le tiers de sa fortune à 5,25 %; les $\dfrac{2}{5}$ du reste à 6,50 %, les $\dfrac{3}{4}$ du nouveau reste à 4,50 %, enfin le reste définitif à $3\dfrac{2}{3}$ %. Le revenu total ainsi obtenu par an est de 5460 francs. Trouver le montant de cette fortune.*

Pour abréger l'écriture, désignons la fortune par F.

On a placé à 5,25 % $\dfrac{F}{3}$: il reste $\dfrac{2\,F}{3}.$

Les $\dfrac{2}{5}$ de ce reste $\dfrac{2\,F}{3}$ sont $\dfrac{4\,F}{15}$, placés à 6,50 %.

Les deux premières parties ensemble font :

PROBLÈMES SUR L'INTÉRÊT ET L'ESCOMPTE. 143

$$\frac{F}{3} + \frac{4F}{15} \text{ ou } \frac{5F}{15} + \frac{4F}{15} = \frac{9F}{15}.$$

Après le prélèvement de ces deux parties il reste $\frac{6F}{15}$.

Or les $\frac{3}{4}$ de $\frac{6F}{15}$ sont $\frac{18F}{60}$ ou $\frac{3F}{10}$ placés à 4,50 %.

Le total de ces trois premières parties est :

$$\frac{9}{15}F + \frac{3}{10}F \text{ ou } \frac{18F}{30} + \frac{9F}{30} = \frac{27F}{30}.$$

Il reste enfin $\frac{3F}{30}$ placés à $3\frac{2}{3}$ %.

En résumé, les quatre parties de la fortune sont, en réduisant tou en *trentièmes* :

1º $\frac{10}{30}$ de F placés à 5,25 %; 2º $\frac{8}{30}$ de F à 6,50 %

3º $\frac{9}{30}$ de F placés à 4,50 %; 4º $\frac{3}{30}$ de F à $3\frac{2}{3}$ %.

Supposons que la fortune se compose de 30 billets de 100 francs.
Il y aurait en ce cas :
10 billets placés à 5,25; 8 billets placés à 6,50 %;

9 billets placés à 4,50; 3 billets placés à $3\frac{2}{3}$ %.

Les intérêts de ces placements seraient :
Pour les 10 billets................ $5,25 \times 10 = 52^f,50$
Pour les 8 billets................. $6,50 \times 8 = 52^f,00$
Pour les 9 billets................. $4,50 \times 9 = 40^f,50$

Pour les 3 billets................. $3\frac{2}{3} \times 3 = 11^f,00$

Intérêt total................ $\overline{156^f,00.}$

Autant de fois il y a 156 francs dans l'intérêt total 5460 francs autant de fois il y aura :
10 billets de 100 francs dans la 1re partie; 8 billets dans la 2e;
9 billets dans la 3e; 3 billets dans la 4e.
Ce nombre de fois est................ $5460 : 156 = 35$.
Les quatre parties de la fortune sont donc :
1re............................ $1000 \times 35 = 35000$ francs.
2e............................. $800 \times 35 = 28000$ —
3e............................. $900 \times 35 = 31500$ —
4e............................. $300 \times 35 = 10500$ —

Réponse. — Le montant de la fortune est de 105000 francs

241. *Un commerçant présente à l'escompte, chez un banquier, trois billets : l'un de 620 francs payable à*

60 jours; le 2ᵉ de 840 francs payable à 72 jours et le 3ᵉ de 1200 fr. payable à 80 jours. Il reçoit du banquier 2627ᶠ,72. Quel est le taux de l'escompte ?

Le montant du total des trois billets est
$$620^f + 840^f + 1200^f = 2660^f,00$$
La somme donnée par le banquier est.. $2627^f,72$
Escompte retenu............ $32^f,28.$

L'escompte de 620 fr. pour 60 jours est le même que sur une somme 60 fois plus grande pour 1 jour.
Cette somme serait............... $620^f \times 60 = 37\,200$ francs.
L'escompte de 840 fr. pour 72 jours est le même que sur une somme 72 fois plus grande pour 1 jour.
Cette somme serait............... $840^f \times 72 = 60\,480$ francs.
L'escompte sur 1200 fr. pour 80 jours est le même que sur une somme 80 fois plus grande pour 1 jour.
Cette somme serait............... $1200^f \times 80 = 96\,000$ francs.
Le total de ces trois sommes est............ $193\,680$ francs.
Ainsi $32^f,28$ sont l'escompte ou l'intérêt de 193 680 fr. pour 1 jour.
Pour 1 an l'intérêt de cette somme serait........ $32^f,28 \times 360.$
Pour 100 fr. l'intérêt d'un an sera
$$\frac{32^f,28 \times 360}{1936,8} = \frac{3228 \times 4}{2152} = \frac{3228}{538} = 6.$$

Réponse. — Le taux de l'escompte était 6 %.

AUTRE MÉTHODE. — La méthode algébrique est plus commode.
Soit x le taux de l'escompte, c.-à-d. l'intérêt de 100 fr. pour 1 an.
Les escomptes retenus sur les trois billets seront :

sur 620 fr. pour 60 jours ou $\frac{1}{6}$ d'année, $\frac{620\,x}{600}$ c.-à-d. $\frac{31\,x}{30}$;

sur 840 fr. pour 72 jours ou $\frac{1}{5}$ d'année, $\frac{840\,x}{500}$ c.-à-d. $\frac{84\,x}{50}$;

sur 1200 fr. pour 80 jours ou $\frac{2}{9}$ d'année, $\frac{1200\,x}{100} \times \frac{2}{9}$ ou $\frac{80\,x}{30}$.

Les trois fractions réduites au dénominateur commun donnent :
$$\frac{155\,x}{150} + \frac{252\,x}{150} + \frac{400\,x}{150} \text{ c'est-à-dire } \frac{807\,x}{150}.$$
On a donc l'équation :
$$\frac{807\,x}{150} = 32,28.$$
On en déduit :
$$x = \frac{32,28 \times 150}{807} = 6.$$

PROBLÈMES SUR L'INTÉRÊT ET L'ESCOMPTE.

242. *On fait escompter chez un banquier deux billets, l'un de 800 francs payable dans 4 mois et l'autre de 1200 payable dans 7 mois et on reçoit du banquier 1937^f,15. Quel est le taux de l'escompte?*

1re MÉTHODE. — Supposons le taux de 1 %.
Les escomptes sur les deux billets seraient :

sur 800 fr., $8 \times \dfrac{4}{12}$ ou $\dfrac{8}{3}$ de fr. ; sur 1200 fr., $\dfrac{12 \times 7}{12}$ ou 7 fr.

Le total des deux escomptes à 1 % serait donc :
$$7 + \dfrac{8}{3} = \dfrac{29}{3} \text{ de franc.}$$

Or le total des deux escomptes faits sur les deux billets est
$$2000 - 1937,15 = 62^f,85.$$

Autant de fois il y a $\dfrac{29}{3}$ de franc dans 62^f,85, autant il y a de fois 1 franc dans le taux demandé. Ce taux est donc
$$62,85 : \dfrac{29}{3} = \dfrac{62,85 \times 3}{29} = \dfrac{188,55}{29} = 6,50.$$

Réponse. — Le taux était 6,50 %.

2° MÉTHODE. — Désignons par x le taux cherché.
Les escomptes sont :

sur 800 fr., $\dfrac{8 \times x}{3}$ ou $\dfrac{8\,x}{3}$; sur 1200 fr., $\dfrac{12 \times x \times 7}{12}$ ou 7 x.

Le total de ces deux escomptes est
$$\dfrac{8\,x}{3} + 7\,x = \dfrac{8\,x}{3} + \dfrac{21\,x}{3} = \dfrac{29\,x}{3}.$$

On doit donc avoir cette égalité :
$$\dfrac{29\,x}{3} = 62,85.$$

On en tire . . . . $x = \dfrac{62,85 \times 3}{29} = \dfrac{188,55}{29} = 6,50.$

243. — *Deux personnes ont placé, le 1er janvier, la première une somme de 76 788 francs à 5 % et la seconde une somme de 76 395 francs à 6 %. Au bout de combien de jours ces deux personnes retirent-elles la même somme, capital et intérêts compris.*

1ro MÉTHODE. — La différence des deux capitaux est
$$76\,788^f - 76\,395^f = 393 \text{ francs.}$$

BOVIER-LAPIERRE.

146 BREVET SUPÉRIEUR.

L'intérêt de chacun au bout de 1 jour serait :

pour le 1ᵉʳ, $\dfrac{76\,788}{7200} = 10^{\text{f}},665$; pour le 2ᵉ; $\dfrac{76\,395}{6000} = 12^{\text{f}},7325$.

La différence de ces intérêts est.......... $2^{\text{f}},0675$.

Ainsi au bout de 1 jour la différence entre les deux capitaux augmentés de leurs intérêt diminuerait de $2^{\text{f}},0675$.

Donc autant de fois il y a $2^{\text{f}},0675$ dans 393 fr., autant il s'écoulera de jours du 1ᵉʳ janvier à l'époque demandée.

Ce nombre de jours sera................... $393 : 2,0675 = 190$.

Réponse. — 190 jours à partir du 1ᵉʳ janvier.

2ᵉ MÉTHODE. — Désignons par x le nombre de jours cherché.
Au bout de ce temps les intérêts des deux capitaux seront :

pour le 1ᵉʳ............... $\dfrac{76\,788 \times x}{7200}$ ou $\dfrac{19\,197\,x}{1800}$;

pour le 2ᵉ............... $\dfrac{76\,395 \times x}{6000}$ ou $\dfrac{15\,279\,x}{1200}$.

Au bout du nombre de jours x les valeurs prises par les deux capitaux augmentés de leurs intérêts seront :

pour le 1ᵉʳ, $76\,788 + \dfrac{19\,197\,x}{1800}$; pour le 2ᵉ, $76\,395 + \dfrac{15\,279\,x}{1200}$.

On a donc l'équation

$$76\,788 + \dfrac{19\,197\,x}{1\,800} = 76\,395 + \dfrac{15\,279\,x}{1\,200},$$

où en retranchant 76395 aux deux membres et réduisant les deux fractions au dénominateur commun 3600,

$$393 + \dfrac{38\,394\,x}{3600} = \dfrac{45\,837\,x}{3600}.$$

On trouve ensuite.................... $x = 190$.

244. — *Un homme possédant 183 000 francs emploie une partie de cette somme pour l'acquisition d'une maison, et achète un domaine qui lui coûte les $\dfrac{5}{8}$ du prix de la maison. Il place le reste, une moitié à 5 % et l'autre moitié à 4,50 % et ce placement lui fait un revenu de 4370 francs. Trouver le prix de la maison, celui du domaine et les sommes placées à 5 et 4,50 %.*

Supposons qu'on place 1 fr. à 5 % et 1 fr. à 4,50 %.
Le revenu sera.................... $0^{\text{f}},05 + 0^{\text{f}},045 = 0^{\text{f}},095$.

PROBLÈMES SUR L'INTÉRÊT ET L'ESCOMPTE. 147

Autant de fois cette somme est contenue dans 4370 fr., autant de francs on a placé à chaque taux.

On trouve................. $4370 : 0,095 = 46\,000$ francs.
La somme totale placée est...... $46\,000 \times 2 = 92\,000$ francs.
Pour l'achat de la maison et de la propriété il reste
$$183\,000^f - 92\,000^f = 91\,000 \text{ francs.}$$

Soit x le prix de la maison ; celui de la propriété sera $\dfrac{5x}{8}$.

On a donc l'équation
$$x + \frac{5x}{8} = 91\,000.$$

De là on tire :
$$\frac{13x}{8} = 91\,000$$
$$x = \frac{91\,000 \times 8}{13} = 56\,000.$$

Réponse. — 1° Prix d'achat de la maison 56 000 francs.
2° Prix de la propriété 35 000 francs.
3° Il y a 46 000 francs placés à chaque taux.

245. — *Un homme partage son revenu en trois parties. La 1re est destinée à payer son logement; la 2e la nourriture et l'entretien de sa famille; la 3e doit éteindre une dette dont les $\dfrac{2}{5}$ sont déjà payés. La 1re partie est de 470 francs; la 2e est égale aux $\dfrac{5}{12}$ du revenu total; la troisième surpasse de 700 francs les $\dfrac{2}{9}$ de ce revenu. Trouver le montant de ce revenu, chacune de ses trois parties et la dette.*

Désignons le revenu total par R. On a :

Pour la 1re part 470 fr.; pour la 2^e $\dfrac{5}{12}$ pour R; la 3^e $\dfrac{2}{9}$ R + 700 fr.

Le revenu total R est donc égal à la somme suivante :
$$470^f + \frac{5}{12} R + \frac{2}{9} R + 700 \text{ francs,}$$
ou $\dfrac{15}{36} R + \dfrac{8}{36} R + 1170^f$ c.-à-d. $\dfrac{23}{36} R + 1170$ fr.

Les 1170 francs composent les $\dfrac{13}{36}$ de R.

La 36ᵉ partie de R est $\frac{1170}{13} = 90$ francs.

Le revenu R égale.................... $90^f \times 36 = 3240$ francs.

La 2ᵉ part est $\frac{15}{36}$ de R, c.-à-d. $90^f \times 15 = 1350$ francs.

La 3ᵉ est égale à..................... $700^f + \frac{8}{36}$ de R,

ou.................... $700^f + 90^f \times 8 = 700^f + 720^f = 1420$ francs.

Quant à la dette dont $\frac{2}{5}$ sont déjà payés, ses $\frac{3}{5}$ ou 0,6 sont 1420 fr.

La 10ᵉ partie est..................... $1420^f : 6 = 236^f,666$.

La dette entière est donc $2366^f,66$.

Réponse. — Le revenu total est de 3240 francs.

La 1ʳᵉ partie du revenu est de 470 francs ; la 2ᵉ partie 1350 francs ; la 3ᵉ partie 1420 francs.

Le montant de la dette est $2366^f, 66$.

246. *Un homme achète, avec les $\frac{3}{8}$ de sa fortune, un terrain qui lui revient, tous frais payés, à 3528 francs l'hectare, et il emploie les $\frac{2}{3}$ du reste à l'achat d'une maison. Du capital qui reste après ces deux acquisitions, il retire un revenu de 2805 francs, les $\frac{3}{5}$ de ce capital étant placés à 4,50 %, et l'autre partie à 6 %. Trouver la fortune de cet homme, le prix de sa maison, la surface du terrain acheté et les deux capitaux qui sont placés à 4,50 et à 6 %.*

L'achat du terrain a pris $\frac{3}{8}$ de la fortune ; il en reste $\frac{5}{8}$.

La maison a coûté $\frac{2}{3}$ des $\frac{5}{8}$ ou $\frac{10}{24}$ de la fortune.

La partie de la fortune ainsi dépensée est

$$\frac{3}{8} + \frac{10}{24} = \frac{19}{24}.$$

Le reste placé à intérêt en est les $\frac{5}{24}$; désignons-le par x.

On a placé : à $4\frac{1}{2}$ %, $\frac{3\,x}{5}$; à 6 %, $\frac{2\,x}{5}$.

Les intérêts produits par ces deux parties sont :

à 4,50 %, $\dfrac{4,5 \times 3\,x}{500}$; à 6 %, $\dfrac{6 \times 2x}{500}$.

On a donc l'équation

$$\dfrac{4,5 \times 3\,x}{500} + \dfrac{6 \times 2\,x}{500} = 2805.$$

On en déduit :

$$135\,x + 120\,x = 28\,050 \times 500 ;$$
$$255\,x = 28\,050 \times 500 ;$$
$$51\,x = 2\,805\,000 ;$$
$$x = \dfrac{2\,805\,000}{51} = 55000.$$

Ainsi le 5ᵉ de ce capital est 11 000 francs.
On a donc placé :

A $4\dfrac{1}{2}$ %, 33 000 francs ; à 6 %, 22 000 francs.

Les $\dfrac{5}{24}$ de la fortune totale égalent 55 000 francs.

La 24ᵉ partie de cette fortune est 11 000 francs.
La fortune entière vaut......... $11\,000 \times 24 = 264\,000$ fr.

Le terrain a coûté............. $264\,000 \times \dfrac{3}{8} = 99\,000$ fr.

La maison a coûté............ $264\,000 \times \dfrac{10}{24} = 110\,000$ fr.

La surface du terrain acheté est

$\dfrac{99\,000}{3528} = 28^{\text{h}a},0612$ ou 28 hect. 6 ares 12 centiares.

Réponse. — Le montant de la fortune est de 264 000 fr.
Le prix de la maison est de 110 000 francs.
Le terrain comprend 28 hectares 6 ares 12 centiares.
On a placé à 4,50 % 33 000 fr. ; à 6 % 22 000 fr.

247. *Un capitaliste place à 5 % les $\dfrac{4}{5}$ d'une somme, et avec le reste il achète des obligations de chemin de fer, dont chacune coûte 330 francs et rapporte 15 francs par an. Il retire ainsi un revenu annuel de 6237 francs. Trouver la somme placée à 5 % et le nombre des obligations.*

Supposons une fortune de 5000 fr.; il y aura :
4000 fr. placés à 5 % et 1000 fr. en obligations.

Le revenu de ces 5000 francs comprend :
l'intérêt de 4000 fr. à 5 % c'est-à-dire..........   200 fr.,

l'intérêt de 1000 fr. en oblig. c-à-d. $15^f \times \dfrac{1000}{330} = \dfrac{500}{11}$ de fr.

Total........ $200^f + \dfrac{500}{11} = \dfrac{2700}{11}$ de franc.

Autant de fois ce total est contenu dans le revenu donné 6237 fr., autant il y a de fois 5000 fr. dans la fortune demandée.

Ce nombre de fois est exprimé par le quotient

$$6237 : \dfrac{2700}{11} = \dfrac{6237 \times 11}{2700} = \dfrac{231 \times 11}{100} = \dfrac{2541}{100}.$$

La fortune est donc égale à

$$5000^f \times \dfrac{2541}{100} = 127\,050 \text{ francs.}$$

La partie placée à 5 % est les 0,8 de cette somme
c'est-à-dire...................... $12\,705^f \times 8 = 101\,640$ francs.
La fortune totale est...................... $127\,050$ francs.
Il y a donc en obligations le reste.......... $25\,410$ francs.
Le nombre de ces obligations est $25\,410 : 330 = 77$.

Réponse. — On a placé 101 640 francs à 5 % et acheté 77 obligations.

248. *Un négociant fait escompter le 1ᵉʳ août trois billets au taux de* $3\frac{1}{4}$ %. *Le 1ᵉʳ billet de 1536 francs est payable le 27 novembre de la même année et le 2ᵉ de 1224 francs est payable le 12 janvier de l'année suivante. Le 3ᵉ billet de 2345 francs est à une échéance telle que la somme totale reçue par le négociant pour ses trois billets est égale à* $5031^f,95$. *Trouver la date de l'échéance du 3ᵉ billet. On comptera les mois comme ayant 30 jours.*

L'échéance est : pour le 1ᵉʳ billet à 117 jours ; pour le 2ᵉ à 162 j.
Les escomptes sont :

pour le 1ᵉʳ billet............... $\dfrac{1536 \times 3,25 \times 117}{36\,000} = 16^f,25$;

pour le 2ᵉ billet............... $\dfrac{1224 \times 3,25 \times 162}{36\,000} = 17^f,90.$

Par l'escompte, les billets se réduisent :
le 1ᵉʳ à...................... $1536^f - 16^f,25 = 1519^f,75$
le 2ᵉ à...................... $1224^f - 17^f,90 = 1206^f,10$
Total...... $2725^f,85.$

Pour le 3ᵉ billet on a reçu :
$$5031^f,95 - 2725^f,85 = 2306^f,10.$$
L'escompte de ce billet a donc été :
$$2345^f - 2306^f,10 = 38^f,90.$$
Le nombre n de jours de l'échéance est, d'après la règle générale,
$$n = \frac{38,9 \times 36\,000}{2345 \times 3,25} = 184 \text{ jours.}$$

Réponse. L'échéance du 3ᵉ billet est au 4 février.

249. *Deux billets, dont l'un est payable au bout de 60 jours et l'autre au bout de 45 jours, sont escomptés ensemble au taux de 6 %. Le total des montants des deux billets est de* 17000 *francs et le total des escomptes est de* 157ᶠ,50.
Trouver le montant de chaque billet.

Remarquons d'abord que 60 jours sont la 6ᵉ partie de l'année et que 45 jours en sont la 8ᵉ partie.
Supposons que le 1ᵉʳ billet payable à 60 jours soit de 1000 francs.
Le 2ᵉ billet payable à 45 jours sera de 16 000 francs.
Sur le billet de 1000 francs l'escompte serait
$$\frac{1000 \times 6}{100 \times 6} = 10 \text{ francs.}$$
Sur le billet de 16 000 francs l'escompte serait
$$\frac{16\,000 \times 6}{100 \times 8} = \frac{160 \times 3}{4} = 40 \times 3 = 120 \text{ francs.}$$
Dans ce cas le total des deux escomptes serait 130 francs.
Ce total diffère du total donné de
$$157,50 - 130 = 27^f,50.$$
Augmentons de 1000 francs le 1ᵉʳ billet supposé.
On a alors : 2000 francs pour le billet payable à 60 jours ;
15000 francs pour le billet payable à 45 jours.
L'escompte du 1ᵉʳ de ces deux billets serait le double du billet de 1000 francs, c'est-à-dire 20 francs.
L'escompte du 2ᵉ billet de 15 000 francs serait
$$\frac{15\,000 \times 6}{100 \times 8} = \frac{150 \times 3}{4} = \frac{450}{4} = 112^f,50.$$
Le total des deux escomptes serait alors
$$20 + 112,50 = 132^f,50.$$
La différence entre ce total et le total donné est
$$157,50 - 132,50 = 25 \text{ francs.}$$
Sur le total des escomptes l'erreur est :
Dans la 1ʳᵉ supposition 27ᶠ,50 ; dans la 2ᵉ 25 francs.

Ainsi quand au 1ᵉʳ billet supposé de 1000 fr. on ajoute 1000 fr., l'erreur commise sur le total des deux escomptes diminue de 2ᶠ,50.

Donc autant de fois il y aura 2ᶠ,50 dans 27ᶠ,50, autant de fois 1000 francs on devra ajouter au 1ᵉʳ billet supposé de 1000 francs pour avoir le montant exact de ce 1ᵉʳ billet.

Or on trouve.................................... 27,5 : 2, 5 = 11.
On ajoutera donc 11000 francs à 1000 francs.
Réponse. — Le montant du 1ᵉʳ billet est.......... 12000 francs.
Le montant du 2ᵉ est................... 5000 francs.

REMARQUE. — La méthode qu'on vient d'employer, et qui est désignée par le nom de *fausse position* dans les traités d'arithmétique, peut être avantageusement remplacée par la méthode algébrique, qui est bien plus simple et plus rapide.

En effet soit x le montant du billet payable à 60 jours.
Celui du billet payable à 45 jours sera............... $17000 - x$.
Les escomptes de ces deux billets seront :

pour le 1ᵉʳ............... $\dfrac{x \times 6}{100 \times 6}$ ou $\dfrac{x}{100}$;

pour le 2ᵉ, $\dfrac{(17000-x) \times 6}{100 \times 8}$ ou $\dfrac{(17000-x) \times 3}{400}$.

Or le total de ces deux escomptes est 157ᶠ,50.
On a donc l'équation :

$$\frac{x}{100} + \frac{(17000-x) \times 3}{400} = 157,50.$$

En chassant les dénominateurs on obtient :
$$4x + (17000 - x) \times 3 = 63000.$$
De là on tire successivement :
$$4x + 51000 - 3x = 63000;$$
$$4x - 3x = 63000 - 51000;$$
$$x = 12000.$$

250. *Un banquier a donné à un négociant un billet de 80 francs payable dans 103 jours en échange d'un billet de 61 francs payable dans 9 mois ; mais il exige de plus 20 fr. en argent. A quel taux a-t-on calculé l'escompte ?*

1ʳᵉ MÉTHODE. — Soit e l'escompte du 1ᵉʳ billet et e' celui du 2ᵉ.
La valeur du 1ᵉʳ billet après l'escompte est.......... $80 - e$.
La valeur du 2ᵉ billet est................... $61 - e'$.

PROBLÈMES SUR L'INTÉRÊT ET L'ESCOMPTE.

On a donc : $80 - e = 61 - e' + 20$,
ou $e' - e = 81 - 80$ c.-à-d. $e' - e = 1$.
Ainsi la différence des escomptes des deux billets est de 1 franc.
Supposons que le taux soit de 1 %.
L'escompte de 80 fr. pour 103 jours était
$$\frac{0,01 \times 80 \times 103}{360} = \frac{8,24}{36} = \frac{2,06}{9}.$$
L'escompte de 61 fr. pour 9 mois serait
$$\frac{0,01 \times 61 \times 9}{12} = \frac{0,01 \times 3}{4} = \frac{1,83}{4}.$$
La différence de ces deux escomptes est
$$\frac{1,83}{4} - \frac{2,06}{9} = \frac{16,47 - 8,24}{36} = \frac{8,23}{36}.$$
Autant de fois cette différence est contenue dans 1 fr., autant de fois il y a 1 dans le taux cherché.

Ce taux est donc.............. $1 : \frac{8,23}{36} = \frac{3600}{823} = 4,374$.

Réponse. — Le taux de l'escompte était $4,374$ %.

2ᵉ MÉTHODE. — Soit x le taux. Les escomptes sont :
pour le 1ᵉʳ billet........ $\frac{80 \times x \times 103}{36\,000}$ ou $\frac{206\,x}{900}$;
pour le 2ᵉ billet........ $\frac{61 \times x \times 9}{1200}$ ou $\frac{183\,x}{400}$.

Les valeurs des deux billets après l'escompte sont :
pour le 1ᵉʳ...... $80 - \frac{206\,x}{900}$ ou $\frac{72\,000 - 206\,x}{900}$;
pour le 2ᵉ...... $61 - \frac{183\,x}{400}$ ou $\frac{24\,400 - 183\,x}{400}$.

Or la valeur du 1ᵉʳ billet est égale à celle du 2ᵉ plus 20 francs ; on peut donc écrire l'équation
$$\frac{72\,000 - 206\,x}{900} = \frac{24\,400 - 183\,x}{400} + 20.$$
En la résolvant on obtient successivement :
$$288\,000 - 824\,x = 219\,600 - 1647\,x + 72\,000;$$
$$1647\,x - 824\,x = 219\,600 + 72\,000 - 288\,000;$$
$$823\,x = 219\,600 - 288\,000;$$
$$823\,x = 3600.$$
$$x = \frac{3600}{823} = 4,374.$$

251. — *Un négociant a souscrit à un banquier trois billets : le 1ᵉʳ de 533 francs payable le 15 mai ;*

le 2ᵉ de 343 *francs payable le* 17 *juin; le* 3ᵉ *de* 734 *francs payable le* 22 *juillet. Le* 15 *mai on propose de remplacer ces trois billets par un billet unique égal au total des trois autres. Trouver l'époque à laquelle doit être fixée l'échéance de ce billet.*

Démontrer que le résultat est indépendant du taux de l'escompte.

1ʳᵉ MÉTHODE (*Échéance moyenne*). — Prenons pour le jour du règlement le 15 mai.

Du 15 mai au 17 juin il y a 33 jours; du 15 mai au 22 juillet 68 jours.

Le débiteur, en gardant le 2ᵉ billet 33 jours, peut en retirer le même intérêt qu'avec une somme 33 fois plus forte pendant un jour.

Cette somme serait.............. $343 \times 33 = 11\,319$ francs.

En gardant les 734 francs pendant 68 jours, on peut en retirer le même intérêt qu'avec une somme 68 fois plus forte en 1 jour.

Cette somme serait.............. $734 \times 68 = 49\,912$ francs.

Le total de ces deux sommes est 61 231 francs.

Le 1ᵉʳ billet ne devant ni subir un escompte, ni produire aucun intérêt, n'influe en rien sur l'échéance cherchée.

Le montant des trois billets est de 1610 francs.

On devra garder le billet de 1610 francs à partir du 15 mai pendant un nombre de jours tel qu'on puisse retirer avec 1610 francs le même intérêt qu'avec 61 231 francs en 1 jour.

Si cette somme de 1610 francs était 2, 3, 4... fois plus petite que 61 231 francs, on devrait la garder pendant 2, 3, 4... fois plus de jours. Le nombre de jours cherché est donc

$$61\,231 : 1610 = 38.$$

Réponse. — L'échéance est à 38 jours à partir du 15 mai, ce qui la reporte au 22 juin.

2ᵉ MÉTHODE. — Soit t le taux de l'escompte et n le nombre de jours à partir du 15 mai jusqu'à celui de l'échéance demandée.

Cherchons les escomptes des billets au 15 mai.

Le 1ᵉʳ billet ne subit point de retenue.

L'escompte est :

sur le 2ᵉ, $\dfrac{343 \times t \times 33}{36\,000}$; sur le 3ᵉ, $\dfrac{734 \times t \times 68}{36\,000}$.

Ainsi le total des escomptes des billets au 15 mai est

$$\frac{343 \times t \times 33}{36\,000} + \frac{734 \times t \times 68}{36\,000}.$$

D'un autre côté l'escompte du total des trois billets, c'est-à-dire de 1610 francs, pour le nombre inconnu n de jours serait

PROBLÈMES SUR L'INTÉRÊT ET L'ESCOMPTE.   155

$$\frac{1610 \times t \times n}{36\,000}.$$

Or cet escompte devant être égal au total des escomptes des billets, on a l'égalité :

$$\frac{1610 \times t \times n}{36\,000} = \frac{343 \times t \times 33}{36\,000} + \frac{734 \times t \times 68}{36\,000}.$$

On peut d'abord diviser les trois termes par le facteur commun t qui disparaît ainsi; ce qui montre que le taux n'a aucune influence sur le résultat demandé.

Puis on obtient :

$$1610\,n = 11\,319 + 49\,912;$$
$$1610\,n = 61\,231;$$
$$n = \frac{61\,231}{1610} = 38.$$

252. *Deux billets, l'un de 840 francs payable dans 84 jours et l'autre de 820 francs payable dans 48 jours, sont escomptés au même taux et on reçoit pour le premier $16^f,10$ de plus que pour le second. Trouver le taux de l'escompte. (On comptera l'année de 360 jours.)*

1ʳᵉ MÉTHODE. — Supposons que le taux de l'escompte soit 6 %. D'après la règle l'escompte serait :

sur le 1ᵉʳ billet...... $\dfrac{840 \times 6 \times 84}{36\,000}$ ou $\dfrac{84 \times 14}{100} = 11^f,76$;

sur le 2ᵉ billet...... $\dfrac{820 \times 6 \times 48}{36\,000}$ ou $\dfrac{82 \times 8}{100} = 6^f,56.$

Au taux de 6 % le porteur aurait reçu :
pour le 1ᵉʳ billet..................... $840 - 11,76 = 828^f,24,$
pour le 2ᵉ........................... $820 - 6,56 = 813^f,44.$
                  Différence................ $14^f,80.$

A 3 % l'escompte serait la moitié du précédent, c'est-à-dire :
  sur le 1ᵉʳ billet $5^f,88$; sur le 2ᵉ $3^f,28.$

Au taux de 3 % le porteur recevrait :
pour le 1ᵉʳ billet..................... $840 - 5,88 = 834^f,12.$
pour le 2ᵉ........................... $820 - 3,28 = 816^f,72.$
                  Différence................ $17^f,40.$

On voit déjà que le taux demandé est compris entre 3 % et 6 %.
Le résultat fourni par le taux de 3 % diffère du résultat donné dans le problème de la quantité
$$17^f,40 - 16^f,10 = 1^f,30.$$

Augmentons de 1 % le taux de 3 % c'est-à-dire supposons maintenant un taux de 4 %.

Au taux de 4 % l'escompte serait :

sur le 1ᵉʳ billet................ $\dfrac{840 \times 4 \times 84}{36\,000} = 7^f,84$;

sur le 2ᵉ...................... $\dfrac{820 \times 4 \times 84}{36\,000} = \dfrac{13^f,12}{3}$.

Le porteur aurait alors reçu :
pour le 1ᵉʳ billet............ $840 - 7,84 = 832^f,16$;
pour le 2ᵉ.................... $820 - \dfrac{13,12}{3} = \dfrac{2446^f,88}{3}$.

La différence entre ces deux sommes est
$$832,16 - \dfrac{2446,88}{3} = \dfrac{49^f,6}{3}.$$

Ainsi la différence des sommes reçues après l'escompte, qui était $17^f,40$ au taux de 3 %, est réduite à $\dfrac{49^f,6}{3}$ au taux de 4 %.

De 3 % à 4 % la diminution sur cette différence est
$$17^f,4 - \dfrac{49^f,6}{3} = \dfrac{52^f,2}{3} - \dfrac{49^f,6}{3} = \dfrac{2^f,6}{3}.$$

Autant de fois il y aura $\dfrac{2^f,60}{3}$ dans $1^f,30$, autant on ajoutera de fois 1 % à 3 % pour réduire la différence $1^f,30$ à zéro.

Ce nombre de fois est........ $1,3 : \dfrac{2,6}{3} = \dfrac{13 \times 3}{26} = 1,5$.

Réponse. — Le taux de l'escompte était 4,50 %.

MÉTHODE ALGÉBRIQUE. — Soit x le taux demandé.
L'escompte, d'après la règle énoncée plus haut, sera :

sur le 1ᵉʳ billet, $\dfrac{840 \times x \times 84}{36\,000}$ c'est-à-dire $\dfrac{588\,x}{300}$;

sur le 2ᵉ billet, $\dfrac{820 \times x \times 48}{36\,000}$ c'est-à-dire $\dfrac{328\,x}{300}$.

Les sommes reçues après l'escompte seront :
pour le 1ᵉʳ billet, $840 - \dfrac{588\,x}{300} = \dfrac{252\,000 - 588\,x}{300}$;
pour le 2ᵉ billet, $820 - \dfrac{328\,x}{300} = \dfrac{246\,000 - 328\,x}{300}$.

Or la 1ʳᵉ de ces deux sommes surpasse la 2ᵉ de $16^f,10$.
On peut donc écrire l'équation
$$\dfrac{252\,000 - 588\,x}{300} = \dfrac{246\,000 - 328\,x}{300} + 16,10.$$

On obtient ensuite :
$$252\,000 - 588\,x = 246\,000 - 328\,x + 4830;$$
$$252\,000 - 588\,x = 250\,830 - 328\,x;$$

PROBLÈMES SUR L'INTÉRÊT ET L'ESCOMPTE. 157

$$252\,000 - 250\,830 = 588\,x - 328\,x;$$
$$1170 = 260\,x;$$
$$x = \frac{1170}{260} = \frac{117}{26} = 4,5.$$

253. *Deux personnes se présentent chez un banquier, l'une avec un billet de 1500 francs payable dans 6 mois; l'autre avec un billet de 1470 francs payable dans 10 jours. Le banquier les escompte au même taux et la 2ᵉ reçoit 12ᶠ,55 de plus que la 1ʳᵉ. Trouver le taux de l'escompte.*

1ʳᵉ MÉTHODE. — Supposons qu'on escompte à 3 %.
L'escompte sera sur 1500 francs pour 6 mois :

$$\frac{15 \times 3}{2} = \frac{45}{2} = 22^f,50.$$

L'escompte sera sur 1470 francs pour 10 jours ou $\frac{1}{36}$ d'année :

$$\frac{3 \times 14,7}{36} = \frac{14,7}{12} = 1^f,225.$$

Après l'escompte à 3 % les deux personnes recevraient :
la 1ʳᵉ............ 1500 — 22,50 = 1477ᶠ,50
la 2ᵉ............ 1470 — 1,225 = 1468ᶠ,775.
                   Différence..... 8ᶠ,725.

La différence des montants des billets avant l'escompte était
$$1500 - 1470 = 30 \text{ francs.}$$

Ainsi du taux *zéro*, c'est-à-dire sans escompte, jusqu'au taux 3 % cette différence de 30 francs diminue de
$$30 - 8,725 = 21^f,275.$$

Mais 30 francs excès du 1ᵉʳ billet sur le 2ᵉ avant l'escompte et 12ᶠ,55 excès du 2ᵉ billet sur le 1ᵉʳ après l'escompte font une différence égale à
$$30 + 12,55 = 42^f,55.$$

Du taux *zéro* au taux 3 % la différence des montants des deux billets après l'escompte varie donc de 21ᶠ,275.

Pour qu'elle varie de 42ᶠ,55 il faudra autant de fois 3 % dans le taux qu'il y a de fois 21ᶠ,275 dans 42ᶠ,55.

Ce nombre de fois est................ 42,55 : 21,275 = 2.
Réponse. — Le taux est 2 fois 3 %, c.-à-d. 6 %.

OBSERVATION. — Il semble qu'il aurait été plus naturel de supposer un taux de 1 % en commençant; mais dans ce cas l'escompte du 2ᵉ billet n'aurait pu être calculé exactement, ce qui aurait entraîné des erreurs sur les calculs suivants. Avec 3 % cet inconvénient a été évité ; c'est ce qui a permis de trouver le taux exact 6 %.

MÉTHODE ALGÉBRIQUE. — Représentons le taux par x.
L'escompte sera :

Sur le 1er billet $\dfrac{15\,x}{2}$; sur le 2e billet $\dfrac{14,7 \times x}{36}$ ou $\dfrac{49\,x}{120}$.

Après l'escompte les montants des deux billets sont :

Pour le 1er.......... $1500 - \dfrac{15\,x}{2}$;

Pour le 2e.......... $1470 - \dfrac{49\,x}{120}$.

Or le 2e surpasse le 1er de 12^f,55; on a donc l'équation :

$$1470 - \dfrac{49\,x}{120} = 1500 - \dfrac{15\,x}{2} + 12,55.$$

Pour résoudre cette équation, on a successivement :
$1470 \times 120 - 49\,x = 1500 \times 120 - 15\,x \times 60 + 12,55 \times 120$;
$176\,400 - 49\,x = 180\,000 - 900\,x + 1506$;
$900\,x - 49\,x = 180\,000 + 1506 - 176\,400$;
$851\,x = 5106$;
$x = 5106 : 851 = 6.$

254. *Un homme a souscrit deux billets, l'un de 6240 francs payable dans 8 mois et l'autre de 7632 francs payable dans 9 mois. Il retire ces deux billets et les remplace par un billet unique de 14256 fr. payable dans 1 an. Trouver le taux de l'intérêt.*

Le payement des deux billets est retardé :

pour celui de 6240 fr. de 4 mois ou $\dfrac{1}{3}$ d'année ;

pour celui de 7632 fr. de 3 mois ou $\dfrac{1}{4}$ d'année.

Le total des montants des deux billets est........ 13 872 fr.
Le montant du billet unique est................ 14 256 fr.
                            Différence............ 384 fr.

Cette différence est le total des intérêts ajoutés aux deux billets pour le retard de leur échéance.
Supposons que le taux de l'intérêt soit de 1 %.
Les intérêts ajoutés seraient
au 1er billet............................... 62^f,40 : 3 = 20^f,80
au 2e billet................................. 76^f,32 : 4 = 19^f,08
        Total..................... 39^f,88

PROBLÈMES SUR L'INTÉRÊT ET L'ESCOMPTE. 159

Autant de fois il y a 39f,88 dans 384 francs autant il y a de fois 1 franc dans le taux demandé.

Ce taux est .... 384 : 39,88 = 9,628.

Réponse. — L'intérêt a été calculé au taux de 9,63 %.

255. *Un commerçant fait escompter chez un banquier, le 1ᵉʳ juillet, trois billets : le 1ᵉʳ de 1235 francs payable le 15 août; le 2ᵉ de 347 francs payable le 25 septembre; le 3ᵉ de 972 francs payable le 10 novembre de la même année. Il reçoit du banquier une somme de 2530f,25. Trouver le taux de l'escompte.*

Il y a du 1ᵉʳ juillet :
au 15 août.............................. $31 + 14 =$ 45 jours;
au 25 septembre...................... $31 + 31 + 24 =$ 86 jours;
au 10 novembre....... $31 + 31 + 30 + 31 + 9 =$ 132 jours.

Le total des billets est $1235 + 347 + 972 = 2554$ fr.
L'escompte est........ $2554 - 2530,25 = 23^f,75$.
Soit x le taux de l'escompte. Le montant de l'escompte est:

sur 1235 fr. à 45 jours, $\dfrac{1235 \times x \times 45}{36\,000}$ ou $\dfrac{55\,575\,x}{36\,000}$;

sur 347 fr. à 86 jours, $\dfrac{347 \times x \times 86}{36\,000}$ ou $\dfrac{29\,842\,x}{36\,000}$;

sur 972 fr. à 132 jours, $\dfrac{972 \times x \times 132}{36\,000}$ ou $\dfrac{128\,304\,x}{36\,000}$.

On a donc l'équation
$$\frac{55\,575\,x}{36\,000} + \frac{29\,842\,x}{36\,000} + \frac{128\,304\,x}{36\,000} = 23,75.$$
De là on tire
$$213\,721\,x = 855\,000;$$
$$x = 855\,000 : 213\,721 = 4,00.$$

Réponse. — Le taux de l'escompte est 4 %.

256. *Deux capitaux, qui sont entre eux dans le rapport de 5 à 8, ont été placés, le plus petit pendant 2 ans $\frac{1}{4}$ à 5 %, le plus grand pendant 1 an $\frac{1}{3}$ à 4 $\frac{1}{4}$ %. L'intérêt simple produit par le plus petit surpasse de 268f,55 l'intérêt produit par le plus grand. Calculer ces deux capitaux.*

Supposons le plus grand capital égal à............... 800 francs.
Le plus petit sera....................................... 500 francs.

L'intérêt du plus grand à $4\frac{1}{4}$ % pour 1 an $\frac{1}{3}$ serait

$$8 \times 4,25 \times \frac{4}{3} \text{ ou } \frac{8 \times 17}{3} \text{ c'est-à-dire } \frac{136}{3} \text{ de franc.}$$

L'intérêt du plus petit à 5 % pour 2 ans $\frac{1}{4}$ serait

$$5 \times 5 \times \frac{9}{4} \text{ ou } \frac{225}{4} \text{ de franc.}$$

La différence entre ces deux intérêts est

$$\frac{225}{4} - \frac{136}{3} = \frac{675 - 544}{12} = \frac{131}{12} \text{ de franc.}$$

Autant de fois cette différence est contenue dans 268f,55 autant il y a de fois 800 fr. dans le plus grand des deux capitaux placés et autant de fois 500 fr. dans le plus petit.

Ce nombre de fois est exprimé par le quotient

$$268,55 : \frac{131}{12} = \frac{268,55 \times 12}{131} = 24,60.$$

Les deux capitaux demandés sont donc :
le plus petit.................... 500f × 24,6 = 12 300 francs;
le plus grand.................. 800f × 24,6 = 19 680 francs.

Réponse. — 12 300 fr. à 5 % et 19 680 fr. à $4\frac{1}{4}$ %.

257. *L'escompte commercial d'un billet au taux de 5 %
est de 20f,25 ; l'escompte en dedans serait de 20 francs.
Trouver le montant de ce billet et le nombre de jours
au bout duquel arrive son échéance.*

Représentons par x le montant du billet et par n le nombre de jours demandé.

1° L'escompte commercial du billet sera

$$\frac{x \times 5 \times n}{36\,000} \text{ ou } \frac{n\,x}{7200}.$$

On a donc, d'après l'énoncé :

$$\frac{n\,x}{7200} = 20,25.$$

De là on tire $n\,x = 7200 \times 20,25$;
                     $n\,x = 145\,800.$ (1)

---

1. Voir pour la théorie de l'*Escompte en dedans* notre *Cours d'arithmétique pour l'enseignement primaire.* (Degré supérieur.)

PROBLÈMES SUR L'INTÉRÊT ET L'ESCOMPTE. 161

2° L'intérêt de 1 franc à 5 % au bout de n jours est
$$\frac{1 \times 5 \times n}{36\,000} \text{ ou } \frac{n}{7200}.$$
La valeur prise par 1 franc au bout de n jours est donc
$$1 + \frac{n}{7200} \text{ ou } \frac{7200 + n}{7200}.$$
Par conséquent la valeur à laquelle se réduit le montant x du billet après l'escompte en dedans est
$$x : \frac{7200 + n}{7200} \text{ ou } \frac{7200\,x}{7200 + n}.$$
Le montant de l'escompte en dedans sera la différence entre le montant x du billet et la valeur qu'on vient de trouver, c'est-à-dire
$$x - \frac{7200\,x}{7200 + n} = \frac{7200\,x + n\,x - 7200\,x}{7200 + n} = \frac{n\,x}{7200 + n}.$$
Or cette quantité est égale à 20 francs ; on a donc
$$\frac{n\,x}{7200 + n} = 20,$$
D'où $\qquad n\,x = 144\,000 + 20\,n.\qquad\qquad(2)$

Des équations (1) et (2) on déduit cette nouvelle équation
$$144\,000 + 20\,n = 145\,800.$$
De là on tire : $20\,n = 145\,800 - 144\,000$;
$\qquad\qquad 20\,n = 1800$;
$\qquad\qquad n = 1800 : 20 = 90.$

Ainsi l'échéance du billet était à 90 jours.
Pour avoir le montant du billet, il suffit de remplacer n par 90 dans l'équation (1). On a ainsi
$$90 \times x = 145\,800 ;$$
$$x = 145\,800 : 90 = 1\,620.$$

Réponse. — Le montant du billet était de 1620 francs et son échéance à 90 jours.

258. *Un banquier escompte au taux de 6 %, deux billets payables, l'un au bout de 24 jours, l'autre au bout de 35 jours. Avec la somme reçue du banquier, le porteur de ces billets achète de la rente 5 %, au cours de 113ᶠ,10 et touche à la fin du trimestre 74ᶠ,75 de rente. Trouver les montants des deux billets, à moins de 1 franc près, le premier étant les $\frac{5}{12}$ du second.*

D'abord l'intérêt touché par an en rentes 5 % est
$$74^f,75 \times 4 = 299 \text{ fr.}$$
Le capital payé par le banquier contient autant de fois 113ᶠ,10 qu'il y a de fois 5 francs dans 299 francs.

Le capital est donc

$$\frac{299}{5} \times 113{,}10 = 299 \times 22{,}62 = 6763^f{,}38.$$

Supposons maintenant le 1ᵉʳ billet égal à 500 francs.
Le second billet serait.................. 1200 francs.
L'escompte commercial à 6 % sera :

sur le 1ᵉʳ............ $\dfrac{500 \times 24}{6000} = \dfrac{12\,000}{6\,000} = 2$ francs;

sur le 2ᵉ............ $\dfrac{1200 \times 35}{6000} = \dfrac{42\,000}{6\,000} = 7$ francs.

Par l'escompte les deux billets se réduiraient :
Le 1ᵉʳ à..................... 500 — 2 = 498 francs;
Le 2ᵉ à..................... 1200 — 7 = 1193 francs.
On aurait ainsi touché................... 1691 francs.

Autant de fois il y a 1691 francs dans 6763ᶠ,38 autant de fois il y a 500 francs dans le 1ᵉʳ billet et 1200 francs dans le second.

Le montant des deux billets demandés est donc :

pour le 1ᵉʳ $\dfrac{6763{,}38}{1691} \times 500 = \dfrac{3\,381\,690}{1691} = 1999^f{,}816;$

pour le 2ᵉ $\dfrac{6763{,}38}{1691} \times 1200 = \dfrac{8\,116\,056}{1691} = 4799^f{,}560.$

Réponse. — 1ᵉʳ billet 2000 francs; 2ᵉ billet 4800 francs.

259. *Un négociant a souscrit trois billets : le 1ᵉʳ de 100 francs, payable dans 4 mois; le 2ᵉ de 700 francs payable dans 5 mois; le 3ᵉ de 500 francs payable dans 6 mois.*

Un mois après, le possesseur des trois billets les fait escompter et en retire 2153 francs. Trouver quel a été le taux de l'escompte, si le banquier a prélevé une commission de $\frac{1}{4}$ % sur le montant des billets.

Le total des trois billets est :
$\qquad\qquad$ 1000 + 700 + 500 = 2200 francs.
Pour ce total le négociant reçoit............ 2153 francs.
$\qquad$ Différence....................... 47 francs.
Cette somme de 47 francs comprend :

La retenue de $\frac{1}{4}$ % c.-à-d. de 0,25 %, sur le montant des trois billets, plus l'escompte sur ce montant au taux cherché.

La retenue de $\dfrac{1}{4}$ % sur 2 200 francs est égale à

$$0^f,25 \times 22 = 5^f,50.$$

Le montant de l'escompte est donc

$$47^f - 5^f,50 = 41^f,50.$$

Le billet de 1000 francs est escompté pour 3 mois; l escompte est le même que sur une somme 3 fois plus grande payable dans 1 mois, c'est-à-dire sur 3000 francs.

Le billet de 700 francs est escompté pour 4 mois; l'escompte est le même que sur une somme 4 fois plus grande payable dans 1 mois, c'est-à-dire sur 2800 francs.

Le billet de 500 francs est escompté pour 5 mois; l'escompte est le même que sur une somme 5 fois plus grande payable dans 1 mois, c'est-à-dire sur 2500 francs.

Ainsi l'escompte, égal à 41^f,50, est aussi l'escompte qui aurait été opéré pour 1 mois sur le total :

$$3000^f + 2800^f + 2500^f = 8300 \text{ francs.}$$

L'escompte sur 1 centaine serait pour 1 mois

$$41^f,50 : 83.$$

Pour l'année, l'escompte de 100 francs est donc

$$\dfrac{41,50 \times 12}{83} = \dfrac{498}{83} = 6 \text{ francs.}$$

Réponse. — Le taux de l'escompte était 6 %.

260. *Un capital augmenté de ses intérêts au bout de 10 mois, a pris une valeur de 33 604 francs. On obtiendrait la même somme, si on augmentait de 1 franc le taux du placement en diminuant le temps de 2 mois. Trouver le capital et le taux.*

1° Pour simplifier désignons par a le capital demandé; par x le nombre de centimes représentant l'intérêt annuel de 1 franc.

Pour avoir la valeur acquise par un capital augmenté de ses intérêts au bout d'un certain temps, on multiplie le capital par 1 augmenté de l'intérêt de 1 franc au bout de ce temps.

Au bout de 10 mois ou $\dfrac{5}{6}$ d'année, l'intérêt de 1 franc est

$$x \times \dfrac{5}{6} \text{ ou } \dfrac{5x}{6}.$$

La valeur acquise par 1 franc au bout de 10 mois serait

$$1 + \dfrac{5x}{6} \text{ ou } \dfrac{6+5x}{6}.$$

La valeur acquise par le capital a serait représentée par
$$a \times \frac{6 + 5x}{6} \qquad (1)$$

Dans le 2º cas le temps du placement ne serait que de 8 mois ou $\frac{4}{6}$ d'année, et l'intérêt annuel de 1 franc serait $x + 1$.

Pendant $\frac{4}{6}$ d'année l'intérêt de 1 franc serait
$$(x + 1) \times \frac{4}{6} \text{ ou } \frac{4x + 4}{6}.$$

La valeur acquise en ce cas par 1 franc serait
$$1 + \frac{4x + 4}{6} \text{ c.-à-d. } \frac{6 + 4x + 4}{6} \text{ ou } \frac{10 + 4x}{6}.$$

La valeur acquise par le capital a dans le 2º cas serait donc
$$a \times \frac{10 + 4x}{6}. \qquad 2)$$

Les valeurs (1) et (2) étant égales on a l'équation
$$a \times \frac{6 + 5x}{6} = a \times \frac{10 + 4x}{6}.$$

Les deux membres étant divisés par a et multipliés par 6, on obtient
$$6 + 5x = 10 + 4x.$$

De là on tire
$$5x - 4x = 10 - 6,$$
$$x = 4.$$

L'intérêt annuel de 1 franc était 4 centimes.

2º L'intérêt de 1 franc à 4 % pour 10 mois serait
$$0^f,04 \times \frac{5}{6} \text{ ou } \frac{0^f,10}{3}.$$

1 franc au bout de 10 mois a donc pris une valeur égale à
$$1 + \frac{0,10}{3} \text{ c'est-à-dire } \frac{3,10}{3}.$$

Autant de fois cette valeur prise par 1 franc sera contenue dans 33.604 francs, autant il y aura de francs dans le capital cherché. Ce capital est donc
$$33\,604 : \frac{3,1}{3} = \frac{336\,040 \times 3}{31} = 32\,520.$$

Réponse. — Le capital était de 32 520 francs et le taux du placement 4 %.

261. *Un homme a engagé sa fortune dans deux entreprises, dont l'une rapporte* $7^f,50$ % *et l'autre* $5\frac{2}{3}$

PROBLÈMES SUR L'INTÉRÊT ET L'ESCOMPTE. 165

Il retire de la 1re un bénéfice supérieur de 2607 francs à celui de la 2e. Trouver les deux capitaux, en sachant que s'il avait placé dans chacune de ces deux entreprises le capital mis dans l'autre, il aurait retiré des deux côtés le même bénéfice.

Soit x la somme qui rapporte $7\frac{1}{2}$, c'est-à-dire $\frac{15}{2}$ %;

y celle qui rapporte $5\frac{2}{3}$, c'est-à-dire $\frac{17}{3}$ %.

La somme x produit .... $\dfrac{x \times \frac{15}{2}}{100}$ ou $\dfrac{15\,x}{200}$.

La somme y produit .... $\dfrac{y \times \frac{17}{3}}{100}$ ou $\dfrac{17\,y}{300}$.

Le 1er de ces deux intérêts surpasse le 2e de 2607 francs; on a donc l'équation suivante

$$\frac{15\,x}{200} - \frac{17\,y}{300} = 2607. \qquad (1)$$

D'un autre côté supposons x dans la 2e entreprise et y dans la 1re.

L'intérêt de x à $\frac{17}{3}$ % serait .... $\dfrac{x \times \frac{17}{3}}{100}$ ou $\dfrac{17\,x}{300}$.

L'intérêt de y à $\frac{15}{2}$ % serait .... $\dfrac{y \times \frac{15}{2}}{100}$ ou $\dfrac{15\,y}{200}$.

Or ces deux intérêts étant égaux, on a cette autre équation

$$\frac{17\,x}{300} = \frac{15\,y}{200} \text{ ou } \frac{17\,x}{3} = \frac{15\,y}{2}. \qquad (2)$$

Par la suppression des dénominateurs, les équations (1) et (2) deviennent :

$$45\,x - 34\,y = 1\,564\,200; \qquad (3)$$
$$34\,x = 45\,y. \qquad (4)$$

De ces équations on tire

$$x = \frac{1\,564\,200 + 34\,y}{45} \text{ et } x = \frac{45\,y}{34}.$$

Ces deux valeurs de x étant équivalentes, on peut écrire

$$\frac{45\,y}{34} = \frac{1\,564\,200 + 34\,y}{45}.$$

Pour résoudre cette dernière équation, on a successivement :

$$45 \times 45 \times y = 1\,564\,200 \times 34 + 34 \times 34 \times y;$$
$$2025\,y = 53\,182\,800 + 1156\,y;$$
$$2025\,y - 1156\,y = 53\,182\,800;$$

$$869\,y = 53\,182\,800;$$
$$y = \frac{53\,182\,800}{869} = 61\,200.$$

Par la valeur de x tirée de l'équation (4) on trouve
$$x = \frac{45 \times 61\,200}{34} = 45 \times 1800 = 81\,000.$$

Réponse. — Dans la 1re entreprise il y a 81 000 francs.
Dans la 2e entreprise il y a 61 200 francs.

262. *On doit partager une somme de 38540 francs entre trois frères âgés, le 1er de 7 ans, le 2e de 10 ans et 6 mois, le 3e de 11 ans, de telle sorte que chaque part augmentée de ses intérêts simples à 4^f,50 % fasse pour les trois frères la même somme à l'âge de 20 ans. Trouver les trois parts.*

Rappelons d'abord la règle suivante :
Pour trouver le capital qui, placé à intérêts simples, a pris au bout d'un certain temps une valeur donnée, il faut diviser la valeur donnée par 1 augmenté de l'intérêt de 1 franc au bout de ce temps.
Les enfants ont : 7 ans; 10^a,5; 11 ans.
Leurs parts jusqu'à 20 ans resteront placées :
La 1re pendant 13 ans; la 2e pendant 9^n,5; la 3e pendant 9 ans.
Or l'intérêt de 1 franc à 4,50 % est :

Pour 13 ans.............................. $0^f,045 \times 13 = 0^f,585$.
Pour 9^a,5............................... $0^f,045 \times 9,5 = 0^f,4275$.
Pour 9 ans............................... $0^f,045 \times 9 = 0^f,405$.

Supposons maintenant que chaque enfant à 20 ans doive avoir 100 francs, provenant de sa part augmentée de ses intérêts.
Les sommes à donner actuellement aux enfants seraient :

Au 1er........... $\dfrac{100}{1,585} = \dfrac{20}{0,317} = 63^f,0914;$

Au 2e........... $\dfrac{100}{1,4275} = \dfrac{40}{0,571} = 70^f,0525;$

Au 3e........... $\dfrac{100}{1,405} = \dfrac{20}{0,281} = 71^f,1744.$

Total............... $204^f,3183.$

Si donc la somme à partager était 204^f,3183, on devrait donner :
Au 1er 63^f,0914; au 2e 70^f,0525; au 3e 71^f,1744.
Par conséquent autant de fois il y aura 204^f,3183 dans 38 540 francs, autant de fois on donnera :
Au 1er 63^f,0914; au 2e 70^f,0525; au 3e 71^f,1744.

PROBLÈMES SUR L'INTÉRÊT ET L'ESCOMPTE.   167

Réponse. — Les trois parts seront :

Au 1er............ $\dfrac{38\,540}{204,3183} \times 63,0914 = 11\,900^{f},80$;

Au 2e............ $\dfrac{38\,540}{204,3183} \times 70,0525 = 13\,213^{f},80$;

Au 3e............ $\dfrac{38\,540}{204,3183} \times 71,1744 = 13\,425^{f},40.$

Total............ $\overline{38\,540^{f},00.}$

263. *Un billet est payable dans 162 jours. Trouver sa valeur nominale, en sachant que si on l'escomptait aujourd'hui à 6 %, la différence entre l'escompte en dehors et l'escompte en dedans serait de 4^{f},05.*

1re MÉTHODE. — Supposons une valeur nominale de 100 francs. L'escompte en dehors de 100 francs à 6 % pour 162 jours est

$$\frac{100 \times 162}{600} \text{ ou } \frac{27}{10} \text{ de franc.}$$

Pour avoir l'escompte en dedans, cherchons d'abord le capital auquel se réduit la somme de 100 francs par l'escompte en dedans, ce qu'on obtient en divisant 100 par 1 augmenté de l'intérêt de 1 franc pour 162 jours.

L'intérêt de 1 franc à 6 % pour 162 jours serait

$$\frac{162}{6000} \text{ ou } \frac{27}{1000}.$$

Le capital auquel se réduirait la somme de 100 francs par l'escompte est par conséquent

$$\frac{100}{1 + \dfrac{27}{1000}} \text{ ou } \frac{100\,000}{1027}.$$

L'escompte en dedans de 100 francs est donc

$$100 - \frac{100\,000}{1027} \text{ c'est-à-dire } \frac{2700}{1027}.$$

La différence entre l'escompte en dehors et l'escompte en dedans pour un billet de 100 francs serait

$$\frac{27}{10} - \frac{2700}{1027} = \frac{27 \times 27}{10\,270}.$$

Autant de fois cette différence sera contenue dans 4^{f},05 ou $\dfrac{405}{100}$, autant de fois il y aura 100 francs dans la valeur nominale du billet inconnu.

Ce nombre de fois est exprimé par le quotient

$$\frac{405}{100} : \frac{27 \times 27}{10\,270} = \frac{5 \times 1027}{90}.$$

Le montant du billet demandé est donc
$$100 \times \frac{5 \times 1027}{90} = \frac{51350}{9} = 5705^f,55.$$

Réponse. — Le billet porte une valeur de $5705^f,55$.

2ᵉ MÉTHODE. — Opérons de la même manière que précédemment sur le capital inconnu, en le désignant par x.
L'escompte de x francs en dehors serait
$$\frac{x \times 162}{6000} \text{ ou } \frac{27\,x}{1000}.$$
Le capital auquel se réduit x par l'escompte en dedans est
$$\frac{x}{1+\frac{27}{1000}} \text{ ou } \frac{1000\,x}{1027}.$$
L'escompte de la somme x en dedans est donc
$$x - \frac{1000\,x}{1027} \text{ c'est-à-dire } \frac{1027\,x - 1000\,x}{1027} \text{ ou } \frac{27\,x}{1027}.$$
La différence entre les deux escomptes de la somme x étant $4^f,05$, on a l'équation
$$\frac{27\,x}{1000} - \frac{27\,x}{1027} = 4,05.$$
Pour la résoudre on trouve successivement :
$$\frac{27\,x \times 1027 - 27\,x \times 1000}{1\,027\,000} = \frac{405}{100};$$
$$\frac{27\,x \times 27}{10\,270} = 405;$$
$$\frac{3\,x \times 27}{10\,270} = 45 \text{ ou } \frac{3\,x \times 3}{10\,270} = 5;$$
$$9\,x = 5 \times 10\,270 = 51\,350;$$
$$x = \frac{51\,350}{9} = 5705^f,55.$$

264. *On partage entre deux enfants, âgés l'un de 3 ans et l'autre de 15 ans, le produit de la vente de 3000 francs de rente 3 %, au cours de 72 francs. Les parts doivent être telles qu'elles fassent des sommes égales, après avoir été augmentées de leurs intérêts simples à 5 %, au moment où les enfants auront 21 ans. Trouver les deux parts.*

La vente d'une rente de 3 francs produit 72 francs.
La vente d'une rente de 3 000 francs produira 72 000 francs.

PROBLÈMES SUR L'INTÉRÊT ET L'ESCOMPTE.   169

Le capital à partager entre les deux enfants est donc 72 000 francs.
Jusqu'à l'âge de 21 ans les deux parts resteront placées :
Celle du cadet pendant 18 ans; celle de l'aîné pendant 6 ans.
Les intérêts simples de 100 francs à 5 % seraient :
Pour 18 ans, 90 francs; pour 6 ans, 30 francs.
Ainsi un capital de 100 francs à ce taux vaudrait :
Au bout de 18 ans, 190 francs; au bout de 6 ans, 130 francs.
Pour avoir 1 franc en capital et intérêt à 21 ans, les enfants devraient recevoir :

le cadet $\frac{100}{190}$ ou $\frac{10}{19}$ de franc; l'aîné $\frac{100}{130}$ ou $\frac{10}{13}$ de franc;

Ou en réduisant les deux fractions au même dénominateur,

le cadet $\frac{13}{247}$ de franc; l'aîné $\frac{19}{247}$ de franc;

Ou ce qui revient au même :
le cadet 13 francs; l'aîné 19 francs.
Le total de ces deux parts est 32 francs.
Autant il y a de fois 32 fr. dans 72 000 fr., autant de fois on donnera :
Au cadet 13 francs; à l'aîné 19 francs.
Ce nombre de fois est.......................... 72 000 : 32 = 2250.

Réponse. — Les deux parts demandées sont :
à l'aîné.........$19^f \times 2250 = 42\,750$ francs.
au cadet........$13^f \times 2250 = 29\,250$ francs.

Total..............: 72 000 francs.

MÉTHODE ALGÉBRIQUE. — Soit x la part du cadet.
La part de l'aîné sera .... 72 000 — x.
La valeur de 1 franc placé à intérêts simples à 5 % sera :
au bout de 17 ans, $1^f,90$; au bout de 6 ans, $1^f,30$.
À la 21ᵉ année les parts vaudront :
Celle du cadet $x \times 1,9$; celle de l'aîné $(72\,000 - x) \times 1,3$.
On a donc l'équation
$$x \times 1,9 = (72\,000 - x) \times 1,3;$$
ou
$$19\,x = 72\,000 \times 13 - 13\,x.$$
On en déduit successivement
$$19\,x + 13\,x = 936\,000;$$
$$32\,x = 936\,000;$$
$$x = \frac{936\,000}{32} = 29\,250 \text{ francs}.$$

265. *Un oncle distribue 9975 francs à trois neveux âgés de 5 ans, 9 ans et 11 ans de telle sorte que les parts, placées aussitôt à intérêts simples à 5 %, deviennent égales entre elles, après avoir été augmentées* *de leurs intérêts, quand ses neveux auront 21 ans. Trouver les trois parts.*

Les trois parts devront rester placées jusqu'à 21 ans : pour le 1ᵉʳ 16 ans; le 2ᵉ 12 ans; le 3ᵉ 10 ans.
Or les intérêts simples de 100 fr. à 5 % seraient :
pour 16 ans 80 fr.; pour 12 ans 60 fr.; pour 10 ans 50 fr.
Ainsi un capital de 100 fr. vaudrait, augmenté de ses intérêts : après 16 ans 180 fr.; après 12 ans 160 fr.; après 10 ans 150 fr.
Pour avoir seulement 1 fr. en capital et en intérêts à 21 ans, les héritiers devraient recevoir :

Le cadet................................ $\frac{100}{180}$ ou $\frac{5}{9}$ de franc;

Le second............................. $\frac{100}{160}$ ou $\frac{5}{8}$ de franc;

L'aîné.................................. $\frac{100}{150}$ ou $\frac{2}{3}$ de franc.

Réduites au même dénominateur, ces fractions deviennent
$$\frac{40}{72}, \frac{45}{72}, \frac{48}{72}.$$

Les héritiers à 21 ans, auraient encore des sommes égales, s'ils recevaient :
le cadet 40 fr.; le second 45 fr.; l'aîné 48 francs.
Le total de ces trois sommes est 133 francs.
Autant de fois il y aura 133 fr. dans 9975 fr., autant de fois on donnera :
Au cadet 40 fr.; au second 45 fr.; à l'aîné 48 francs.

Ce nombre de fois est.................. $\frac{9975}{133} = 75$.

Réponse. — Les trois parts demandées seront :
Au cadet........................ $40^f \times 75 = 3000$ francs.
Au second...................... $45^f \times 75 = 3375$ francs.
A l'aîné......................... $48^f \times 75 = 3600$ francs.
         Total............... 9975 francs.

MÉTHODE ALGÉBRIQUE. — Soit x la part du cadet; y celle du second; z celle de l'aîné.
Les valeurs prises par 1 fr. placé à intérêt simple à 5 % sont :
au bout de 16 ans $1^f,80$; de 12 ans $1^f,60$; de 10 ans $1^f,50$.
On aura donc les équations suivantes :
$$x \times 1,8 = y \times 1,6 \quad \text{ou} \quad 9x = 8y; \qquad (1)$$
$$y \times 1,6 = z \times 1,5 \quad \text{ou} \quad 16y = 15z; \qquad (2)$$
avec cette 3ᵉ équation........ $x + y + z = 9975$.

PROBLÈMES SUR L'INTÉRÊT ET L'ESCOMPTE. 171

Pour les résoudre simplement on tire des équations (1) et (2) :
$$x = y \times \frac{8}{9} \text{ et } y = z \times \frac{15}{16}.$$

La question revient ainsi à partager 9975 fr. en trois parties telles que la 1re x soit $\frac{8}{9}$ de la 2e y et que la 2e y soit $\frac{15}{16}$ de la 3e z.

Pour cela supposons qu'on prenne pour l'aîné........ 144 francs.
(144 est le produit des dénominateurs 9 et 16).

Le 2e recevra.................... $\frac{144}{16} \times 15 = 135$ francs;

Le cadet recevra.................... $\frac{135}{9} \times 8 = 120$ francs.

Total.................... 399 francs.

Autant de fois il y a 399 fr. dans 9975 fr., autant de fois on donne à l'aîné 144 fr.; au 2e 135 fr.; au cadet 120 francs.

Ce nombre de fois est.................... $9975 : 399 = 25$.
Les parts seront donc :
Pour l'aîné.................... $144^f \times 25 = 3600$ francs.
Pour le second.................... $135^f \times 25 = 3375$ francs.
Pour le cadet.................... $120^f \times 25 = 3000$ francs.

NOTA. — La marche suivie dans cette 2e méthode est celle qui est appliquée dans les problèmes du chapitre suivant. (Voir pour l'explication de cette règle, notre *Arithmétique pour l'enseignement primaire; Degré supérieur.*)

CHAPITRE IX

PROBLÈMES SUR LES PARTAGES PROPORTIONNELS

266. — *Un homme divise un capital en trois parties proportionnelle aux nombres 3, 7, 9. Il place la 1re partie à 4 %, la 2e à 4',50 %, la 3e à 5 % et retire ainsi par an un revenu de 1520 francs. Quel était ce capital?*

Supposons qu'on ait placé à 4 % 300 francs.
Il y aura : à 4,50 % 700 francs; à 5 % 900 francs.

Les intérêts produits seraient :
Pour 300 francs à 4 % ..... $4^f \times 3 = 12^f,00$;
Pour 700 francs à 4,50 % ..... $4^f,5 \times 7 = 31^f,50$;
Pour 900 francs à 5 % ..... $5^f \times 9 = 45^f,00$.
Ainsi 1900 francs rapporteraient............ $88^f,50$.

Autant de fois il y a 88f,50 dans 1520 francs, autant de fois le capital demandé vaudra 1900 francs.
Ce capital est donc

$$1900^f \times \frac{1520}{88,5} = \frac{5\,776\,000}{177} = 32\,632,768.$$

Réponse. — Le capital est $32\,632^f,77$.

267. *Partager une somme de 627 francs entre trois personnes, de telle sorte que le rapport entre la part de la 1re et la part de la 2e soit le même que le rapport de $\frac{2}{3}$ à $\frac{3}{4}$ et que le rapport entre la part de la 3e et la part de la 2e soit le même que le rapport entre $\frac{4}{5}$ et $\frac{8}{7}$.*

En réduisant les fractions au même dénominateur on trouve :

Pour $\frac{2}{3}$ et $\frac{3}{4}$ les fractions $\frac{8}{12}$ et $\frac{9}{12}$;

Pour $\frac{4}{5}$ et $\frac{8}{7}$ les fractions $\frac{28}{35}$ et $\frac{40}{35}$.

Ainsi le rapport entre la 1re et la 2e part doit être égal au rapport de 8 *douzièmes* à 9 *douzièmes* ; il est donc $\frac{8}{9}$, c'est-à-dire que la 1re part doit être les $\frac{8}{9}$ de la 2e.

Le rapport entre la 3e part et la 2e part doit être égal au rapport de 28 *trente-cinquièmes* à 40 *trente-cinquièmes* ; il est donc $\frac{28}{40}$ ou $\frac{7}{10}$, c'est-à-dire que la 3e part doit être les $\frac{7}{10}$ de la 2e.

Le problème revient ainsi à partager 627 fr. en trois parties telles. que la 1re soit les $\frac{8}{9}$ de la 2e et que la 3e soit les $\frac{7}{10}$ de la 2e.

Supposons qu'on donne à la 2e personne............ 90 francs.
La 1re aura les $\frac{8}{9}$ de 90 francs, c'est-à-dire........ 80 francs.
La 3e aura les $\frac{7}{10}$ de 90 francs, c'est-à-dire........ 63 francs.
Total............ 233 francs.

PROBLÈMES SUR LES PARTAGES PROPORTIONNELS. 173

Autant de fois il y aura 233 fr. dans 627 fr., autant de fois on donnera :
A la 2°, 90 fr.; à la 1re 80 fr.; à la 3e 63 francs.

Ce nombre de fois est exprimé par le quotient $\dfrac{627}{233}$.

Les parts seront :

Pour la 1re........ $\dfrac{627}{233} \times 80 = \dfrac{50160}{233} = 215^f,278$;

Pour la 2e......... $\dfrac{627}{233} \times 90 = \dfrac{56430}{233} = 242^f,189$;

Pour la 3e......... $\dfrac{627}{233} \times 63 = \dfrac{39501^f}{233} = 169^f,527$.

Réponse. — La 1re part vaut $215^f,28$; la 2e part $242^f,19$; la 3e part $169^f,53$.

268. *On demande de partager 1800 francs entre trois personnes, de manière que la 2e ait les $\dfrac{2}{5}$ de la part de la 1re plus 150 francs et que la 3e ait les $\dfrac{3}{4}$ de la part de la 2e moins 120 francs.*

1re MÉTHODE. — Regardons la somme comme formée de plusieurs parties égales et suppposons que la 1re personne reçoive pour sa part 20 de ces parties.

La 2e aura les $\dfrac{2}{5}$ de 20 parties plus 150 francs, c'est-à-dire 8 parties + 150 francs.

La 3e aura les $\dfrac{3}{4}$ de 8 parties, plus les $\dfrac{3}{4}$ de 150 fr., moins 120 fr., c'est-à-dire

    6 parties + $112^f,50 - 120^f$, ou 6 parties — $7^f,50$.

On trouve ainsi :

Pour la 1re personne.................... 20 parties ;
Pour la 2e............................. 8 parties + $150^f,00$;
Pour la 3e............................. 6 parties — $7^f,50$.
        Le total est............. 34 parties + $142^f,50$.

Prélevons d'abord $142^f,50$ sur les 1800 francs.

Il reste..................... $1800^f - 142,50 = 1657^f,50$.

Ce reste devra être partagé en 34 parties égales.

La 34e partie de cette somme est
        $1657,50 : 34 = 48^f,75$.

10.

On donnera donc à ces personnes :
A la 1ʳᵉ.............................. $48,75 \times 20 = 975$ francs.
A la 2ᵉ.............................. $48,75 \times 8 + 150 = 540$ francs.
A la 3ᵉ.............................. $48,75 \times 6 - 7,50 = 285$ francs.
  Total...................... 1800 francs.

Réponse. — La 1ʳᵉ part vaut 975 fr.; la 2ᵉ part 540 fr.; la 3ᵉ part 285 fr.

MÉTHODE ALGÉBRIQUE. — Désignons par x la part de la 1ʳᵉ personne.

La part de la 2ᵉ sera.................. $\dfrac{2x}{5} + 150$.

La 3ᵉ aura $\dfrac{3}{4}$ de $\dfrac{2x}{5}$ plus $\dfrac{3}{4}$ de 150, moins 120, c'est-à-dire

$$\dfrac{6x}{20} + \dfrac{450}{4} - 120 \quad \text{ou} \quad \dfrac{3x}{10} - \dfrac{15}{2}.$$

La somme des trois parts devant être égale à 1800, on peut écrire :

$$x + \dfrac{2x}{5} + 150 + \dfrac{3x}{10} - \dfrac{15}{2} = 1800.$$

En chassant les dénominateurs de cette équation, on obtient :

$$10x + 4x + 1500 + 3x - 75 = 18000.$$

De là on tire successivement :

$$17x + 1425 = 18\,000;$$
$$17x = 18\,000 - 1425;$$
$$17x = 16\,575;$$
$$x = \dfrac{16\,575}{17} = 975.$$

269. *Un oncle laisse* 10 000 *francs à ses trois neveux âgés de* 30 *ans,* 25 *ans et* 20 *ans, et cette somme doit être divisée entre eux en parties inversement proportionnelles à leurs âges. Trouver la part de chacun.*

Le rapport entre la part de l'aîné et celle du second doit être $\dfrac{25}{30}$ ou $\dfrac{5}{6}$; la part de l'aîné est donc $\dfrac{5}{6}$ de la part du 2ᵉ.

Le rapport entre la part du second et celle du cadet doit être $\dfrac{20}{25}$ ou $\dfrac{4}{5}$; la part du second est donc $\dfrac{4}{5}$ de la part du cadet.

Ainsi le problème proposé revient à celui-ci :

Partager 100 000 francs entre trois neveux de telle sorte que la part

PROBLÈMES SUR LES PARTAGES PROPORTIONNELS. 175

de l'aîné soit $\frac{5}{6}$ de la part du 2ᵉ et que la part du 2ᵉ soit $\frac{4}{5}$ de la part du cadet.

Supposons qu'on donne au cadet.......... 30 francs.

Le second aura les $\frac{4}{5}$ de 30 francs, c'est-à-dire 24 francs.

L'aîné aura les $\frac{5}{6}$ de 24 francs, c'est-à-dire 20 francs.

Total........................ 74 francs.

Autant de fois il y aura 74 francs dans 100 000 francs, autant de fois on donnera : 30 fr. à l'aîné, 24 fr. au second et 20 fr. au cadet.

Ce nombre de fois est................ $\frac{100\,000}{74} = \frac{50\,000}{37}$.

Les parts sont donc :

A l'aîné..... $20 \times \dfrac{50\,000}{37} = \dfrac{1\,000\,000}{37} = 27\,027^{\text{f}},027$;

Au 2ᵉ....... $24 \times \dfrac{50\,000}{37} = \dfrac{1\,200\,000}{37} = 32\,432^{\text{f}},432$;

Au cadet.... $30 \times \dfrac{50\,000}{37} = \dfrac{1\,500\,000}{37} = 40\,540^{\text{f}},540$.

Réponse. — L'aîné reçoit $27\,027^{\text{f}},03$; le 2ᵉ $32\,432^{\text{f}},43$; le cadet $40\,540^{\text{f}},54$.

270. *L'Angleterre entretient à peu près 2 moutons par hectare et la France 35 moutons sur 53 hectares. L'étendue de l'Angleterre étant les $\frac{5}{18}$ de celle de la France, trouver combien on compte de moutons dans chacun des deux pays et l'étendue de chaque pays en hectares, si le nombre total des moutons des deux pays est de 64 832 400.*

1° Il y en France................ 35 moutons sur 53 hectares ;
en Angleterre................. 2 moutons sur 1 hectare ;
et par conséquent............. 106 moutons sur 53 hectares.

Sur une même étendue de territoire le nombre des moutons de l'Angleterre est donc les $\dfrac{106}{35}$ du nombre des moutons de la France.

Mais la surface de l'Angleterre est $\dfrac{5}{18}$ de celle de la France.

Le nombre des moutons de toute l'Angleterre est par conséquent les $\frac{5}{18}$ des $\frac{106}{35}$ du nombre des moutons de la France, c'est-à-dire

$$\frac{106}{35} \times \frac{5}{18} = \frac{106}{7 \times 18} = \frac{53}{63}.$$

Ainsi le nombre des moutons de l'Angleterre est les $\frac{53}{63}$ du nombre des moutons de la France.

Or le nombre total des moutons des deux pays est 64 832 400.

On aura les nombres de moutons de chaque pays, en partageant le nombre total en deux parties dont l'une soit les $\frac{53}{63}$ de l'autre.

Pour cela imaginons que ce nombre total se compose d'un certain nombre de troupeaux égaux et qu'il y en ait 63 pour la France.

Pour l'Angleterre il y en aurait 53. — Total 63 + 53 = 116.

Le nombre des moutons de chacun de ces 116 troupeaux serait :
64 832 400 : 116 = 558 900.

Les deux nombres de moutons demandés sont donc :
pour la France............... 558 900 × 63 = 35 210 700.
pour l'Angleterre............ 558 900 × 53 = 29 621 700.
                   Total................ 64 832 400.

2° La surface de l'Angleterre contient autant d'hectares qu'il y a de fois 2 moutons dans 29 621 700, nombre des moutons de l'Angleterre.

La surface de l'Angleterre est donc
29 621 700 : 2 = 14 810 850 hectares.

La surface de la France contient autant de fois 53 hectares qu'il y a de fois 35 moutons dans 35 210 700, nombre des moutons de la France.

La surface de la France est donc

$$\frac{35\,210\,700}{35} \times 53 = \frac{7\,042\,140 \times 53}{7} = 53\,319\,060 \text{ hectares}.$$

Réponse. — Il y a en France, 53 319 060 hectares ; en Angleterre, 29 621 700 moutons et 14 810 850 hectares.

271. *Un héritage de 314 203 francs est partagé entre trois personnes, de telle sorte qu'en ajoutant à chaque part l'intérêt qu'elle produit en un an, la 1re à 4 %, la 2e à 5 %, la 3e à 6 %, on obtienne trois sommes égales. On demande quelles sont les trois parts.*

Supposons que la 1re part soit de 100 francs.
Au bout de l'année elle vaudra 104 francs.

PROBLÈMES SUR LES PARTAGES PROPORTIONNELS.

Cherchons maintenant :
La somme qui à 5 % vaut au bout de l'année 104 francs;
La somme qui à 6 % vaut................. 104 francs.
Or 1 franc à 5 % vaudrait au bout de l'année 1f,05.
Par conséquent autant de fois il y a 1f,05 dans 105 francs, autant il y a de fois 1 franc dans la somme cherchée.

Cette somme est............... $\dfrac{104}{1,05}$ ou $\dfrac{10\,400}{105}$.

De même la somme qui à 6 % vaudrait 104 francs au bout de l'année serait................. $\dfrac{104}{1,06}$ ou $\dfrac{10\,400}{106}$.

Ainsi pour que les trois personnes aient à la fin de l'année une même somme de 104 francs, il faut que leurs parts soient : pour la 1re 100 fr.; pour la 2e $\dfrac{10\,400}{105}$ fr.; pour la 3e $\dfrac{10\,400}{106}$ fr.

Cherchons le total de ces parts...... $100 + \dfrac{10\,400}{105} + \dfrac{10\,400}{106}$.

Par la réduction au même dénominateur, on trouve :
$$\dfrac{10\,500 \times 106 + 10\,400 \times 106 + 10\,400 \times 105}{105 \times 106};$$

$$\dfrac{1\,113\,000 + 1\,102\,400 + 1\,092\,000}{105 \times 106} \text{ ou } \dfrac{3\,307\,400}{105 \times 106}.$$

Autant de fois ce total sera contenu dans le capital à partager, autant de fois on donnera :

A la 1re personne 100 fr.; à la 2e $\dfrac{10\,400}{105}$ fr.; à la 3e $\dfrac{10\,400}{106}$ fr.

Ce nombre de fois est exprimé par le quotient
$$314\,203 : \dfrac{3\,307\,400}{105 \times 106} = \dfrac{314\,203 \times 105 \times 106}{3\,307\,400}.$$

Les trois parts demandées seront :

1re $\dfrac{314\,203 \times 105 \times 106}{3\,307\,400} \times 100$ ou $\dfrac{314\,203 \times 11\,130}{33\,074}$.

2e $\dfrac{314\,203 \times 105 \times 106}{3\,307\,400} \times \dfrac{10\,400}{105}$ ou $\dfrac{314\,203 \times 106 \times 104}{33\,074}$.

3e $\dfrac{314\,203 \times 105 \times 106}{3\,307\,400} \times \dfrac{10\,400}{106}$ ou $\dfrac{314\,203 \times 105 \times 104}{33\,074}$.

Réponse. — En effectuant les opérations, on trouve :

1re part............... 105 735 fr.
2e —   .... 104 728 fr.
3e —   .... 103 740 fr.
Total .... 314 203 francs.

272. *Avec 5830 francs on a acheté deux chevaux, qui ont été payés en raison directe de leurs forces, lesquelles sont proportionnelles aux nombres 121 et 144. Trouver le prix de chaque cheval. Trouver aussi le rapport des âges des deux chevaux, en sachant que les prix sont inversement proportionnels à ces âges.*

1° Le rapport entre la force du 1er et la force du 2° est $\frac{121}{144}$.

Donc le prix du 1er est les $\frac{121}{144}$ du prix du 2°.

On trouvera ces prix en divisant 5830 francs en deux parties dont l'une soit les $\frac{121}{144}$ de l'autre.

Pour cela supposons les 5830 francs composés d'un certain nombre de parties égales.

Si le prix du 1er cheval contient 121 de ces parties, le prix du second en contiendra 144, ce qui fait un total de 265 parties égales.

L'une de ces parties égale.......... $\frac{5830}{265}$ = 22 fr.

Le prix du 1er est donc............... 22^f × 121 = 2662 francs.
Le prix du 2° est..................... 22^f × 144 = 3168 francs.

2° Le rapport des âges est égal au rapport inverse des deux prix.

L'âge du 1er est donc les $\frac{3168}{2662}$ ou les $\frac{1584}{1331}$ de celui du 2°.

En divisant les deux termes de cette dernière fraction par 11, ce qui la réduit à sa plus simple expression, on obtient

$$\frac{1584}{1331} = \frac{144}{121}.$$

Réponse. — Le 1er coûte 2662 fr. ; le second 3168 fr.

L'âge du 1er est les $\frac{144}{121}$ de l'âge du second.

273. *Quatre frères sont âgés, le 1er de 3 ans, le 2° de 4 ans, le 3° de 7 ans, le 4° de 9 ans. Trouver dans combien d'années il y aura entre l'âge du 1er et l'âge du 2° le même rapport qu'entre les âges du 3° et du 4°.*

Indiquer quel sera ce rapport à ce moment.

Soit x le nombre des années qui doivent s'écouler à partir du moment actuel jusqu'à l'époque demandée.

PROBLÈMES SUR LES PARTAGES PROPORTIONNELS.

Les âges des quatre frères seront alors :
pour le premier $3 + x$; pour le second $4 + x$;
pour le troisième $7 + x$; pour le quatrième $9 + x$.
On aura donc la proportion
$$\frac{3 + x}{4 + x} = \frac{7 + x}{9 + x}.$$
Le produit des extrêmes étant égal au produit des moyens, on a
$$(3 + x) \times (9 + x) = (4 + x) \times (7 + x),$$
et en effectuant les multiplications
$$27 + 9x + 3x + x^2 = 28 + 7x + 4x + x^2,$$
ou $\qquad 27 + 12x = 28 + 11x.$

De là on tire
$$x = 1.$$

Réponse. — C'est dans 1 an que le rapport des âges du 1er et du 2e sera le même que pour les deux autres.
A cette époque les âges seront :
$\qquad$ 4 ans; 5 ans; 8 ans, 10 ans.

L'âge du 1er sera alors les $\frac{4}{5}$ de celui du 2e; l'âge du 3e sera les $\frac{8}{10}$, c'est-à-dire aussi les $\frac{4}{5}$ de l'âge du 4e.

274. *Pour la pension de cinq étudiants pendant 9 mois on a payé un capital de 4800 francs avec ses intérêts pendant ce temps. Deux autres pendant 16 mois, aux mêmes conditions ont dépensé un capital de 3320 francs, le taux de l'intérêt étant le même. Trouver la dépense mensuelle de chacun.*

Soit x l'intérêt de 1 franc par an.
L'intérêt de 4800 fr. par an sera $x \times 4800$ ou $4800\,x$.

Pour 9 mois ou $\frac{3}{4}$ d'année l'intérêt de 4800 fr. est
$$4800\,x \times \frac{3}{4} \text{ ou } 3600\,x.$$
La somme dépensée par les 5 frères en 9 mois est
$$4800 + 3600\,x.$$
La dépense de chacun des cinq étudiants pendant ce temps en a été la 5e partie, c'est-à-dire .... $960 + 720\,x$.
Par mois la dépense de chacun est
$$\frac{960 + 720\,x}{9} \text{ c'est-à-dire } \frac{320 + 240\,x}{3} \quad . \qquad (1)$$

Dans le 2ᵉ cas on trouvera de même que la dépense mensuelle de chacun des deux autres étudiants est
$$\frac{1245 + 1660\,x}{3 \times 4}.$$

On a donc l'équation
$$\frac{1245 + 1660\,x}{3 \times 4} = \frac{320 + 240\,x}{3}.$$

En multipliant les deux membres par 3×4 on a
$$1245 + 1660\,x = 1280 + 960\,x.$$

De là on tire :
$$1660\,x - 960\,x = 1280 - 1245,$$
$$700\,x = 35,$$
$$x = \frac{35}{700} = 0{,}05$$

Pour connaître la dépense mensuelle de chacun, on remplace x par 0,05 dans l'expression (1) et on trouve
$$\frac{320 + 240 \times 0{,}05}{3} = 110^{\text{f}}{,}66.$$

Réponse. — Le taux de l'intérêt était 5 °/₀.
La dépense mensuelle de chacun était de 110ᶠ,66.

275. *Un homme en mourant lègue une certaine somme à trois neveux Jean, Jacques, Joseph. Jean a le quart de la somme plus le 9ᵉ du total des deux autres; Jacques a le 5ᵉ de la somme plus le 7ᵉ du total des deux autres; Joseph a pour sa part 12000 francs. Trouver les parts des deux autres.*

Soit x la part de Jean; y celle de Jacques, a la somme à partager. L'énoncé du problème fournit les trois équations suivantes :
$$a = x + y + 12\,000;$$
$$x = \frac{a}{4} + \frac{y + 12\,000}{9};$$
$$x = \frac{a}{5} + \frac{x + 12\,000}{7}.$$

En chassant les dénominateurs de la 2ᵉ et de la 3ᵉ, et en conservant la 1ʳᵉ, on a
$$a = x + y + 12\,000,$$
$$36\,x = 9\,a + 4\,y + 48\,000,$$
$$35\,y = 7\,a + 5\,x + 60\,000.$$

En remplaçant a dans la 2ᵉ et la 3ᵉ équation par sa valeur tirée de la 1ʳᵉ, on a deux équations à deux inconnues :
$$36\,x = 9 \times (x + y + 12\,000) + 4\,y + 48\,000,$$
$$35\,y = 7 \times (x + y + 12\,000) + 5\,x + 60\,000.$$

En effectuant les multiplications indiquées et la réduction des termes, on trouve :
$$27x - 13y = 156\,000,$$
$$28y - 12x = 144\,000.$$

En tirant de chaque équation la valeur de x, comme si y était connu, on a :
$$x = \frac{156\,000 + 13y}{27} \;;\; x = \frac{28y - 144\,000}{12} \quad (1)$$

Ces deux valeurs de x étant égales donnent :
$$\frac{156\,000 + 13y}{27} = \frac{28y - 144\,000}{12}.$$

Cette équation devient :
$$\frac{156\,000 + 13y}{9} = \frac{28y - 144\,000}{4},$$

ou :
$$\frac{156\,000 + 13y}{9} = 7y - 36\,000.$$

De là on tire :
$$156\,000 + 13y = 63y - 324\,000,$$
$$156\,000 + 324\,000 = 63y - 13y,$$
$$480\,000 = 50y,$$
$$50y = 48\,000,$$
$$y = \frac{48\,000}{5} = 9600.$$

Pour trouver la valeur de x, on remplace y par 9600 dans l'une des équations (1), la 2ᵉ par exemple ; on a ainsi :
$$x = \frac{268\,800 - 144\,000}{12} = 10\,400.$$

Réponse. — Jean a 10 400 francs ; Jacques 9600 francs. La part de Joseph est de 12 000 francs.

CHAPITRE X

PROBLÈMES SUR LES MÉLANGES ET LES ALLIAGES

276. *On a fait un mélange de 125 litres d'un vin coûtant 120 francs l'hectolitre avec 65 litres d'un autre vin du prix de 80 francs l'hectolitre. Trouver combien il faut y ajouter de litres de vin de la 1re qualité pour que dans 84 litres du nouveau mélange il n'y ait que 15 litres de la 2e qualité. Trouver aussi le prix de l'hectolitre du 2e mélange.*

1° D'abord le mélange donné contient $125 + 65 = 190$ litres.
Dans 84 litres du nouveau mélange il doit y avoir 15 litres de la 2e qualité.
La partie de ce mélange qui contiendrait seulement 1 litre de la 2e qualité serait $\frac{84}{15}$ de litre ou $5^l,6$.
Le volume du mélange qui contient 65 litres de la 2e qualité est :
$$5,6 \times 65 = 364 \text{ litres.}$$
Or le 1er mélange contient............ 190 —
Différence,........ 174 —
On ajoutera au mélange donné 174 litres de la 1re qualité.
Ainsi dans 364 litres du nouveau mélange il y a :
de la 2e qualité.............. 65 litres ;
de la 1re qualité $125 + 174 = 299$ litres.
2° Le prix des 299 litres est........ $1^f,20 \times 299 = 358^f,80$.
Celui des 65 litres est............... $0^f,80 \times 65 = 52^f,00$.
Le prix des 364 litres du mélange est...... $410^f,80$.
Le prix du litre serait............... $410^f,80 : 364 = 1^f,1285$.

Réponse. — On ajoutera au premier mélange 174 litres de la première qualité.
L'hectolitre du 2e mélange vaut $112^f,85$.

PROBLÈMES SUR LES MÉLANGES ET LES ALLIAGES. 183

277. *On a formé un alliage, en fondant ensemble 300 grammes d'un lingot d'argent au titre de 0,700 avec 500 grammes d'un autre lingot d'argent. Trouver quel était le titre de ce dernier lingot, en sachant que dans 400 grammes de l'alliage ainsi obtenu il y a 309^{gr},50 d'argent fin.*

Le poids du lingot obtenu est 300^{gr} + 500^{gr} = 800 grammes.
Or 400 grammes de ce lingot contiennent 309^{gr},40 d'argent pur.
Le lingot qui pèse 800 grammes contient donc en argent pur :
$$309^{gr},5 \times 2 = 619 \text{ grammes.}$$
Le poids d'argent pur contenu dans les 300 gr. au titre de 0,7 est
$$300^{gr} \times 0,7 = 210 \text{ grammes.}$$
Le poids d'argent contenu dans les 500 grammes était :
$$619^{gr} - 210^{gr} = 409 \text{ grammes.}$$
Le titre du lingot de 500 grammes était par conséquent :
$$\frac{409}{500} = \frac{4,09}{5} = 0,818.$$

Réponse. — Le 2e lingot était au titre de 0,818.

278. *En fondant 525 grammes d'un lingot d'argent, au titre de 0,946, avec un autre lingot d'argent, on a obtenu un 3e lingot pesant 2035 grammes, au titre de 0,900. Quel était le titre du second lingot ?*

Le poids du 2e lingot est...... 2035^{gr} − 525^{gr} = 1510 grammes.
Les poids d'argent pur sont :
dans le 3e lingot de 2035 grammes..... 2035$^{gr} \times$ 0,9 = 1831^{gr},50 ;
dans le 1er de 525 grammes.......... 525$^{gr} \times$ 0,946 = 496^{gr},65 ;
dans le 2e de 1510 grammes....................... 1334^{gr},85.
Le titre de ce 2e lingot était donc :
$$\frac{1334,85}{1510} = \frac{133,485}{151} = 0,884.$$

Réponse. — Le 2e lingot était au titre de 0,884.

279. *On a fait fondre un lingot d'argent pesant 3 kilogrammes 750 grammes avec 5 kilogrammes d'argent pur, ce qui a onné un alliage au titre de 0,835. Quel était le titre du lingot ?*

Le lingot obtenu au titre de 0,835 pèse :
$$3750^{gr} + 5000^{gr} = 8750 \text{ grammes.}$$
Le poids d'argent fin qu'il renferme est :
$$8750^{gr} \times 0,835 = 7306^{gr},25.$$
Le poids d'argent fin du 1er lingot était par conséquent :
$$7306^{gr},25 - 5000^{gr} = 2306^{gr},25.$$
Le titre de ce lingot pesant 3750 grammes est donc :
$$\frac{2306,25}{3750} = \frac{230,625}{375} = 0,615.$$

Réponse. — Le titre du 1er lingot était 0,615.

280. *Un lingot d'argent pesant 3 kilogrammes 570 grammes ayant été fondu avec un autre lingot pesant 5 kilogrammes et au titre de 0,835, on a obtenu un nouveau lingot au titre de 0,900. Quel était le titre du 1er lingot ?*

Le 3° lingot composé des deux premiers pèse :
$$3570^{gr} + 5000^{gr} = 8570 \text{ grammes.}$$
Comme il est au titre de 0,9, le poids d'argent fin qu'il contient est égal à :
$$857^{gr} \times 9 = 7713 \text{ grammes.}$$
Or le 2° lingot pesant 5000 grammes est au titre de 0,835.
Le poids d'argent fin qu'il contient est donc :
$$5000^{gr} \times 0,835 = 4175 \text{ grammes.}$$
Le poids d'argent fin du 1er lingot est par conséquent :
$$7713^{gr} - 4175^{gr} = 3538 \text{ grammes.}$$
Le titre de ce lingot pesant 3570 grammes est :
$$\frac{3538}{3570} = 0,991.$$

Réponse. — Le 1er lingot était au titre de 0,991.

281. *Un lingot d'argent est au titre de 0,900 et on l'a obtenu en fondant ensemble 65 grammes d'un alliage au titre de 0,835 avec un autre lingot qui était au titre de 0,950. On demande le poids du lingot ainsi obtenu.*

On a fondu 65 grammes à 0,835 avec un poids inconnu à 0,950.
Les poids d'or fin sont :
dans 1 gramme du 1er lingot à 0,835.......... 835 milligrammes
dans 1 gramme du 2e lingot à 0,950.......... 950 —
dans 1 gramme du lingot obtenu à 0,900...... 900 —

PROBLÈMES SUR LES MÉLANGES ET LES ALLIAGES. 185

Quand on a mis dans le mélange 1 gramme du 1ᵉʳ lingot, il manquait un poids d'or fin égal à :

900 — 835 = 65 milligrammes.

Quand on y a mis 1 gramme du 2ᵉ lingot, il y avait de trop un poids d'or fin égal à :

950 — 900 = 50 milligrammes.

D'après cela, on a fait le mélange en mettant :

50 grammes du 1ᵉʳ avec 65 grammes du 2ᵉ ;

ou...... 10 grammes du 1ᵉʳ avec 13 grammes du 2ᵉ.

En effet dans les 10 grammes du 1ᵉʳ lingot il manque :

10 fois 65 milligrammes d'or, c'est-à-dire 650 milligrammes.

Dans les 13 grammes du 2ᵉ lingot il y a en trop :

13 fois 50 milligrammes, c'est-à-dire 650 milligrammes.

Le poids d'or qui manque d'un côté est compensé par un poids égal qui est de trop de l'autre.

Or 10 gr. du 1ᵉʳ lingot et 13 gr. du 2ᵉ font un alliage de 23 grammes.

Dans cet alliage le poids du 2ᵉ lingot est les $\frac{13}{10}$ du poids du 1ᵉʳ.

Or le poids du 1ᵉʳ lingot était 65 grammes.

Le poids du 2ᵉ lingot était donc 13 fois la 10ᵉ partie de 65 gr. ou :

$6^{gr},5 \times 13 = 84^{gr},5$.

Le poids du lingot obtenu était........... 65 + 84,5 = $149^{gr},5$.

Réponse. — Le lingot obtenu pèse 149 grammes et demi.

282. *En ajoutant 390 grammes d'argent pur à une somme d'argent monnayé au titre de 0,835, on a porté le titre à 0,9. Quelle est cette somme?*

1ʳᵉ MÉTHODE. — Supposons que la somme demandée soit 100 francs.
Le poids de cette somme est de 500 grammes.
Le poids d'argent pur qui s'y trouve est les 0,835 de 500 gr., c.-à-d. :

$500^{gr} \times 0,835 = 417^{gr},5$.

Le poids du cuivre est égal à :

500 — 417,5 = $82^{gr},5$.

Cherchons le poids d'argent pur à ajouter à ces 100 francs.

Les $82^{gr},5$ de cuivre qu'ils contiennent doivent être la 10ᵉ partie du poids total de la nouvelle somme, ou la 9ᵉ partie de l'argent pur de cette somme.

Ce poids d'argent pur sera............. $82^{gr},5 \times 9 = 742^{gr},50$.

Cette somme renfermait déjà un poids d'argent pur égal à $417^{gr},50$.

Le poids d'argent pur à ajouter à la somme de 100 francs est donc :

$742^{gr},50 - 417^{gr},50 = 325$ grammes.

Ainsi autant de fois il y a 325 grammes dans 390 grammes, autant de fois il y a 100 francs dans la somme demandée.

Ce nombre de fois égale...................... $390 : 325 = 1,2$.
La somme cherchée est donc $100^f \times 1,2 = 120$ francs.

Réponse. — La somme demandée est de 120 francs.

2ᵉ MÉTHODE. — La notation algébrique est ici bien plus commode.
Soit x en grammes le poids qu'avait la somme demandée.
Le poids d'argent pur qu'elle contient est.......... $x \times 0,835$.
Le poids d'argent pur contenu dans la somme, après l'addition des 390 grammes d'argent, est :
$$x \times 0,835 + 390.$$
Le poids total est alors $x + 390$.
Le titre de la nouvelle somme est exprimé par le quotient :
$$\frac{x \times 0,835 + 390}{x + 390}.$$
On a ainsi l'équation :
$$\frac{x \times 0,835 + 390}{x + 390} = 0,900.$$
On en déduit successivement :
$$835 x + 390\,000 = 900 x + 351\,000;$$
$$390\,000 - 351\,000 = 900 x - 835 x;$$
$$39\,000 = 65 x;$$
$$x = \frac{39\,000}{65} = \frac{7800}{13} = 600.$$
Le poids de la somme était de 600 grammes.

283. *On a deux lingots d'argent dont le 2ᵉ vaut $39^f,70$ de moins que le 1ᵉʳ. Le 1ᵉʳ, au titre de 0,900, pèse 900 grammes de moins que le 2ᵉ, qui est au titre de 0,800. Trouver le poids de chacun, si le prix de 900 grammes d'argent fin est de $198^f,50$, en négligeant la valeur du cuivre.*

1ʳᵉ MÉTHODE. — Le 1ᵉʳ lingot vaut $39^f,70$ de plus que le 2ᵉ.
Or 1 gramme d'argent fin vaut :
$$\frac{198,50}{900} = 1^f,985.$$
Le nombre de grammes d'argent que le 1ᵉʳ lingot contient de plus que le 2ᵉ est égal au nombre de fois que la valeur du gramme d'argent est contenue dans $39^f,70$.
Ce nombre de grammes d'argent fin est donc :
$$39,70 : \frac{1,985}{9} = \frac{39\,700 \times 9}{1985} = \frac{71\,460}{397} = 180 \text{ grammes}.$$

PROBLÈMES SUR LES MÉLANGES ET LES ALLIAGES.   187

Soit p le poids du 1er lingot ; le poids du 2e sera $p + 900$.
Les poids d'argent fin contenus dans ces deux lingots sont :
dans le 1er au titre de 0,9 .... $p \times 0,9$;
dans le 2e au titre de 0,8...... $(p + 900) \times 0,8$ ou $p \times 0,8 + 720$.
On peut donc écrire l'égalité :
$$p \times 0,9 = p \times 0,8 + 720 + 180.$$
On en tire :
$$p \times 0,1 = 900 \quad \text{ou} \quad p = 9000.$$

Réponse. — Le 1er lingot pèse 9000 grammes ; le 2e 9900 grammes.

2e MÉTHODE. — Soit x le nombre de grammes du poids du 1er lingot ; le poids du 2e est $x + 900$.
Les poids d'argent fin qu'ils contiennent sont :
pour le 1er .... $x \times 0,9$,
pour le 2e .... $(x + 900) \times 0,8$.
La valeur de 1 gr. d'argent fin est $\dfrac{1^f,985}{9}$.
Les valeurs des deux lingots sont donc :
pour le 1er .... $x \times 0,9 \times \dfrac{1,985}{9}$;
pour le 2e .... $(x + 900) \times 0,8 \times \dfrac{1,985}{9}$.
Or la valeur du 1er égale celle du 2e plus 39^f,70.
On peut donc écrire l'équation :
$$x \times 0,9 \times \frac{1,985}{9} = (x + 900) \times 0,8 \times \frac{1,985}{9} + 39,70,$$
ou, en multipliant les deux membres par 10 et par 9 :
$$9\,x \times 1,985 = (8\,x + 7200) \times 1,985 + 3573.$$
De là on tire :
$$9\,x \times 1,985 - 8\,x \times 1,985 = 7200 \times 1,985 + 3573,$$
$$x = 7200 + \frac{3573}{1,985} = 7200 + 1800,$$
$$x = 9000.$$

284. *On a payé une somme de 8680 francs avec des pièces d'argent de 5 francs et des pièces d'or de 10 francs. Le nombre des pièces de 5 francs est à celui des pièces de 10 francs dans le rapport de 54 à 35. Trouver le nombre des pièces de chaque espèce et les poids de la monnaie d'argent et de la monnaie d'or.*

Supposons qu'on ait donné 54 pièces de 5 francs.
On aura donné en même temps 35 pièces de 10 francs.
Les 54 pièces de 5 francs valent...... $5^f \times 54 =$ 270 francs.
Les 35 pièces de 10 francs valent...... $10^f \times 35 =$ 350 —
Valeur totale...................... 620 —
Autant de fois il y a 620 francs dans 8680 francs, autant de fois on a donné 54 pièces de 5 francs et 35 pièces de 10 francs.
Ce nombre de fois est............. $8680 : 620 = 14.$
Le nombre des pièces de 5 francs est donc $54 \times 14 = 756.$
Le nombre de pièces de 10 francs est..... $35 \times 14 = 490.$
Le poids des 756 pièces d'argent de 5 francs est :
$$25^{gr} \times 756 = 18\,900 \text{ grammes.}$$
Les 490 pièces d'or de 10 francs font une valeur de 4900 francs.
En argent cette valeur pèserait $5^{gr} \times 4900 = 24\,500$ grammes.
En or son poids sera :
$$24\,500 : 15,5 = 1580^{gr},645.$$

Réponse. — 756 pièces d'argent pesant 18 900 grammes, et 490 pièces d'or pesant $1580^{gr},645.$

285. *On a obtenu un lingot d'argent pesant $3^{kg},240$, au titre de 0,900, en fondant ensemble trois lingots, le 1er au titre de 0,950 et pesant $2^{kg},100$, le 2e au titre de 0,700 et le 3e au titre de 0,920. Trouver les poids des deux derniers lingots.*

Le lingot formé des trois lingots donnés pèse...... 3240 grammes.
Le 1er des trois lingots fondus ensemble pesait.... 2100 —
Le poids total du 2e et du 3e était donc.......... 1140 —
Les poids d'argent fin sont :
dans le lingot total.............. $3240^{gr} \times 0,9 = 2916$ grammes.
dans le 1er des trois lingots donnés $2100^{gr} \times 0,95 = 1995$ —
dans le 2e et le 3e ensemble....................... 921 —
Le lingot qui serait formé du 2e et du 3e fondus ensemble, et pesant 1140 grammes, aurait un titre égal à :
$$\frac{921}{1140} = \frac{92,1}{114} = 0,8078, \text{ c.-à-d. } 0,808.$$

Cherchons dans quel rapport ont été mélangés le 2e qui est au titre de 0,700 et le 3e qui est au titre de 0,920, pour former un lingot unique au titre de 0,808.

Les poids d'argent fin sont :
dans 1 gr. du 2e lingot 700 milligr.; dans 1 gr. du 3e lingot 920 milligr.;
dans 1 gr. du lingot formé 808 milligrammes.

PROBLÈMES SUR LES MÉLANGES ET LES ALLIAGES.

Quand on a mis dans le creuset 1 gramme du 2ᵉ lingot, il manquait
un poids d'argent fin égal à........ 808 — 700 = 108 milligrammes.
Quand on y a mis 1 gramme du 3ᵉ lingot, il y avait en trop un poids
d'argent fin égal à............... 920 — 808 = 112 milligrammes.
D'après cela on a fondu 112 gr. du 2ᵉ avec 108 gr. du 3ᵉ.
En effet il y avait ainsi en moins d'un côté et en trop de l'autre
108 fois 112 milligr. d'argent fin.
Or 112 gr. du 2ᵉ et 108 gr. du 3ᵉ font un lingot de 220 grammes.
En outre le lingot composé du 2ᵉ et du 3ᵉ pèse 1140 grammes.
Autant de fois il y aura 220 gr. dans 1140 gr. autant de fois il y a :
112 gr. dans le poids du 2ᵉ et 108 gr. dans le poids du 3ᵉ.
Ce nombre de fois est............ 1140 : 220 = 5,1818 ou 5,182.

Réponse. — Les poids demandés sont :
pour le 2ᵉ lingot.................... $112^{gr} \times 5,182 = 580^{gr},48$,
pour le 3ᵉ lingot.................... $108^{gr} \times 5,182 = 559^{gr},65$.

286. *Deux lingots d'or, dont les poids sont proportionnels aux nombres 8 et 11, ont été fondus avec 276 grammes de cuivre et le lingot obtenu a produit 12 400 francs en pièces de 20 francs. En outre les poids d'or contenus dans les deux lingots étaient proportionnels aux nombres 5 et 7. Trouver les titres des deux lingots.*

En argent 12 400 francs pèsent $5^{gr} \times 12\,400 = 62\,000$ grammes.
En or leur poids est.......... $6200^{gr} : 15,5 = 4000$ —
Le poids des deux lingots est $4000^{gr} — 276^{gr} = 3724$ —
Or le poids de l'un est les $\dfrac{8}{11}$ du poids de l'autre.
On aura le poids de chacun en divisant 3724 grammes en 19 parties
égales, et en en prenant 8 pour l'un et 11 pour l'autre.
La 19ᵉ partie de ce poids total est $3724^{gr} : 19 = 196$ grammes.
Le poids du 1ᵉʳ lingot est donc... $196^{gr} \times 8 = 1568$ —
Le poids du 2ᵉ.................. $196^{gr} \times 11 = 2156$ —
Le lingot qui a fourni les pièces de 20 francs était au titre de 0,9
et pesait 4000 grammes.
Le poids d'or pur qu'il renfermait était..... $4000^{gr} \times 9 = 3600$ gr.
Or le poids d'or fin du 1ᵉʳ est les $\dfrac{5}{7}$ de celui du 2ᵉ.
Pour avoir ces poids on divisera 3600 grammes en 12 parties égales
et on en prendra 5 pour le 1ᵉʳ lingot et 7 pour le 2ᵉ.
La 12ᵉ partie de 3600 grammes est.............. 300 grammes.
Le poids d'or fin du 1ᵉʳ est donc... $300^{gr} \times 5 = 1500$ —
Le poids d'or fin du 2ᵉ est........ $300^{gr} \times 7 = 2100$ —

Réponse. — Les titres des deux lingots sont :
pour le 1ᵉʳ.......................... 1500 : 1568 = 0,956,
pour le 2ᵉ........................... 2100 : 2156 = 0,974.

287. *Deux lingots, l'un d'or pur et l'autre d'argent pur, ont la même valeur intrinsèque et pèsent ensemble 1 kilogramme. Calculer le volume et la valeur intrinsèque de chacun, en prenant 19 pour la densité de l'or et 10,5 pour celle de l'argent.*

La valeur intrinsèque du kilogramme d'or pur est 3437 francs; celle de 9 kilogrammes d'argent 1985 francs.

1° Un poids d'or pur de 1000 grammes vaut 3437 francs.
Cherchons le poids d'argent pur qui aurait la même valeur.
Or 9000 grammes d'argent pur valent 1985 francs.

1 gramme d'argent pur vaudrait............... $\dfrac{1985}{9000}$ de francs.

Le poids d'argent cherché contient autant de grammes que cette valeur du gramme d'argent est contenue de fois dans 3437 francs.
Ce poids d'argent est :

$$3437 : \dfrac{1985}{9000} = \dfrac{3437 \times 9000}{1985} = 15\,583^{gr},37.$$

Ces deux poids d'or et d'argent, qui valent chacun 3437 francs, on un poids total égal à :

$$1000 \text{ gr.} + 15\,583^{gr},37 = 16\,583^{gr},37.$$

Soit x le poids du lingot d'or et y le poids du lingot d'argent, qui pèsent ensemble 1000 grammes. Il y a entre x et 1000 gr. d'or le même rapport qu'entre 1000 gr. poids total des deux lingots et 16 583 grammes. De même il y a entre y et 15 583 gr. d'argent le même rapport qu'entre 1000 gr. et 16 583 grammes.

De là résultent les deux proportions suivantes :

$$\dfrac{x}{1000} = \dfrac{1000}{16583}, \text{ d'où } x = \dfrac{1\,000\,000}{16\,583};$$

$$\dfrac{y}{15583} = \dfrac{1000}{16583}, \text{ d'où } y = \dfrac{15\,583\,000}{16\,583}.$$

2° Les valeurs des deux lingots seront :
lingot d'or............................ $3^f,437 \times 60,3 = 207^f,25$.
lingot d'argent........................ $\dfrac{1^f,985}{9} \times 939,7 = 207^f,25$.

3° On trouve le volume en divisant le poids par la densité.
Les volumes des deux lingots sont donc en centimètres cubes :
lingot d'or............................ $60,3 : 19 = 3^{cc},173$;
lingot d'argent........................ $939,7 : 10,5 = 89^{cc},495$.

PROBLÈMES SUR LES MÉLANGES ET LES ALLIAGES. 191

Réponse. — Chaque lingot vaut $207^f,25$.

Le volume du lingot d'or est de 3 centimètres cubes 173 millimètres cubes.

Le volume du lingot d'argent est de 89 centimètres cubes 495 millimètres cubes.

MÉTHODE ALGÉBRIQUE. — Soit x le poids du lingot d'or en grammes.
Le poids du lingot d'argent sera $1000 - x$.
Les valeurs des deux lingots seront :

pour l'or $x \times 3,437$; pour l'argent $(1000 - x) \times \dfrac{1,985}{9}$.

On a donc l'équation :

$$x \times 3,437 = (1000 - x) \times \dfrac{1,985}{9},$$

ou $\quad 3437\, x \times 9 = (1000 - x) \times 1985.$

On en tire :

$$30\,933\, x = 1\,985\,000 - 1985\, x,$$
$$30\,933\, x + 1985\, x = 1\,985\,000,$$
$$32\,918\, x = 1\,985\,000,$$
$$x = \dfrac{1\,985\,000}{32\,918} = 60,3.$$

288. *Le double décalitre d'avoine valant $2^f,40$ et celui d'orge $1^f,70$, on prend 24 hectolitres d'avoine pour les mélanger avec une quantité d'orge telle qu'en vendant au prix de $2^f,50$ le double décalitre du mélange, on gagne 25 % sur le prix d'achat. Trouver la quantité d'orge.*

1° Le prix de vente $2^f,50$ comprend le prix de revient du double décalitre du mélange plus le quart de ce prix ; il égale donc 5 fois le quart de ce prix.

Le quart de ce prix est le 5ᵉ de $2^f,50$, c'est-à-dire $0^f,50$.

Le prix de revient du double décalitre du mélange est :

$$0^f,50 \times 4 = 2 \text{ francs}.$$

2° Cherchons dans quelle proportion on doit faire ce mélange.
Quand on y met un double décalitre d'avoine, on perd :

$$2^f,40 - 2^f = 40 \text{ centimes}.$$

Quand on y met un double décalitre d'orge, on gagne :

$$2^f - 1^f,70 = 30 \text{ centimes}.$$

D'après cela on devra mélanger :

30 doubles décalitres d'avoine avec 10 doubles décalitres d'orge,
ou 3 doubles décalitres d'avoine avec 4 doubles décalitres d'orge.

En effet avec 3 doubles décalitres d'avoine on perd :
$$40^c \times 3 = 120 \text{ centimes};$$
avec 4 doubles décalitres d'orge on gagne :
$$30^c \times 4 = 120 \text{ centimes}.$$
La perte et le gain sont ainsi compensés l'un par l'autre.

3° Cherchons le nombre d'hectolitres d'orge à mélanger avec les 24 hectolitres d'avoine.

D'après la proportion trouvée :

4 doubles décalitres d'orge pour 3 doubles décalitres d'avoine, on voit que la quantité d'orge est les $\frac{4}{3}$ de la quantité d'avoine, ce qui revient à dire que le nombre d'hectolitres d'orge surpasse d'un tiers le nombre d'hectolitres d'avoine.

Le nombre d'hectolitres d'orge demandé est donc :
$$24 \text{ plus le tiers de } 24,$$
c'est-à-dire $24 + 8 = 32$.

Réponse. — Aux 24 hectolitres d'avoine on devra mêler 32 hectolitres d'orge.

289. *Un marchand remplit une pièce de 228 litres avec deux sortes de vin ordinaire, coûtant l'une 0^f,50 et l'autre 0^f,65 le litre, et du vin de Bordeaux coûtant 0^f,80 le litre. Il emploie 5 fois plus de vin de Bordeaux que de vin à 0^f,50 et 6 fois moins de vin à 0^f,50 que de vin à 0^f,65.*

Trouver : 1° combien il entre de litres de chaque espèce de vin dans le tonneau; 2° le prix auquel le marchand doit revendre le litre du mélange, pour réaliser un bénéfice de 20 % sur le prix coûtant.

Désignons par x le nombre de litres de vin à 0^f,50.
Le nombre de litres de vin de Bordeaux sera $5x$.
Le nombre de litres de vin à 0^f,65 sera $6x$.

Le total de ces trois nombres de litres doit être égal à 228; on a ainsi l'équation :
$$x + 5x + 6x = 228.$$
De là on tire :
$$12x = 228;$$
$$x = \frac{228}{12} = 19.$$
On a donc mis dans le tonneau :

PROBLÈMES SUR LES MÉLANGES ET LES ALLIAGES.   193

vin à 0^f^,50......................................   19 litres
vin de Bordeaux.................. 19 l. × 5 =   95   —
vin à 0^f^,65..................... 19 l. × 6 = 114   —
            Total......................... 228   —

La valeur de chaque quantité de vin mise dans le tonneau est :
pour 19 litres à 0^f^,50............ 0^f^,50 × 19 = 9^f^,50
pour 95 litres à 0^f^,80............ 0^f^,80 × 95 = 76^f^,00
pour 114 litres à 0^f^,65............ 0^f^,65 × 114 = 74^f^,10

Le prix des 228 litres est................. 159^f^,60.
Le bénéfice à faire est de 20 %, c'est-à-dire d'un 5e de la somme,
ce qui fait......................... 159^f^,60 : 5 = 31^f^,92.
Le total à retirer de la vente est donc :
            159^f^,60 + 31^f^,92 = 191^f^,52.
Le prix de vente de 1 litre sera......... 191^f^,52 : 228 = 0^f^,84.

Réponse. — Le mélange contient : 19 litres à 0^f^,50 ;
114 litres à 0^f^,65 ; 95 litres de vin de Bordeaux à 0^f^,80.
Le litre du mélange doit être revendu 84 centimes.

290. *On veut former un lingot d'argent au titre de 0,835, en fondant ensemble 3458 grammes d'un lingot au titre de 0,920 avec trois autres lingots qui sont aux titres de 0,665, de 0,712, de 0,748. Quels poids doit-on prendre de ces trois derniers, s'ils doivent être proportionnels aux nombres 2, 3, 5 ?*

Pour plus de clarté, faisons d'abord de l'énoncé le tableau suivant
1er lingot   2   0,665.   Titre du lingot à former
2e l.   3   0,712.   0,835.
3e l.   5   0,748.
4e l.   3458 gr.   0,920.

A 1 gramme de chacun des trois premiers lingots qui entrerait dans l'alliage, il manque un poids d'argent pur qui est :
pour 1 gr. du 1er........ 0^gr^,835 — 0^gr^,665 = 170 milligrammes,
pour 1 gr. du 2e......... 0^gr^,835 — 0^gr^,712 = 123   —
pour 1 gr. du 3e......... 0^gr^,835 — 0^gr^,748 = 87   —

Si l'on met dans l'alliage à former :
        2 gr. du 1er ; 3 gr. du 2e ; 5 gr. du 3e ;
les poids d'argent pur qui manquent sont :
pour 2 gr. du 1er............. 0^gr^,170 × 2 = 340 milligrammes.
pour 3 gr. du 2e.............. 0^gr^,123 × 3 = 369   —
pour 5 gr. du 3e.............. 0^gr^,087 × 5 = 435   —
    Ainsi à ces 10 gr. il manque en argent pur 1144   —

Or dans 1 gr. du 4ᵉ lingot, le poids d'argent pur en trop est :
$0^{gr},920 - 0^{gr},835 = 85$ milligrammes.

Dans 10 gr. du 4ᵉ lingot l'excès d'argent pur est de 850 milligrammes.
D'après cela on devra prendre :
1144 gr. du 4ᵉ lingot avec 850 gr. composés des trois premiers.

Ces 850 gr. des trois premiers lingots doivent contenir :
du 1ᵉʳ lingot.......................... $850^{gr} \times 0,2 = 170$ grammes
du 2ᵉ lingot........................... $850^{gr} \times 0,3 = 255$ —
du 3ᵉ lingot........................... $850^{gr} \times 0,5 = 425$ —

En effet, il y a en trop dans les 1144 gr. du 4ᵉ un poids d'argent
pur égal à................................ $0^{gr},085 \times 1144$.

Dans les 850 gr. provenant des trois autres il manque un poids
d'argent pur égal à....................... $1^{gr},144 \times 85$.

Ces deux poids d'argent, étant égaux, se font compensation.

Autant de fois il y a 1144 gr. dans 3458 gr., autant de fois il y aura 850 gr. dans le poids formé des trois premiers lingots.

Ce poids sera :

$$850^{gr} \times \frac{3458}{1144} = 2569^{gr},318.$$

Les poids des trois lingots qui entreront dans ce poids total seront de ce poids :
pour le 1ᵉʳ les 0,2 ; pour le 2ᵉ les 0,3 ; pour le 3ᵉ les 0,5.

Réponse. — Les poids à prendre dans les trois lingots sont donc :
pour le 1ᵉʳ lingot................. $2569,318 \times 0,2 = 513^{gr},8636,$
pour le 2ᵉ lingot.................. $2569,318 \times 0,3 = 770^{gr},7954,$
pour le 3ᵉ lingot.................. $2569,318 \times 0,5 = 1284^{gr},659.$

MÉTHODE ALGÉBRIQUE. — Soit x le poids à prendre dans le lingot qui est au titre de 0,748.

On prendra $\frac{3x}{5}$ du lingot à 0,712 et $\frac{2x}{5}$ du lingot à 0,665.

Le poids total du lingot à former sera ainsi :

$$3458 + \frac{3x}{5} + \frac{2x}{5} + x, \text{ c.-à-d. } 3458 + 2x.$$

Les poids d'argent fin contenus dans ces quatre poids sont :
dans les 3458 grammes............... $3458 \times 0,92 = 3181^{gr},36$;
dans x gr. à 0,748................. $x \times 0,748$;
dans $\frac{3x}{5}$ à 0,712......... $x \times 0,6 \times 0,712$ ou $x \times 0,4272$;
dans $\frac{2x}{5}$ à 0,665......... $x \times 0,4 \times 0,665$ ou $x \times 0,2660$.

Le total de ces poids est................ $3181,36 + x \times 1,4412.$

Le rapport entre ce poids d'argent fin et le poids total de l'alliage doit être 0,835.

PROBLÈMES SUR LES MOBILES.

On a donc l'équation :
$$\frac{3181,36 + x \times 1,4412}{3458 + 2x} = 0,835.$$
De là on tire successivement :
$$318\,136 + x \times 144,12 = 288\,743 + 167\,x;$$
$$31\,813\,600 - 28\,874\,300 = 16\,700\,x - 14\,412\,x;$$
$$2939\,300 = 2288\,x;$$
$$x = \frac{2939\,300}{2288} = 1284^{gr},659.$$
Du 2ᵉ lingot on prendra les 0,6 de ce poids et du 1ᵉʳ lingot les 0,4. On retrouve ainsi les mêmes résultats que précédemment.

CHAPITRE XI

PROBLÈMES SUR LES MOBILES

291. *Deux personnes séparées par une distance de 3600 mètres partent au même instant, se dirigeant l'une vers l'autre, et leur rencontre a lieu à 2000 mètres de l'un des points de départ. Si, les vitesses restant les mêmes, la personne qui va moins vite était partie 6 minutes avant l'autre, la rencontre se serait faite au milieu de la distance des deux points de départ. Trouver combien chaque personne parcourait de mètres par minute.*

Nommons Jean celui qui va le plus vite et l'autre Paul.
Pendant que Jean parcourt 2000 mètres, Paul parcourt :
$$3600^m - 2000^m = 1600 \text{ mètres}.$$
Si Paul était parti 6 minutes plus tôt, il aurait parcouru la moitié de la distance totale, c'est-à-dire 1800 mètres.
En 6 minutes Paul aurait parcouru $1800^m - 1600^m = 200$ mètres.
En 1 minute il parcourrait donc :
$$\frac{200}{6} \quad \frac{100}{3} = 33^m \frac{1}{3}.$$
Pour parcourir 1600 mètres Paul a mis autant de minutes qu'il y a de fois $\frac{100}{3}$ de mètre dans 1600 mètres.

Ce nombre de minutes est :

$$1600 : \frac{100}{3} = \frac{1600 \times 3}{100} = 48 \text{ minutes.}$$

Ainsi Jean a mis 48 minutes pour parcourir 2000 mètres.
Par minute il parcourait :

$$\frac{2000^m}{48} = \frac{250}{6} = 41^m \frac{2}{3}.$$

Réponse. — Par minute Paul parcourait 33 mètres et Jean 42 mètres.

292. *Une voiture, qui parcourt 12 kilomètres à l'heure, part de la ville A pour la ville B. Au moment du départ de cette voiture, un piéton part de la ville B, dans la direction de A, en marchant avec une vitesse de 4 kilomètres à l'heure.*

Lorsqu'il rencontre la voiture, il y monte pour revenir chez lui, et il met pour s'en retourner 1 heure de moins qu'il n'avait mis à aller à pied jusqu'à la rencontre de la voiture. Trouver la distance de A à B.

Soit AB la distance des deux villes et C le point où le piéton part de B rencontre la voiture.

L'espace parcouru par le piéton est les $\frac{4}{12}$ ou $\frac{1}{3}$ de celui que parcourt la voiture dans le même temps. L'espace CB est donc le tiers de l'espace CA et par suite $\frac{1}{4}$ de la distance AB.

Ainsi la différence entre les temps employés par la voiture et par le piéton pour parcourir le quart de la distance AB est 1 heure.

La différence des temps employés pour parcourir la distance totale serait de 4 heures.

Soit donc x le nombre d'heures qu'il faut à la voiture pour parcourir AB ; le piéton mettra $3x$ pour parcourir AB.

La différence de ces deux nombres d'heures étant 4 heures, on a :

$$3x - x = 4.$$

De là on tire :

$$2x = 4 \text{ et } x = 2.$$

Réponse. — La voiture mettrait 2 heures pour parcourir la distance AB. Cette distance est de 24 kilomètres.

PROBLÈMES SUR LES MOBILES.

293. *Deux trains de chemin de fer font le trajet de Paris à Lyon sans arrêt, l'un en 8 h. 50 m. et l'autre en 18 heures. Le premier parcourt à chaque heure 29 kilomètres 517 mètres de plus que le second.*
Calculer d'après cela la distance de Paris à Lyon.

Appelons D la distance des deux villes.

D'abord $8^h 50^m$ font $8^h \frac{5}{6}$ ou $\frac{53}{6}$ d'heure.

Le 1er train en $\frac{53^h}{6}$ parcourt D; en $\frac{1}{6}$ d'heure $\frac{1}{53}$ de D.

En 1 heure les deux trains parcourent :

le 1er $\frac{6}{53}$ de D; le 2e $\frac{1}{18}$ de D.

La différence de ces deux fractions est :

$$\frac{6}{53} - \frac{1}{18} = \frac{108}{954} - \frac{53}{954} = \frac{55}{954} \text{ de D.}$$

Ainsi le 1er parcourt par heure $\frac{55}{954}$ de D de plus que le 2e.

Or ces $\frac{55}{954}$ de D égalent 29 517 mètres.

Par conséquent $\frac{1}{954}$ de D égale $\frac{29\,517}{55}$ de mètres.

La distance D égale donc :

$$\frac{29\,517 \times 954}{55} = 511\,985 \text{ mètres.}$$

Réponse. — De Paris à Lyon il y a 512 kilomètres.

294. *Un vaisseau de guerre poursuit un paquebot. A 9 heures du matin, il en est séparé par une distance de 14 kilomètres. Le vaisseau file 15 nœuds à l'heure (le nœud est de 1852 mètres) et le paquebot dans le même temps ne parcourt que 20 780 mètres. Après une heure de chasse, le paquebot augmente sa vitesse de 4 kilomètres par heure. Trouver à quelle heure le vaisseau pourra lancer son premier obus sur le paquebot, en supposant qu'il ouvre le feu à la distance de 1800 mètres.*

Soit V et P les positions du vaisseau et du paquebot à 9 h. du matin; V' et P' leurs positions au bout de 1 heure de marche.

La distance VP est de 14 000 mètres.
Les distances VV' et PP' sont :

$$VV' = 1852^m \times 15 = 27780 \text{ mètres.}$$
$$PP' = \ldots\ldots\ldots\ldots = 20780\ \text{—}$$
$$\text{Différence}\ldots\ldots\ldots = 7000\ \text{—}$$

La distance V'P' entre les deux navires à 10 heures est :

$$14\ 000^m - 7000^m = 7000 \text{ mètres.}$$

A partir de ce moment la vitesse du paquebot par heure devient

$$20\ 780^m + 4000^m = 24\ 780 \text{ mètres.}$$

Or le 1er coup de canon doit être tiré seulement quand il y aura une distance de 1800 mètres entre les deux navires.

La différence entre 7000 mètres et 1800 mètres est 5200 mètres.

Ils doivent donc marcher encore jusqu'à ce que le vaisseau ait gagné sur le paquebot l'avance de 5200 mètres de ce dernier.

Mais à partir de 10 heures le vaisseau gagne par heure sur le paquebot :

$$27\ 780^m - 24\ 780^m = 3000 \text{ mètres.}$$

Le nombre d'heures de marche à partir de 10 heures jusqu'au 1er coup de canon sera égal au nombre de fois qu'il y a 3000 mètres dans 5200 mètres.

Ce nombre d'heures est donc :

$$\frac{5200}{3000} = \frac{52}{30} = 1^h \frac{22}{30} = 1^h 44^m.$$

Réponse. — Le 1er coup sera tiré à 11 heures 44 minutes.

295. *Deux trains de chemin de fer partent au même instant, l'un de Paris pour Lyon et l'autre de Lyon pour Paris, avec des vitesses différentes et sans s'arrêter. Au bout de 2 heures 5 minutes, la distance qui séparait les deux trains a diminué de 200 kilomètres, et leur rencontre se fait ensuite au moment où le 1er a parcouru les $\frac{5}{8}$ de la distance de Paris à Lyon.*

Trouver les vitesses des deux trains.

D'abord 2 heures 5 minutes font 2 heures $\frac{1}{12}$ ou $\frac{25}{12}$ d'heure.

Pendant ce temps les deux trains ont parcouru ensemble 200 kilom.

En $\frac{1}{12}$ d'heure, ils parcouraient 200^{km} : 25 = 8 kilomètres.

En 1 heure ils parcouraient........ $8^{km} \times 12 = 96$ kilomètres.

Or pendant que le train de Paris parcourait les $\frac{5}{8}$ de la distance

PROBLÈMES SUR LES MOBILES.

des deux villes, le train de Lyon en parcourait le reste, c.-à-d. les $\frac{3}{8}$.

Ainsi la vitesse du train de Lyon n'est que les $\frac{3}{5}$ de celle du train de Paris.

On aura les distances parcourues par chaque train en 1 heure en divisant 96 kilom. en 2 parties dont l'une soit les $\frac{3}{5}$ de l'autre.

Pour cela on divise 96 kilomètres en (5 + 3) ou 8 parties égales; puis on prend 3 de ces parties pour la vitesse du train de Lyon et 5 pour la vitesse de l'autre.

La 8ᵉ partie de 96 kilomètres est de 12 kilomètres.

Réponse. — Les vitesses demandées sont :
  pour le train de Lyon............ $12^{km} \times 3 = 36$ kilomètres,
  pour le train de Paris............ $12^{km} \times 5 = 60$ —

296. *Un train a parcouru, sans s'arrêter et avec la même vitesse, la distance qui sépare deux villes. Si on lui avait donné une vitesse égale aux $\frac{4}{5}$ de celle qu'il a eue, il aurait mis 27 heures et demie pour effectuer le trajet. Si, au contraire, il avait pris une vitesse supérieure de 24 kilomètres par heure à la sienne, il n'aurait mis que 8 heures pour faire les $\frac{4}{7}$ du trajet.*

Trouver la distance des deux villes.

Soit d la distance des deux villes en kilomètres. Désignons par x la vitesse du train, c.-à-d. le nombre de kilomètres parcourus en 1 heure.

Or la distance est égale à la vitesse multipliée par le temps.

Avec une vitesse égale à $\frac{4x}{5}$, la durée du trajet serait $27^h \frac{1}{2}$; on a donc l'équation :

$$d = \frac{4x}{5} \times 27,5 \text{ ou } d = 22x. \qquad (1)$$

Avec une vitesse égale à $x + 24$, le train mettrait 8 heures pour parcourir $\frac{4}{7}$ de d.

Pour parcourir la 7ᵉ partie de la distance d, il mettrait 2 heures.
Pour le trajet entier il mettrait 7 fois 2 heures, c'est-à-dire 14 heures.
On a donc cette autre équation :

$$d = (x + 24) \times 14 \text{ ou } d = 14x + 336. \qquad (2)$$

Les équations (1) et (2) donnent :
$$22\,x = 14\,x + 336.$$
De là on tire :
$$22\,x - 14\,x = 336;$$
$$8\,x = 336;$$
$$x = \frac{336}{8} = 42 \text{ kilomètres.}$$

La distance d égale................. $42^{km} \times 22 = 924$ kilomètres.

Réponse. — Entre les deux villes il y a 924 kilomètres.

297. *Trois villes A, B, C sont situées sur la même route. Un courrier, avec une vitesse de 8 kilomètres à l'heure, parcourt la distance de A à B. Aussitôt après son arrivée à B, un piéton part de B et parcourt la distance de B à C à raison de 4 kilomètres à l'heure. Trouver la durée de chacun de ces deux parcours, en sachant que leur durée totale a été de 18 heures, la distance de A à C étant de 100 kilomètres.*

Désignons par x le nombre d'heures du trajet AB.
Le nombre d'heures du trajet BC sera $18 - x$.
Le nombre de kilomètres sera :
$$8\,x \text{ dans AB et } (18 - x) \times 4 \text{ dans BC}.$$
On aura donc l'équation :
$$8\,x + (18 - x) \times 4 = 100.$$
Pour la résoudre on trouve successivement :
$$8\,x + 72 - 4\,x = 100;$$
$$8\,x - 4\,x = 100 - 72;$$
$$4\,x = 28;$$
$$x = 28 : 4 = 7.$$

Réponse. — Le courrier a mis 7 heures pour parcourir la distance AB; le piéton 11 heures pour la distance BC.

298. *Une montre à secondes est mise d'accord le lundi à midi avec une horloge bien réglée, et le jeudi suivant la montre marque $9^h\,40^m\,24^s$ du matin au moment où l'horloge indique $9^h\,52^m\,17^s$. Trouver de combien de secondes la montre retarde en 1 jour (24 h.).*

Le jeudi le retard de la montre est :
$$9^h 52^m 17^s - 9^h 40^m 24^s,$$
ou $\qquad 9^h 51^m 77^s - 9^h 40^m 24^s = 11^m 53^s = 713$ secondes.

Or le jeudi de $9^h 52^m 17^s$ à midi il y a $2^h 7^m 43^s$.

Le temps écoulé du lundi à midi jusqu'au jeudi à $9^h 52^m 17^s$ du matin est donc :
$$24^h \times 3 - 2^h 7^m 43^s \text{ ou } 72^h - 2^h 7^m 43^s$$
c'est-à-dire :
$$69^h 52^m 17^s.$$

Or on a, en prenant l'heure pour unité :
$$52^m 17^s = \frac{52^h}{60} + \frac{17}{3600} = \frac{3137^h}{3600},$$
et par suite :
$$69^h 53^m 17^s = 69^h + \frac{3137}{3600} = 69^h,87.$$

Le retard de la montre par heure est un nombre de secondes égal au quotient .... $\dfrac{713}{69,87}$.

En 24 heures, ce retard est :
$$\frac{713^s}{69,87} \times 24 = \frac{17\,112}{78,96} = \frac{1\,711\,200}{6987} = 244,9.$$

Réponse. — Le retard de la montre est de 245 secondes ou 4 minutes 5 secondes par jour.

299. *Une pendule, qui avance de 5 minutes en 24 heures, a été réglée le lundi à midi. Quelle est l'heure exacte, quand elle marque le dimanche suivant 10 heures 35 minutes du matin ?*

En 24 heures il y a .... $60^m \times 24 = 1440$ minutes.
Pendant ce temps la grande aiguille parcourt :
$$1440 + 5 = 1445 \text{ minutes du cadran.}$$
Or du lundi midi à $10^h 35^m$ du dimanche il y a :
5 jours 22 heures 35 minutes,
c.-à-d. $1440^m \times 5 + 60^m \times 22 + 35^m = 8555$ minutes.

La grande aiguille de la pendule a donc parcouru entre les deux moments donnés 8555 minutes du cadran.

Soit x le nombre de minutes qu'aurait parcourues pendant le même temps la grande aiguille d'une pendule marchant régulièrement.

Il y aura entre x et 8555 le même rapport qu'entre 1440 et 1445, ce qui donne la proportion :
$$\frac{x}{8555} = \frac{1440}{1445} \text{ ou } \frac{x}{8555} = \frac{288}{289}.$$

De là on tire :
$$x = \frac{8555 \times 288}{289} = 8525^m\ 23^s.$$

Or 5 jours égalent............... $1440^m \times 5 = 7200$ minutes.
Le temps x est donc :
$$x = 5^j\ 1325^m\ 23^s = 5^j\ 22^h\ 5^m\ 23^s.$$

Réponse. — Le dimanche, quand la pendule marque $10^h\ 35^m$ du matin, l'heure exacte est $10^h\ 5^m\ 23^s$.

300. *Il est 2 heures à une montre. A quelle heure l'aiguille des secondes partagera-t-elle en deux parties égales l'angle formé par les deux autres aiguilles ?*

Représentons par un cercle ayant O pour centre le cadran ; par OA la position de la grande aiguille à droite du nombre XII, au moment demandé ; par OB la position de la petite aiguille au delà du nombre II à cet instant ; par OM la position de l'aiguille des secondes divisant alors l'angle AOB en deux parties égales.

Le tour du cadran contient 3600 secondes.

Soit x le nombre de secondes parcourues par la grande aiguille depuis le nombre XII jusqu'au point A.

Pendant ce temps la petite aiguille en aura parcouru seulement la 12ᵉ partie, c'est-à-dire $\frac{x}{12}$.

La distance de B au point XII sera............... $600 + \frac{x}{12}$.

Le nombre de secondes de l'arc AB sera donc :
$$600 + \frac{x}{12} - x \text{ ou } 600 - \frac{11\,x}{12}.$$

Pendant que la grande aiguille a parcouru x secondes de XII en A, l'aiguille des secondes, qui a une vitesse 60 fois plus grande, parcourait $60\,x$ du point XII au point M.

L'arc AM égale donc $60\,x - x$ c'est-à-dire $59\,x$.

Mais cet arc étant égal à l'arc MB, l'arc AB est le double de l'arc AM et égale ainsi $118\,x$.

On a donc l'équation :
$$118\,x = 600 - \frac{11\,x}{12}.$$

On en tire :
$$1416\,x = 7200 - 11\,x ;$$
$$1427\,x = 7200 ;$$
$$x = 7200 : 1427 = 5,04.$$

Réponse. — C'est à 2 heures 5 secondes que l'aiguille des secondes divisera en deux parties égales l'angle des deux autres aiguilles.

301. *Un train part de Paris pour Marseille à 6 h. 30 m. du matin et passe à Lyon à 10 h. 30 m. du soir. Un autre train part le même jour de Marseille pour Paris à 7 h. 15 m. du matin et passe à Avignon à 10 h. 41 m. du matin. La distance de Paris à Marseille est de 863 kilomètres ; celle de Paris à Lyon, de 512 kilomètres ; celle de Marseille à Avignon, de 120 kilomètres.*

A quelle heure et à quelle distance de Paris les deux trains se rencontreront-ils, en supposant qu'il n'y ait aucun arrêt?

De $6^h 30^m$ du matin à midi il y a $5^h 30^m$.
Pour parcourir de Paris à Lyon, 512 kilom., le 1er train a mis :
$$5^h 30^m + 10^h 30^m = 16 \text{ heures.}$$
Par heure il parcourait donc......... $\dfrac{512^{km}}{16} = 32$ kilomètres.

De $7^h 15^m$ du matin à $10^h 41^m$ il y a $3^h 26^m$ ou 206 minutes.
De Marseille à Avignon le 2e train a mis 206 minutes.
Ce train parcourait donc :

en 1 minute, $\dfrac{120^{km}}{206}$; en 1 heure, $\dfrac{120 \times 60}{206} = \dfrac{3600}{103}$ de kilom.

Or de $6^h 30^m$ moment où part le train de Paris, jusqu'à $7^h 15^m$ moment où part le train de Marseille, il y a 3 quarts d'heure.
Le train de Paris au moment où part le train de Marseille a déjà parcouru les 3 quarts de 32 kilomètres, c'est-à-dire 24 kilomètres.
A $7^h 15^m$ la distance qui sépare les deux trains est :
$$863^{km} - 24^{km} = 839 \text{ kilomètres.}$$
Or les deux trains parcourent en 1 heure :

celui de Marseille $\dfrac{3600}{103}$ km. ; celui de Paris 32 km. ou $\dfrac{3296}{103}$ km.

Par heure les deux trains se rapprochent d'une distance égale à :
$$\dfrac{3600}{103} + \dfrac{3296}{103} = \dfrac{6896}{103} \text{ de kilomètre.}$$

Autant de fois cette distance est contenue dans la distance de 839 kilomètres, autant il y aura d'heures jusqu'au moment de leur rencontre, à partir de $7^h 15^m$.
Ce nombre d'heures sera :
$$839 : \dfrac{6896}{103} = \dfrac{839 \times 103}{6896} = \dfrac{86417}{6896} = 12^h 31^m.$$

Or de 7ʰ15ᵐ à midi il y a 4ʰ 45ᵐ.
Le temps qui reste après midi jusqu'à la rencontre est :
$$12^h\ 31^m - 4^h\ 45^m \text{ ou } 11^h\ 91^m - 4^h\ 45^m,$$
ce qui fait pour le moment de la rencontre 7ʰ 46ᵐ.
En 12ʰ 31ᵐ ou 12 heures et demie le train de Paris a parcouru :
$$32^{km} \times 12,5 = 400 \text{ kilomètres}.$$
La distance de Paris au point de rencontre est donc :
$$24^{km} + 400^{km} = 424 \text{ kilomètres}.$$

Réponse. — La rencontre aura lieu à 7ʰ 46ᵐ du soir, à 424 kilomètres de Paris.

302. *Un homme parcourt une route en 3 heures 42 minutes. Au retour, comme il fait 16 mètres $\frac{2}{3}$ de moins par minute, il met 4 heures 37 minutes et demie à parcourir le même chemin. Trouver la longueur de la route et le temps employé à parcourir un kilomètre à l'aller et au retour.*

1ʳᵉ MÉTHODE. — Avec plus de simplicité le problème revient à supposer deux voyageurs A et B partant au même instant de la même extrémité de la route et faisant le trajet A en 3 heures 42 minutes et B en 4 heures 37 minutes et demie.

D'abord on a : $3^h\ 42^m = 60^m \times 3 + 42^m = 222^m,0$
$\phantom{\text{D'abord on a : }}4^h\ 37^m,5 = 60^m \times 4 + 37^m,5 = 277^m,5.$
Différence.. $55^m,5.$

Le voyageur B est en retard sur le voyageur A :

après 1 minute, d'une distance égale à $16^m\ \frac{2}{3}$ ou $\frac{50}{3}$ de mètre;

après 222 minutes, de.............. $\frac{50}{3} \times 222 = 3700$ mètres;

après 277ᵐ,5 de.................... $\frac{50}{3} \times 277,5 = 4625$ mètres.

Supposons que le voyageur A, arrivé à l'autre bout de la route après 222 minutes, marche encore pendant 55 minutes et demie, c'est-à-dire jusqu'au moment où le voyageur B arrive lui-même au bout de la route; il aura parcouru en 55ᵐ,5 une distance de 4625 mètres.

L'espace parcouru par le voyageur A en 1 minute est :
$$\frac{4625}{55,5} = \frac{46\,250}{555} = 83^m\ \frac{1}{3}.$$

La longueur de la route est :
$$83^m\ \frac{1}{3} \times 222 = \frac{250}{3} \times 222 = 250 \times 74 = 18\,500 \text{ mètres}.$$

PROBLÈMES SUR LES MOBILES. 205

Par minute le voyageur B parcourt :

$$83^m\frac{1}{3} - 16^m\frac{2}{3} \text{ ou } 82^m\frac{4}{3} - 16^m\frac{2}{3} = 66^m\frac{2}{3}.$$

Ainsi l'homme désigné dans le problème parcourait par minute :
à l'aller 83 mètres $\frac{1}{3}$; au retour 66 mètres $\frac{2}{3}$.

Pour parcourir 1 kilomètre il mettait :

à l'aller $\frac{222}{18,5} = 12$ minutes; au retour $\frac{277,5}{18,5} = 15$ minutes.

Réponse. — La route a 18 kilomètres 500 mètres.
On parcourait 1 kilomètre : à l'aller en 12 minutes; au retour en 15 minutes.

MÉTHODE ALGÉBRIQUE. — Représentons par x le nombre de mètres parcourus en 1 minute au retour.
Le nombre de mètres parcourus à l'aller était :

$$x + 16.\frac{2}{3} \text{ ou } x + \frac{50}{3}.$$

La longueur de la route est exprimée : 1° par $x \times 277,5$;

2° par $\left(x + \frac{50}{3}\right) \times 222.$

On peut donc écrire l'équation :

$$x \times 277,5 = \left(x + \frac{50}{3}\right) \times 222,$$

ou $\qquad 277,5 \times x = 222\, x + \frac{50}{3} \times 222.$

On a ensuite :

$$2775\, x - 2220\, x = 37\,000,$$
$$555 \times x = 37\,000,$$
$$x = \frac{37\,000}{555} = 66\frac{2}{3}.$$

3° MÉTHODE. — Au retour l'homme se trouve à chaque minute en retard de :

16 mètres $\frac{2}{3}$ ou de $\frac{50}{3}$ de mètre sur la vitesse qu'il avait à l'aller.

Au bout de 222 minutes le retard est :

$$\frac{50}{3} \times 222 = 3700 \text{ mètres.}$$

Pour parcourir ces 3700 mètres, cet homme met un temps égal à
$277^m,5 - 222^m = 55^m,5.$
En 1 minute il parcourt donc au retour

$$\frac{3700}{55,5} = \frac{37\,000}{555} = \frac{7400}{111} \text{ de mètre.}$$

En 277ᵐ,5 la distance parcourue est :

$$\frac{7400}{111} \times 277,5 = 18\,500 \text{ mètres.}$$

303. *Un voyageur prend quatre billets de 2ᵉ classe et un de 3ᵉ classe, de Paris à Marseille, et paye en tout 377ᶠ,45. Au retour il prend deux billets de 2ᵉ classe et trois de 3ᵉ classe et paye cette fois 334ᶠ,85. Or un billet de 2ᵉ classe coûte par kilomètre 0ᶠ,0246 de plus qu'un billet de 3ᵉ classe. Trouver d'après cela : 1° la distance de Paris à Marseille; 2° le prix d'un billet de 2ᵉ classe et le prix d'un billet de 3ᵉ classe, de l'une de ces deux villes à l'autre.*

1ʳᵉ MÉTHODE. — Le retour coûte moins que l'aller.
La différence est.................. 377ᶠ,45 — 334ᶠ,85 = 42ᶠ,60.
Cette diminution provient de deux billets de 2ᵉ classe, qui ont été remplacés par deux billets de 3ᵉ classe.
Elle est donc le double de la différence entre le prix d'un billet de 2ᵉ classe et celui d'un billet de 3ᵉ classe.
Cette différence est pour le trajet total...... 42ᶠ,60 : 2 = 21ᶠ,30.
Puisque, par kilomètre, il y a 0ᶠ,0246 de plus à donner pour un billet de 2ᵉ classe, autant de fois 0ᶠ,0246 se trouve contenu dans le nombre 21ᶠ,30, autant la distance cherchée contient de kilomètres.
Cette distance est donc :

$$\frac{21,3}{0,0246} = \frac{213\,00\,0}{246} = \frac{35\,500}{41} = 865^{km},853.$$

Supposons qu'au retour on ait pris un nombre double de billets, c'est-à-dire 4 billets de 2ᵉ classe et 6 billets de 3ᵉ classe.
On aurait payé.................... 334ᶠ,85 × 2 = 669ᶠ,70.
On aurait eu ainsi le même nombre de billets de 2ᵉ classe qu'au premier voyage, et 5 billets de 3ᵉ classe de plus.
Le prix de ces 5 billets égale la différence :
669ᶠ,70 — 377ᶠ,45 = 292ᶠ,25.
Le billet de 3ᵉ classe coûte donc........... 292ᶠ,25 : 5 = 58ᶠ,45.
Les 4 billets de 2ᵉ classe coûtent........ 377ᶠ,45 — 58ᶠ,45 = 319 fr.
Ainsi le prix du billet de 2ᵉ classe est 319 : 4 = 79ᶠ,75.

Réponse. — De Paris à Marseille, il y a 865 kilomètres.
On paye pour un billet de 2ᵉ classe 79ᶠ,75 ; pour un billet de 3ᵉ classe 58ᶠ,45.

PROBLÈMES DIVERS. 207

MÉTHODE ALGÉBRIQUE. — Soit x la distance en kilomètres de Paris à Marseille, et y le prix d'un billet de 3ᵉ classe par kilomètre.
Le billet de 2ᵉ classe coûte par kilomètre .... $y + 0{,}0246$.
La 1ʳᵉ fois 4 billets de 2ᵉ classe et 1 billet de 3ᵉ pour x kilomètres ont coûté :
$$4(y + 0{,}0246) \times x + xy.$$
Cette somme étant égale à 377ᶠ,45, on a l'équation :
$$4(y + 0{,}0246) \times x + xy = 377{,}45. \quad (1)$$
La 2ᵉ fois 2 billets de 2ᵉ classe et 3 billets de 3ᵉ classe ont coûté :
$$2 \times (y + 0{,}0246) \times x + 3\, xy.$$
Cette somme étant égale à 334ᶠ,85, on a l'équation :
$$2 \times (y + 0{,}0246) \times x + 3\, xy = 334{,}85. \quad (2)$$
En effectuant les multiplications dans ces deux équations, on a
$$4xy + 0{,}0984 \times x + xy = 377{,}45,$$
$$2xy + 0{,}0492 \times x + 3\, xy = 334{,}85,$$
ou par la réduction :
$$5xy + 0{,}0984 \times x = 377{,}45, \quad (3)$$
$$5xy + 0{,}0492 \times x = 334{,}85. \quad (4)$$
En retranchant la 2ᵉ de la 1ʳᵉ membre à membre, on obtient :
$$0{,}0492 \times x = 42{,}60 \text{ ou } 492\, x = 426\,000.$$
De là on tire :
$$x = \frac{426\,000}{492} = 865 \text{ kilomètres.}$$
Le terme xy représente le prix du billet de 3ᵉ classe.
Remplaçons x par 865 dans l'équation (4), nous aurons :
$$5xy + 0{,}0492 \times 865 = 334{,}85.$$
En résolvant cette équation, on a successivement :
$$5xy + 42{,}558 = 334{,}85;$$
$$5xy = 334{,}85 - 42{,}558;$$
$$5xy = 292{,}292;$$
$$xy = \frac{292{,}292}{5} = 58{,}45.$$
Le billet de 3ᵉ classe coûte donc 58ᶠ,45.

CHAPITRE XII

PROBLÈMES DIVERS

304. *Trouver le plus petit nombre qui, divisé par 6390 et par 954, donne 18 pour reste dans chacune de ces deux divisions.*

Soit n le nombre demandé; p le quotient de ce nombre divisé par 6390 et q le quotient de ce nombre divisé par 954.
On aura :
$$n = 6390 \times p + 18;$$
$$n = 954 \times q + 18;$$
ou
$$n - 18 = 6390 \times p;$$
$$n - 18 = 954 \times q.$$
Ces deux égalités montrent que $n - 18$ doit être un multiple commun des nombres 6390 et 954.
Cherchons leur plus petit multiple commun.
On trouve d'abord, par la décomposition en facteurs premiers:
$$6390 = 2 \times 3^2 \times 5 \times 71;$$
$$954 = 2 \times 3^2 \times 53.$$
Le plus petit multiple de ces deux nombres est :
$$2 \times 3^2 \times 5 \times 71 \times 53 = 6390 \times 53 = 338\,670.$$
Réponse. — Le nombre demandé est :
338 670 + 18, c'est-à-dire 338 688.

306. *Une dette, comprise entre 1000 fr. et 1500 fr., peut être exactement acquittée en pièces de 20 fr., en shellings ($1^f,20$), en florins d'Autriche ($2^f,50$), en roubles (4 fr.), en guinées ($25^f,20$).*
Calculer cette dette.

Si, pour éviter l'emploi des virgules, on prend le décime comme unité, on voit que la dette cherchée, comprise entre 10 000 et 15 000, est un multiple commun des nombres :
$$200; \ 12; \ 25; \ 40; \ 252.$$
Cherchons le plus petit commun multiple de ces nombres.
Comme 200 est déjà un multiple de 25 et de 40, il suffit de chercher le plus petit multiple commun des trois nombres 200, 12, 252.
La décomposition de ces nombres en facteurs premiers donne :
$$200 = 2^3 \times 5^2;$$
$$12 = 2^2 \times 3;$$
$$252 = 2^2 \times 3^2 \times 7.$$
Le plus petit multiple commun de ces trois nombres, et par conséquent des cinq nombres proposés, sera :
$$2^3 \times 3^2 \times 5^2 \times 7 = 12\,600.$$
Le nombre 12 600 étant compris entre 10 000 et 15 000 peut être le nombre demandé.
C'est en effet ce nombre lui-même; car le multiple suivant 12 600 × 2, c'est-à-dire 25 200 est supérieur à 15 000.

Réponse. — La dette demandée est de 1260 francs.

PROBLÈMES DIVERS.

307. *Un père en mourant laisse 14 700 francs à chacun de ses enfants; mais l'un d'eux venant à mourir, sa part est divisée également entre les survivants et alors chacun d'eux a en tout 19 600 francs. Trouver le montant de la succession et le nombre des enfants.*

1ʳᵉ MÉTHODE. — L'augmentation de la part des survivants, par suite de la mort de l'un d'eux, est :

$$19\,600^f - 14\,700^f = 4900 \text{ francs.}$$

Le nombre des survivants est égal au nombre de fois que 4900 fr. sont contenus dans 14 700 francs.

Ce nombre est donc.................. $14\,700 : 4900 = 3$.
Ainsi le nombre des enfants était 4.
La succession valait............ $14\,700 \times 4 = 58\,800$ francs.

2ᵉ MÉTHODE. — Soit x le nombre des enfants.
La fortune du père égale x fois 14 700 fr. ou $14\,700\,x$.
Après la mort d'un enfant, leur nombre est $x - 1$.
La fortune égale donc aussi $19\,600 \times (x - 1)$.
De là vient l'équation :

$$19\,600 \times (x - 1) = 14\,700\,x.$$

En la résolvant, on obtient :

$$19\,600\,x - 19\,600 = 14\,700\,x;$$
$$19\,600\,x - 14\,700\,x = 19\,600;$$
$$4900\,x = 19\,600;$$
$$x = 19\,600 : 4900 = 4.$$

Réponse. — Il y avait 4 enfants et 58 800 francs.

305. *Trouver le plus petit nombre entier qui, divisé par chacune des fractions $\frac{8}{15}$, $\frac{9}{35}$, $\frac{6}{25}$, donne pour quotients des nombres entiers.*

Désignons par n le nombre entier demandé; par p, q, r, les trois nombres entiers qu'on doit obtenir pour quotients. Nous aurons :

$$n : \frac{8}{15} = p \text{ ou } n = p \times \frac{8}{15},$$
$$n : \frac{9}{35} = q \text{ ou } n = q \times \frac{9}{35},$$
$$n : \frac{6}{25} = r \text{ ou } n = r \times \frac{6}{25}.$$

Pour que les trois produits qui expriment la valeur du nombre n soient des nombres entiers, il faut qu'on ait :

$$p = 3 \times 5; \ q = 5 \times 7; \ r = 5 \times 5.$$

12.

Le plus petit multiple commun de ces trois nombres p, q, r, est :
$$3 \times 5^2 \times 7 = 525.$$
Le nombre demandé doit être en outre un multiple commun des trois numérateurs 8, 9, 6 ; leur plus petit commun multiple est 72.

Réponse. — Le nombre demandé est........ $525 \times 72 = 37\,800$.

REMARQUE. — Quand les fractions données sont irréductibles, on voit que le nombre demandé dans cette question doit être le plus petit commun multiple de tous les termes de ces fractions.

308. *Un homme achète, au prix de 240 francs l'are, un terrain rectangulaire ayant 178 mètres de long sur 50 mètres de large. Il en revend une partie au prix de 350 francs l'are et le reste au prix de 200 francs l'are ; il réalise ainsi un bénéfice de 4000 francs. Calculer la superficie des deux parties du terrain.*

La surface du champ est égale à $178 \times 50 = 8900^{mq} = 89$ ares.
Le prix d'achat a été.................. $240^f \times 89 = 21\,360$ francs.
La somme retirée de la vente est :
$$21\,360^f + 4000^f = 25\,360 \text{ francs}.$$
Si tout avait été vendu au prix de 200 fr. l'are, le produit de la vente aurait été :
$$200^f \times 89 = 17\,800 \text{ francs}.$$
La différence entre cette somme et le produit de la vente est :
$$25\,360^f - 17\,800^f = 7560 \text{ francs}.$$
Or si on suppose qu'il y ait un are vendu à 350 fr., le produit de la vente augmente d'une somme égale à :
$$350^f - 200^f = 150 \text{ francs}.$$
Pour réduire à zéro la différence 7560 fr., il faut qu'il y ait autant d'ares vendus à 350 fr. qu'il y a de fois 150 fr. dans 7560 francs.
Ce nombre d'ares est donc................ $7560 : 150 = 50^a,4$.

Réponse. — A 350 fr. on a vendu 50 ares 40 centiares ; à 200 fr. 38 ares 60 centiares.

309. *Un marchand a acheté 150 mètres de drap à $10^f,50$ le mètre. Il revend cette marchandise de telle sorte que sur 15 mètres il gagne le prix de vente de 2 mètres. Quel est ce prix de vente ?*

PROBLÈMES DIVERS.

Soit x le prix de vente du mètre.
Le bénéfice par mètre sera $x - 10,5$.
D'un autre côté sur 15 mètres on gagne 2 x.
Sur 1 mètre on gagne la 15ᵉ partie, c.-à-d. $\dfrac{2\,x}{15}$.
On a donc l'équation :
$$x - 10,5 = \dfrac{2\,x}{15}.$$
On en tire :
$$x - \dfrac{2\,x}{15} = 10,5 \quad \text{ou} \quad \dfrac{13\,x}{15} = 10,5\,;$$
$$x = \dfrac{10,5 \times 15}{13} = \dfrac{157,5}{13} = 12,115.$$

Réponse. — Le prix de vente du mètre est 12 francs 11 centimes et demi.

Nota. — Le nombre de mètres 150 est inutile pour la question proposée.

310. *On a acheté 25 mètres de drap pour une certaine somme. Si le mètre avait coûté 2 francs de moins, on aurait eu 8 mètres de plus pour la même somme. Trouver le prix d'achat du mètre.*

Soit x le prix d'achat du mètre ; la somme payée sera 25 x.
La seconde fois le prix du mètre est............. $x - 2$.
Le nombre de mètres achetés en ce cas est :
$$25 + 8 = 33 \text{ mètres}.$$
Le prix payé pour ces 33 mètres serait exprimé par :
$$(x - 2) \times 33.$$
Ce prix étant le même que la 1ʳᵉ fois, on peut écrire l'égalité :
$$(x - 2) \times 33 = 25\,x.$$
De là on tire successivement :
$$33\,x - 66 = 25\,x,$$
$$33\,x - 25\,x = 66,$$
$$8\,x = 66,$$
$$x = \dfrac{66}{8} = 8^{\text{f}},25.$$
L'achat avait coûté.................... $8^{\text{f}},25 \times 25 = 206^{\text{f}},25$.

Réponse. — Le prix d'achat du mètre était de $8^{\text{f}},25$.
En payant le mètre 2 francs de moins, c'est-à-dire $6^{\text{f}},25$, on aurait eu 8 mètres de plus, c'est-à-dire 33 mètres.

311. *Un cultivateur veut employer à l'achat d'une pièce de terre le prix de sa récolte de blé. Il calcule que, s'il peut vendre son blé 16ᶠ,45 l'hectolitre, prix moyen du dernier marché, il lui restera 52ᶠ,70 en sus du prix de cette terre. Mais s'il ne le vend qu'à raison de 15ᶠ,15, prix qu'on lui offre, il lui manquera 55ᶠ,20.*
Trouver combien il a récolté d'hectolitres de blé.

La différence entre les deux prix de vente de l'hectolitre est :
$$16^f,45 - 15^f,15 = 1^f,30.$$
La différence entre les sommes retirées de la vente à ces deux prix est :
$$52^f,70 + 55^f,20 = 107^f,90.$$
Autant il y a de fois 1ᶠ,30 dans 107ᶠ,90, autant il y a d'hectolitres dans la récolte.

Ce nombre d'hectolitres est donc $1079 : 13 = 83$ hectolitres.

Réponse. — On a récolté 83 hectolitres de blé.

MÉTHODE ALGÉBRIQUE. — Soit x le nombre d'hectolitres récoltés et p le prix de la maison.
Le problème sera exprimé par les deux équations :
$$x \times 16,45 = p + 52,70,$$
$$x \times 15,15 = p - 55,20.$$
En retranchant la 2ᵉ de la 1ʳᵉ membre à membre, on a :
$$x \times 1,30 = 107,90.$$
On en tire $x = \dfrac{107,9}{1,3} = \dfrac{1079}{13} = 83.$

312. *Trouver les poids de deux masses de fer, en sachant que les $\dfrac{5}{8}$ de la 2ᵉ pèsent autant que les $\dfrac{4}{9}$ de la 1ʳᵉ et que les $\dfrac{2}{5}$ de la 1ʳᵉ pèsent 96 kilogrammes de moins que les $\dfrac{3}{4}$ de la 2ᵉ.*

Représentons par x le poids de la 1ʳᵉ et par y le poids de la 2ᵉ.
Le problème sera exprimé par les deux équations :
$$\dfrac{4x}{9} = \dfrac{5y}{8} \quad \text{et} \quad \dfrac{2x}{5} = \dfrac{3y}{4} - 96.$$
En chassant les dénominateurs on a :
pour la 1ʳᵉ............ $32x = 45y;$ (1)
pour la 2ᵉ............ $8x = 15y - 1920.$ (2)

PROBLÈMES DIVERS. 213

En multipliant l'équation (2) par 4, on obtient :
$$32\,x = 60\,y - 7680. \qquad (3)$$
Des équations (1) et (3) on tire l'équation :
$$60\,y - 7680 = 45\,y.$$
En la résolvant on a successivement :
$$60\,y - 45\,y = 7680,$$
$$15\,y = 7680,$$
$$y = \frac{7680}{15} = \frac{1536}{3} = 512.$$
En remplaçant y par 512 dans l'équation (1) on trouve :
$$32\,x = 45 \times 512,$$
$$x = \frac{45 \times 512}{32} = 720.$$

Réponse. — La 1re masse pèse 720 kilogrammes ; la 2e masse 512 kilogrammes.

313. *Dans une usine on emploie 50 hommes, 35 femmes et 20 enfants, et le total des salaires payés pour une semaine de 6 journées de travail s'élève à 1344 francs. Or 8 journées d'homme valent 15 journées de femme et 9 journées de femme valent 16 journées d'enfant. Trouver les prix de la journée pour l'homme, pour la femme, pour l'enfant.*

D'abord la somme donnée par jour est 1344^f : 6 = 224 francs.
Or 8 journées d'homme valent 15 journées de femme.
9 journées de femme valent 16 journées d'enfant.

Le prix de la journée de l'homme est $\dfrac{15}{8}$ de celui de la femme ;

le prix de la journée de la femme est $\dfrac{16}{9}$ de celui de l'enfant.

Supposons pour le prix de la journée de l'enfant 72 centimes.
(72 est le produit des dénominateurs 8 et 9.)

La journée de la femme vaudra $72 \times \dfrac{16}{9}$, c.-à-d. 128 centimes.

La journée de l'homme vaudra $128 \times \dfrac{15}{8}$, c.-à-d. 240 centimes.

Dans ce cas on donnerait par jour :
aux 50 hommes.......... 2^f,40 × 50 = 120^f,00
aux 35 femmes.......... 1^f,28 × 35 = 44^f,80
aux 20 enfants.......... 0^f,72 × 20 = 14^f,40
             Total............... 179^f,20.

Or on trouve................................224 : 179,2 = 1,25.

Ainsi la somme payée par jour vaut 1 fois $\frac{1}{4}$ la somme résultant de la supposition qui a été faite.

Réponse. — Les prix de la journée sont donc :
pour l'homme............ 2^f,40 + 0^f,60 = 3^f,00 ;
pour la femme........... 1^f,38 + 0^f,32 = 1^f,60 ;
pour l'enfant............ 0^f,72 + 0^f,18 = 0^f,90.

314. *Partager 3500 francs en 5 parties telles que chacune diffère de la suivante de 200 francs.*

Représentons la 1re partie par............ a.
La 2e sera...................... a + 200.
La 3e........................... a + 400.
La 4e........................... a + 600.
La 5e........................... a + 800.
Total.......... $5a$ + 2000.

Ainsi le quintuple de la 1re partie, augmenté de 2000 francs, égale la somme totale 3500 francs.

C'est ce qu'on exprime par l'équation suivante :
$$5a + 2000 = 3500.$$
On en tire :
$$5a = 1500,$$
$$a = 1500 : 5 = 300.$$

Réponse. — Les parts demandées sont :
1re 300 fr. ; 2e 500 fr. ; 3e 700 fr. ; 4e 900 fr. ; 5e 1100 fr.

315. *Des ouvriers, qui travaillent ensemble, sont répartis en trois groupes, dont le 1er comprend 5 ouvriers de plus que le 2e et 8 de plus que le 3e. Les ouvriers du 1er groupe sont payés à raison de 2^f,25 par jour et par homme ; ceux du 2e, à raison de 3^f,25 ; ceux du 3e, à raison de 4^f,25. Le total des salaires est de 144^f,75 par jour. Trouver combien il y a d'ouvriers dans chaque groupe.*

1re MÉTHODE. — Supposons que le nombre des ouvriers du 2e groupe et celui des ouvriers du 3e deviennent égaux au nombre des ouvriers du 1er.

PROBLÈMES DIVERS.

Il y aura 5 ouvriers de plus dans le 2ᵉ groupe et 8 ouvriers de plus dans le 3ᵉ.

En ce cas la somme à payer chaque jour serait augmentée de :
$$3^f,25 \times 5 + 4^f,25 \times 8 = 50^f,25.$$
La somme payée chaque jour aux ouvriers serait alors :
$$144^f,75 + 50^f,25 = 195 \text{ francs.}$$
Le total donné par jour à un ouvrier de chaque groupe serait :
$$2^f,45 + 3^f,45 + 4^f,45 = 9^f,75.$$
Donc autant de fois il y aura $9^f,75$ dans 195 francs, autant il y aura d'ouvriers dans le 1ᵉʳ groupe.

Ce nombre d'ouvriers sera................ $195 : 9,75 = 20$.

Réponse. — Dans le 1ᵉʳ groupe il y a 20 ouvriers; dans le 2ᵉ, 15 ouvriers; dans le 3ᵉ, 12 ouvriers.

2ᵉ MÉTHODE. — Soit x le nombre des ouvriers du 3ᵉ groupe.
Le nombre des ouvriers sera :
dans le 1ᵉʳ groupe $x + 8$; dans le 2ᵉ groupe $x + 3$.
Comptons par centimes pour éviter l'emploi de la virgule.
Les sommes données par jour à chaque groupe sont :
pour le 3ᵉ groupe.................. $425 \times x$ ou $425\, x$
pour le 2ᵉ groupe................ $325 \times (x + 3)$ ou $325\, x + 975$
pour le 1ᵉʳ groupe............. $225 \times (x + 8)$ ou $225\, x + 1800$.

Le total de ces trois sommes est................ $975\, x + 2775$.
Or ce total doit égaler 14475.
On peut donc écrire l'égalité :
$$975\, x + 2775 = 14475,$$
ou en divisant les trois termes par 75 :
$$39\, x + 111 = 579.$$
On a ensuite :
$$36\, x = 579 - 111,$$
$$36\, x = 468,$$
$$x = \frac{468}{39} = 12.$$

Réponse. — Le nombre des ouvriers du 3ᵉ groupe est 12.

316. *Un propriétaire envoie à un marchand deux sortes de vin : le premier du prix de 87 francs l'hectolitre, payable à 80 jours; le deuxième du prix de $72^f,50$ l'hectolitre, payable à 120 jours. Le marchand veut faire un mélange de ces deux vins pour avoir 63 hectolitres pouvant être vendus, sans gain ni perte, à*

80 francs l'hectolitre, payables dans trois mois. Trouver combien il doit prendre d'hectolitres de chaque qualité, l'escompte étant calculé sur le taux de 6 %.

1° Cherchons d'abord le prix actuel de l'hectolitre après l'escompte. A 6 % l'escompte est égal au capital multiplié par le nombre de jours et divisé par 6000.

L'escompte est sur le prix de l'hectolitre :

1re qualité.................... $\dfrac{87 \times 80}{6000} = 1^f,16.$

2e qualité.................... $\dfrac{72,5 \times 120}{6000} = 1^f,45.$

mélange...................... $\dfrac{80 \times 90}{6000} = 1^f,20.$

Le prix actuel de l'hectolitre est donc :
1re qualité................ $87^f,00 - 1^f,16 = 85^f,84,$
2e qualité................. $72^f,50 - 1^f,45 = 71^f,05,$
mélange................... $80^f,00 - 1^f,20 = 78^f,80.$

2° En mettant 1 hectol. de la 1re qualité dans le mélange, on perd :
$$85,84 - 78,80 = 704 \text{ centimes.}$$
En y mettant 1 hectolitre de la 2e qualité, on gagne :
$$78,80 - 71,05 = 775 \text{ centimes.}$$
D'après cela on devra mettre dans le mélange :
pour 775 hectolitres de la 1re qualité 704 hectolitres de la 2e, ou pour 775 litres de la 1re qualité 704 litres de la 2e.
En effet avec 775 litres de la 1re on perd :
$$7^f,04 \times 7,75.$$
Avec 704 litres de la 2e, on gagne :
$$7^f,75 \times 7,04.$$
Ces deux produits étant égaux, la perte est compensée par le gain. Or 775 litres de la 1re et 704 litres de la 2e font un mélange de
$$775 + 704 = 1479 \text{ litres.}$$
Mais 6300 litres sont les $\dfrac{6300}{1479}$ ou les $\dfrac{2100}{493}$ de 1479 litres.
On mettra donc dans le mélange :

de la 1re qualité......... $775^l \times \dfrac{2100}{493} = 3301^l,2;$

de la 2e qualité.......... $704^l \times \dfrac{2100}{493} = 2998^l,7.$

Réponse. — 33 hectolitres de la 1re q. et 30 hectolitres de la 2e.

317. *Un cultivateur offre de vendre du blé à 24 francs l'hectolitre et du seigle à 18 francs. Un meunier lui*

PROBLÈMES DIVERS.

achète à ce prix 75 hectolitres d'un méteil composé de $\frac{2}{3}$ de blé et $\frac{1}{3}$ de seigle; mais voulant s'assurer de la loyauté du vendeur, il pèse les échantillons qui lui ont été remis, et le méteil qui vient de lui être livré. Le poids de 75 centilitres de blé est de 600 grammes; celui de 80 centilitres de seigle est de 560 grammes, et celui de 1 hectolitre et demi de méteil est de 113 kilogrammes 500 grammes. Y a-t-il fraude? En évaluer le montant en argent.

Le litre de blé pèse $\dfrac{600^{gr} \times 100}{75} = \dfrac{600 \times 4}{3} = 800$ gr.

Le litre de seigle pèse $\dfrac{560^{gr} \times 100}{80} = \dfrac{560 \times 5}{4} = 700$ gr.

Dans 1 hectolitre et demi, c.-à-d. dans 150 litres de méteil, il doit y avoir :
en blé.... 100 litres pesant $800^{gr} \times 100 = 80$ kilogr.
en seigle.. 50 litres pesant $700^{gr} \times 50 = 35$ —
Total............. 115 kilogr.

Au poids $113^{kg},5$ de l'hectolitre et demi de méteil livré il manque :
$115^{kg} - 113^{kg},500 = 1500$ grammes.

Or 1 litre de seigle substitué à 1 litre de blé produit une diminution de poids de 100 grammes; on a donc forcé la proportion en seigle.

Dans 150 litres de méteil la quantité de seigle mise en trop égale :
$1500 : 100 = 15$ litres.

Par litre de seigle mis en trop, la diminution de valeur est de :
$0^f,24 - 0^f,18 = 0^f,06$.

La perte sur 1 hectolitre $\dfrac{1}{2}$ du mélange est donc 15 fois $0^f,06$ ou :
$0^f,06 \times 15 = 0^f,90$.

La perte totale sur les 75 hectolitres de méteil sera :
$\dfrac{0^f,90 \times 75}{1,5} = 45$ francs.

Réponse. — Il y a eu fraude et la perte est de 45 francs.

MÉTHODE ALGÉBRIQUE. — Soit x le nombre de litres de blé entrant dans 150 litres de méteil livré.
Le nombre de litres de seigle sera $150 - x$.
On a l'équation :
$800x + (150 - x) \times 700 = 113\,500$.

On en tire :

$$800x - 700x + 105\,000 = 113\,500;$$
$$100x = 113\,500 - 105\,000 = 8500;$$
$$x = 85.$$

La proportion convenue en blé était de 100 litres.
Il y a donc fraude de 100 — 85 = 15 litres.

318. *Trouver un nombre tel que les $\frac{2}{7}$ de ce nombre, augmentés du produit de ce nombre par 0,291, et augmentés encore de 9,85, donnent une somme égale à 9,8527.*

Soit x le nombre demandé; on aura l'équation suivante :

$$\frac{2\,x}{7} + \frac{291\,x}{1000} + 9,85 = 9,8527.$$

En réduisant les deux fractions au même dénominateur pour en faire la somme, et en diminuant les deux membres de 9,85, on obtient cette autre équation :

$$\frac{4037\,x}{7000} = 0,0027.$$

De là on tire :

$$4037\,x = 0,0027 \times 7000,$$
$$x = \frac{2,7 \times 7}{4037} = \frac{18,9}{4037} = \frac{189}{40\,370}.$$

Réponse. — Le nombre demandé est la fraction $\frac{189}{40\,370}$.

319. *Un champ a été divisé en deux parties. Les $\frac{3}{7}$ de la 1re égalent les $\frac{2}{5}$ de la 2e; et si l'on retranche des $\frac{9}{13}$ de la 2e les $\frac{11}{20}$ de la 1re, on obtient pour différence 13 hectares 96 ares. Quelle est l'étendue de chaque partie ?*

Soit x la 1re partie et y la 2e. L'énoncé donne les deux équations :

$$\frac{3\,x}{7} = \frac{2\,y}{5};$$
$$\frac{9\,y}{13} - \frac{11\,x}{20} = 1396.$$

PROBLÈMES DIVERS.

En chassant les dénominateurs, on obtient :
$$15\,x = 14\,y;$$
$$180\,y - 143\,x = 362\,960.$$
De ces deux équations on tire :
$$y = \frac{15\,x}{14}\ ;\ y = \frac{143\,x + 362\,960}{180}.$$
Ces deux valeurs de y devant être égales, on a cette autre équation :
$$\frac{15\,x}{14} = \frac{143\,x + 362\,960}{180},$$
ou :
$$\frac{15\,x}{7} = \frac{143\,x + 362\,960}{90}.$$
En chassant les dénominateurs, on obtient :
$$1350\,x = 1001\,x + 2\,540\,720.$$
On en tire :
$$1350\,x - 1001\,x = 2\,540\,720,$$
$$349\,x = 2\,540\,720,$$
$$x = 2\,540\,720 : 349 = 7280.$$
En remplaçant x par 7280 dans l'équation :
$$y = \frac{15\,x}{14},$$
on obtient :
$$y = \frac{15}{14} \times 7280 = 15 \times 520 = 7800.$$

Réponse. — La 1re partie contient 72 hectares 80 ares ; la 2e partie 78 hectares.

320. *Diviser une somme de* 1500 *francs entre trois frères. Le* 2e *doit avoir les* $\frac{5}{6}$ *de la part de l'aîné, plus* 100 *francs, et le cadet les* $\frac{3}{4}$ *de la part du* 2e, *plus* 150 *francs.*

Regardons la somme comme composée d'un certain nombre de parties égales et supposons que l'aîné reçoive 24 de ces parties.

La part du 2e comprendra :

les $\frac{5}{6}$ de 24 parties plus 100 fr., c.-à-d. 20 parties plus 100 francs.

La part du cadet comprendra :

les $\frac{3}{4}$ de 20 parties plus les $\frac{3}{4}$ de 100 fr. plus 150 fr., ce qui fait 15 parties plus 225 francs.

220 BREVET SUPÉRIEUR.

La somme à partager doit donc contenir :
$$(24^p + 20^p + 15^p) + (100^f + 225^f),$$
c'est-à-dire 59 parties plus 325 francs.

Prélevons d'abord 325 fr. sur la somme de 1500 francs.
Le reste, 1175 fr., devra être partagé en 59 parties égales.
Chacune est égale à.......................... $1175 : 59 = 19^f,9152$.
Les parts demandées seront :
pour l'aîné........................ $19^f,9152 \times 24 = 477^f,9648$;
pour le second $19^f,9152 \times 20 + 100$ francs,
   c'est-à-dire............... $398^f,304 + 100^f = 498^f,304$;
pour le cadet $19^f,9152 \times 15 + 225$ francs,
   c'est-à-dire............... $298^f,728 + 225^f = 523^f,728$.

Réponse. — L'aîné a $477^f,97$; le second $498^f,30$; le cadet $523^f,73$.

321. *Un agriculteur achète, au prix de 35 francs l'are, deux champs, qu'il payera dans 1 an 6 mois et 10 jours. Les surfaces de ces champs sont telles que si du 1ᵉʳ on retranchait le tiers, le reste serait égal au 2ᵉ. Trouver les surfaces, en sachant qu'au bout du temps indiqué la somme totale à payer pour les deux s'élèvera à $13\,035^f,75$, y compris les intérêts simples à 4 %.*

Cherchons d'abord le prix d'achat du champ.
Or 1 an 6 mois 10 jours font $360 + 180 + 10 = 550$ jours.
L'intérêt simple de 1 fr. à 4 % pour ce temps est :
$$\frac{0^f,04 \times 550}{360} \text{ ou } \frac{0^f,55}{9}.$$
Ainsi au bout de 550 jours 1 franc a pris une valeur égale à :
$$1^f + \frac{0^f,55}{9} \text{ c'est-à-dire à } \frac{9^f,55}{9}.$$
Autant de fois cette valeur prise par 1 franc est contenue dans $13\,035^f,75$, autant il y a de francs dans le prix d'achat. Ce prix est :
$$13\,035,75 : \frac{9,55}{9} = \frac{1\,303\,575 \times 9}{955} = 12\,285 \text{ francs.}$$
Au prix de 35 fr. l'are, la surface totale des deux champs est :
$$12\,285 : 35 = 351 \text{ ares.}$$
Or le 2ᵉ champ étant les $\frac{2}{3}$ du 1ᵉʳ, on aura la surface de chacun en partageant la surface totale en 5 parties égales et en en prenant 3 pour le 1ᵉʳ et 2 pour le 2ᵉ.

La 5ᵉ partie de 351 ares est $70^a,2$.

Les surfaces des deux champs sont donc :
pour le 1ᵉʳ...................................... $70^a,2 \times 3 = 210^a,60$
pour le 2ᵉ.. $70^a,2 \times 2 = 140^a,40$.

Réponse. — Le 1ᵉʳ champ a 210 ares 60 centiares; le second 140 ares 40 centiares.

322. *Un aubergiste a acheté un certain nombre de litres de vin. En les revendant au détail il en perd 10 litres; cependant la partie vendue lui a donné un bénéfice égal à 17 % de la somme qu'il avait payée pour l'achat total. Si les 10 litres perdus avaient pu être vendus au même prix de détail que les autres, ils auraient produit une somme égale aux 0,03 du prix de l'achat total. Trouver combien de litres avaient été achetés.*

PREMIÈRE MÉTHODE. — Désignons par p le prix d'achat.
En vendant ce vin, moins les 10 litres perdus, on a retiré :

$$p \text{ plus } \frac{17}{100} \text{ de } p, \text{ c'est-à-dire } \frac{117}{100} \text{ de } p.$$

Or la vente de 10 litres à ce prix aurait produit $\frac{3}{100}$ de p.

La vente de 1 litre aurait produit seulement $\frac{3}{1000}$ de p.

Pour retirer $\frac{117}{100}$ de p on a dû vendre autant de litres qu'il y a de fois $\frac{3}{1000}$ de p dans $\frac{117}{100}$ de p.

Ce nombre de litres est donc :

$$\frac{117}{100} : \frac{3}{1000} = \frac{1170}{1000} \cdot \frac{3}{1000} = \frac{1170}{3} = 390.$$

Réponse. — L'aubergiste a revendu 390 litres.
Il avait acheté 400 litres.

MÉTHODE ALGÉBRIQUE. — Soit x le nombre de litres achetés et p la somme payée pour cet achat.
Le nombre de litres vendus en détail est.......... $x - 10$.
Mais la vente de ces $x - 10$ litres produit :

$$p + \frac{17\,p}{100} \text{ ou } \frac{117\,p}{100}.$$

Le prix de vente du litre sera le quotient du produit de la vente divisé par le nombre de litres vendus; c'est donc :

$$\frac{117\,p}{100} : (x-10) \quad \text{ou} \quad \frac{117\,p}{100 \times (x-10)}.$$

Or 10 litres vendus à ce prix produiraient :

$$\frac{117\,p \times 10}{100 \times (x-10)} \quad \text{ou} \quad \frac{1170\,p}{100 \times (x-10)}.$$

Comme cette somme doit être les $\frac{3}{100}$ de p, on a :

$$\frac{3\,p}{100} = \frac{1170\,p}{100 \times (x-10)} \quad \text{ou} \quad 3 = \frac{1170}{x-10}.$$

On tire de là :

$$3\,x - 30 = 1170,$$
$$3\,x = 1170 + 30,$$
$$x = 1200 : 3 = 400.$$

323. *Un libraire fait imprimer un ouvrage composé de 56 feuilles. Il donne par feuille 40 francs pour la composition et 5 francs pour la correction des épreuves. Le papier coûte 13^f,50 la rame de 500 feuilles; le cartonnage est de 0^f,46 par exemplaire et on dépense 125 francs en annonces. Chaque exemplaire doit se vendre 9 francs et le libraire veut gagner 2000 francs. Combien faut-il tirer d'exemplaires ?*

D'abord on dépense :
pour composition et correction 45^f × 56 = 2520 francs
pour annonces......................... 125 —
         Total................. 2645 francs.
Ajoutons le bénéfice à faire........... 2000 —
         Total................. 4645 francs.

De la vente on doit retirer cette somme plus le prix du papier et du cartonnage.
La feuille de papier coûte............ 13^f,50 : 500 = 0^f,027.
On dépense par exemplaire :
pour le papier........................ 0^f,027 × 56 = 1^f,512
pour le cartonnage................... 0^f,46
         Total..................... 1^f,972.
La vente de l'exemplaire doit rapporter 9 francs.
Le produit de la vente de l'exemplaire, déduction faite du papier et du cartonnage, est................. 9^f — 1^f,972 = 7^f,028.
Autant de fois il y aura 7^f,028 dans 4645 francs, autant on devra tirer d'exemplaires.

PROBLÈMES DIVERS.

Ce nombre d'exemplaires sera 4645 : 7,028 = 660,9.

Réponse. — On doit tirer 661 exemplaires.

MÉTHODE ALGÉBRIQUE. — Soit x le nombre d'exemplaires.
Au prix de 9 francs chacun, la vente de x exemplaires produit $9x$.
La dépense comprend :
pour composition et correction.................... 2645 francs,
pour papier et cartonnage........................ $1^f,972 \times x$.
On doit donc retirer de la vente :
$2645^f + 1^f,972 \times x + 2000$, c.-à-d. $1^f,972 \times x + 4645$ francs.
On a ainsi l'équation :
$$9x = 1,972 \times x + 4645.$$
On en tire :
$$9x - 1,972 \times x = 4645;$$
$$7,028 \times x = 4645;$$
$$x = 4645 : 7,028 = 660,9.$$

324. *Un marchand a vendu à trois personnes une pièce de toile, au prix de $3^f,50$ le mètre. La 1re a pris le tiers de la pièce plus 4 mètres; la 2e la moitié de ce qui restait plus 6 mètres; la 3e a payé $164^f,64$ pour le coupon restant, déduction faite d'un escompte de 2 %. Trouver les longueurs de la pièce et des trois parts.*

La 3e personne a obtenu un escompte de 0,02 du prix du coupon.
Ainsi 98 centièmes du prix du coupon sont $164^f,64$.
Le centième de ce prix serait............ $164^f,64 : 98 = 1^f,68$.
Le prix du coupon est 168 francs.
Le prix d'achat du mètre de toile est $3^f,50$.
Le nombre de mètres du coupon est donc $168 : 3,5 = 48$ mètres.
Soit x le nombre de mètres de la pièce de toile.
Le nombre de mètres pris par la 1re personne est :
$$\frac{x}{3} + 4.$$
Ce qui reste de la pièce est égal à :
$$x - \frac{x}{3} - 4, \text{ c'est-à-dire à } \frac{2x}{3} - 4.$$
La 2e personne a pris la moitié de ce reste plus 6 mètres, c.-à-d. :
$$\frac{x}{3} - 2 + 6 \text{ ou } \frac{x}{3} + 4.$$
On voit que les parts de la 1re personne et de la 2e égalent chacune le tiers de la pièce plus 4 mètres.

224   BREVET SUPÉRIEUR.

On peut donc écrire l'équation :
$$\frac{2x}{3} + 8 + 48 = x.$$

On en tire :
$$\frac{2x}{3} + 56 = \frac{3x}{3};$$
$$\frac{x}{3} = 56;$$
$$x = 56 \times 3 = 168.$$

Chacune des deux premières personnes a acheté le tiers de 168 mètres plus 4 mètres, c'est-à-dire $56^m + 4^m = 60$ mètres.

Réponse. — La longueur de la pièce était de 168 mètres. La 1ʳᵉ personne a pris 60 mètres; la seconde 60 mètres; la troisième 48 mètres.

325. *Un robinet A peut remplir un bassin en 4ʰ48ᵐ. On le laisse couler seul pendant 1ʰ 36ᵐ; puis on ouvre un robinet B, et au bout de 48 minutes le bassin est rempli par les deux robinets coulant ensemble.*
Trouver combien de temps il faudrait pour remplir le bassin : 1° si le robinet B était seul ouvert; 2° si A et B étaient ouverts ensemble; 3° si on fermait A au moment où l'on ouvre B; 4° si dans la 1ʳᵉ expérience, au moment où l'on ouvre B, on ouvrait en même temps un robinet C vidant le bassin et laissant écouler une quantité d'eau égale à celle que fournit A.

1° Le robinet A remplit le bassin en 4ʰ 48ᵐ ou 288 minutes.

Il remplirait : en 1 minute, $\frac{1}{288}$ du bassin,

en 1ʰ36ᵐ ou 96 minutes, $\frac{96}{288}$ u $\frac{1}{3}$ du bassin.

Il reste à remplir $\frac{2}{3}$ du bassin.

Dans les 48ᵐ qui suivent, le robinet A remplit :
$$\frac{48}{288} \text{ ou } \frac{1}{6} \text{ du bassin.}$$

Dans ces 48ᵐ le robinet B remplit :
$$\frac{2}{3} - \frac{1}{6} = \frac{4}{6} - \frac{1}{6} = \frac{3}{6} = \frac{1}{2} \text{ du bassin.}$$

PROBLÈMES DIVERS.

En 1 minute ce robinet B remplit $\frac{1}{96}$ du bassin.

Le robinet B coulant seul remplirait donc le bassin en 96 minutes.

2° Ensemble les deux robinets versent par minute :

$$\frac{1}{288} + \frac{1}{96} = \frac{4}{288} = \frac{1}{72} \text{ du bassin.}$$

Ensemble ils rempliraient le bassin en 72 minutes.

3° Le robinet A a rempli $\frac{1}{3}$ du bassin en 96 minutes.

Le robinet B seul remplit les $\frac{2}{3}$ ou les $\frac{64}{96}$ qui restent en 64 minutes.

En ce cas le bassin est rempli en .... $96^m + 64^m = 160^m$.

4° Quand les robinets B et C sont ouverts ensemble, la quantité d'eau qui reste dans le bassin au bout de 1 minute occupe :

$$\frac{1}{96} - \frac{1}{288} = \frac{3}{288} - \frac{1}{288} = \frac{1}{144} \text{ du bassin.}$$

Les $\frac{2}{3}$ ou $\frac{96}{144}$ du bassin qui restent à remplir au moment où l'on ouvre le robinet B seront remplis en 96 minutes, quand B et C sont ouverts ensemble.

Pour remplir le bassin dans le 4° cas il faudra donc :

96^m pour A plus 96^m pour B et C, en tout 192 minutes.

Réponse. — Par le robinet B seul 96 minutes; par les robinets A et B ensemble 72 minutes; A se fermant quand B s'ouvre, 160 minutes; dans le 4° cas, 192 minutes.

326. *Un propriétaire tire un revenu de 7 % d'une maison à cinq étages, qui lui coûte 325 000 francs. Trouver le prix de location de chaque étage, en sachant que le prix du 1ᵉʳ vaut 6 fois celui du 5ᵉ; que le prix du 2ᵉ est les $\frac{2}{3}$ de celui du 1ᵉʳ; le prix du 3ᵉ la moitié de celui du 1ᵉʳ, et le prix du 4ᵉ le tiers du prix du premier.*

Le revenu est égal à $7^f \times 3250 = 22750$ francs.
Supposons pour le 5ᵉ étage un prix de .... 1000 francs.
Le 1ᵉʳ paiera 6 fois le 5ᵉ c'est-à-dire .... 6000 —
Le 2° paiera 2 tiers du 1ᵉʳ c'est-à-dire .... 4000 —
Le 3ᵉ paiera la moitié du 1ᵉʳ c'est-à-dire .... 3000 —
Le 4ᵉ paiera le tiers du 1ᵉʳ c'est-à-dire .... 2000 —

        Total .... 16000 francs.

Autant de fois ce total sera contenu dans le montant du loyer total, autant de fois le prix de chaque étage vaudra le prix correspondant à 1000 francs de loyer pour le 5º étage.

Ce nombre de fois est exprimé par le quotient :

$$\frac{22\,750}{16\,000} = \frac{22{,}75}{16} = 1{,}421875.$$

Réponse. — Les prix de location demandés sont :
5º étage..................... $1000 \times 1{,}421875 = 1\,421^f{,}875$
1ᵉʳ étage.................... $6000 \times 1{,}421875 = 8\,531^f{,}250$
2ᵉ étage.................... $4000 \times 1{,}421875 = 5\,687^f{,}500$
3ᵉ étage.................... $3000 \times 1{,}421875 = 4\,265^f{,}625$
4ᵉ étage.................... $2000 \times 1{,}421875 = 2\,843^f{,}750$
                                Total............. $22\,750^f{,}000.$

327. *Un bassin de 21 hectolitres peut être rempli d'eau au moyen de deux robinets. En ouvrant le 1ᵉʳ pendant 4 heures et le 2ᵉ pendant 5 heures, on a obtenu 900 litres d'eau. Si on avait laissé couler le 1ᵉʳ pendant 7 heures et le 2ᵉ pendant 3 heures et demie, on aurait eu 1260 litres d'eau. Trouver combien chaque robinet fournit de litres d'eau par heure, et en combien de temps ils rempliraient le bassin en coulant ensemble.*

Soit x et y les nombres de litres fournis en 1 heure par le 1ᵉʳ robinet et par le 2ᵉ.

Ils ont versé une 1ʳᵉ fois :
le 1ᵉʳ en 4 heures $4x$; le 2ᵉ en 5 heures $5y$.
De là cette équation :
$$4x + 5y = 900. \qquad (1)$$

La 2ᵉ fois ils verseraient :
le 1ᵉʳ en 7 heures $7x$; le 2ᵉ en $3^h\frac{1}{2}$ ou $\frac{7}{2}$ d'heure $\frac{7y}{2}$.

De là cette autre équation :
$$7x + \frac{7y}{2} = 1260,$$

où : $14x + 7y = 2520.$ $\qquad (2)$

Multiplions l'équation (1) par 7 et l'équation (2) par 2.
On a : $28x + 35y = 6300,$ $\qquad (3)$
           $28x + 14y = 5040.$ $\qquad (4)$

En retranchant l'équation (4) de l'équation (3), on trouve :
$$21y = 1260,$$
d'où $y = \dfrac{1260}{21} = 60.$

PROBLÈMES DIVERS.   227

Au moyen de l'équation (1) on obtient :
$$4x + 5 \times 60 = 900,$$
$$4x = 600,$$
$$x = 150.$$

Réponse. — Les deux robinets fournissent par heure : le 1re 150 litres ; le 2e 60 litres.
Ensemble ils rempliraient le bassin en 1 heure.

328. *Trois fontaines versent de l'eau dans un bassin. La 1re et la 2e coulant ensemble le rempliraient en 1 heure $\frac{5}{7}$; la 2$_e$ et la 3e en 2 heures $\frac{2}{9}$; la 1re et la 3e en 1 heure $\frac{7}{8}$. Quel temps chaque fontaine emploierait-elle pour remplir seule le bassin ?*

Appelons A la 1re fontaine, B la 2e, C la 3e, V la capacité du bassin.
Remplaçons 1$^h \frac{5}{7}$ par $\frac{12}{7}$; 2$^h \frac{2}{9}$ par $\frac{20}{9}$; 1$^b \frac{7}{8}$ par $\frac{15}{8}$.

En $\frac{12}{7}$ d'heure A et B rempliraient le bassin V.

En $\frac{1}{7}$ d'heure A et B rempliraient $\frac{V}{12}$.

Ainsi en 1 heure A + B donnent ensemble $\frac{7}{12}$ de V.
On trouvera de même qu'en 1 heure :

B + C donnent ensemble $\frac{9}{20}$ de V ;

A + C donnent ensemble $\frac{8}{15}$ de V.

Les quantités d'eau qui seraient fournies en 1 heure,
par A + B, par B + C, par A + C,
c'est-à-dire par 2 A + 2 B + 2 C,
rempliraient une partie de V égale à :
$$\frac{7}{12} + \frac{9}{20} + \frac{8}{15} \text{ de V.}$$
On trouve pour la somme de ces trois fractions :
$$\frac{35}{60} + \frac{27}{60} + \frac{32}{60} = \frac{94}{60} \text{ de V.}$$
La quantité fournie par A + B + C en 1 heure en est la moitié, c'est-à-dire $\frac{47}{60}$ de V.

De $\frac{47}{60}$ de V retranchons $\frac{9}{20}$ ou $\frac{27}{60}$ de V, quantité fournie en 1 heure par B + C; le reste $\frac{20}{60}$ ou $\frac{1}{3}$ de V est la partie du bassin remplie en 1 heure par la fontaine A seule.

Pour remplir V la 1re fontaine mettra 3 heures.

De même on trouve pour la partie du bassin remplie par la fontaine B en 1 heure :

$$\frac{47}{60} - \frac{8}{15} \text{ ou } \frac{47}{60} - \frac{32}{60} = \frac{15}{60}, \text{ c.-à-d. } \frac{1}{4} \text{ de V.}$$

Pour remplir V la 2e fontaine mettra donc 4 heures.

La partie du bassin remplie par la fontaine C en 1 heure serait :

$$\frac{47}{60} - \frac{7}{12} \text{ ou } \frac{47}{60} - \frac{35}{60} = \frac{12}{60} \text{ c.-à-d. } \frac{1}{5} \text{ de V.}$$

Pour remplir V la 3e fontaine mettra 5 heures.

Réponse. — La 1re fontaine remplirait le bassin en 3 heures; la 2e en 4 heures; la 3e en 5 heures.

OBSERVATION. — A l'aide de la notation algébrique tout ce qui précède sera présenté plus clairement.

Désignons par x, y, z les quantités d'eau fournies en 1 heure par A, B, C; nous aurons les trois équations :

$$x + y = \frac{7V}{12}; \qquad (1)$$

$$y + z = \frac{9V}{20}; \qquad (2)$$

$$x + z = \frac{8V}{15} \qquad (3)$$

En additionnant membre à membre ces trois équations, on obtient :

$$2x + 2y + 2z = \frac{94}{60}V,$$

ou $\qquad x + y + z = \frac{47}{60}V. \qquad (4)$

En retranchant successivement de cette équation (4) chacune des équations (1), (2), (3), on trouvera :

$$z = \frac{47}{60}V - \frac{35}{60}V = \frac{12}{60}V = \frac{1}{5}V,$$

$$x = \frac{47}{60}V - \frac{27}{60}V = \frac{20}{60}V = \frac{1}{3}V,$$

$$y = \frac{47}{60}V - \frac{32}{60}V = \frac{15}{60}V = \frac{1}{4}V.$$

PROBLÈMES DIVERS.

329. *Au bout de 5 ans un commerçant a gagné 54 000 francs. La 2ᵉ année il a économisé $\frac{2}{9}$ de plus de ce qu'il avait économisé au bout de la 1ʳᵉ; la 3ᵉ année 12 885 francs; la 4ᵉ année le 11ᵉ de moins de ce qu'il avait économisé dans la 2ᵉ; enfin la 5ᵉ année autant que la 2ᵉ année plus 115 francs. Calculer ce qu'il avait gagné pendant chaque année.*

Désignons par a la somme économisée pendant la 1ʳᵉ année.
On a économisé :
dans la 2ᵉ année $a + \frac{2a}{9}$, c.-à-d. $\frac{11a}{9}$; dans la 3ᵉ année 12 885 fr.
L'économie de la 4ᵉ année est :
$$\frac{11a}{9} \text{ moins la 11}^e \text{ partie de } \frac{11}{9} \text{ de } a,$$
c'est-à-dire $\frac{11a}{9}$ moins $\frac{a}{9}$ ou $\frac{10a}{9}$.
L'économie de la 5ᵉ année est :
$$\frac{11a}{9} + 115 \text{ fr.}$$
Le total des économies pendant 5 ans est donc :
$$a + \frac{11a}{9} + 12\,885^f + \frac{10a}{9} + \frac{11a}{9} + 115 \text{ fr.,}$$
ou $a + \frac{32a}{9} + 13\,000$ fr., c.-à-d. $\frac{41a}{9} + 13\,000$ fr.

On a donc l'égalité suivante :
$$\frac{41a}{9} + 13\,000 = 54\,000,$$
ou $\frac{41}{9}a = 54\,000^f - 13\,000^f = 41\,000$ fr.

La 9ᵉ partie de a est 1000 francs.
Réponse. — Les économies réalisées sont :
pour la 1ʳᵉ année...................... 9000 francs
pour la 2ᵉ .... 9000 + 2000 = 11 000 —
pour la 3ᵉ .... = 12 885 —
pour la 4ᵉ.......... 11 000 — 1000 = 10 000 —
pour la 5ᵉ.......... 11 000 + 115 = 11 115 —
Total....... 54 000 francs.

330. *Au moment où un propriétaire se dispose à vendre son blé et son vin, il survient une baisse de 6 francs par hectolitre sur le prix du vin et une hausse* de $2^f,50$ par hectolitre sur le prix du blé. S'il vendait tout dans ces nouvelles conditions, il perdrait 300 francs sur le produit que la vente lui aurait donné sans ces changements de prix. Or il vend la totalité de son blé et seulement les 2 tiers de son vin et il retire la même somme qu'il aurait eue en vendant tout avant ce changement de prix. Trouver combien il avait de blé et de vin à vendre.

Pour plus de clarté, désignons par a le nombre d'hectolitres de vin et par b le nombre d'hectolitres de blé.

La perte faite par hectolitre de vin étant de 6 francs, la perte faite sur le nombre a d'hectolitres de vin est $6a$.

Le gain fait par hectolitre de blé étant $2^f,50$ ou $\frac{5}{2}$ francs, le gain fait sur le nombre b d'hectolitres de blé est $\frac{5}{2} \times b$ ou $\frac{5b}{2}$.

Or la perte surpasse le gain de 300 fr.; on a donc l'égalité :
$$6a - \frac{5b}{2} = 300. \tag{1}$$

Si on vendait seulement les $\frac{2}{3}$ de a, c'est-à-dire $\frac{2a}{3}$, la perte serait sur cette vente $\frac{2a}{3} \times 6$ ou $4a$.

Or cette perte $4a$ est égale au gain $\frac{5b}{2}$ fait sur le blé; on peut donc écrire cette autre égalité :
$$4a = \frac{5b}{2}. \tag{2}$$

Dans l'égalité (1) on peut remplacer $\frac{5b}{2}$ par $4a$ qui lui est équivalent, et on a alors :
$$6a - 4a = 300.$$
De là on tire :
$$2a = 300 \text{ d'où } a = 150.$$
Ainsi il y avait 150 hectolitres de vin.

Pour connaître le nombre d'hectolitres de blé, il suffit de remplacer a par 150 dans l'égalité (2), ce qui donne :
$$4 \times 150 = \frac{5b}{2}.$$
De là on tire successivement:
$$8 \times 150 = 5b;$$
$$b = 8 \times 30 = 240.$$

Réponse. — Le propriétaire avait 150 hectolitres de vin et 240 hectolitres de blé.

331. *Un chemin, long de 800 mètres et large de 7 mètres, empierré sur une largeur de 3 mètres, a coûté 10 968 francs. L'hectare de terrain avait coûté 7500 francs. Le gravier a été placé sur une couche de marne, avec une épaisseur qui n'est que les $\frac{3}{5}$ de celle de la marne. Le mètre cube de marne n'a coûté que les $\frac{4}{5}$ du prix du mètre cube de gravier. Calculer l'épaisseur de la couche de marne et celle de la couche de gravier, si le mètre cube de marne coûtait $4^f,80$.*

La surface du chemin a.......... $800 \times 7 = 5600^{mq} = 56$ ares.
La surface empierrée a.......... $800 \times 3 = 2400^{mq} = 24$ ares.
A 75 francs l'are le terrain a coûté :
$$75^f \times 56 = 4200 \text{ francs.}$$
Le prix de l'empierrement avec la marne a été :
$$10\,968 - 4200 = 6768 \text{ francs.}$$
Le mètre cube de marne coûte $4^f,80$.
Les 4 cinquièmes du prix du mètre cube de gravier valent $4^f,80$.
Le 5e de ce prix égale.................... $4^f,80 : 4 = 1^f,20$.
Le prix du mètre cube de gravier est donc :
$$1^f,2 \times 5 = 6 \text{ francs.}$$
Avec 1^{mc} de marne on met $\frac{3}{5}$ ou $0^{mc},6$ de gravier : total 1^{mc}, .
Ce total coûte :
$$4^f,80 + 6^{fr} \times 0,6 = 4^f,80 + 3^f,60 = 8^f,40.$$
Autant de fois il y a $8^f,40$ dans 6768 francs, autant il y a de mètres cubes de marne et autant de fois $0^{mc},6$ de gravier.
Ce nombre de fois est :
$$\frac{6768}{8,4} = \frac{67680}{84} = 805,714.$$
Ainsi il y a en marne $805^{mc},714$.
En gravier il y a................ $805,714 \times 0,6 = 483^{mc},4284$.
La surface de la couche est de 2400 mètres carrés.
L'épaisseur est donc :
pour la marne.................... $805,714 : 2400 = 0^m,335$.
pour le gravier... .... $483,428 : 2400 = 0^m,201$.

Réponse. — La couche de marne a une épaisseur de 33 centimètres ; la couche de gravier a 20 centimètres.

332. *Une cour rectangulaire a une longueur égale à 2 fois $\frac{1}{3}$ sa largeur. On se propose de l'agrandir, en allongeant d'un quart chacune de ses dimensions; la superficie aura alors 18 900 mètres carrés. Trouver les dimensions primitives de la cour et celles qu'elle a après l'agrandissement.*

Soit x la largeur première; la longueur est $x \times 2\frac{1}{3}$ c.-à-d. $\frac{7x}{3}$.

Chaque dimension nouvelle égale 5 fois le quart de la précédente.

La largeur devient donc $\frac{5x}{4}$; la longueur $\frac{7x}{3} \times \frac{5}{4}$ ou $\frac{35x}{12}$.

La surface avec ces deux nouvelles dimensions étant de 18 900 mètres carrés, on a l'équation

$$\frac{5x}{4} \times \frac{35x}{12} = 18\,900.$$

De là on tire successivement :
$$175x^2 = 18\,900 \times 48\,;$$
$$175x^2 = 907\,200\,;$$
$$x^2 = 907\,200 : 175 = 5184\,;$$
$$x = \sqrt{5184} = 72.$$

La longueur était................. $72 \times 2 + \frac{72}{3} = 168$ m.

Les nouvelles dimensions seront :

largeur..... $72 + \frac{72}{4} = 90$ m.; longueur.. $168 + \frac{168}{4} = 210$ m.

Réponse. — Les dimensions premières étaient 72 mètres et 168 mètres. Les dimensions nouvelles sont de 90 mètres et 210 mètres.

333. *Un champ rectangulaire a été cultivé en betteraves. De la récolte on a retiré 2651 kilogrammes 88 décagrammes de sucre, et ce poids n'est que les 0,07 du poids des betteraves. Trouver les dimensions de ce champ, en sachant qu'elles sont entre elles dans le même rapport que les nombres $4\frac{1}{7}$ et 9, et qu'on a récolté 3 kilogrammes $\frac{2}{3}$ de betteraves par mètre carré.*

PROBLÈMES DIVERS.   233

Les 0,07 du poids de betteraves récolté sont 2651^{kg},88.
La 100e partie de ce poids est :
$$\frac{2651^{kg},88}{7} = 378^k,84.$$
Le poids de la récolte de betteraves est donc 37 884 kilogrammes.
La surface contient autant de mètres carrés qu'il y a de fois 3 kilogrammes $\frac{2}{3}$ ou $\frac{11}{3}$ de kilogramme dans 37 884 kilogrammes.
Ce nombre de mètres carrés est :
$$37\,884 : \frac{11}{3} = \frac{37\,884 \times 3}{11} = 10\,332 \text{ mètres carrés.}$$
Le rapport des deux dimensions du champ est égal au rapport qu'il y a entre $4\frac{1}{7}$ et 9 ou entre $\frac{29}{7}$ et $\frac{63}{7}$.

Ce rapport est donc égal à $\frac{29}{63}$.

Ainsi la largeur est les $\frac{29}{63}$ de la longueur.

Soit x la longueur; la largeur sera $\frac{29x}{63}$.

On a donc l'équation :
$$x \times \frac{29x}{63} = 10332 \text{ ou } \frac{29x^2}{63} = 10\,332.$$
De là on tire :
$$29x^2 = 10\,332 \times 63;$$
$$x^2 = \frac{10\,332 \times 63}{29} = \frac{650\,916}{29};$$
$$x = \sqrt{\frac{650\,916}{29}} = \sqrt{22\,445,37} = 149^m,85.$$
La largeur est $149^m,85 \times \frac{29}{63} = 68^m,97$.

Réponse. — Longueur 149^m,85 ; largeur 68^m,97.

334. *Un capital placé à intérêts simples, pendant 3 ans et 4 mois, au taux annuel de* $5\frac{1}{4}$ *°/₀, a acquis, par l'augmentation de ses intérêts, une valeur de* 100 953^f,65. *Le capital primitif représentait les* $\frac{7}{9}$ *du prix de vente d'un champ carré. Trouver la longueur de ce champ, si le prix de l'hectare était de 7650 francs.*

234 BREVET SUPÉRIEUR.

L'intérêt annuel de 1 franc est 0f,0525.

L'intérêt simple de 1 franc pour 3 ans $\frac{1}{3}$ ou $\frac{10}{3}$ d'année sera :

$$0^f,0525 \times \frac{10}{3} = \frac{0^f,525}{3} = 0^f,175.$$

Ainsi 1 franc vaut au bout de 3 ans 4 mois 1f,175.

Autant de fois cette valeur sera contenue dans 100 953f,65, autant il y aura de francs dans le capital cherché. Ce capital est égal à :

$$\frac{100\,953,650}{1,175} = \frac{4\,038\,146}{47} = 85\,918 \text{ francs.}$$

Les $\frac{7}{9}$ du champ valent 85 918 francs.

La 9e partie de ce champ vaudrait........ 85 918 : 7 = 12 274 fr.
La valeur du champ entier est...... 12 274f × 9 = 110 466 fr.

La surface contient autant d'hectares que 7650 francs, prix de l'hectare, sont contenus dans le prix total du champ.

La surface du champ est donc :

110 466 : 7650 = 14ha,44 = 144 400 mètres carrés.

Le côté de ce carré égale la racine carrée de 144 400.

On trouve................................ $\sqrt{144\,400} = 380.$

Réponse. — La longueur du champ est de 380 mètres.

335. *Deux vases de même poids et d'égale capacité sont sur les deux plateaux d'une balance, l'un rempli d'eau et le second ne contenant autre chose qu'un cube métallique massif d'une densité égale à 9. Dans ces conditions le poids du 2e vase dépasse de 5 kilogrammes 779 grammes le poids du 1er. En outre, pour remplir d'eau le 2e vase, en y laissant le cube, il faudrait y en verser 4 litres 869 millièmes de litre. Trouver la longueur de l'arête du cube et la capacité des vases.*

Prenons pour unité de volume le centimètre cube et par suite le gramme pour l'unité du poids.

Soit p le poids de chaque vase ; x sa capacité ; v le volume du cube.

Le poids du cube, étant égal au produit du volume par la densité, sera exprimé par $9v$.

On a donc cette 1re équation :

$$p + x + 5779 = p + 9v,$$
ou $\qquad x + 5779 = 9v.$ \hfill (1)

En outre la capacité x du vase est égale au volume du cube plus le volume des 4869 centimètres d'eau nécessaires pour le remplir.

On a donc cette 2ᵉ équation :
$$x = v + 4869. \qquad (2)$$
De l'équation (1) on tire :
$$x = 9v - 5779.$$
Cette valeur de x avec celle fournie par l'équation (2) donnent cette nouvelle équation :
$$9v - 5779 = v + 4869.$$
De là on tire :
$$9v - v = 4869 + 5779 ;$$
$$8v = 10\,648 ;$$
$$v = \frac{10\,648}{8} = 1331 \text{ centimètres cubes.}$$
L'arête a du cube sera la racine cubique de 1331.
On trouve :
$$a = \sqrt[3]{1331} = 11 \text{ centimètres.}$$
La capacité de chaque vase sera :
$$1331 + 4869 = 6200 \text{ centimètres cubes.}$$

Réponse. — L'arête du cube a 11 centimètres.
La capacité de chaque vase est de 6 litres 2 décilitres.

336. *Un vase plein d'eau en contient 5 litres. On y plonge un cube de pierre ; une certaine quantité d'eau en sort et le poids du vase se trouve ainsi augmenté de 2100 grammes. Si on enlève le cube de pierre, pour mettre à sa place un cube de même volume formé d'un marbre dont la densité est les $\frac{5}{6}$ de celle du cube de pierre, le poids du vase plein se trouve inférieur de 600 grammes au poids qu'il avait avec le cube de pierre. Trouver le poids, le volume et la densité de chaque cube.*

Les deux cubes ayant le même volume et le poids du cube de marbre étant 5 fois la 6ᵉ partie du poids de l'autre, la différence de leurs poids, 600 grammes, est la 6ᵉ partie du poids du cube le plus lourd.
Le poids du cube de pierre est donc.... $600^{gr} \times 6 = 3600$ gr.
Le poids du cube de marbre est........ $600^{gr} \times 5 = 3000$ gr.
Soit p le poids du vase vide en grammes.
Le poids de ce vase plein d'eau est $p + 5000$.
Soit x en centimètres cubes le volume de chaque cube ; le poids d'eau chassé par le cube plongé dans le vase est x grammes.

Le poids total du vase contenant le cube de pierre est :
$$p + 5000 - x + 3600 \text{ ou } p - x + 8600.$$
Ce poids surpassant de 2100 gr. le poids $p + 5000$, on a :
$$p - x + 8600 = p + 5000 + 2100.$$
De là on tire successivement :
$$3600 - x = 2100;$$
$$x = 3600 - 2100 = 1500.$$
Ainsi le poids de l'eau chassée par le cube est 1500 grammes.
Le volume de chaque cube est donc de 1500 centim. cubes.
La densité du cube de pierre est............. $3600 : 1500 = 2,4$.
La densité du cube de marbre est :
$$2,4 \times \frac{5}{6} = 0,4 \times 5 = 2,00.$$

Réponse. — Chaque cube a 1500 centimètres cubes.
Le cube de pierre pèse 3600 grammes; sa densité est 2,4.
Le cube de marbre pèse 3000 gr.; sa densité est 2.

CHAPITRE XIII

RÈGLES PRINCIPALES
SUR LA MESURE DES SURFACES ET DES VOLUMES

Nota. — Les règles concernant la surface du rectangle et du carré et le volume d'un corps à six faces rectangulaires ont déjà été énoncées au chapitre IV.

Triangle. — *La surface d'un triangle est égale au demi-produit de sa base multipliée par sa hauteur.*
On peut aussi trouver la surface d'un triangle au moyen de ses trois côtés d'après la règle suivante: *La surface d'un triangle est égale à la racine carrée d'un produit de quatre facteurs, dont le 1er est le demi-périmètre du triangle et les autres sont l'excès de ce demi-périmètre sur chacun des trois côtés.*

Si on désigne par S la surface du triangle, par a, b, c, les trois côtés, cette règle est exprimée par la formule suivante :

$$S = \sqrt{p \times (p-a) \times (p-b) \times (p-c)}.$$

Losange. — La surface d'un losange est égale au demi-produit de ses deux diagonales multipliées entre elles.

Parallélogramme. — La surface du parallélogramme est égale au produit de sa base multipliée par sa hauteur.

Trapèze. — La surface d'un trapèze est égale à la demi-somme des bases multipliée par la hauteur.

Polygone quelconque. — Pour trouver la surface d'un polygone, on le décompose en triangles, soit par des diagonales, soit par des droites menées d'un point quelconque du polygone à tous les sommets ; on cherche la surface de ces triangles et on en fait la somme.

Polygone régulier. — On obtient la surface d'un polygone régulier en multipliant la moitié de son périmètre par la perpendiculaire menée du centre sur un côté quelconque.

Circonférence et cercle. — 1° La circonférence est égale au produit du diamètre par le nombre π.

On prend pour ce nombre $3\frac{1}{7}$ ou 3,14 ou 3,1416, suivant le degré d'exactitude qu'on veut obtenir.

2° La surface du cercle est égale au demi-produit de la circonférence multipliée par le rayon.

3° On peut aussi obtenir la surface d'un cercle en multipliant le carré du rayon par le nombre π.

Prisme droit. — 1° Le volume d'un prisme droit est égal au produit de la surface de sa base multipliée par la hauteur.

2° La surface latérale d'un prisme droit est égale au produit du périmètre de sa base par la hauteur.

Cylindre. — 1° Le volume (ou capacité) d'un cylindre est égal au produit de la surface de la base multipliée par la hauteur.

2° *La surface latérale d'un cylindre est égale au produit de la circonférence de sa base multipliée par la hauteur.*

Prisme quelconque. — *Le volume d'un prisme quelconque est égal au produit de la surface de sa base multipliée par la hauteur.*

Pyramide et cône. — 1° *Le volume d'une pyramide ou d'un cône est égal au tiers du produit de sa base multipliée par la hauteur.*

2° *La surface latérale d'un cône est égale au demi-produit de la circonférence de la base multipliée par la droite menée du sommet à cette circonférence.*

Cône tronqué ou tronc de cône. — *Pour connaître le volume d'un cône tronqué, on fait le carré du rayon de chacune des deux bases, puis le produit de ces deux rayons et on multiplie le tiers de la somme de ces trois produits par le nombre π et par la hauteur.*

2° *Pour trouver la surface courbe du cône tronqué, il faut multiplier la demi-somme des circonférences des deux bases par la droite menée sur cette surface d'une circonférence à l'autre.*

Sphère. — 1° *La surface de la sphère est égale à 4 fois la surface du cercle qui aurait le même rayon.*

2° *Le volume de la sphère est égal au tiers du produit de sa surface multipliée par le rayon.*

Il est aussi égal au 6° du produit de π multiplié par le cube du diamètre.

Volume des tas de sable ou de cailloux. — 1° Les tas de pierres cassées destinées à l'entretien des routes ont pour base sur le sol un rectangle et se terminent à leur partie supérieure par une arête parallèle au sol.

Règle. — *Pour trouver le volume de ce tas, on multiplie la hauteur du tas au-dessus du sol par la demi-largeur; puis on multiplie le résultat par le tiers de la somme des deux longueurs égales du rectangle de base et de l'arête supérieure.*

2° Quand le tas se termine à sa partie supérieure par un rectangle, on suit cette autre règle.

RÈGLE. — *Pour trouver le volume de ce tas, on multiplie la demi-somme des longueurs des deux rectangles par la demi-somme des deux largeurs et par la hauteur; puis à ce résultat on ajoute le produit obtenu en multipliant la demi-différence des deux longueurs par la demi-différence des deux largeurs et par le tiers de la hauteur.*

PROBLÈMES DE GÉOMÉTRIE

337. *La surface d'un champ, limité par trois chemins, qui se croisent deux à deux, est de 88 ares 15 centiares, et le plus long des trois côtés a 205 mètres. Trouver la distance du sommet à ce côté.*
Réponse. — 86 mètres.

338. *On veut faire un parquet rectangulaire, avec des planchettes en forme de parallélogrammes, dont le plus grand côté a $0^m,45$ et le plus petit $0^m,31$, la largeur du parallélogramme entre ses deux plus grands côtés étant de $0^m,22$. Combien faut-il de ces planchettes, si la longueur du parquet a $9^m,32$ et sa largeur $6^m,15$?*
Réponse. — 579 planchettes.

339. *Trouver la surface d'un losange dont les deux diagonales sont l'une les $\frac{2}{3}$ de l'autre, la longueur totale des deux diagonales étant de $4^m,20$.*
Réponse. — 2 mètres carrés 11 décim. q. 68 centim. q.

340. *Quelle largeur faut-il donner à un jardin rectangulaire avec une longueur de 61 mètres, pour que sa surface soit équivalente à celle d'un autre jardin ayant la forme d'un trapèze, dont les deux côtés parallèles ont l'un 70 mètres et l'autre 58 mètres, leur distance étant de $46^m,80$?*
Réponse. — Le jardin aura $49^m,10$ en largeur.

341. *Le plancher d'une chambre a la forme d'un trapèze, dont les côtés parallèles ont, l'un* $9^m,46$, *et l'autre* $7^m,58$. *La distance de ces deux côtés est de* $8^m,25$.
Calculer la surface de ce plancher.
Réponse. — 70 mètres carrés 29 décimètres carrés.

342. *Un pré est limité par quatre côtés, dont deux sont parallèles et ont, l'un* $234^m,60$ *et l'autre* $194^m,70$; *la distance de ces deux côtés est de* 158 *mètres.*
Trouver la surface de ce pré.
Réponse. — 3 hectares 39 ares 14 centiares.

343. *Un jardin, qui a la forme d'un trapèze, a une surface de* 56 *ares* 10 *centiares. Les deux côtés parallèles ont, l'un* $86^m,40$, *et l'autre* $64^m,20$. *Calculer la distance qu'il y a entre ces deux côtés.*
Réponse. — La distance entre les côtés parallèles est de $74^m,50$.

344. *Une pièce de terre se trouve enclavée entre trois chemins. Son plus grand côté a* 246 *mètres et la perpendiculaire qui mesure la distance du sommet opposé à ce côté a* 108 *mètres. Trouver la somme qu'on donnera pour acheter ce terrain, au prix de* $42^{fr},75$ *l'are.*
Réponse. — Le terrain coûtera $5678^{fr},91$.

345. *Un champ en forme de trapèze a une surface de* 1 *hectare* 33 *ares. La plus grande base surpasse la plus petite de* 28 *mètres et leur distance est de* 97 *mètres. Calculer ces deux bases.*
Réponse. — Une base a $151^m,113$ et l'autre $123^m,113$.

346. *Il faut* 1 *hectolitre de froment pour ensemencer un champ de* 35 *ares. Quelle quantité en faudra-t-il pour un champ de forme triangulaire ayant* 235 *mètres de base et* 84 *mètres de hauteur ?*
Réponse. — 2 hectolitres 82 litres.

347. *Trouver les deux bases d'un trapèze qui a une surface de 1 are, ces deux bases étant l'une les $\frac{3}{5}$ de l'autre et séparées par une distance de 10 mètres.*

Réponse. — Les bases ont, l'une 12^m,50 et l'autre 7^m,50.

348. — *Une cour a la forme d'un quadrilatère dont la plus grande diagonale est longue de 35 mètres. Les distances des deux sommets opposés à cette diagonale ont, l'une* 14^m,6 *et l'autre* 12^m,5. *Calculer la surface de cette cour.*

Réponse. — 474 mètres carrés 25 décimètres carrés.

349. — *En désignant par* a *la plus grande des deux dimensions d'un rectangle et par* b *la plus petite, chercher quel changement se produit dans la grandeur de sa surface :* 1° *quand on diminue* a *et qu'on augmente* b *d'une même longueur ;* 2° *quand on augmente* a *et qu'on diminue* b *d'une même longueur.*

Réponse. — Le total des deux dimensions ne change pas ; mais à mesure que leur différence diminue, la surface augmente. Au contraire, si la différence des deux dimensions augmente, la surface diminue.

350. — *Calculer le diamètre d'une circonférence dont le contour est égal à* 13^m,345.

Réponse. — 4^m,25 pour $\pi = 3,14$.

351. — *Calculer la longueur d'un arc de circonférence de* 78°, *le rayon étant égal à* 2^m,68.

Réponse. — 3^m,646 pour $\pi = 3,14$.

352. *Calculer la longueur d'un arc de* 74° 38', *le rayon de la circonférence ayant* 5^m,32.

Réponse. — 6^m,926 pour $\pi = 3,14$.

353. *Calculer le rayon d'une circonférence, sur laquelle un arc de* 108° *a une longueur de* 4^m,127.

Réponse. — 2^m,19 pour $\pi = 3,14$.

354. Calculer le diamètre d'une circonférence, en sachant qu'un arc de 58° 43' a une longueur de 1^m,612.
Réponse. — 3^m,147 pour $\pi = 3,14$.

355. Dunkerque étant situé sur le méridien de Paris, calculer en kilomètres et en hectomètres la distance de ces deux villes, le long du méridien, la latitude de Paris (prise au Panthéon) étant de 48° 50' 49" et celle de Dunkerque 51° 2' 12".
Réponse. — 243 kilomètres 3 hectomètres.

356. La ville de Prades, située sur le méridien de Paris, est le chef-lieu d'arrondissement le plus méridional de la France et sa latitude est de 42° 37' 7". Calculer en kilomètres et en hectomètres sa distance à Paris, le long du méridien.
Réponse. — 692 kilomètres. Le surplus est de 35 mètres.

357. Calculer en lieues de 4 kilomètres le rayon de la terre supposée sphérique, le quart du méridien ayant 10 millions de mètres.
Réponse. — 1591 lieues pour $\pi = 3,1416$.

358. Les deux roues d'une voiture font 200 tours par kilomètre. Quel est le diamètre de ces roues ?
Réponse. — 1^m,591 pour $\pi = 3,1416$.

359. — Trouver le nombre de degrés, minutes et secondes d'un arc dont la longueur serait égale à celle du diamètre de la circonférence.
Réponse. — L'arc a 114° 35' 28".

360. Le rayon d'un cercle a 0^m,579. Trouver la longueur de l'arc de 27° 32'.
Réponse. — L'arc a 758 millimètres.

361. Un voyageur a parcouru une route unie dans une voiture dont les deux roues de derrière ont 1^m,68 de diamètre et les roues de devant 0^m,96. *On a compté, au moyen d'un mécanisme particulier, que pendant le trajet les petites roues ont fait 2100 tours de plus que les grandes. Trouver quelle est la longueur du trajet.*

En un tour les roues ont parcouru :
la grande $1^m,68 \times \pi$; la petite $0^m,96 \times \pi$.

Or si le diamètre de la petite était 2, 3, 4 fois plus petit que le diamètre de la grande, le nombre de tours de la petite serait 2, 3, 4 fois plus grand que celui de la grande pour un même espace.

Si on désigne par n le nombre des tours faits par la petite, pendant que la grande en fait 1, on aura la proportion :

$$\frac{n}{1} = \frac{1,68 \times \pi}{0,96 \times \pi} \text{ ou } \frac{n}{1} = \frac{7}{4} \text{ d'où } n = \frac{7}{4}.$$

Ainsi pendant que la grande roue fait 1 tour, la petite en fait 1 et $\frac{3}{4}$.

200 tours sont donc les $\frac{3}{4}$ du nombre de tours de la grande roue.

Le quart de ce nombre est..................... $2100 : 3 = 700$.
Le nombre de tours de la grande roue égale..... $700 \times 4 = 2800$.
L'espace parcouru est égal à :
$1^m,68 \times \pi \times 2800 = 168 \times 28 \times 3,1416 = 14\,778$ m.

Réponse. — On trouve pour le trajet 14 778 mètres.

362. *Calculer la surface d'une table circulaire, qui a un diamètre de $2^m,18$.*

Le rayon est la moitié de $2^m,18$ c.-à-d. $1^m,09$.
La surface de la table est donc égale à :
$1,09^2 \times \pi = 1,1881 \times 3,14 = 3,730634$.

Réponse. — La surface du cercle a 3 mètres carrés 73 décimètres carrés 6 centimètres carrés.

363. *Un tapis circulaire de laine noire est bordé d'une bande de laine rouge formant couronne. La surface totale du tapis et de la couronne est de 98 mètres carrés 47 décimètres carrés. Trouver le rayon du cercle formé par l'étoffe noire.*

La surface totale du tapis a.................... 9847^{dq}
La surface de la couronne rouge a................ 1356^{dq}
La surface du tapis noir est de................. 8491^{dq}

La surface d'un cercle étant égale au carré du rayon multiplié par π, en divisant 8491 par π on a pour quotient le carré du rayon r.

On a donc :
$$r = \sqrt{\frac{8491}{3,1416}} = \sqrt{2702,76} = 51,98.$$

Réponse. — Le rayon du tapis noir est de 51 décimètres 98 millimètres, c'est-à-dire 5^m,198.

364. *Trouver la surface d'un secteur circulaire, dont le rayon a 12^m,38 et l'arc 54° 36'.*

On a d'abord :
$$54°36' = 60' \times 54 + 36' = 3376';$$
$$360° = 60' \times 360 = 21\,600'.$$

La surface du cercle total serait.............. $12,38^2 \times \pi$.

La surface du secteur de 1' serait............. $\dfrac{12,38^2 \times \pi}{21\,600}$.

Celle du secteur demandé sera (pour $\pi = 3,1416$)
$$\frac{12,38^2 \times \pi \times 3376}{21\,600} = 73,0267.$$

Réponse. — Le secteur a 73 mètres carrés 2 décimètres carrés 67 centimètres carrés.

365. *Trouver le rayon d'un secteur circulaire, qui a une surface de 80 mètres carrés et un arc de 72° 48'.*

De la surface du secteur déduisons d'abord celle du cercle entier.
On a :
$$72° 48' = 60' \times 72 + 48' = 4368';$$
$$360° = 60' \times 360 = 21\,600'.$$

Dans un secteur de 4368' la surface a 80^{mq}.
Dans un secteur de 1' la surface serait :
$$\frac{80}{4368} \text{ ou } \frac{10}{546}.$$

La surface totale du cercle est donc :
$$\frac{10}{546} \times 21\,600 = \frac{108\,000}{273} = \frac{36\,000}{91}.$$

PROBLÈMES DE GÉOMÉTRIE.

En divisant cette surface par π et en extrayant la racine carrée du quotient on obtiendra le rayon ; on a donc :
$$r = \sqrt{\frac{36\,000}{91 \times \pi}} = \sqrt{\frac{36\,000}{91 \times 3,14}}.$$
On trouve :
$$\frac{36\,000}{91 \times 3,14} = \frac{36\,000}{285,74} = 125,98.$$
$$r = \sqrt{125,98} = 11,22.$$

Réponse. — Le rayon du secteur a $11^m,22$.

366. *On a mesuré avec un cordon le contour d'un bassin circulaire et on a trouvé $28^m,45$. Calculer la surface de ce bassin.*

OBSERVATION. — Au lieu de diviser la circonférence par le double de π, ce qui donne le rayon, et de multiplier ensuite la moitié de ce rayon par la circonférence, il faut indiquer les calculs successifs au moyen des signes, pour ne les effectuer qu'à la fin, après qu'on aura fait toutes les simplifications possibles.

Le rayon de la circonférence du bassin serait :
$$\frac{28,45}{2\pi}.$$
Pour avoir la surface du cercle, on peut multiplier le carré du rayon par π, ce qui donne :
$$\frac{28,45^2}{4\pi^2} \times \pi \text{ ou } \frac{28,45^2}{4\pi} \text{ ou } \left(\frac{28,45}{2}\right)^2 : \pi.$$
D'après ce résultat, on peut énoncer la règle suivante :
Pour trouver la surface d'un cercle, quand on connaît la circonférence, on fait le carré de la moitié de la circonférence et on divise ce carré par π.

Voici le tableau du calcul :
$$28,45 : 2 = 14,225 ;$$
$$14,225^2 = 202,350625 ;$$
$$202,350625 : 3,14 = 64,4110.$$

Réponse. — La surface de ce bassin a 64 mètres carrés 41 décimètres carrés.

367. *Un bassin circulaire est environné d'une bande de gazon circulaire aussi, ayant 1 mètre et demi de largeur. Trouver la surface recouverte par ce gazon, le diamètre du bassin ayant 15 mètres.*

Le rayon du bassin est la moitié de 15 mètres, c.-à-d. $7^m,5$.
Le rayon du cercle formé par le bassin et le gazon égale :
$$7^m,5 + 1^m,5 = 9 \text{ mètres.}$$
La surface du gazon est égale à l'excès de la surface de ce cercle sur celle du bassin.

Ces surfaces sont :
pour le cercle total $9^2 \times \pi$; pour le bassin $7,5^2 \times \pi$.
Leur différence est :
$$(9^2 - 7,5^2) \times \pi = (81 - 56,25) \times \pi.$$
En effectuant les calculs, on trouve :
$$24,75 \times 3,1416 = 77,7546.$$

Réponse. — La surface du gazon a 77 mètres carrés 75 décimètres carrés.

OBSERVATION. — De ce qui précède ressort la règle suivante : *Pour avoir l'aire de la couronne comprise entre deux circonférences concentriques, on multiplie par π la différence des carrés des deux rayons.*

368. *Dans un carré ayant $8^m,50$ de côté est inscrit un cercle ; trouver la surface totale des quatre parties du carré qui restent en dehors du cercle.*

La surface du carré est.................... $8,5^2 = 72^{mq},25$.
Le rayon du cercle inscrit est.......... $8^m,5 : 2 = 4^m,25$.
La surface de ce cercle est égale à :
$$4,25^2 \times \pi = 18,0625 \times 3,1416 = 56^{mq},74515.$$
La surface du carré est............. $8,5^2 = 72^{mq},2500$.
Différence...................... $15^{mq},5049$.

Réponse. — La surface demandée a 15 mètres carrés 50 décimètres carrés 49 centimètres carrés.

369. *Deux cercles concentriques ont des rayons dont le rapport est celui des nombres 7 et 3, et la couronne comprise entre les deux circonférences a 19 décimètres carrés. Calculer les rayons des deux cercles.*

PROBLÈMES DE GÉOMÉTRIE.

Soit r le rayon le plus grand ; l'autre est $\dfrac{3r}{7}$.

Les surfaces des deux cercles sont :

$$\pi r^2 \text{ et } \dfrac{9\pi r^2}{49}.$$

La surface de la couronne est :

$$\pi r^2 - \dfrac{9\pi r^2}{49} = \dfrac{40\pi r^2}{49}.$$

En prenant le décimètre carré pour unité, on a donc l'équation :

$$\dfrac{40\pi r^2}{49} = 19.$$

De là on tire :

$$r^2 = \dfrac{19 \times 49}{40\pi} = \dfrac{19 \times 49}{40 \times 3{,}1416} = \dfrac{931}{125{,}664} = 7{,}40.$$
$$r = \sqrt{7{,}4000} = 2{,}72.$$

Réponse. — Le rayon du grand cercle a 272 millimètres. Le rayon du plus petit est les $\dfrac{3}{7}$ de 272 millimètres, c'est-à-dire 116 millimètres.

OBSERVATION. — Pour avoir la valeur de r jusqu'aux millimètres, c'est-à-dire avec deux chiffres décimaux, il faudrait, d'après la règle ordinaire, obtenir *quatre* chiffres décimaux dans le quotient de 931 divisé par 125,664, ce qui, avec le chiffre des unités entières, fait en tout *cinq* chiffres. Or il suffit de connaître *plus de la moitié* de ce nombre de chiffres et de remplacer les autres par des zéros. On se bornera donc à 7,40 pour la question et on extraira la racine carrée de 7,4000. L'erreur sur la racine est moindre que 1 unité de son dernier chiffre [1].

370. *Un mur ayant 7m, 24 de hauteur, quelle longueur doit avoir une échelle, pour que l'une de ses extrémités atteigne le sommet du mur, quand la base est à 3 mètres du pied du mur.*

---

[1]. Voir la démonstration de cette règle dans notre *Cours d'arithmétique pour l'enseignement secondaire spécial*, volume de deuxième et sixième année.

248 BREVET SUPÉRIEUR.

Rappelons d'abord le théorème de Pythagore :
dans tout triangle rectangle, le carré de l'hypoténuse est égal à la somme des carrés des deux autres côtés.
Si on désigne par x la longueur de l'échelle, on aura :

$$x = \sqrt{7,24^2 + 3^2} = \sqrt{61,4176} = 7,83.$$

Réponse. — L'échelle doit avoir $7^m,83$.

371. *Une place carrée a 124 mètres de côté. Trouver combien on a de mètres de moins à parcourir, pour aller d'un angle à l'angle opposé, en suivant la diagonale au lieu de suivre les deux côtés.*

La diagonale d'un carré est égale au côté multiplié par $\sqrt{2}$.
On a .... $\sqrt{2} = 1,414$ à moins de 0,001 près.
Le chemin de la diagonale est donc ..... $124 \times 1,414 = 175^m,336$
Le chemin le long des deux côtés est ... $124 \times 2 = 248^m,00$
Différence .... $72^m,67.$

Réponse. — La différence des deux chemins est de 72 mètres et demi.

372. *Calculer la longueur de la diagonale d'une place rectangulaire, dont la longueur a 324 mètres et la largeur 286 mètres.*

La diagonale est l'hypoténuse d'un triangle rectangle, dont les deux côtés de l'angle droit sont les deux côtés du rectangle.
Si on désigne par d cette diagonale, on a :

$$d = \sqrt{324^2 + 286^2} = \sqrt{186\,772} = 432^m,17.$$

Réponse. — La diagonale a $432^m,17$.

373. *Trouver le périmètre d'un losange, dans lequel une des diagonales a 12 mètres et l'autre 9 mètres.*

En faisant la figure, on voit que le côté du losange est l'hypoténuse d'un triangle rectangle, dont les deux côtés de l'angle sont les moitiés des deux diagonales.

En appelant c le côté du losange, on aura :
$$c = \sqrt{6^2 + 4,5^2} = \sqrt{56,25} = 7,5.$$
Le périmètre du losange a............ $7^m,5 \times 4 = 30$ mètres.

Réponse. — Le losange a 30 mètres de contour.

374. *Trouver la hauteur d'un triangle équilatéral dont le côté a 5 mètres.*

En déduire la règle à suivre pour trouver immédiatement cette hauteur, quand le côté est donné.

Soit a le côté du triangle équilatéral. On voit que la hauteur du triangle équilatéral est l'un des côtés de l'angle droit d'un triangle rectangle dont l'hypoténuse est a et l'autre côté de l'angle droit la moitié de a. Soit h la hauteur; on aura :
$$h = \sqrt{a^2 - \frac{a^2}{4}} = \sqrt{\frac{3a^2}{4}} = \frac{a}{2} \times \sqrt{3}.$$

De là cette règle : la hauteur d'un triangle équilatéral est égale à la moitié du côté, multipliée par $\sqrt{3}$.

La racine carrée de 3 est 1,732 à moins de 0,001 près.
On a donc ici :
$$h = \frac{5}{2} \times 1,732 = 5 \times 0,866 = 4^m,330.$$

Réponse. — La hauteur demandée a $4^m,33$.

375. *Calculer la surface d'un triangle équilatéral dont le côté a 7 mètres.*

En déduire la règle à suivre pour trouver immédiatement cette surface, quand le côté est donné.

Soit S la surface et a le côté. On aura :
$$S = \frac{a}{2} \times \frac{a}{2} \times \sqrt{3} = \frac{a^2}{4} \times \sqrt{3} = \left(\frac{a}{2}\right)^2 \times \sqrt{3}.$$

De là cette règle : la surface d'un triangle équilatéral est égale au carré de la moitié du côté multiplié par $\sqrt{3}$.
On aura ici :
$$S = 3,5^2 \times 1,732 = 12,25 \times 1,732 = 21,2170.$$

Réponse. — Le triangle a 21 mètres carrés 21 décimètres carrés 70 centimètres carrés.

376. *Un cube massif en plomb pèse 1 kilogramme. Calculer son arête, la densité du plomb étant 11,35.*

Le poids du cube est 1000 grammes.
Son volume est en centimètres cubes :
$$\frac{1000}{11,35} = \frac{100\,000}{1135} = 88,105.$$
L'arête a est la racine cubique du volume. On aura donc :
$$a = \sqrt[3]{88,105} = 4,449.$$

Réponse. — L'arête a 44 millimètres et demi.

377. *La surface totale intérieure d'un cube de tôle (sans couvercle) est de 5 mètres carrés 8 décimètres carrés. Calculer la capacité de ce cube.*

La surface totale 5^{mq},08 est égale à 5 fois la surface d'un des carrés formant le cube.
La superficie de ce carré en est la 5e partie, c.-à-d. 1^{mq},016.
L'arête est la racine carrée de 1,016, c'est-à-dire 1^m,007.
La capacité du cube est égale à :
$$1,016 \times 1,007 = 1,023112.$$

Réponse. — La capacité a 1 mètre cube 23 décimètres cubes 112 centimètres cubes.

378. *Une caisse rectangulaire, dont les deux faces opposées formant les extrémités sont deux carrés égaux, présente intérieurement une surface totale de 8 mètres carrés (sans couvercle) et sa longueur est triple de sa largeur. Calculer les trois dimensions de cette caisse et sa capacité.*

De ce que les deux faces opposées sont deux carrés, il suit que la profondeur est égale à la largeur.
Soit donc x cette largeur en mètres; la longueur sera $3x$.
Les deux carrés des extrémités ont pour surface totale $2x^2$.
Les deux autres faces latérales et le fond sont des rectangles égaux ayant x pour largeur et $3x$ pour longueur.
La surface de chaque rectangle est $3x \times x$ c'est-à-dire $3x^2$.
On a donc pour la surface totale intérieure :
$$9x^2 + 2x^2 = 8,$$
ou
$$11x^2 = 8.$$

De là on tire :
$$x^2 = \frac{8}{11} = 0{,}727272;$$
$$x = \sqrt{0{,}727272} = 0^m{,}8527.$$

La longueur est le triple, c'est-à-dire $2^m{,}558$.
La capacité est égale à :
$$\frac{8}{11} \times 2{,}558 = \frac{20{,}464}{11} = 1^{\text{mc}}{,}860363.$$

Réponse. — Les dimensions sont : $2^m{,}558$; $0^m{,}853$; $0^m{,}853$. La capacité a 1 mètre cube 860 décimètres cubes 363 centimètres cubes.

379. *Trouver les dimensions et la capacité d'une boîte rectangulaire en fer-blanc (sans couvercle). Le fond est un rectangle dont la longueur est double de la largeur et la profondeur égale à la largeur; le fer-blanc dont la boîte est faite pèse 2 décagrammes par décimètre carré et la boîte vide pèse 90 grammes.*

100 centimètres carrés de ce fer-blanc pèsent 20 grammes.
La surface de 1 gr. de fer-blanc égale 5 centimètres carrés.
La superficie des cinq faces de la boîte est donc :
$$5^{\text{cmq}} \times 90 = 450 \text{ centimètres carrés.}$$
Cette superficie comprend : 3 rectangles égaux à celui du fond; plus 2 carrés égaux formant les deux extrémités de la boîte.
Soit x en centimètres la largeur et la profondeur.
La longueur de la boîte sera $2x$.
La surface du rectangle du fond sera $2x^2$.
Celle de l'un des carrés des deux extrémités sera x^2.
La surface totale est donc............. $6x^2 + 2x^2$, c.-à-d. $8x^2$.
On a ainsi l'équation :
$$8x^2 = 450.$$
On en tire :
$$x^2 = 450 : 8 = 56{,}25;$$
$$x = \sqrt{56{,}25} = 7{,}50.$$
La longueur de la boîte est le double, c.-à-d. 15 centimètres.
Sa capacité en centimètres cubes est :
$$15 \times 7{,}5 \times 7{,}5 = 843^{\text{cmc}}{,}75.$$

Réponse. — La longueur a 15 centimètres; la largeur et la profondeur 7 centimètres 5 millimètres.
La capacité a 843 centimètres cubes 750 millimètres cubes.

380. *Calculer les trois dimensions d'un parallélipipède rectangle, en sachant qu'elles sont proportionnelles aux nombres* 3, 5, 7, *et que la somme des aires des six faces est égale à* 65 *décimètres carrés.*

Les trois arêtes étant proportionnelles aux nombres 3, 4, 7, la plus petite est $\frac{3}{7}$ de la plus grande et la 2ᵉ est $\frac{4}{7}$ de la plus grande.

Soit a la longueur de la plus grande en décimètres.

La plus petite sera $\frac{3a}{7}$; la seconde $\frac{4a}{7}$.

La surface totale comprend 6 rectangles égaux deux à deux.
Les surfaces des 3 rectangles différents sont :

pour le 1ᵉʳ .... $a \times \frac{3a}{7}$, c.-à-d. $\frac{3a^2}{7}$ ou $\frac{21a^2}{49}$;

pour le 2ᵉ .... $a \times \frac{4a}{7}$, c.-à-d. $\frac{4a^2}{7}$ ou $\frac{28a^2}{49}$;

pour le 3ᵉ .... $\frac{3a}{7} \times \frac{4a}{7}$ ou $\frac{12a^2}{49}$.

Le total des surfaces de ces trois rectangles est :
$$\frac{21a^2}{49} + \frac{28a^2}{49} + \frac{12a^2}{49} = \frac{61a^2}{49}.$$

On a donc l'égalité :
$$\frac{61a^2}{49} \times 2 = 65.$$

De là on tire :
$$122a^2 = 65 \times 49 ;$$
$$a^2 = \frac{65 \times 49}{122} = \frac{3185}{122} = 26,1065 ;$$
$$a = \sqrt{26,1065} = 5,109.$$

Réponse. — La plus grande arête a .... 511 millimètres.

La 1ʳᵉ a .... $511 \times \frac{3}{7}$, c.-à-d. 219 millimètres.

La 2ᵉ a .... $511 \times \frac{4}{7}$, c.-à-d. 292 millimètres.

381. *Une pyramide régulière en fer massif a pour base un carré de* 0ᵐ,5 *de côté. La hauteur abaissée du sommet en tombant au centre de la base a* 0ᵐ,08. *Calculer son poids, la densité du fer étant* 7,80.

Calculer aussi la longueur des quatre arêtes latérales menées du sommet aux quatre sommets de la base.

PROBLÈMES DE GÉOMÉTRIE.

1° En prenant le centimètre pour unité, on a :
pour la surface de la base $50 \times 50 = 2500$ centim. carrés;
pour le volume $\dfrac{2500 \times 8}{3} = \dfrac{20000}{3} = 6666$ centim. cubes;
pour le poids $\dfrac{20000}{3} \times 7,8 = 20000 \times 2,6 = 52000$ grammes.

2° L'arête a est l'hypoténuse d'un triangle rectangle, dont l'un des côtés de l'angle droit a 8 centimètres, l'autre côté étant la moitié de la diagonale du carré de base, c'est-à-dire

$$\dfrac{50 \times \sqrt{2}}{2} \text{ ou } 25 \times \sqrt{2}.$$

On a donc :

$$a = \sqrt{8^2 + (25 \times \sqrt{2})^2} = \sqrt{8^2 + 25^2 \times 2};$$
$$a = \sqrt{64 + 625 \times 2} = \sqrt{1314} = 36,2.$$

Réponse. — La pyramide pèse 52 kilogrammes. Son arête latérale a 36 centimètres 2 millimètres.

382. *Trouver la surface latérale d'un cône, ayant à sa base un diamètre de $0^m,68$, la distance de son sommet à la circonférence de la base étant de $0^m,75$. Trouver aussi la hauteur du cône.*

1° Le centimètre étant pris pour unité, la surface latérale est
$$\dfrac{68 \times \pi \times 75}{2} = 34 \times 75 \times 3,14 = 8007 \text{ centimètres carrés.}$$

2° La hauteur h est un côté de l'angle droit d'un triangle rectangle, dont l'hypoténuse a 75 centimètres, l'autre côté de l'angle droit étant le rayon qui a 34 centimètres.
On a donc :
$$h = \sqrt{75^2 - 34^2} = \sqrt{4469} = 66,8.$$

Réponse. — La surface latérale du cône a 80 décimètres carrés 7 centimètres carrés.
La hauteur a 66 centimètres 8 millimètres.

383. *On découpe sur une feuille de cuivre un secteur circulaire, ayant $0^m,75$ de rayon et un angle de $136°$; puis on en fait un cône en soudant l'un à l'autre les deux côtés du secteur. Trouver le diamètre du cercle formant la base du cône.*

BOVIER-LAPIERRE.

Calculons la longueur de l'arc du secteur, en prenant le centimètre pour unité.

La circonférence à laquelle il appartient est égale à
$$2 \times \pi \times 75 \text{ ou } 150 \times \pi.$$

L'arc de 1 degré aurait pour longueur $\dfrac{\pi \times 150}{360}$ ou $\dfrac{5\pi}{12}$.

L'arc du secteur de 136° a pour longueur
$$\dfrac{5\pi \times 136}{12} \text{ ou } \dfrac{170\pi}{3}.$$

Cette longueur est aussi celle de la circonférence de base du cône. Soit r son rayon ; on aura :
$$2\pi r = \dfrac{170\pi}{3}.$$

De là on tire pour le diamètre
$$2r = 170 : 3 = 56,66.$$

Réponse. — Le diamètre du cercle de base du cône a 56 centimètres 6 millimètres.

384. *Une feuille carrée de papier fort a $0^m,40$ de côté et de l'un des sommets pris pour centre on décrit sur sa surface un arc joignant les extrémités des deux côtés issus de ce sommet. Avec le secteur ainsi obtenu on forme un cône, en faisant coïncider l'un avec l'autre les deux côtés. Trouver le diamètre de la base du cône.*

Prenons le centimètre pour unité.

L'aire de ce secteur est le quart de l'aire du cercle ayant pour rayon le côté du carré, c'est-à-dire 40 centimètres.

La longueur de l'arc est $\dfrac{2\pi \times 40}{4}$ c'est-à-dire 20π.

Si on désigne par r le rayon de la base du cône, on aura
$$2\pi r = 20\pi \text{ d'où } 2r = 20.$$

Réponse. — Le diamètre de la base a 20 centimètres.

385. *Calculer la hauteur du cône du problème précédent et son volume.*

1° La hauteur h est un côté de l'angle droit d'un triangle rectangle, dont l'autre côté de l'angle droit est le rayon du cercle de base qui a 10 centimètres, l'hypoténuse ayant 40 centimètres.

PROBLÈMES DE GÉOMÉTRIE. 255

On a donc :
$$h = \sqrt{40^2 - 10^2} = \sqrt{1500} = 38,7.$$

2° Le volume est égal au tiers du produit de la surface du cercle de base par la hauteur.

Le cercle de base a pour surface $\pi \times 10^2$.

Le volume est donc :
$$\frac{\pi \times 10^2 \times 38,7}{3} = \frac{314,16 \times 38,7}{3} = 104,72 \times 38,7.$$

On trouve ensuite :
$$104,72 \times 38,7 = 4052,664.$$

Réponse. — La hauteur du cône a 387 millimètres.
Le volume a 4 décim. cubes 52 centimètres cubes.

386. *Calculer la surface courbe d'un vase en zinc, ayant un diamètre de $0^m,38$ dans le fond et une circonférence de $1^m,18$ à l'ouverture, la distance de cette circonférence à celle du fond étant de $0^m,45$.*

Cette surface est égale à la demi-somme des circonférences des deux bases multipliée par l'apothème du tronc du cône.
La demi-somme des circonférences en centimètres est
$$\pi \times 19 + 59 = 3,1416 \times 19 + 59 = 118,69.$$
La surface demandée est donc égale à
$$118,69 \times 45 = 5341,05.$$

Réponse. — La surface courbe a 53 décimètres carrés 41 centimètres carrés.

387. *Trouver la hauteur d'un cône massif en cuivre jaune, pesant 100 kilogrammes, la circonférence de sa base ayant $0^m,90$ et la densité du cuivre jaune étant 8,40.*

En prenant le décimètre pour unité, on aura :

pour le volume : $\dfrac{100}{8,4} = \dfrac{500}{42} = \dfrac{250}{21}$ décimètres cubes;

pour le rayon du cercle $\dfrac{9}{2\pi}$;

pour la surface de ce cercle $\dfrac{81}{4\pi^2} \times \pi = \dfrac{81}{4\pi}$.

Le tiers de cette surface est $\dfrac{27}{4\pi}$.

La hauteur du cône égale donc
$$\frac{250}{21} : \frac{27}{4\pi} = \frac{250 \times 4\pi}{21 \times 27} = \frac{3141,6}{567} = 5,54.$$

Réponse. — La hauteur a 55 centimètres 4 millimètres.

388. *On a fait peindre la surface extérieure d'une cuve cylindrique, à raison de 0^{fr},35 par mètre carré. A combien s'élève la dépense, si la hauteur de la cuve est égale à son diamètre, la circonférence ayant 8^m,24 ?*

La hauteur étant égale au diamètre est $\dfrac{8,24}{\pi}$.

La surface du cylindre égale
$$\frac{8,24}{\pi} \times 8,24 = \frac{67,8976}{3,1416} = 21^{mq},61.$$

La dépense sera .... 0^{fr},35 × 21,61 = 7^{fr},563.

Réponse. — On dépensera 7^{fr},56.

389. *On a fait creuser dans un jardin un bassin cylindrique ayant 1^m,06 de profondeur et un diamètre de 7^m,42. Calculer la surface intérieure en y comprenant celle du fond.*

Le rayon du fond est la moitié de 7^m,42, c'est-à-dire 3^m,71.
La surface du cercle qui forme le fond est égale à
$$\pi \times 3,71^2 = \pi \times 13,7641.$$

Déterminons quel est le plus petit nombre de chiffres à employer au nombre π dans la multiplication, pour que le résultat donne la surface à moins de 1 décimètre carré près, c'est-à-dire à moins de 0,01 d'unité près[1].

Le multiplicateur 13,7641 étant moindre que 20, il faut que la quantité négligée dans π, étant multipliée par 20, forme une valeur moindre que 0,01. Cette quantité doit être moindre que la 20e partie de 0,01, c'est-à-dire moindre qu'un demi-millième. On prendra donc 3,142 qui est affecté d'une erreur par excès moindre qu'un demi-millième.

---

1. Voir pour la théorie des Approximations notre *Cours d'arithmétique pour l'enseignement spécial;* volume de *Deuxième et sixième année.*

La multiplication donne pour la surface du fond
$$3,142 \times 13,7641 = 43,2468022, \text{ c'est-à-dire } 43^{mq},24.$$
La surface latérale du bassin est égale à
$$7,42 \times \pi \times 1,06 = \pi \times 7,8652.$$
Le multiplicateur 7,8652 étant moindre que 10, on doit prendre π avec une erreur moindre que la 10° partie d'un 100°, c'est-à-dire avec une erreur moindre que 0,001 et par suite avec trois chiffres décimaux.

La multiplication donne pour la surface latérale
$$3,141 \times 7,8652 = 24,7045832, \text{ c'est-à-dire } 24^{mq},71.$$
On trouve donc pour la surface demandée
$$43^{mq},24 + 24^{mq},71 = 67^{mq},95.$$

Réponse. — La surface a 67 m. carrés 95 décim. carrés.

390. *Un seau cylindrique a une profondeur égale à son diamètre, et sa surface totale, celle du fond comprise, est de 1 mètre carré. Calculer son diamètre.*

Soit r le rayon en centimètres.
La surface courbe est .... $2\pi r \times 2r$, c.-à-d. $4\pi r^2$.
La surface totale est .... $4\pi r^2 + \pi r^2$, c.-à-d. $5\pi r^2$.
On a donc
$$5\pi r^2 = 10\,000 \text{ ou } \pi r^2 = 2000.$$
De là on tire
$$r = \sqrt{\frac{2000}{3,14}} = \sqrt{636,9} = 25,2.$$

Réponse. — Le diamètre a 50 centimètres.

391. *Quel est le poids d'un cylindre massif en cuivre jaune, ayant une longueur de $0^m,38$ et un diamètre de $0^m,09$? La densité du cuivre jaune est 8,40.*

En centimètres le rayon a 4,5. On a par conséquent :
pour la surface du cercle de base .... $\pi \times 4,5^2$;
pour le volume du cylindre .... $\pi \times 4,5^2 \times 38$;
pour le poids .... $\pi \times 4,5^2 \times 38 \times 8,4$.
En effectuant les multiplications avec $\pi = 3,1416$ on trouve pour produit 20306,67408.

Réponse. — Le poids est de 20 kilogr. 306 grammes.

392. *Calculer le poids d'un tuyau cylindrique de plomb, ayant 2 mètres et demi de longueur, un diamètre intérieur de 0^m,36 et une épaisseur de 0^m,008. La densité du plomb est 11,4.*

Le rayon du creux du cylindre a 18 centimètres.
Le rayon du tuyau, considéré comme plein a 18^{cm},8.
Les volumes de ces deux cylindres seraient :
    pour le tuyau massif...... $\pi \times 18,8^2 \times 250$;
    pour le cylindre creux..... $\pi \times 18^2 \times 250$.
Le volume du plomb sera leur différence, c'est-à-dire
$$\pi \times 250 \times (18,8^2 - 18^2) \text{ ou } \pi \times 250 \times 29,44.$$
Le poids du tuyau sera............$\pi \times 250 \times 29,44 \times 11,4$.
En effectuant les multiplications avec $\pi = 3,1416$ on trouve pour produit 263592,8.

Réponse. — Le tuyau pèse 263 kilogr. 592 grammes.

393. *Chercher la surface d'un globe terrestre ayant un diamètre de 35 centimètres.*

La longueur du rayon en centimètres est de 17^{cm},5.
La surface de la sphère est égale à
$$4 \pi \times 17,5^2 = 3,1416 \times 1225 = 3848,46.$$

Réponse. — La surface du globe a 38 décimètres carrés 48 centimètres carrés.

394. *Chercher la surface intérieure d'un bassin de cuivre en forme de demi-sphère, la circonférence du bord ayant 1^m,24.*

Le rayon de la sphère en centimètres est
$$\frac{124}{2\pi} \text{ ou } \frac{62}{\pi}.$$
La surface de la demi-sphère sera
$$2\pi \times \frac{62^2}{\pi^2} \text{ c'est-à-dire } \frac{2 \times 62^2}{\pi} \text{ ou } \frac{7688}{\pi}.$$
On trouve $7688 : 3,1416 = 2447$.

Réponse. — La surface intérieure est de 24 décimètres carrés 47 centimètres carrés.

PROBLÈMES DE GÉOMÉTRIE. 259

395. *Calculer le volume d'un boulet de fonte, qui a un diamètre de 25 centimètres. Calculer aussi son poids, en supposant que la densité de la fonte est 7,5.*

Le rayon en centimètres est égal à 12^{cm},5.
Le volume du boulet est égal au tiers du rayon multiplié par la surface de la sphère.
Ce volume en centimètres cubes est donc :

$$4\,\pi \times 12{,}5^2 \times \frac{12{,}5}{3} \text{ ou } 4 \times 1{,}0472 \times 12{,}5^3.$$

En effectuant les calculs on trouve :
$4 \times 1{,}0472 \times 1953{,}125 = 4{,}1888 \times 1953{,}125 = 8181{,}25.$
Or le poids est égal au volume multiplié par la densité.
Le poids cherché est donc en grammes $8181{,}25 \times 7{,}5 = 61359{,}375.$

Réponse. — Le volume a 8 décimètres cubes 181 centimètres cubes.
Le poids est de 61 kilogrammes 359 grammes.

396. *Un litre en fer-blanc est plein de lait et on y introduit une sphère massive, de même diamètre. Quelle est la quantité de lait qui s'écoulera au dehors et la quantité qui remplira l'espace compris autour de la sphère ? La profondeur est égale au diamètre.*

Désignons par r le rayon du litre servant à la mesure du lait.
La surface de sa base est πr^2; sa hauteur est $2r$.
La capacité de ce cylindre est donc
$$\pi r^2 \times 2r \text{ ou } 2\pi r^3.$$
D'un autre côté le rayon de la sphère est le même que celui du cylindre, c'est-à-dire r.
Or le volume de la sphère est exprimé par $\dfrac{4\pi r^3}{3}$.

Le volume $2\pi r^3$ du cylindre est aussi égal à $\dfrac{6\pi r^3}{3}$.

Ainsi le volume de la sphère est les $\dfrac{4}{6}$ ou $\dfrac{2}{3}$ de la capacité du cylindre.

Réponse. — La quantité de lait chassée par la sphère est égale à $\dfrac{2}{3}$ de litre.
Il reste dans le cylindre 1 tiers de litre de lait.

397. *Traiter le même problème pour le litre servant à mesurer le vin, en se rappelant que la profondeur est double du diamètre.*

Soit r' le rayon du cylindre à mesurer le vin.
La surface de sa base est $\pi r'^2$ et sa hauteur $4r'$.
Sa capacité est donc.................$\pi r'^2 \times 4r'$, c.-à-d. $4\pi r'^3$.
Le volume de la sphère introduite est $\dfrac{4\pi r'^3}{3}$.
C'est le tiers de la capacité du cylindre.

Réponse. — L'introduction de la sphère a fait sortir 1 tiers de litre de vin.

398. *Trouver le diamètre intérieur d'un bol hémisphérique qui est rempli par 800 grammes d'eau.*

Le volume intérieur de ce bol est de 800 centimètres cubes.
Or le volume d'une sphère est égal à la 6ᵉ partie du cube du diamètre multiplié par le nombre π.
Soit d le diamètre du bol en centimètres, on aura :

$$\frac{\pi d^3}{6} = 1600.$$

De cette équation on tire successivement :
$$\pi d^3 = 9600,$$
$$d^3 = \frac{9600}{\pi},$$
$$d = \sqrt[3]{\frac{9600}{3,1416}} = \sqrt[3]{\frac{96\,000\,000}{3,1416}}.$$

Le quotient de la division aura 4 chiffres à sa partie entière et par conséquent la partie entière de la racine cubique de ce quotient aura 2 chiffres. Pour avoir le diamètre demandé, à moins de 1 millimètre près, on doit obtenir cette racine cubique avec 3 chiffres, c'est-à-dire avec 1 chiffre décimal.
D'après la règle ordinaire, il faudrait calculer le quotient avec 3 chiffres décimaux, ce qui fait en tout un quotient de 7 chiffres. Or, on démontre qu'il suffit de connaître seulement *plus de la moitié* du nombre des chiffres qu'exigerait cette règle. Ici, il suffira donc de calculer le quotient avec les 4 premiers chiffres.
On trouve..................... $96\,000\,000 : 3,1416 = 3055$;
$$d = \sqrt[3]{3055} = 14,5.$$

Réponse. — Le diamètre a 145 millimètres.

PROBLÈMES DE GÉOMÉTRIE.

399. *Une boule en cuivre, ayant un diamètre de $0^m,08$, a été dorée par la galvanoplastie et son poids s'est ainsi augmenté de 100 grammes. Calculer l'épaisseur de la couche d'or, la densité de l'or étant 19,20.*

Prenons le centimètre pour unité.
Le rayon de la boule de cuivre a 4 centimètres.
En nommant x l'épaisseur de la couche d'or, on aura $4 + x$ pour le rayon de la boule dorée.
Le poids de la couche d'or est égal à la différence des poids des deux boules considérées comme étant toutes deux en or massif.
En multipliant le volume de chaque sphère par la densité de l'or 19,2 on obtient le poids de chacune.
On a donc l'équation
$$\frac{4}{3} \pi \times (4 + x)^3 \times 19,2 = \frac{4}{3} \pi \times 4^3 \times 19,2 + 100.$$
On a ensuite en divisant par 4 et en multipliant par 3 :
$$\pi \times 19,2 \times (4 + x)^3 = \pi \times 4^3 \times 19,2 + 75;$$
$$(4 + x)^3 = \frac{\pi \times 4^3 \times 19,2 + 75}{\pi \times 19,2} = \frac{3935,39808}{60,31872}.$$
(On a pris $\pi = 3,1416$.)
En divisant 3935,3980 par 60,3187, on trouve pour quotient 65,2434.
En extrayant la racine cubique de ce nombre, on trouve
$$4 + x = 4,025,$$
d'où .... $x = 0,025$.

Réponse. — L'épaisseur de la couche d'or est de 25 millièmes de centimètre, c'est-à-dire de $1/4$ de millimètre.

400. *Calculer le rayon intérieur d'un cylindre ayant la capacité de 1 litre, et une profondeur égale à son diamètre.*

Prenons le centimètre pour unité; la capacité du litre est égale à 1000 centimètres cubes.
Soit r le rayon; la surface du fond est πr^2.
La capacité est .... $\pi r^2 \times 2r$, c.-à-d. $2\pi r^3$.
On a donc .... $2\pi r^3 = 1000$ ou $\pi r^3 = 500$.
De là on tire
$$r^3 = \frac{500}{\pi}; \quad r = \sqrt[3]{\frac{500}{\pi}}.$$
Prenons $\pi = 3,1416$, ce qui donne
$$r = \sqrt[3]{\frac{500}{3,1416}} = \sqrt[3]{\frac{5\,000\,000}{31416}}.$$

15.

On devra d'abord diviser 500 par 3,1416, c'est-à-dire 5 000 000 par 31416 ; mais combien de chiffres devra-t-on trouver au quotient ?

Ce quotient aura 3 chiffres à sa partie entière ; en outre, si on veut obtenir la racine jusqu'aux millimètres inclusivement, il faudrait, d'après la règle ordinaire, chercher le quotient avec 3 chiffres décimaux, ce qui, avec les 3 chiffres de la partie entière, ferait 6 chiffres à obtenir au quotient. Mais, comme pour la racine cubique au problème 398, il suffit d'obtenir plus de la moitié de ces chiffres et de remplacer les autres par des zéros ; la racine cubique du nombre ainsi abrégée ne diffère pas d'une unité du dernier chiffre de la racine que donnerait le nombre complet.

Il suffira donc ici de chercher les 4 premiers chiffres du quotient, ce qui, avec les 2 zéros placés à la suite, donne 159,100.

On aura ainsi
$$r = \sqrt[3]{159{,}100} = 5{,}4.$$

Réponse. — Le rayon a 5 centimètres 4 millimètres.

---

(1) Voir la démonstration de ce principe au chapitre des Approximations de notre *Cours d'arithmétique pour l'enseignement spécial.* Volume de 2ᵉ et de 6ᵉ année.

TROISIÈME PARTIE

COMPOSITIONS DE SCIENCES PROPOSÉES DANS LES EXAMENS
DES DEUX BREVETS DE L'ANNÉE 1887

BREVET ÉLÉMENTAIRE

ASPIRANTES. — EXAMENS A PARIS.

I. — Séance du 18 avril

1° THÉORIE. — *Diviser $\frac{8}{25}$ par $\frac{4}{15}$; théorie de l'opération. — Dans ce cas particulier, est-on obligé d'appliquer la règle générale ?*

2° PROBLÈME. — *Un marchand achète 18 chevaux et 14 bœufs moyennant 15 000 francs. Une autre fois il achète 12 chevaux et 26 bœufs aux mêmes prix que les premiers et paye aussi 15 000 francs. A combien revient chaque bœuf et chaque cheval ?*

1ᵉʳ achat : 18 chevaux et 14 bœufs coûtant............. 15 000 fr;
2ᵉ — : 12 chevaux et 26 bœufs   — .... 15 000 fr.

Si on doublait le 1ᵉʳ achat et si on triplait le 2ᵉ, on aurait le même nombre de chevaux :

1ᵉʳ achat : 36 chevaux et 28 bœufs coûtant............. 30 000 fr;
2ᵉ — 36 chevaux et 78 bœufs — .... 45 000 fr.

La différence entre ces deux achats serait :
$$50 \text{ bœufs coûtant } 15\,000 \text{ francs.}$$
1 bœuf coûte donc............15 000 : 50 = 300 francs.
Or dans le 1ᵉʳ achat les 14 bœufs ont coûté
$$300^f \times 14 = 4200 \text{ francs.}$$
On a donc payé pour les 18 chevaux
$$15\,000^f - 4200^f = 10\,800 \text{ francs.}$$
Le prix d'un cheval est par conséquent
$$10\,800 : 18 = 600 \text{ francs.}$$

Réponse. — Un cheval coûte 600 fr. ; un bœuf 300 fr.

II. — Séance du 19 avril.

1° THÉORIE. — *Donner (sans la démontrer) la règle à suivre pour trouver le plus grand commun diviseur de deux nombres : 1° par la méthode des divisions successives ; 2° par la méthode de la décomposition en facteurs premiers. Laquelle des deux est préférable ?*

EXEMPLE. — *Trouver le plus grand commun diviseur des deux nombres 1688 et 1780.*

2° PROBLÈME. — *Deux lieux A et B sont situés sur le même méridien. La latitude de A est 7° 28′ 5″ au nord ; celle de B est sud et surpasse celle de A des $\frac{5}{8}$ de celle-ci. On demande quelle est en kilomètres la distance de ces deux lieux.*

La latitude de A est..................... 7° 28′ 5″ au nord.

Pour prendre les $\frac{5}{8}$ de cette latitude, convertissons-la en secondes. Le degré vaut 60 fois 60 secondes ou 3600″.
On a ainsi
$$7° 28′ 5″ = 3600″ \times 7 + 60″ \times 28 + 5″ = 26885″.$$
Les $\frac{5}{8}$ de ce nombre sont
$$26\,885 \times \frac{5}{8} = \frac{134\,425}{8} = 16\,803″.$$

La latitude de B est donc 26 885″ + 16 803″ = 43 688″.
La distance entre A et B évaluée en secondes est
$$26\,885″ + 43\,688″ = 70\,573″.$$
Or 90° valent 3600″ × 90 = 324 000″.
Ainsi 324 000″ du méridien valent.......... 10 000 kilomètres.
324″ valent donc..................... 10 kilomètres.
Autant de fois il y aura 324″ dans 70 573″ autant de fois il y aura 10 kilomètres dans la distance A B.
Ce nombre de fois est exprimé par le quotient
$$70\,573 : 234 = 217,8$$
Le nombre de kilomètres est donc 2178.

Réponse. — De A à B il y a 2178 kilomètres.

III. — Séance du 25 avril

1° THÉORIE. — *Règle des partages proportionnels. La démontrer sur l'exemple suivant : Partager 4500 francs proportionnellement aux nombres 7, 8, 15.*

2° PROBLÈME. — *Un marchand achète 15 pièces de vin pour 1200 francs. Il a payé 92^f,50 de droits et 20^f,40 pour le transport. Chaque pièce contenait 220 litres et il s'en est perdu 3 % par évaporation. Combien doit-il revendre le litre pour gagner 285 francs sur son marché ?*

On a payé : pour l'achat .... 1200^f,00 ;
          pour les droits .... 92^f,50 ;
          pour le transport .... 20^f,40.
                Total .... 1312^f,90.

Le nombre des litres achetés est .... 220^l × 15 = 3300 litres.
On perd 3^l par 100, c.-à-d. 3^l × 33 = 99 litres.
Il reste à vendre .... 3300 — 99 = 3201 litres.
Le marchand doit retirer de la vente :
    la somme déboursée .... 1312^f,90 ;
    le bénéfice à faire .... 285^f,00.
    La vente de 3201 litres rapportera donc... 1597^f,90.
Le prix de vente du litre sera
        1597,90 : 3201 = 0^f,499.

Réponse. — On revendra le litre 50 centimes.

IV. — Séance du 26 avril.

1° THÉORIE. — *Dans quels cas n'est-il pas nécessaire de réduire : 1° deux fractions; 2° deux expressions fractionnaires au même dénominateur pour savoir laquelle des deux est la plus grande ? — Donner des exemples.*

2° PROBLÈME. — *Deux capitaux qui sont entre eux dans le rapport de 5 à 6 ont été placés, le plus petit pendant 3 années et quart à 5 %, le plus grand pendant 2 années $\frac{2}{3}$ à 4 $\frac{1}{4}$ %. L'intérêt simple produit par le* *plus petit a surpassé de 291ᶠ,50 celui qu'a donné le plus grand. Calculer ces deux capitaux.*

Supposons que le plus petit capital soit de 500 francs.
Le plus grand sera alors de............. 600 francs.
L'intérêt du 1ᵉʳ à 5 % pour 3 ans $\frac{1}{4}$ ou 3ᵃ,25 serait :
$$5 \times 5 \times 3{,}25 = 5 \times 16{,}25 = 81^f{,}25.$$
L'intérêt du 2ᵉ à 4,25 % pour 2 ans $\frac{2}{3}$ ou $\frac{8}{3}$ d'année serait :
$$4{,}25 \times 6 \times \frac{8}{3} = 4{,}25 \times 2 \times 8 = 68 \text{ francs.}$$
La différence entre les intérêts de ces deux capitaux est
$$81^f{,}25 - 68^f = 13^f{,}25.$$
Autant de fois il y a 13ᶠ,25 dans la différence 291ᶠ,50 des intérêts des capitaux demandés, autant de fois le 1ᵉʳ vaudra 500 et autant de fois le 2ᵉ vaudra 600 francs.
Ce nombre de fois est............ 291,50 : 13,25 = 22.
Réponse. — Les capitaux demandés sont donc :
le plus petit.................. 500 × 22 = 11 000 francs
le plus grand................. 600 × 22 = 13 200 francs.

V. — Séance du 4 juillet.

1° THÉORIE. — *Réduction des fractions au même dénominateur. Démonstration de la règle.*
Exemple : $\frac{5}{8}$, $\frac{11}{7}$, $\frac{4}{9}$.
Réduction au plus petit dénominateur commun.
Exemple : $\frac{37}{84}$, $\frac{89}{132}$, $\frac{77}{120}$.

2° PROBLÈME. — *Un industriel a consacré les $\frac{3}{5}$ de sa fortune à la création d'une usine et les $\frac{2}{5}$ restant au fonds de roulement. Au bout de la 1ʳᵉ année d'exploitation, son avoir a augmenté du tiers de sa valeur. Au bout de la 2ᵉ année, il est les $\frac{5}{4}$ de ce qu'il était à la fin de la 1ʳᵉ. Enfin au bout de la 3ᵉ année, ce qu'il avait à la fin de la 2ᵉ est augmenté de 20 % ; il a alors 231 200 francs.*

On demande quelle était sa fortune primitive et ce que lui a coûté son usine.

Supposons une fortune de 3000 francs.
Augmentée du tiers, au bout de la 1ʳᵉ année, elle vaut
$$3000^f + 1000^f = 4000 \text{ francs.}$$
Au bout de la 2ᵉ année elle est 5 fois le quart de 4000 francs, c'est-à-dire.................. $4000^f + 1000 = 5000$ francs.
Au bout de la 3ᵉ année ces 5000 francs se sont augmentés de 20 %, c'est-à-dire d'un 5ᵉ ou de 1000 francs.
Ainsi une fortune de 3000 francs vaudrait à la fin de la 3ᵉ année
$$5000^f + 1000^f = 6000 \text{ francs.}$$
En d'autres termes au bout des 3 ans sa valeur s'est doublée.
Donc la fortune primitive de cet industriel était la moitié de 231 200 francs, c'est-à-dire 115 600 francs.

Le prix d'établissement de l'usine était les $\frac{3}{5}$ ou 0,6 de 115 600 fr. c'est-à-dire $11\,560 \times 6 = 69\,360$ francs.

Réponse. — La fortune primitive était de 115 600 francs. L'établissement de l'usine avait coûté 69 360 francs.

VI. — Séance du 5 juillet.

1º Théorie. — *Expliquer pourquoi un nombre est divisible par 4, lorsque le nombre formé par ses deux derniers chiffres est divisible par 4; par 25, lorsque le nombre formé par ses deux derniers chiffres est divisible par 25.*

2º Problème. — *On emploie 145 mètres d'une étoffe ayant $\frac{5}{4}$ de mètre de largeur, pour faire des robes d'uniforme aux 25 élèves d'un pensionnat. Deux ans après, l'uniforme étant changé et le pensionnat augmenté de 7 élèves, trouver combien il faut de mètres de la nouvelle étoffe, dont la largeur a $\frac{5}{6}$ de mètre, et ce qu'il faudra pour payer cet achat, si le mètre coûte 5ᶠ,25.*

D'abord les fractions $\frac{5}{4}$ et $\frac{5}{6}$ deviennent $\frac{30}{24}$ et $\frac{20}{24}$.
Le problème revient à celui-ci :

On emploie 145 mètres d'une étoffe large de $\frac{30}{24}$ de mètre pour faire 25 robes. Combien faudra-t-il de mètres d'une étoffe large de $\frac{20}{24}$ de mètre pour 32 robes ?

Pour faire une des 25 robes avec l'étoffe qui a $\frac{30}{24}$ de mètre de largeur, il faudra une longueur d'étoffe égale à $145 : 25 = 5^m,80$.

Avec une largeur de $\frac{1}{24}$ de mètre, la longueur pour une robe serait 30 fois plus grande, c'est-à-dire égale à
$$5^m,80 \times 30.$$

Avec une largeur de $\frac{20}{24}$ de mètre, la longueur d'étoffe sera
$$\frac{5^m,80 \times 30}{20} = \frac{17,4}{2} = 8^m,70.$$

Pour faire les 32 robes, on emploiera une longueur d'étoffe égale à 32 fois $8^m,70$, c'est-à-dire égale à
$$8^m,70 \times 23 = 278^m,40.$$

Le mètre de cette deuxième étoffe coûte $5^f,25$.
L'achat de l'étoffe des 32 robes coûtera
$$5^f,25 \times 278,4 = 1461^f,60.$$

Réponse. — De la nouvelle étoffe on emploiera $278^m,40$.
L'achat de cette étoffe coûtera $1461^f,60$.

VII. — Séance du 10 octobre.

1° THÉORIE. — *Donner et démontrer la règle de la division de deux fractions sur l'exemple suivant,*
$$\frac{128}{175} : \frac{16}{25}.$$
Ne pourrait-on pas obtenir le quotient en divisant le numérateur de la 1re fraction par le numérateur de la 2e et le dénominateur de la 1re par le dénominateur de la 2e ?

2°. PROBLÈME. — *Une propriété de 250 hectares a été vendue en quatre lots. Le 1er a été vendu les $\frac{3}{7}$ de la valeur de la propriété ; le 2e les $\frac{7}{9}$ du prix du 1er ; le 3e les $\frac{9}{25}$ du prix du 2e. Le 4e lot a été vendu 7600 fr. Trouver le prix de la propriété et la valeur de l'hectare.*

Pour abréger, nommons P le prix de la propriété.

On a retiré : de la vente du 1ᵉʳ lot............... $\frac{3}{7}$ de P ;

de la vente du 2ᵉ, les $\frac{7}{9}$ des $\frac{3}{7}$ de P, c.-à-d. $\frac{3}{9}$ ou $\frac{1}{3}$ de P ;

de la vente du 3ᵉ........ les $\frac{9}{25}$ de $\frac{1}{3}$ de P, c.-à-d. $\frac{3}{25}$ de P.

La partie de P fournie par la vente des trois premiers lots est :

$$\frac{3}{7} + \frac{1}{3} + \frac{3}{25} = \frac{225}{525} + \frac{175}{525} + \frac{63}{525} = \frac{463}{525}.$$

La partie formant le 4ᵉ lot est :

$$\frac{525}{525} - \frac{463}{525} \text{ ou } \frac{62}{525} \text{ de P, qui valent 7 600 francs.}$$

Ainsi $\frac{1}{525}$ de P égale $\frac{7600}{62}$ de franc.

La valeur de P est donc

$$\frac{7600 \times 525}{62} = \frac{3\,990\,000}{62} = 64354^{\text{f}},838.$$

Le prix de l'hectare est

$$\frac{64354^{\text{f}},83}{250} = 64,3548 \times 4 = 257^{\text{f}},4192.$$

Réponse. — La propriété valait 64354ᶠ,84.
Le prix de l'hectare était de 257ᶠ,42.

VIII. — Séance du 11 octobre.

1°. Théorie. — *Donner la règle pour faire la soustraction de deux nombres entiers accompagnés de fractions et l'appliquer à l'exemple suivant :*

soustraire 48 327 $\frac{77}{144}$ *de* 84 700 $\frac{5}{8}$.

Secondement, soustraire 6 heures 54 minutes 47 secondes de 17 heures 8 minutes 15 secondes.

Rapprocher ce que cette seconde soustraction peut avoir de commun avec la première.

Explication. — Les nombres qui expriment des heures, des minutes et des secondes (nommés nombres complexes), ne sont autre chose que des nombres fractionnaires dans lesquels les unités fractionnaires ont reçu de l'usage un nom autre que celui qui serait indiqué par le dénominateur.

Ainsi 17 heures 8 minutes égalent 17 heures $\frac{8}{60}$ d'heure.

En outre la seconde, étant la 60° partie de la minute, est la 60° partie de la 60° partie de l'heure, c'est-à-dire la 3600° partie de l'heure.

Donc en rapportant les minutes et les secondes à l'heure, on a

$$17^h\, 8^m\, 15^s = 17^h + \frac{8}{60} + \frac{15}{3600};$$

$$6^h\, 54^m\, 47^s = 6^h + \frac{54}{60} + \frac{47}{3600}.$$

Ainsi la soustraction dans le second cas revient à une soustraction sur deux nombres entiers accompagnés de fractions.

2°. PROBLÈME. — *On a acheté pour 780^f,60 de chocolat et on a revendu le kilogramme au prix de 3^f,83 avec une perte de 4 $\frac{1}{4}$ %. Le 2e acheteur revend à son tour pour 200 francs le quart de ce qu'il a acheté et le reste à raison de 3^f,90 le kilogramme.*

1° *Combien avait-on acheté primitivement de kilogrammes de chocolat ?*

2° *Quel est le bénéfice total du 2e vendeur et combien a-t-il gagné % sur ce qu'il avait acheté ?*

1° Une perte de 4 $\frac{1}{4}$ % revient à 0^f,0425 par franc.

Donc ce qui avait coûté 1 franc d'achat est revendu

$$1^f - 0^f,0425 = 0^f,9575.$$

Le prix d'achat du kilogramme la 1re fois égale autant de francs qu'il y a de fois 0^f,9575 dans 3^f,83. Ce prix était donc :

$$\frac{3,83}{0,9575} = \frac{38300}{9575} = 4 \text{ francs.}$$

Le nombre de kilogrammes de chocolat achetés la 1re fois était

$$\frac{780,60}{4} = 195^{kg},150.$$

2° Le quart de 195^{kg},150 est 48^{kg},7875.

Les 3 quarts sont.................... 48,7875 × 3 = 146^{kg},3625.
Le 2e acheteur a retiré de sa vente :
pour le quart de la marchandise................................ 200^f,00;
pour les 3 quarts....................... 3^f,9 × 146,362 = 570^f,81.
⎯⎯⎯⎯⎯⎯
Total.......... 770^f,81.
L'achat lui avait coûté................ 3^f,83 × 195,15 = 747^f,42.
Ainsi avec 747^f,42, le 2e acheteur a gagné............... 23^f,39.

Avec 1 franc le gain aurait été
$$\frac{23,39}{747,42} = \frac{2339}{74742} = 0,03129.$$
Pour 100 francs le gain a été 3f,129.

Réponse. — Le poids du chocolat acheté par le 1er vendeur était de 195 kilogr. 150 grammes.
Le 2e a gagné 23f,39 ou 3,13 % du prix d'achat.

IX. — Séance du 17 octobre.

1°. THÉORIE. — *Démontrer que dans le produit*
$$7 \times 9 \times 16 \times 5 \times 26 \times 32 \times 125 \times 3$$
on peut mettre le facteur 125 au 3e rang et le facteur 9 au dernier, et que par suite on a :
$$7 \times 9 \times 16 \times 5 \times 26 \times 32 \times 125 \times 3 =$$
$$7 \times 16 \times 125 \times 5 \times 26 \times 32 \times 3 \times 9.$$

2°. PROBLÈME. — *Un libraire vend, avec une remise de 1f,70, un ouvrage marqué au prix fort de 10f,20. On demande à combien pour 100 s'élève cette remise, et à combien il aurait dû porter le prix fort pour que, sans modifier le prix net de vente, il eût pu faire une remise de 22 pour 100.*

1° Sur 10f,20 on fait une remise de 1f,70.
Sur 1 franc la remise est.................. 1f,7 : 10,2 = 0f,1666.
Sur 100 francs, la remise serait 16f,66.
2° Le prix net de vente est................ 10f,20 — 1f,70 = 8f,50.
Une remise de 22 pour 100, c'est les 22 centièmes du prix fort.
Le prix net est donc les 78 centièmes du prix fort.
Ainsi 78 centièmes du prix fort dans le 2e cas sont 8f,50.
1 centième de ce prix serait............... 8f,50 : 78 = 0f,10897.
Le prix fort est donc 10f,897.

Réponse. — Dans le 1er cas la remise est de 16,66 %.
Dans le 2e cas le prix fort devrait être 10f,90.

X. — Séance du 18 octobre.

1°. THÉORIE. — *Monnaies employées en France. — Comment se rattachent-elles au mètre? — Ont-elles* toutes le même titre ? — Qu'entend-on par le titre d'une monnaie ?

2°. *Problème.* — On a acheté 482 mètres de toile écrue pour faire des draps. Le lavage a réduit cette toile de 1 centimètre et demi par mètre; les ourlets du haut et du bas prennent chacun un demi-centimètre. Combien pourra-t-on faire de draps ayant 2^m,40 de longueur ? Quel sera le prix d'un drap, si l'ouvrière demande 1^f,30 par paire de draps, et si la toile écrue a coûté 1^f,50 le mètre ?

1° La réduction produite par le lavage est égale à
$$0^m,015 \times 482 = 7^m,23.$$
La longueur de la toile lavée est donc
$$482^m - 7^m,23 = 474^m,77.$$
Les deux ourlets du haut et du bas du drap font 1 centimètre. La longueur à couper sur la pièce lavée pour faire un drap sera ainsi de 2^m,41.
On aura donc autant de draps qu'il y a de fois 2^m,41 dans 474^m,77.
Ce nombre de draps sera.................. 474,77 : 2,41 = 197.
2° Le prix d'achat de la toile écrue a été
$$1^f,50 \times 482 = 723 \text{ francs.}$$
Ce prix est aussi celui des 474^m,77 de toile lavée.
Le mètre de toile lavée coûte donc........ 723 : 474,77 = 1^f,522.
La somme payée pour un drap comprend :
pour la toile........................... 1^f,522 × 2,41 = 3^f,668
pour le travail de l'ouvrière................................... = 0^f,65

Total...... 4^f,318.

Réponse. — On fera 197 draps, revenant chacun à 4^f,32.

EXAMENS DANS LES DÉPARTEMENTS

DÉPARTEMENT DU RHÔNE (Juillet).

XI. — 1re SÉRIE.

1° THÉORIE. — *Expliquer la division d'un nombre entier par une fraction, et d'une fraction par une fraction.*

ASPIRANTES.

2° PROBLÈME. — *On a payé 17^f,16 pour l'escompte à 6 %, de deux valeurs, l'une de 1254 francs et l'autre de 846 francs. La seconde était payable 10 jours plus tard que la première. A quelle échéance était chacune de ces valeurs.*

Cherchons d'abord l'escompte fait sur 846 francs pour les 10 jours, c'est-à-dire pour la 36e partie de l'année.

Cet escompte égale $\dfrac{0^f,06 \times 846}{36} = \dfrac{8,46}{6} = 1^f,41$.

Otons 1^f,41 de 17^f,16, ce qui donne 15^f,75.

Ce reste 15^f,75 est l'escompte du total des deux valeurs pour l'échéance de la première.

Le total des deux valeurs est 1254 + 846 = 2100 francs.

La question revient maintenant à celle-ci :

Trouver au bout de combien de jours une somme de 2100 francs placée au taux de 6 %, rapporterait un intérêt de 15^f,75.

En 360 jours, l'intérêt de 2100 francs serait

$$6^f \times 21 = 126 \text{ francs.}$$

Pour produire un intérêt de 1 franc, le nombre de jours serait 126 fois moindre, c'est-à-dire

$$\dfrac{360}{126} \text{ ou } \dfrac{40}{14} \text{ ou } \dfrac{20}{7}.$$

Pour produire un intérêt de 15^f,75, le nombre de jours sera

$$\dfrac{20}{7} \times 15,75 = \dfrac{3150}{7} = 45.$$

Réponse. — L'échéance était pour le 1er billet à 45 jours; pour le second à 55 jours.

XII. — 2e SÉRIE.

1° THÉORIE. — *Comment peut-on faire la preuve de la division ? Donner un exemple.*

2° PROBLÈME. — *Un vase est rempli, aux 2 tiers, par de l'eau salée, qui pèse 1080 grammes par litre. On y verse 3 litres d'eau pure, et le litre du mélange ainsi formé pèse 1070 grammes. Quelle est la capacité du vase ?*

Soit n le nombre de litres des 2 tiers de la capacité du vase.

Le poids des n litres d'eau salée serait 1080^{gr} × n.

Quand on y a versé 3 litres d'eau pure, le nombre de litres du mélange est $n + 3$.

Le poids est alors $1070^{gr} \times (n + 3)$ ou $1070^{gr} \times n + 3210^{gr}$.

Mais ce poids surpasse le précédent de 3000 grammes, poids des 3 litres d'eau pure.

On peut donc écrire l'égalité
$$1070 \times n + 3210 = 1080 \times n + 3000.$$

On obtient ensuite :
$$1070 \times n + 210 = 1080 \times n;$$
$$210 = 10\,n \text{ d'où } n = 21.$$

Ainsi les 2 tiers du vase sont de 21 litres.
Le tiers est la moitié de 21 ou $10^l,5$.
La capacité du vase est donc................ $10^l,5 \times 3 = 31^l,5$.

Réponse. — Le vase a une capacité de 31 litres et demi.

XIII. — DÉPARTEMENT DE L'AIN (Juillet).

1° THÉORIE. — *Expliquer la multiplication des nombres décimaux en multipliant 5,875 par 3,06.*

2° PROBLÈME. — *Une personne achète un tapis ayant la forme d'un carré long, dont la largeur est les $\frac{3}{5}$ de la longueur; elle veut l'entourer d'une frange qui coûte $1^f,25$ le mètre. Le prix total de la frange est les $\frac{2}{7}$ du prix d'achat du tapis, et le tapis tout fait revient à $20^f,25$. On demande ses dimensions.*

La somme $20^f,25$ comprend :

le prix d'achat du tapis, plus $\frac{2}{7}$ de ce prix d'achat ou $\frac{9}{7}$ de ce prix.

Ainsi $\frac{9}{7}$ du prix d'achat valent $20^f,25$.

La 7° partie de ce prix est $20^f,25 : 9 = 2^f,25$.
On a payé : pour l'achat du tapis........ $2^f,25 \times 7 = 15^f,75$.
pour l'achat de la frange..... $2^f,25 \times 2 = 4^f,50$.
Au prix de $1^f,25$ le mètre, la longueur de la frange égale
$$\frac{4,50}{1,25} = \frac{450}{125} = 3^m,60.$$

La longueur et la largeur en sont la moitié, c.-à-d. $1^m,80$.

Pour avoir les deux dimensions, il reste à partager $1^m,80$ en deux parties dont l'une soit les $\frac{3}{5}$ de l'autre.

Pour cela il suffit de diviser $1^m,80$ en 8 parties égales et d'en prendre 3 pour la largeur et 5 pour la longueur.

La 8ᵉ partie de 1ᵐ,80 est 0ᵐ,225.
On a donc : pour la longueur.......... 0ᵐ,225 × 5 = 1ᵐ,125.
pour la largeur............ 0ᵐ,225 × 3 = 0ᵐ,675.

Réponse. — La longueur du tapis est de 1ᵐ,125.
La largeur est de . . . 0ᵐ,675.

XIV. — DÉPARTEMENT DES BASSES-ALPES (Juillet).

1° THÉORIE. — *Trouver un exemple du produit d'une fraction par une fraction. Expliquez l'opération.*

2° PROBLÈME. — *Un quintal de betteraves produit en moyenne 4 kilogrammes d'alcool. L'alcool se vend par barriques de 620 litres, appelées pipes. Combien faut-il de quintaux de betteraves pour donner 2 pipes d'alcool, la densité de cet alcool étant 0,940 ?*

Le nombre de litres contenus dans 2 pipes est
620 × 2 = 1240 litres.
Le litre d'alcool pèse 940 grammes.
Le poids des 1240 litres sera
940ᵍʳ × 1240 = 1 165 600ᵍʳ = 1165ᵏᵍ,6.
Pour produire 4 kilogr. d'alcool, il faut 100 kilogr. de betteraves.
Le poids de la betterave est ainsi égal à 25 fois le poids de l'alcool qu'elle fournit.
Donc le poids de betteraves demandé est
1165,6 × 25 = 29 140 kilogrammes.

Réponse. — On emploiera 291 quintaux 40 kilogrammes de betteraves.

XV. — DÉPARTEMENT DE LA HAUTE-VIENNE (Juillet).

1° THÉORIE. — *Qu'est-ce que réduire deux ou plusieurs fractions au même dénominateur ?*

Dites comment on opère et donnez les raisons de la règle suivie.

Dans quel cas a-t-on besoin de réduire des fractions au même dénominateur ?

Appliquez la règle aux fractions : $\frac{15}{23}$ *et* $\frac{4}{7}$.

S'il y en avait une troisième $\frac{10}{13}$, comment feriez-vous ?

2° Problème. — *Une personne, qui a fait deux parts de sa fortune, en place la 5ᵉ partie à 4,50 % et cette partie lui rapporte annuellement 1500 fr. de revenu. A quel taux le reste doit-il être placé pour que le revenu annuel de tout le capital soit de 7540 francs ?*

La 5ᵉ partie, qui est placée à 4,50 %, contient autant de fois 100 fr. qu'il y a de fois 4f,50 dans 1500 francs.
La 5ᵉ partie de la fortune est donc :

$$\frac{1500}{4,5} \times 100 = \frac{1500\,000}{45} = \frac{100\,000}{3} = 33\,333^f,333.$$

Le reste de la fortune égale 4 fois cette 1ʳᵉ partie, c.-à-d.
$$33\,333^f,333 \times 4 = 133\,333^f,33.$$

L'intérêt qu'il doit produire est $7540^f - 1500^f = 6040$ fr.

1 franc de ce capital produirait $\frac{6040}{133\,333,33}$;

100 francs produiront :

$$\frac{6040 \times 100}{133\,333,33} = \frac{60\,400\,000}{13\,333\,333} = 4,53.$$

Réponse. — Le taux demandé est 4,53 %.

XVI. — Département d'Indre-et-Loire (Juillet).

1° Théorie. — *Énoncer et démontrer la règle de la multiplication de deux nombres décimaux.*

2° Problème. — *Une personne prend à la gare de Tours un billet de 3ᵉ classe pour Paris et fait enregistrer ses bagages qui pèsent 65 kilogrammes. Elle a payé en tout, billet et bagages, 19f,05. Or le prix d'un billet de 3ᵉ classe est calculé à raison de 0f,067 par kilomètre; chaque voyageur a droit au transport gratuit de 30 kilogrammes, et pour l'excédent il paye 0f,40 par tonne et par kilomètre. Trouver, d'après cela, à un kilomètre près, la distance de Tours à Paris.*

L'excédent de bagages est de 35 kilogrammes.
Le prix à payer par kilomètre et par kilogramme pour cet excédent est la 1000ᵉ partie de 0f,40 ou 0f,0004.

Pour 35 kilogrammes le prix sera
$$0^f,0004 \times 35 = 0^f,0140.$$
Par kilomètre le voyageur paie donc :
pour le billet .... $0^f,067$
pour excédent de bagage .... $0^f,014$
Total .... $0^f,081$.

Autant de fois ce total est contenu dans $19^f,05$, autant il y de kilomètres dans la distance demandée.
Ce nombre de kilomètres est .... $19,05 : 0,081 = 235.$

Réponse. — De Tours à Paris il y a 235 kilomètres.

XVII. — DÉPARTEMENT DE MEURTHE-ET-MOSELLE
(Octobre).

1° THÉORIE. — *Exposer, en prenant des exemples, la théorie de la division des nombres décimaux.*

2° PROBLÈME. — *Un vase rempli d'eau pèse 13 kilogr. 250 grammes; rempli d'huile d'olives, il pèse 12 kilogr. 400 grammes. La densité de l'huile d'olives est 0,915. Trouver le poids du vase vide et sa capacité.*

Plein d'eau, le vase pèse .... 13250 grammes.
Plein d'huile, il pèse .... 12400 grammes.
    Différence .... 850 grammes.

Cette différence est l'excès du poids de l'eau sur le poids de l'huile.
Or le litre d'eau pèse .... 1000 grammes.
Le litre d'huile pèse .... 915 grammes.
    Différence .... 85 grammes.

Autant de fois 85 grammes, excès du poids du litre d'eau sur le poids du litre d'huile, sont contenus dans 850 grammes, autant il y a de litres dans la capacité du vase.
Cette capacité est de 10 litres.
Le poids du vase vide est .... $13250^{gr} - 10000^{gr} = 3250$ gr.

Réponse. — Le vase vide pèse 3250 grammes et a une capacité de 10 litres.

XVIII. — DÉPARTEMENT DE LA LOIRE (Juillet).

1° THÉORIE. — *Quelle fraction de $\frac{6}{7}$ faut-il prendre* *pour avoir* $\frac{3}{4}$? *Expliquer l'opération qui en résulte et faire la preuve.*

2° PROBLÈME. — *Un tonneau vide a un poids de 25 kilogr. 300 grammes. Rempli de vin de Bourgogne, dont la densité est 0,99, il pèse 253 kilogrammes. Le vin a été acheté à raison de 35 fr. l'hectolitre ; les frais de transport et autres se sont élevés à 8 francs par hectolitre. On demande la somme due au vendeur et à combien revient le tonneau rendu en cave.*

Le tonneau plein de vin pèse.................. 253^{kg},00
Vide il pèse.................................. 25^{kg},30
Le poids du vin qui le remplit est............. 227^{kg},70
Le litre de vin pèse........................... 0^{kg},99
Le nombre de litres de vin est donc

$$\frac{227,70}{0,99} = \frac{22770}{99} = 230 \text{ litres.}$$

A 35 fr. l'hectolitre, le litre coûte 0^f,35.
L'achat du tonneau coûte............... 0^f,35 × 230 = 80^f,50
Les frais sont........................... 8^f × 2,30 = 18^f,40
  Total............................... 98^f,90.

Réponse. — Le tonneau en cave revient à 98^f,90.
  Pour l'achat, on a payé au vendeur 80^f,50.

XIX. — DÉPARTEMENT DES CÔTES-DU-NORD (Octobre).

1° THÉORIE. — *Expliquer la division : 1° d'un nombre entier par une fraction; 2° d'une fraction par une fraction.*

2° PROBLÈME. — *Un champ de 85 hectares a coûté 44 240 francs. Une partie a été payée au prix de 560 fr. l'hectare et l'autre au prix de 480 francs. Combien y a-t-il d'hectares dans chacune des deux parties ?*

Supposons que le champ tout entier ait été payé au prix de la 1re partie; on aurait donné en ce cas
    560^f × 85 = 47600 francs.
Le champ a coûté................. 44240 francs.
    Différence... 3360 francs.

ASPIRANTES.

Mettons 1 hectare au prix de 480 francs, les 84 autres étant du prix de 560 francs.

La différence 3360 fr. diminuera de la différence qu'il y a entre 560 fr. et 480 fr., c'est-à-dire de 80 francs.

Autant de fois il y a 80 fr. dans 3360 fr., autant il y aura d'hectares à 480 francs.

Ce nombre d'hectares est................. 3360 : 80 = 42.

Réponse. — 42 hectares à 480 fr. et 43 à 560 fr.

XX. — DÉPARTEMENT DU DOUBS (Octobre).

1° Théorie. — Convertir une fraction ordinaire irréductible en une autre fraction équivalente ayant un dénominateur donné.

On prendra pour exemple $\frac{8}{15}$ *à réduire en* 120es.

Raisonnement et pratique.

Quelles conditions doit remplir le nouveau dénominateur pour que le problème soit possible ?

2° Problème. — Un industriel, dont l'usine est située à 75 kilomètres d'une mine de houille, a fait venir de cette mine 11 vagons, contenant chacun 9 tonnes 715 kilogr. de houille. Il a payé 6 centimes par tonne et par kilomètre pour le transport et 20 centimes par quintal pour octroi et frais divers.

Trouver combien il a payé le vagon de houille pris à la mine, en sachant que s'il revendait le tout au prix de 2ᶠ,04 l'hectolitre pesant 88 kilogr. il gagnerait 500 francs.

Le poids de la houille achetée est
$$9715 \times 11 = 106\,865 \text{ kilogrammes,}$$
ce qui fait : en tonnes................................... $106^t,865$
en quintaux................................... $1068^q,65$
en hectolitres............... $106\,865 : 88 = 121^{hl},375$.

On a dépensé :
pour le transport.............. $0^f,06 \times 106,865 \times 75 = 480^f,89$
pour octroi et autres frais........... $0^f,20 \times 1068,65 = 213^f,73$

Total............................. $694^f,62$.
La vente produit................ $2^f,04 \times 1214,375 = 2477^f,32$

Différence....................... $1782^f,70$.

De 1782ᶠ,70 ôtons le bénéfice 500ᶠ.
Le prix d'achat égale le reste 1282ᶠ,70.
Le prix d'achat du vagon est............ 1282ᶠ,70 : 11 = 116ᶠ,60.

Réponse. — Pour chaque vagon de houille pris à la mine, on a payé 116 fr. 60 centimes.

XXI. — DÉPARTEMENT D'INDRE-ET-LOIRE (Octobre).

1° THÉORIE. — *Exposer le second cas de la division des nombres entiers.*

2° PROBLÈME. — *Un ouvrier entreprend un travail et en fait le tiers; un 2ᵉ fait le 7ᵉ du reste; un 3ᵉ exécute le quart de ce qui reste à faire; un 4ᵉ achève le travail et reçoit pour son salaire 45ᶠ,50. En admettant que chacun soit payé proportionnellement au travail qu'il a fait, on demande ce que chaque ouvrier reçoit et le prix total du travail.*

Pour abréger l'écriture, désignons le travail par T.

Le 1ᵉʳ ouvrier fait $\frac{1}{3}$ de T; il reste $\frac{2}{3}$ de T.

Le 2ᵉ fait le 7ᵉ de $\frac{2}{3}$ de T, ou $\frac{2}{21}$ de T.

Il reste alors :

$$\frac{2}{3} - \frac{2}{21} \text{ ou } \frac{14}{21} - \frac{2}{21}, \text{ c-à-d } \frac{12}{21} \text{ de T.}$$

Le 3ᵉ fait $\frac{1}{4}$ de $\frac{12}{21}$ de T, c.-à-d. $\frac{3}{21}$ de T.

Il reste à ce moment :

$$\frac{12}{21} - \frac{3}{21} \text{ ou } \frac{9}{21} \text{ de T.}$$

Pour $\frac{9}{21}$ de T, le 4ᵉ ouvrier reçoit 45ᶠ,50.

Pour $\frac{1}{21}$ de T le prix serait $\frac{45,50}{9}$ = 5ᶠ,0555.

Le prix total est................5ᶠ,0555 × 21 = 106ᶠ,1655.

Or le 1ᵉʳ ouvrier a fait $\frac{7}{21}$ de T; le 2ᵉ $\frac{2}{21}$ de T; le 3ᵉ $\frac{3}{21}$ de T.

On donnera donc :
au 1ᵉʳ ouvrier.   5ᶠ,0555 × 7 = 35ᶠ,3885
au 2ᵉ   —   5ᶠ,0555 × 2 = 10ᶠ,1110
au 3ᵉ   —   5ᶠ,0555 × 3 = 15ᶠ,1665.

Réponse. — 1ᵉʳ ouvrier 35ᶠ,39 ; 2ᵉ ouvrier 10ᶠ,11 ;
3ᵉ ouvrier 15ᶠ,16 ; 4ᵉ ouvrier 45ᶠ,50.
Prix total de l'ouvrage 106ᶠ,16.

XXII. — DÉPARTEMENT D'ILLE-ET-VILAINE (Juillet).

1° THÉORIE. — *Exposer le principe de la réduction des fractions au plus petit dénominateur commun. Appliquer la méthode aux fractions :*
$$\frac{7}{14}, \frac{11}{18}, \frac{3}{10}, \frac{10}{33}.$$

2° PROBLÈME. — *Un terrain rectangulaire a 85 mètres de longueur et 79 mètres de largeur. Il a été ensemencé en lin et a produit 174 décilitres de graine par are. Un hectolitre de graine pèse 67 kilogr. et fournit 22 kilogr. 5 hectogr. d'huile estimée 1ᶠ,10 le kilogramme. Quelle somme retirera-t-on de la vente de l'huile de lin provenant de la graine récoltée sur ce terrain ?*

La surface de ce terrain égale
$$85 \times 79 = 6715^{mq} = 67^{a},15.$$
La récolte de graines en litres est
$$17^{l},4 \times 67,15 = 1168^{l},41 = 11^{hl},6841.$$
Le poids d'huile qu'on a retiré est en kilogrammes
$$22^{kg},5 \times 11,6841 = 262^{kg},89225.$$
La somme produite par la vente de l'huile est
$$1^{f},10 \times 262,892 = 289^{f},1812.$$

Réponse. — La vente de l'huile a produit 289ᶠ,18.

OBSERVATION. — Le poids de l'hectolitre de graine (67 kilogr.) est inutile pour la résolution du problème.

DÉPARTEMENT DU FINISTÈRE (Juillet).
XXIII. — 1ʳᵉ série.

1. THÉORIE. — *Définition du plus grand commun diviseur de deux et de plusieurs nombres.*
Donner la théorie de la recherche du plus grand commun diviseur de deux nombres, en opérant par

divisions successives sur les deux nombres 74 880 *et* 2790.

Voici le tableau des opérations :

	26	1	5	5
74880	2790	2340	450	90
5580	2340	2250	450	
19080	450	90	000	
16740				
2340				

Réponse. — Le plus grand commun diviseur demandé est 90.

2° PROBLÈME. — *On a placé deux capitaux à intérêts simples, le 1ᵉʳ à 5 %, et le 2ᵉ à 4 %. Au bout de 3 ans et $\frac{2}{5}$, on a retiré en tout, capitaux et intérêts simples, la somme de 13 875 francs. Trouver les deux capitaux, le 2ᵉ n'étant que les $\frac{5}{7}$ du 1ᵉʳ.*

Supposons qu'il y ait 700 francs placés à 5 %.
Il y aura 500 francs placés à 4 %.
Les intérêts simples de ces deux capitaux seraient au bout de 3 ans $\frac{2}{5}$ ou 3ᵃ,4 :

pour le 1ᵉʳ............ $5^f \times 7 \times 3,4 = 119$ fr.
pour le 2ᵉ............ $4^f \times 5 \times 3,4 = 68$ fr.

Au bout de 3ᵃ,4 ces deux capitaux seraient devenus :
le 1ᵉʳ 819 francs; le 2ᵉ 568 francs.

Le total de ces valeurs est 1387 francs.

Autant de fois il y a 1387 francs dans 13875 francs, autant de fois il y a 700 francs dans le 1ᵉʳ capital et 500 francs dans le 2ᵉ.

Ce nombre de fois est exprimé par le quotient
$$13\,875 : 1387.$$

Les deux capitaux demandés sont donc :

le 1ᵉʳ, $\frac{13875}{1387} \times 700 = \frac{9712500}{1387} = 7002^f,52.$

le 2ᵉ, $\frac{13875}{1387} \times 500 = \frac{6937500}{1387} = 5001^f,80.$

Réponse. — Il y a 7002ᶠ,52 à 5 % et 5001ᶠ,80 à 4 %.

XXIV. — 2ᵉ série.

1° Théorie. — *Expliquer la division d'une fraction par une fraction. Diviser la fraction $\frac{7}{8}$ par la fraction $\frac{21}{32}$. Comparer le quotient avec la fraction $\frac{7}{8}$.*

2° Problème. — *Un marchand a acheté une certaine quantité de froment. Il en a vendu $\frac{1}{5}$ à 10 % de bénéfice; $\frac{1}{5}$ à 20 % de bénéfice; $\frac{3}{5}$ à 15 % de perte. Il perd en tout 300 francs. Quel était le prix d'achat ?*

Représentons le prix d'achat de tout le froment par a.
Le marchand a retiré :

dans la 1ʳᵉ vente $\frac{a}{5} + \frac{a}{50}$; dans la 2ᵉ vente $\frac{a}{5} + \frac{2a}{50}$.

Le produit total de ces deux ventes est............ $\frac{2a}{5} + \frac{3a}{50}$.

Dans la 3ᵉ vente, il a retiré :

$$\frac{3a}{5} - \frac{3a}{5} \times \frac{15}{100}, \text{ c.-à-d. } \frac{3a}{5} - \frac{9a}{100}.$$

Il a donc retiré des trois ventes :

$$\frac{2a}{5} + \frac{3a}{50} + \frac{3a}{5} - \frac{9a}{100},$$

ou $\qquad a + \frac{6a}{100} - \frac{9a}{100}$, c.-à-d. $a - \frac{3a}{100}$.

Ainsi on a retiré le prix d'achat moins $\frac{3}{100}$ de ce prix.
Or ces 3 centièmes du prix d'achat égalent 300 francs.
Le 100ᵉ de ce prix est 100 francs ; ce prix est 100 fois 100 francs c'est-à-dire 10 000 francs.

Réponse. — Le prix d'achat était 10 000 francs.

DÉPARTEMENT DE LA MAYENNE (Juillet).

XXV. — 1re série.

1° THÉORIE. — *Donner et expliquer la définition du gramme.*

2° PROBLÈME. — *Pour faire de la marmelade de prunes un épicier emploie 150 kilogrammes de fruits bruts qu'il paye 0f,34 le kilogramme. Le déchet, résultant de la suppression des noyaux et des fruits gâtés, est de 12 %. Avant la cuisson, il ajoute à la partie restante la moitié de son poids de sucre. L'évaporation, produite par la cuisson, réduit le mélange de 2 tiers. Le sucre a coûté 108f,50 le quintal. A combien revient le kilogramme de marmelade ?*

Pour l'achat de 150 kilogrammes de prunes, l'épicier a déboursé
$$0^f,34 \times 150 = 51 \text{ francs.}$$
Le déchet est 12 fois la 100e partie de 150 kilogr., c'est-à-dire
$$150^{kg} \times 0,12 = 18 \text{ kilogrammes.}$$
Le poids de prunes qui entre dans la marmelade est seulement
$$150^{kg} - 18^{kg} = 132 \text{ kilogrammes.}$$
Le poids du sucre ajouté en est la moitié, c.-à-d. 66 kilogrammes.
Le poids total au commencement de la cuisson est
$$132^{kg} + 66^{kg} = 198 \text{ kilogrammes.}$$
L'évaporation en enlève les 2 tiers.
Ce poids est réduit au tiers, c'est-à-dire à 66 kilogrammes.
Or le kilogramme de sucre coûte 1f,085.
Les 66 kilogrammes de sucre employés valent
$$1^f,085 \times 66 = 71^f,61.$$
La dépense faite, sans compter les frais de cuisson, pour obtenir 66 kilogrammes de marmelade, est donc égale à
$$51^f + 71^f,61 = 122^f,61.$$
Le prix de revient du kilogramme de marmelade est
$$122^f,61 : 66 = 1^f,857.$$

Réponse. — Le kilogramme de marmelade revient à 1f,86.

XXVI. — 2ᵉ série.

1° THÉORIE. — *Énoncer et démontrer le caractère de divisibilité des nombres par 4.*

2° PROBLÈME. — *Une société de secours mutuels comprend 450 membres, savoir : 1° des membres participants (hommes, femmes et enfants); 2° des membres honoraires. Les uns et les autres versent une cotisation fixe. La cotisation des hommes, égale à celle des femmes, est le double de celle des enfants et les $\frac{4}{5}$ de celle des membres honoraires. D'autre part, le nombre de ces derniers est les $\frac{2}{7}$ de celui des membres participants, et le nombre des enfants $\frac{1}{4}$ de celui des hommes et des femmes réunis. Enfin, la cotisation d'un membre honoraire est de 15 francs. Quel est le montant des recettes annuelles de la société ?*

Les cotisations sont :
pour un membre honoraire........................... 15 fr.
pour un homme ou une femme, les $\frac{4}{5}$ de 15 fr., c.-à-d. 12 fr.
pour un enfant la moitié de 12 francs, c'est-à-dire...... 6 fr.

Supposons un nombre de 28 membres (hommes et femmes).
Le nombre des enfants serait 7.
Le nombre des membres participants serait 35.

Le nombre des honoraires serait $\frac{2}{7}$ de 35, c'est-à-dire 10.

Ainsi, en supposant 28 hommes ou femmes, il y aurait 7 enfants et 10 membres honoraires ; total : 45 membres.

Or, il y a 10 fois 45 dans le nombre donné des membres de la société. Elle comprend donc :
280 hommes ou femmes, 70 enfants, 100 membres honoraires.
Le total est ainsi de 450 membres.

Le montant des cotisations est :
pour les hommes et femmes............ 12ᶠ × 280 = 3360 fr.
pour les enfants........................ 6ᶠ × 70 = 420 fr.
pour les honoraires..................... 15ᶠ × 100 = 1500 fr.
Total......... 5280 fr.

Réponse. — Le total pour l'année est de 5280 francs.

MÉTHODE ALGÉBRIQUE. Soit x le nombre des hommes et des femmes. Celui des enfants est $\frac{x}{4}$.

Le nombre des membres participants est $x + \frac{x}{4}$, c.-à-d. $\frac{5x}{4}$.

Celui des honoraires est............ $\frac{5x}{4} \times \frac{2}{7} = \frac{10x}{28}$.

On a donc l'équation
$$\frac{5x}{4} + \frac{10x}{28} = 450,$$
ou
$$\frac{35x}{28} + \frac{10x}{28} = 450.$$

De là on tire successivement :
$$\frac{45x}{28} = 450,$$
$$45x = 450 \times 28.$$
$$x = 280.$$

XXVII. — DÉPARTEMENT DE LA MAYENNE (Octobre).

1° THÉORIE. — *Définition générale de la division. Division d'une fraction ordinaire par une fraction ordinaire. Théorie.*

Prendre pour exemple $\frac{5}{7}$ à diviser par $\frac{4}{9}$.

Le quotient est-il plus petit ou plus grand que le dividende?

2° PROBLÈME. — *D'un vase plein d'eau, on retire $\frac{1}{4}$ plus $\frac{1}{5}$ de ce qu'il contient; il y reste $\frac{1}{9}$ de ce qu'on a retiré plus 10 litres. Trouver : 1° la capacité du vase ; 2° la valeur de la monnaie d'argent qui aurait le même poids que l'eau qui le remplit*[1].

1° Pour abréger, désignons par C la capacité du vase.
On a retiré dans les deux premières fois :
$$\frac{1}{4} + \frac{1}{5} = \frac{5}{20} + \frac{4}{20} = \frac{9}{20} \text{ de C.}$$

Il reste $\frac{11}{20}$ de C. Le 9ᵉ de ce qui a été retiré est $\frac{1}{10}$ de C.

---

1. Cette composition est celle qui a été donnée aux aspirants.

Donc $\frac{11}{20}$ de C égalent $\frac{1}{20}$ de C plus 10 litres.

Par conséquent $\frac{10}{20}$ de C égalent 10 litres.

La capacité C est donc le double de 10, c'est-à-dire 20 litres.
2° Les 20 litres d'eau qui remplissaient le vase pèsent 20 kilogr.
Or 1 kilogramme de monnaie d'argent vaut 200 francs.
20 kilogr. de cette monnaie valent 20 fois 200 fr. ou 4000 fr.

Réponse. — La capacité du vase est de 20 litres.
L'eau du vase a le poids de 4000 francs en argent.

XXVIII. — DÉPARTEMENT DES DEUX-SÈVRES (Octobre).

1° THÉORIE. — *Le mètre carré et le mètre cube. — Faire comprendre le rapport qui existe entre chacune de ces unités et ses multiples et sous-multiples.*

2° PROBLÈME. — *Une somme est déposée chez un banquier où elle produit des intérêts à 2,50 % par an. Au bout de 1 an et 15 jours, la personne qui l'a déposée la retire et reçoit, tout compris, capital et intérêts simples, une somme de 3480 francs. Quelle était la somme déposée à la banque ?*

L'intérêt de 1 franc est : pour 1 an . . . . $0^f,025$;

pour 15 jours $\left(\frac{1}{24} \text{ de l'année} \right) \frac{0^f,025}{24}$.

L'intérêt de 1 franc pour 1 an 15 jours est donc :

$$0^f,025 + \frac{0,025}{24} = \frac{0,025 \times 24 + 0,025}{24} = \frac{0^f,625}{24}.$$

Ainsi 1 franc au bout de 1 an 15 jours vaut :

$$1^f + \frac{0^f,625}{24} = \frac{24^f,625}{24}.$$

Autant de fois cette valeur prise par 1 franc est contenue dans 3480 francs, autant il y a de francs dans la somme déposée.
On trouve

$$3480 : \frac{24,625}{24} = \frac{3480 \times 24\,000}{24\,625} = 3391,67.$$

Réponse. — La somme déposée était de $3391^f,67$.

XXIX. — DÉPARTEMENT DU RHÔNE (Octobre).

1° THÉORIE. — *Expliquer la règle de la division des nombres entiers, en prenant pour exemple* 636 768 *à diviser par* 789.

2° PROBLÈME. — *Une personne achète pour 42 francs d'une certaine étoffe; puis pour 14 francs d'une autre étoffe dont le prix est les $\frac{5}{8}$ du prix de la première. Elle a acheté en tout 11 mètres et demi. Quel est le prix du mètre de chaque étoffe ?*

Cherchons d'abord la somme qu'on aurait donnée pour payer au prix de la 1ʳᵉ étoffe, la quantité de la 2ᵉ étoffe qui a coûté 14 francs.

Ces 14 francs sont les $\frac{5}{8}$ de cette somme.

La 8ᵉ partie de cette somme serait $\frac{14}{5}$ ou 2ᶠ,80.

Cette somme est donc.................2ᶠ,80 × 8 = 22ᶠ,40.
Ainsi au prix de la 1ʳᵉ étoffe, les 11ᵐ,50 auraient coûté
$$42^f + 22^f,40 = 64^f,40.$$
Le prix du mètre de la 1ʳᵉ étoffe est donc
$$64^f,40 : 11,52 = 5^f,60.$$
Le prix du mètre de la 2ᵉ étoffe est
$$5^f,60 \times \frac{5}{8} = \frac{28}{8} = \frac{7}{2} = 3^f,50.$$
Les nombres de mètres achetés sont :
de la 1ʳᵉ étoffe $\frac{42}{5,6} = 7^m,50$; de la 2ᵉ $\frac{14}{3,5} = 4^m,00.$

Réponse. — On a payé le mètre de la 1ʳᵉ étoffe 5ᶠ,60; le mètre de la seconde 3ᶠ,50.

DÉPARTEMENT DE LA CHARENTE (Octobre).

XXXI. — 1ʳᵉ série.

1° THÉORIE. — *Démontrer que tout diviseur de deux nombres divise aussi le reste de la division du plus grand nombre par le plus petit.*

ASPIRANTES. 289

Par exemple 2 divisant 1524 et 72 divisera aussi le reste 12 de la division de 1524 par 72.

2° PROBLÈME. — *Une somme de 4468ᶠ,50 se compose de poids égaux de monnaie de bronze, d'argent et d'or. On demande pour quelle valeur chacune de ces monnaies entre dans cette somme.*

Les valeurs de 1 gramme de chaque monnaie sont :
pour 1 gramme de bronze................ 0ᶠ,01
pour 1 gramme d'argent................. 0ᶠ,20
pour 1 gramme d'or...... 0ᶠ,20 × 15,5 = 3ᶠ,10
  Total.......... 3ᶠ,31.

Autant de fois ce total est contenu dans 4468ᶠ,50, autant il y a de grammes de chaque monnaie dans la somme proposée.

Ce nombre de grammes est égal à :
$$\frac{4468,50}{3,31} = \frac{446\,850}{331} = 1350 \text{ grammes.}$$

Les valeurs des poids de ces trois monnaies qui entrent dans la somme de 4468ᶠ,50 sont :
en bronze............ 0ᶠ,01 × 1350 =   13ᶠ,50
en argent............ 0ᶠ,20 × 1350 = 270ᶠ,00
en or................ 3ᶠ,10 × 1350 = 4185ᶠ,00
  Total.......... 4468ᶠ,50.

Réponse. — Dans la somme donnée il y a : 13ᶠ,50 en monnaie de bronze; 270 francs en monnaie d'argent; 4185 francs en monnaie d'or.

XXXI. — 2ᵉ série.

1° THÉORIE. — *Prouver que la multiplication est une addition abrégée. Prendre pour exemple la multiplication de 237 par 12.*

2° PROBLÈME. — *Pour avoir le même chiffre de rente, vaut-il mieux acheter du $4\frac{1}{2}$ % au cours de 96ᶠ,75 ou du 3 % au cours de 72ᶠ,25 ?*

Que gagnerait-on à choisir le plus avantageux de ces deux cours, s'il s'agissait de placer en rentes sur l'État un capital de 32 400 francs, sans compter les frais de courtage?

En rente $4\frac{1}{2}$ % une somme de 96^f,75 rapporte 4^f,50.

$$1 \text{ franc rapporterait } \frac{4,50}{96,75} = \frac{450}{9675} = 0^f,04651.$$

100 francs rapportent 4^f,65.
En rente 3 % une somme de 72^f,25 rapporte 3 francs.

$$1 \text{ franc rapporterait } \frac{3}{72,25} = \frac{300}{7225} = 0^f,0415;$$

100 francs rapportent 4^f,15.

Ainsi 100 fr. en $4\frac{1}{2}$ % rapportent 0^f,50 de plus qu'en 3 %.

Donc en plaçant 324 fois 100 francs en $4\frac{1}{2}$ % on aura 162 francs de rente de plus qu'en 3 %.

Réponse. — En rentes $4\frac{1}{2}$ % on a 162 francs d'intérêt de plus.

XXXII. — DÉPARTEMENT DE LA MARNE (Octobre).

1° THÉORIE. — *Multiplier 453 par 265. Faire la preuve de cette opération par 9 et en donner la théorie.*

2° PROBLÈME. — *Combien pourrait-on faire de kilogrammes de pain avec un sac de blé de 160 litres ?*

Le poids de ce blé n'est que les 3 quarts du poids du même volume d'eau ; il perd les 0,28 de son poids par la mouture et 3 kilogr. de farine donnent 4 kilogr. de pain.

Quel serait le prix de ce pain, à raison de 32 centimes et demi le kilogramme ?

Le sac de blé pèse les 3 quarts de 160 kilogr., c.-à-d. 120 kilogr.
La mouture fait perdre 0,28 de ce poids.
Il reste en farine 0,72 du poids de blé, c'est-à-dire :
$$120^{kg} \times 0,72 = 86^{kg},4.$$
Or le poids du pain surpasse d'un tiers le poids de la farine.
Le poids de pain obtenu est donc :
$$86^{kg},4 + 28^{kg},8 = 115^{kg},2.$$
A 0^f,325 le kilogramme, le prix de ce pain sera :
$$0^f,325 \times 115,2 = 37^f,44.$$

Réponse. — On aura 115 kilogr. 2 hectogr. de pain. La vente de ce pain produira 37^f,44.

ASPIRANTES. 291

XXXIII. — DÉPARTEMENT DE SEINE-ET-OISE (Octobre).

1° THÉORIE. — *Numération parlée des nombres entiers de 1 à 1000.*

2° PROBLÈME. — *Le jour étant pris pour unité, réduire en fraction décimale le nombre 2 heures 31 minutes 12 secondes, et réciproquement convertir en heures, minutes et secondes, le nombre 0,86 de jour.*

1re PARTIE. — On a d'abord :
$$2^h 31^m = 60^m \times 2 + 31^m = 151^m;$$
$$2^h 31^m 12^s = 60^s \times 151 + 12^s = 9072^s.$$
Le jour vaut 24 heures ou $60^m \times 24 = 1440^m$.
En secondes il vaut .... $60^s \times 1440 = 86400^s$.
Une durée de $2^h 31^m 12^s$ est donc une fraction de jour exprimée par la fraction :
$$\frac{9072}{86\,400} = \frac{1008}{9600} = \frac{252}{2400} = \frac{63}{600} = \frac{21}{200}.$$
En fraction décimale de jour, on trouverait 0,105.

2° PARTIE. — Les 0,86 de jour valent 0,86 de 86 400 secondes, c.-à-d.
$$864 \times 86 = 73040 \text{ secondes.}$$
En divisant ce nombre de secondes par 60, on trouve :
7304 secondes = 1238 minutes 24 secondes.
En divisant 1238 par 60, on trouve :
1238 minutes = 20 heures 38 minutes.

Réponse. — 2 h. 31 min. 12 sec. font 0,105 de jour ; 86 centièmes de jour font 20 h. 38 min. 24 secondes.

XXXIV. — DÉPARTEMENT DE SEINE-ET-OISE (Juillet).

1° THÉORIE. — *Multipliez, en faisant le raisonnement, 119 par 7 et 119 par $\frac{1}{7}$.*
Comparez les deux produits au multiplicande et expliquez les résultats obtenus.

2° PROBLÈME. — *Un libraire achète plusieurs exemplaires d'un ouvrage classique à raison de 3^f,75 l'exemplaire, et on lui donne le 13e en sus. Il fait relier un certain nombre d'exemplaires qu'il revend au* *prix de 4f,83 chacun, en faisant un bénéfice de 15 °/₀. A combien revient la reliure de 100 exemplaires ?*

L'achat de 13 exemplaires a coûté :
$$3^f,75 \times 12 = 45 \text{ francs};$$
La vente de l'exemplaire relié rapporte 4f,83.
Or ce qui avait coûté 1 franc au libraire est revendu par lui 1f,15.
L'exemplaire relié coûtait donc au libraire autant de francs qu'il y a de fois 1f,15 dans 4f,83.
Le prix de revient de l'exemplaire relié était :
$$\frac{4,83}{1,15} = \frac{483}{115} = 4^f,20.$$
Le prix de 13 exemplaires reliés est pour le libraire :
$$4^f,20 \times 13 = 54^f,60.$$
La reliure de 13 exemplaires a donc coûté :
$$54^f,60 - 45^f = 9^f,60.$$
La reliure d'un exemplaire coûterait :
$$9^f,60 : 13 = 0^f,73846.$$

Réponse. — Pour la reliure de 100 exemplaires on a déboursé 73f,85.

XXXV. — DÉPARTEMENT DE LA CREUSE (Octobre).

1° THÉORIE. — *Retrancher 3,597 de 14,243.*
Expliquer l'opération en s'appuyant sur la définition de la soustraction.

2° PROBLÈME. — *Pour diminuer un tapis rectangulaire ayant 1m,75 de long sur 1m,43 de large, on a prélevé des quatre côtés une bande d'étoffe de 0m,11 de largeur. Ce tapis a été ensuite doublé entièrement avec une étoffe de 0m,67 de large, coûtant 32f,60 la pièce de 120 mètres, puis bordé avec un galon coûtant 4f,30 la pièce de 100 mètres.*
Combien coûte la réparation de ce tapis ?
Quelle est la surface de l'étoffe enlevée ?

Le prix du mètre est :
    pour la doublure......... 32f,60 : 120 = 0f,271 ;
    pour le galon........................... 0f,043.
On a ôté sur la longueur du tapis 2 fois 0m,11, c.-à-d. 0m,22.
La même étendue a été enlevée sur la largeur.

ASPIRANTES.

Il reste donc au tapis ainsi diminué :
pour longueur .... $1^m,75 - 0^m,22 = 1^m,53$
pour largeur.......... $1^m,43 - 0^m,22 = 1^m,21$

Total .... $2^m,74$.

Son périmètre égale................ $2^m,74 \times 2 = 5^m,48$.
La surface de ce tapis est :
$1,53 \times 1,21 = 1^{mq},8513$.
La doublure ayant $0^m,67$ de largeur, la longueur à prendre dans la pièce est égale à................ $1,8513 : 0,67 = 2^m,76$.
On dépensera :
en doublure............ $0^f,27 \times 2,76 = 0^f,745$
en bordure .... $0^f,043 \times 5,48 = 0^f,235$

Total .... $0^f,980$.

La surface du tapis primitif égalait :
$1,75 \times 1,43 = 2^{mq},5025$.
Celle du tapis réduit est.............. $1^{mq},8513$.

Différence.... $0^{mq},6512$.

Réponse. — La réparation coûte 98 centimes.
La bande ôtée a 65 décim. carrés 12 centim. carrés.

DÉPARTEMENT DE L'AUDE (Juillet).
XXXVI. — 1re série.

1° THÉORIE. — *Dans quel cas le quotient d'une division est-il plus grand que le dividende?*

2° PROBLÈME. — *Un marchand achète une pièce d'étoffe à 20 francs le mètre. Il en revend la moitié à 24 francs le mètre, le 6e à 20 fr., le quart à 27 fr. et le reste à 30 fr. Il fait ainsi un bénéfice de 165 fr. sur son marché. Combien la pièce avait-elle de mètres?*

On a vendu :
$\frac{1}{2}$ ou $\frac{6}{12}$ de la pièce à 24 fr. le mètre; $\frac{1}{6}$ ou $\frac{2}{12}$ à 20 fr.;
$\frac{1}{4}$ ou $\frac{3}{12}$ à 27 fr.; le reste ou $\frac{1}{12}$ à 30 fr.

Supposons une pièce de 12 mètres.
Le bénéfice fait dans la vente de cette pièce comprend :

sur $\frac{1}{2}$ ou 6 mètres à 24 fr........................ $4^f \times 6 = 24$ fr.

sur $\frac{1}{6}$ ou 2 mètres à 20 fr........................ 0 fr.

sur $\frac{1}{4}$ ou 3 mètres à 27 fr................. 7f × 3 = 21 fr.
sur le reste ou 1 mètre à 30 fr....................... 10 fr.
Le bénéfice fait dans la vente de 12 mètres est de 55 francs.
Autant de fois il y a 55 francs dans 165 francs, autant de fois il y a 12 mètres dans la longueur cherchée.
Ce nombre de fois est........................ 165 : 55 = 3.

Réponse. — La longueur de la pièce était de 36 mètres.

XXXVII. — 2e série.

1° THÉORIE. — *Qu'arrive-t-il lorsqu'on multiplie par $\frac{2}{3}$ chacun des deux facteurs d'un produit ?*

Réponse. — Le nouveau produit est les $\frac{4}{9}$ du premier.

2° PROBLÈME. — *Pour faire 100 kilogr. de pâte il faut ajouter à la farine 40 kilogr. d'eau et 750 grammes de sel et la pâte perd à la cuisson 15 pour 100 de son poids. Trouver combien il faut employer de kilogrammes de farine pour faire 340 kilogr. de pain.*

Dans 100 kilogrammes de pâte il y a 40kg,750 d'eau salée.
Le poids de farine est dans ce cas :
$$100^{kg} - 40^{kg},750 = 59^{kg},250.$$
Le poids de pain fourni par 100 kilogrammes de pâte est :
$$100^{kg} - 15^{gr} = 85 \text{ kilogrammes.}$$
Ainsi pour avoir 85 kilogr. de pain il faut 50kg,250 de farine.
Pour 1 kilogramme de pain le poids de farine est $\frac{59^{kg},250}{85}$.
Pour 340 kilogrammes de pain le poids de farine sera :
$$\frac{59,250 \times 340}{85} = \frac{118,5 \times 34}{17} = 118,5 \times 2 = 237.$$

Réponse. — On devra employer 237 kilogr. de farine.

XXXVIII. — DÉPARTEMENT DU CANTAL (Octobre).

1° THÉORIE. — *Exposer la théorie de la division des nombres décimaux.*

2° Problème. — *Un minerai contient 19 % de son poids de plomb. En traitant ce minerai dans une usine, on perd 14 % de tout le poids de plomb contenu dans le minerai. Calculer, à 1 kilogramme près, quel poids de minerai il faudra traiter, si l'on veut obtenir pour 20 000 francs de plomb, les 100 kilogrammes de plomb étant vendus 55 francs.*

Considérons un poids de 100 kilogrammes de minerai.
Il contient un poids de plomb égal à 19 kilogrammes.
Dans le traitement, on perd 0,14 de ce poids de plomb.
Le poids de plomb obtenu est donc les 0,86 de 19 kilogrammes, c'est-à-dire.................... $19^{kg} \times 0,86 = 16^{kg},34$.
A 55 francs les 100 kilogrammes de plomb, la vente du plomb extrait de 100 kilogrammes de minerai produit :
$$0^f,55 \times 16,34 = 8^f,987.$$
On devra traiter autant de quintaux de minerai qu'il y a de fois $8^f,987$ dans 20 000 francs.
Ce nombre de quintaux est :
$$\frac{20\,000}{8,987} = \frac{20\,000\,000}{8987} = 2225^q,43.$$

Réponse. — On devra traiter 222 543 kilogr. de minerai, pour avoir 20 000 francs de plomb.

XXXIX. — Département des Alpes-Maritimes (Juillet).

1° Théorie. — *Que devient une fraction proprement dite, lorsqu'on augmente ses deux termes d'une même quantité ? Démonstration.*

Même question pour une expression fractionnaire.

2° Problème. — *Un particulier a acheté pour 100 117 fr. 2500 hectolitres de blé rendus dans ses magasins. Dans le transport, 500 hectolitres ont été avariés et il a été forcé de ne les vendre que $\frac{4}{5}$ du prix auquel il a vendu les 2000 autres hectolitres. Le bénéfice total a été de 10 %.*

On demande : à quel prix il a vendu l'hectolitre de blé conservé ; à quel prix l'hectolitre de blé avarié.

Le marchand a retiré de toute la vente :
le prix d'achat.................................. 100 117^f,00;
le bénéfice (10e du prix d'achat).............. 10 011^f,70;
$\qquad\qquad\qquad$ Total............... 110 128^f,70.

Supposons que l'hectolitre du blé de bonne qualité soit vendu 20 francs; l'hectolitre de blé avarié sera vendu 16 francs.

Dans ce cas la vente, produirait :
pour le blé de bonne qualité........ 20^f × 2000 = 40 000 fr.
pour le blé avarié................. 16^f × 500 = 8 000 fr.
$\qquad\qquad\qquad$ Total................... 48 000 fr.

Autant de fois il y a 48 000 francs dans 110 128^f,70, autant il y a de fois 20 francs et autant de fois 16 francs dans les prix de vente de l'hectolitre des deux qualités.

Ce nombre de fois est $\dfrac{110\,128,7}{48\,000} = \dfrac{110,1287}{48} = 2,2943$.

Les prix de vente de l'hectolitre sont :
pour le blé de bonne qualité........ 20^f × 2,2943 = 45^f,886,
pour le blé avarié................. 16^f × 2,2943 = 36^f,708.

Réponse. — On a vendu 45^f,88 l'hectolitre de blé de bonne qualité et 36^f,71 l'hectolitre de blé avarié.

XL. — DÉPARTEMENT DU LOT (Octobre).

1° THÉORIE. — *Énoncer la règle de la division de deux fractions et exposer la théorie de cette opération, en prenant pour exemple $\dfrac{3}{7}$ à diviser par $\dfrac{1}{17}$.*

2° PROBLÈME. — *Une personne dépense $\dfrac{2}{5}$ et $\dfrac{1}{3}$ d'un capital; il lui reste alors $\dfrac{1}{4}$ de ce qu'elle a dépensé, plus une somme en or qui renferme 435^{gr},4839 d'or fin. Trouver ce capital.* (Examen des Aspirants.)

Ces 435^{gr},4839 d'or fin sont les 0,9 du poids de la somme en or.
Le 10e du poids de cette somme serait :
$\qquad\qquad$ 435,4839 : 9 = 48^{gr},3871.
Le poids de la somme en or est donc 483^{gr},871.
Ce poids en monnaie d'argent vaudrait en francs :
$\qquad\qquad$ 483,871 : 5 = 96^f,7742.
En or la valeur est 15 fois et demie plus grande, c'est-à-dire :
$\qquad\qquad$ 96^f,7742 × 15,5 = 1500 francs.

ASPIRANTES.

La personne avait dépensé :

$\frac{2}{5} + \frac{1}{3}$, c'est-à-dire $\frac{6}{15} + \frac{5}{15}$ ou $\frac{11}{15}$ du capital.

Il lui reste alors $\frac{1}{4}$ des $\frac{11}{15}$ du capital plus 1500 francs, c'est-à-dire $\frac{11}{60}$ du capital plus 1500 francs.

Les $\frac{11}{15}$ dépensés plus les $\frac{11}{60}$ du capital font :

$$\frac{44}{60} + \frac{11}{60} = \frac{55}{60} = \frac{11}{12} \text{ du capital.}$$

La 12ᵉ partie du capital vaut donc 1500 francs.
Le capital est par conséquent :
$$1500^f \times 12 = 18\,000 \text{ francs.}$$

Réponse. — Le capital demandé était de 18 000 francs.

XLI. — DÉPARTEMENT DE LOIR-ET-CHER.

1° THÉORIE. — *Réduire au plus petit dénominateur commun les fractions $\frac{21}{28}$ et $\frac{17}{24}$. Expliquer l'opération.*

2° PROBLÈME. — *Une personne dépose chez un banquier une certaine somme qui doit produire intérêt à 3 % par an. Au bout de 22 mois, elle retire la somme et reçoit, capital et intérêts simples compris, 6963 francs. Quelle somme avait-elle placée ?*
De combien la somme reçue se serait-elle augmentée, si le banquier avait payé l'intérêt à 4 % par an ?

1° Au taux de 3 % par an l'intérêt de 1 franc pour 22 mois serait :

$\frac{22}{12}$ ou $\frac{11}{6}$ de $0^f,03$, c.-à-d. $\frac{0,03 \times 11}{6} = \frac{0^f,11}{2} = 0^f,055$.

Ainsi 1 franc plus son intérêt simple au bout de 22 mois vaut $1^f,055$.
Autant de fois il y a $1^f,055$ dans 6963 francs, autant il y a de francs dans la somme déposée à la banque.

Cette somme est $\frac{6963}{1,055} = \frac{6\,963\,000}{1055} = 6600$ francs.

2° A 4 % au lieu de 3 % l'augmentation de l'intérêt serait :

$$1^f \times 66 \times \frac{11}{6} = 121 \text{ francs.}$$

Réponse. — La somme placée était 6600 francs.
A 4 % on aurait retiré 121 francs de plus.

XLII. — DÉPARTEMENT DU CHER (Juillet).

1° THÉORIE. — *Exposer la théorie de la division des nombres décimaux.*

2° PROBLÈME. — *On fond ensemble un lingot d'or au titre de 0,940 et pesant 600 grammes avec un second lingot d'or au titre de 0,875. On obtient ainsi un lingot au titre de 0,900. On demande quelle est la valeur de ce dernier lingot.*

Pour plus de clarté écrivons d'abord l'énoncé du problème sous cette forme abrégée :

1ᵉʳ lingot 600 gr. 0,940 | 25 diff. entre le 2ᵉ titre et le 3ᵉ.
0,900
2ᵉ lingot x gr. 0,875 | 40 diff. entre le 1ᵉʳ titre et le 3ᵉ.

Les poids d'or fin contenus dans 1 gr. de chaque lingot sont :
pour le 1ᵉʳ........ 940 milligrammes ;
pour le 2ᵉ........ 875 milligrammes ;
pour le 3ᵉ........ 900 milligrammes.

En mettant 1 gramme du 1ᵉʳ lingot dans le mélange, on a en trop un poids d'or fin égal à................ 940 — 900 = 40 milligr.
Quand on y met 1 gramme du 2ᵉ lingot, il manque un poids d'or fin égal à............................ 900 — 875 = 25 milligr.

D'après cela on a mis dans le mélange :
25 grammes du 1ᵉʳ lingot pour 40 grammes du 2ᵉ.
En effet avec 25 grammes du 1ᵉʳ il y a en trop un poids d'or fin égal à 25 fois 40 milligrammes.
Avec 40 grammes du 2ᵉ il manque un poids d'or fin égal à 40 fois 25 milligrammes.
Ces deux poids d'or fin étant égaux se font compensation.

Ainsi le 2ᵉ lingot pèse $\frac{40}{25}$ ou $\frac{8}{5}$ ou $\frac{16}{10}$ du 1ᵉʳ.

Le poids du 2ᵉ lingot est donc égal à...... 60ᵍʳ × 16 = 960 gr.
Le poids du 3ᵉ lingot est............ 600ᵍʳ + 960ᵍʳ = 1560 gr.
Or 1560 grammes de monnaie d'argent vaudraient :
$$2^f \times 156 = 312 \text{ francs.}$$
La valeur du même poids de monnaie d'or est 15 fois et demie plus grande, c'est-à-dire :
$$312^f \times 15,5 = 4836 \text{ francs.}$$

Réponse. — Le 3ᵉ lingot pèse 1560 grammes et vaut 4836 francs.

LXIII. — DÉPARTEMENT DES BASSES-PYRÉNÉES (Juillet).

1° THÉORIE. — *Comment trouve-t-on le nombre par lequel il faut diviser 12 pour avoir 16 au quotient?*
Expliquez et vérifiez.

2° PROBLÈME. — *Une personne possédant un certain capital en place les $\frac{7}{9}$ à 5 % pendant 3 ans et le reste à 4 % pendant le même temps. La différence des intérêts simples produits par les deux parties du capital est égale à 1688ᶠ,85.*
Calculez la valeur de chacune des deux parties du capital, placées la 1ʳᵉ à 5 % et la 2ᵉ à 4 %.

Au bout de 1 an la différence des intérêts est le tiers de 1688ᶠ,85, c'est-à-dire 562ᶠ,95.
Supposons que le capital soit de 900 francs.
Il y aura :
700 francs à 5 % et 200 francs à 4 %.
Les intérêts de ces deux parties au bout d'un an sont :
pour la 1ʳᵉ 35 francs; pour la 2ᵉ 8 francs.
La différence de ces deux intérêts est 27 francs.
Autant de fois il y a 27 francs dans 562ᶠ,95, autant de fois il y aura 700 francs dans la 1ʳᵉ partie et 200 francs dans la 2ᵉ.
Ce nombre de fois est exprimé par le quotient :
$$562,95 : 27 = 20,85.$$
Réponse. — Les deux parties du capital sont :
à 5 %............ 700ᶠ × 20,85 = 14595 francs.
à 4 %............ 200ᶠ × 20,85 = 4170 —
Le capital est 18765 —

XLIV. — DÉPARTEMENT DES BASSES-PYRÉNÉES (Octobre).

1° THÉORIE. — *Démontrer que le nombre 4, qui divisant le produit 9 × 12 est premier avec le facteur 9, divise le facteur 12*[1].

---

[1]. Cette question nous paraît tout à fait en dehors du programme d'arithmétique du brevet élémentaire ; en outre elle n'a aucun caractère d'utilité pratique. On pourrait appliquer la même observation à quelques autres questions de théorie des examens de l'année 1887.

2º PROBLÈME. — *Une personne achète de la rente 3%, et place ainsi son argent à $4\frac{1}{6}$ %. Calculez le cours auquel cette rente a été achetée et le revenu ainsi obtenu avec un capital de 15 800 francs.*
On négligera les frais de courtage et de timbre.

Dans ce placement 100 fr. produisent $4^{f}\frac{1}{6}$ ou $\frac{25}{6}$ de franc.
Pour un revenu de 25 fr. il faudrait donc un capital de 600 francs.
Pour un revenu de 1 franc le capital serait :
$$600^{f} : 25 = 24 \text{ francs.}$$
Pour acheter une rente de 3 francs on paiera :
3 fois 24 francs, c'est-à-dire 72 francs.
Ainsi en rente 3 % au cours de 72 francs l'intérêt est la 24ᵉ partie du capital.
Donc l'intérêt fourni par 15 800 francs ainsi placés sera :
$$15\,800^{f} : 24 = 658^{f},333.$$

Réponse. — Le cours de la rente 3 % était 72.
A ce cours le revenu de 15 800 francs serait 658ᶠ,33.

XLV. — DÉPARTEMENT DE LA MEUSE (Octobre).

1º THÉORIE. — *Exposer la théorie de la multiplication des fractions ordinaires et en déduire celle de la multiplication des nombres décimaux.*

2º PROBLÈME. — *Un négociant achète 156 hectolitres 6 décalitres de blé à raison de 27ᶠ,50 le quintal métrique et 230 hectolitres de seigle à raison de 21ᶠ,80 le quintal. Il devrait solder cet achat à 4 mois d'échéance, mais il paye immédiatement et ne donne que 6854ᶠ,3356.*
En sachant que l'hectolitre de blé pèse 78 kilogrammes et celui de seigle 72ᵏᵍ,5, trouver à quel taux l'escompte commercial a été calculé.

Le poids de l'achat est :
en blé............ $78^{kg} \times 156,6 = 12\,214^{kg},8$;
en seigle.......... $72^{kg},5 \times 230 = 16\,675$ kilogr.
Le prix du kilogramme serait :
pour le blé 0ᶠ,275; pour le seigle 0ᶠ,218.

La somme à payer au bout de 4 mois comprend :
pour le blé......... 0ᶠ,275 × 12214,8 = 3359ᶠ,07 ;
pour le seigle....... 0ᶠ,218 × 16675 = 3635ᶠ,15.

Total............ 6994ᶠ,22.
Au comptant on paye...................... 6854ᶠ,3356.
L'escompte pour 4 mois est donc............ 139ᶠ,8844.
Pour 1 an l'escompte aurait été le triple ou... 419ᶠ,6532.
Pour 1 franc payable au bout de 1 an l'escompte serait :
$$\frac{419,6532}{6994,22} = \frac{41\,965,32}{699\,422} = 0^f,06.$$

Réponse. — Le taux de l'escompte est 6 %.

XLVI. — DÉPARTEMENT DE LOIR-ET-CHER (Octobre).

1° THÉORIE. — *Démontrer que lorsqu'on multiplie ou qu'on divise deux nombres par un troisième, leur plus grand commun diviseur est multiplié ou divisé par ce troisième.*

2° PROBLÈME. — *Un terrain rectangulaire ayant 485 mètres de longueur et 348 mètres de largeur a produit une certaine quantité de blé et de paille. La valeur de la paille, qui représente les $\frac{3}{14}$ de celle du blé, est de 1480 francs. Le prix de l'hectolitre de blé est de 20ᶠ,75. On demande de calculer, à 1 litre près, la quantité totale de blé récolté et le produit moyen d'un hectare en blé et en paille.*

La surface du champ égale :
485 × 348 = 168 780 ᵐᵩ = 16ʰᵃ,878.
La valeur de la paille récoltée est de 1480 francs.
Les $\frac{3}{14}$ de la récolte de blé égalent 1480 francs.
La 14ᵉ partie de la récolte de blé vaut $\frac{1480}{3}$ de franc.
La valeur de toute la récolte de blé est donc :
$$\frac{1480 \times 14}{3} = \frac{20\,720}{3} \text{ de franc.}$$

Autant de fois cette valeur contient le prix de l'hectolitre de blé, c'est-à-dire 20ᶠ,75, autant il y a d'hectolitres dans cette récolte.

Le nombre d'hectolitres de blé égale donc :

$$\frac{20\,720}{3} : 20,75 = \frac{20\,720}{62,25} = \frac{2\,072\,000}{6225} = 332^{hl},85.$$

Les $16^{ha},878$ de terrain ont produit $332^{hl},85$ de blé.
Le nombre d'hectolitres récolté sur 1 hectare sera :

$$\frac{332,85}{16,878} = \frac{332.850}{16\,878} = 19^{hl},722.$$

Au prix de $20^f,75$ l'hectolitre de blé, le produit moyen de l'hectare en blé est :

$$20^f,75 \times 19,722 = 409^f,2315.$$

Le produit moyen de l'hectare en paille est :

$$\frac{1480}{16,878} = \frac{740\,000}{8439} = 87^f,688.$$

Réponse. — On a récolté 332 hectol. 85 litres de blé. L'hectare produit : en blé $409^f,23$; en paille $87^f,69$.

XLVII. — DÉPARTEMENT DE LA CORSE (Juillet).

1° THÉORIE. — *Réduire à la plus simple expression la fraction* $\frac{663}{1105}$.

Énoncez et démontrez le principe dont l'opération que vous ferez est la conséquence.

Réponse. — La fraction demandée est $\frac{3}{5}$.

2° PROBLÈME. — *Un propriétaire achète, à raison de 8000 francs l'hectare, une vigne de forme rectangulaire ayant 123 mètres de longueur sur 70 mètres de largeur, dans laquelle les ceps sont espacés de 75 centimètres dans le sens de la longueur du terrain et de $1^m,25$ dans le sens de la largeur.*

Chaque cep rapporte en moyenne par an 55 centilitres de vin et ce vin est vendu au prix moyen de 40 francs l'hectolitre. Les frais de culture et les contributions absorbent les $\frac{2}{5}$ du produit annuel.

Trouver à quel taux le propriétaire a placé son argent en achetant cette vigne.

La surface de la vigne égale :
$$123 \times 70 = 8610^{mq} = 86^a,10.$$
Le prix de l'are est de 80 francs.
L'achat de la vigne a donc coûté :
$$80^f \times 86,1 = 6888 \text{ francs.}$$
Le nombre des ceps est :
en longueur 123 : 0,75 = 164 ;
en largeur   70 : 1,25 = 56.
Le nombre total des ceps est donc :
$$164 \times 56 = 9184.$$
La récolte de vin par an est en litres :
$$0^l,55 \times 9184 = 5051^l,2.$$
Au prix de $0^f,40$ le litre, la vente de ce vin produit :
$$0^f,4 \times 5051,2 \times 2020^f,48.$$
Les frais et les contributions en prennent $\frac{2}{5}$ ou 0,4, c'est-à-dire
$$2020^f,48 \times 0,4 = 808^f,192.$$
Le produit net est donc :
$$2020^f,48 - 808^f,19 = 1212^f,29.$$
Ainsi un capital de 6888 francs produit $1212^f,09$.
Un capital de 1 franc produirait :
$$\frac{1212,09}{6888} = 0^f,1769.$$

Réponse. — Le produit pour 100 francs serait de $17^f,69$.

XLVIII. — DÉPARTEMENT DE L'ORNE (Octobre).

1° THÉORIE. — *Démontrer qu'une fraction représente le quotient de son numérateur divisé par son dénominateur.*

2° PROBLÈME. — *Un voyageur quitte une ville pour se rendre dans une autre, en prenant un train qui fait 25 kilomètres par heure. Il revient par un autre train qui fait 36 kilomètres par heure. Son voyage, aller et retour, a duré 10 heures 10 minutes. Quelle est la distance de ces deux villes ?*

Soit d la distance des deux villes en kilomètres. On trouve le temps en divisant la distance par la vitesse en 1 heure.

Le nombre d'heures du voyage est ainsi :

pour l'aller $\dfrac{d}{25}$; pour le retour $\dfrac{d}{36}$.

On a donc l'égalité :

$$\dfrac{d}{25} + \dfrac{d}{36} = 10\,\dfrac{1}{6} \quad \text{ou} \quad \dfrac{d}{25} + \dfrac{d}{36} = \dfrac{61}{6}.$$

En réduisant les termes au même dénominateur, 25×36, et en supprimant ce dénominateur on obtient :

$$36d + 25d = 61 \times 6 \times 25, \quad \text{ou} \quad 61d = 9150.$$

De là on tire .... $d = \dfrac{9150}{61} = 150.$

Réponse. — La distance des deux villes est de 150 kilomètres.

XLIX. — DÉPARTEMENT DU CALVADOS (Juillet).

1° THÉORIE. — *Définition et théorie de la multiplication des nombres décimaux, en prenant pour exemple :*
$$6,248 \times 0,0549.$$

2° PROBLÈME. — *Une personne fait escompter deux billets, le 1ᵉʳ à 30 jours et le 2ᵉ à 50 jours, au même taux 5 %. La valeur nominale du 2ᵉ est les $\dfrac{3}{4}$ de celle du 1ᵉʳ. Trouver ces valeurs nominales, en sachant que la somme des deux escomptes est égale à 13ᶠ,50.*

Si on désigne par x le montant du 1ᵉʳ billet, le montant du 2ᵉ billet sera $\dfrac{3x}{4}$.

Au taux de 5 % l'intérêt pour 1 an est la 20ᵉ partie du montant du billet.

L'escompte est ainsi :

sur le billet x pour 1 mois $\dfrac{x}{20 \times 12}$;

sur $\dfrac{3x}{4}$ pour 50 jours $\dfrac{3x}{4 \times 20} \times \dfrac{50}{360}$ ou $\dfrac{x}{16 \times 12}.$

On a donc l'égalité :

$$\dfrac{x}{20 \times 12} + \dfrac{x}{16 \times 12} = 13,50.$$

Le plus petit commun multiple de 20 et 16 est 80.

En multipliant les deux termes de la 1ʳᵉ fraction par 4, les deux termes de la 2ᵉ par 5 et le terme 13,50 par 80×12, on aura :

$$\dfrac{4x}{80 \times 12} + \dfrac{5x}{80 \times 12} = \dfrac{135 \times 8 \times 12}{80 \times 12}.$$

ASPIRANTES.

En supprimant le dénominateur commun, ce qui n'altère pas l'égalité, on obtient...$9x = 12960$.
De là on tire.................................$x = 12960 : 9 = 1440$.
Les 3 quarts de x valent $360 \times 3 = 1080$.

Réponse. — Le billet payable à 30 jours était de 1440 fr. Le billet payable à 50 jours était de 1080 fr.

L. — ALGÉRIE (DÉPARTEMENT D'ORAN).

1º THÉORIE. — *Faire la théorie du plus petit commun multiple.*

2º PROBLÈME. — *Une personne place une partie de sa fortune à 5 %, et l'autre à 3 %. De cette manière elle se fait 2587 francs de revenu.*

Trouver quelles sont les deux sommes ainsi placées, en sachant que si la somme qui rapporte 3 % avait été placée à 5 % et vice versâ, le revenu eût été diminué de 334 francs.

Pour plus de simplicité employons la notation algébrique.
Soit x le capital placé à 5 % et y le capital placé à 3 %.
Les intérêts de ces deux capitaux sont :

pour le 1ᵉʳ $\dfrac{5x}{100}$; pour le 2ᵉ $\dfrac{3y}{100}$.

On a donc l'équation :

$$\frac{5x}{100} + \frac{3y}{100} = 2587,$$

ou $\qquad 5x + 3y = 258\,700.$ \hfill (1)

Supposons le capital x placé à 3 % et le capital y à 5 %.
Le revenu est alors.................$2587^f - 334^f = 2253$ fr.
Les intérêts des deux capitaux sont :

pour le 1ᵉʳ $\dfrac{3x}{100}$; pour le 2ᵉ $\dfrac{5y}{100}$.

On a ainsi l'équation :

$$\frac{3x}{100} + \frac{5y}{100} = 2253,$$

ou $\qquad 3x + 5y = 225\,300.$ \hfill (2)

Nous avons donc à résoudre les équations :
$\qquad 5x + 3y = 258\,700,$ \hfill (1)
$\qquad 3x + 5y = 225\,300.$ \hfill (2)

Pour cela multiplions les termes de l'équation (1) par 5 et les termes de l'équation (2) par 3 ; on a ainsi les deux nouvelles équations :

$$25x + 15y = 1\,293\,500, \qquad (3)$$
$$9x + 15y = 675\,900. \qquad (4)$$

Retranchons les deux membres de l'équation (4) des deux membres de l'équation (3); le terme $15y$ disparaît et on a :
$$16x = 617\,600.$$
De là on tire :
$$x = \frac{617\,600}{16} = 38\,600.$$

Pour avoir la valeur de y, remplaçons x par sa valeur dans l'une des équations (1) et (2), par exemple dans l'équation (2).

On trouve ainsi :
$$115\,800 + 5y = 225\,300.$$
De là on tire :
$$5y = 225\,300 - 115\,800,$$
$$y = \frac{109\,500}{5} = 21\,900.$$

Réponse. — Le capital placé à 5 % est 38 600 francs. Le capital placé à 3 % est 21 900 francs.

EXAMENS DES ASPIRANTS

LI. — Paris. Séance du 16 mai.

1° THÉORIE. — *Définition de la proportion. Démontrer que dans toute proportion le produit des extrêmes est égal au produit des moyens.*

Réciproquement, démontrer que si le produit de deux nombres est égal au produit de deux autres, ces quatre nombres peuvent former une proportion.

De combien de manières peut-on intervertir les quatre termes d'une proportion, sans qu'ils cessent de former une proportion ?

2° PROBLÈME. — *Avec 47 000 francs on veut faire trois placements, l'un à 3 %, le second à 4 % et le troisième à 5 %, de manière qu'ils produisent tous les trois le même revenu. Quels sont ces trois placements ?*

Désignons par c la somme qui au taux de 1 % produirait le même revenu que chacun des trois capitaux demandés.

Les trois capitaux qui produiront ce même revenu seront :

$$\text{à } 3\% \ \frac{c}{3}\,; \quad \text{à } 4\% \ \frac{c}{4}\,; \quad \text{à } 5\% \ \frac{c}{5}.$$

En réduisant ces fractions au même dénominateur, on obtient :
$$\frac{20c}{60}\;;\quad \frac{15c}{60}\;;\quad \frac{12c}{60}.$$
Supposons donc qu'on place .... à 3 %, 20 fr.
On devra placer : à 4 % 15 fr. ; à 5 % 12 fr.
Le total de ces trois placements est.................. 47 fr.
Or le capital donné 47 000 francs vaut 1000 fois 47 francs.
Donc les trois placements demandés seront :
à 3 % 20 000 fr. ; à 4 % 15 000 fr. ; à 5 % 12 000 fr.
L'intérêt produit par chacun de ces placements sera :
pour le 1ᵉʳ.................. $3^f \times 200 = 600$ fr.
pour le 2ᵉ.................. $4^f \times 150 = 600$ fr.
pour le 3ᵉ.................. $5^f \times 120 = 600$ fr.

Réponse. — On devra placer à 3 % 20 000 francs ; à 4 % 15 000 fr. ; à 5 % 12 000 fr.

LII. — Paris. Séance du 17 mai.

1° THÉORIE. — *Prouver :* 1° *que le produit de deux nombres entiers ;* 2° *que le produit de deux fractions ne change pas, quand on intervertit l'ordre des facteurs.*

2° PROBLÈME. — *Pour terminer un travail pressé, un chef de maison a dû demander des heures supplémentaires à ses employés. Parmi eux 5 ont prolongé leur travail quotidien de 2 heures 20 minutes pendant 15 soirées ; 4 autres ont travaillé chacun 2 heures 3 quarts pendant 12 soirées ; enfin un dernier groupe de 7 employés a donné, pour chacun de ses membres, 2 heures 56 minutes de travail supplémentaire pendant 18 jours.*

Trouver, à moins de 1 centime près, ce qui revient à chaque employé, si le patron leur a accordé une gratification de 1300 francs.

Les nombres d'heures de travail supplémentaire sont :

pour le 1ᵉʳ groupe $2^h \dfrac{1}{3} \times 5 \times 15 = \dfrac{7}{3} \times 5 \times 15 = 175^h$.

pour le 2ᵉ .... $2^h \dfrac{3}{4} \times 4 \times 12 = \dfrac{11}{4} \times 4 \times 12 = 132^h$.

pour le 3ᵉ .... $2^h \dfrac{14}{15} \times 7 \times 18 = \dfrac{44}{15} \times 7 \times 18 = 369^h,6$.

Total.................. $676^h,6$.

Pour 676ʰ,6 de travail on a donné 1300 francs.
Pour 1 heure on donnerait

$$\frac{1300^f}{676,6} = \frac{13\,000}{6766} = 1^f,92137.$$

Les sommes qui reviennent à chaque groupe d'ouvriers sont :
au 1ᵉʳ............... $1^f,92137 \times 175 = 336^f,24.$
au 2ᵉ............... $1^f,92137 \times 132 = 253^f,62.$
au 3ᵉ............... $1^f,92137 \times 369,6 = 710^f,14.$

Réponse. — La part attribuée à l'ouvrier est :
dans le 1ᵉʳ groupe.......... $336^f,24 : 5 = 67^f,25.$
dans le 2ᵉ .... $253^f,62 : 4 = 63^f,40.$
dans le 3ᵉ .... $710^f,14 : 7 = 101^f,45.$

OBSERVATION. — Pour éviter des longueurs de calcul, il était bon de calculer le prix payé par heure de travail; mais comme ce prix devait être multiplié par des nombres compris entre 100 et 1000, il était nécessaire de calculer ce prix avec 5 chiffres décimaux, c'est-à-dire avec une erreur moindre que 1 cent-millième; l'erreur dont les trois produits se trouvent affectés est ainsi moindre que 1000 cent-millièmes et par suite moindre que 1 centième.

LIII. — Paris. Séance du 18 juillet.

1° THÉORIE. — *Multiplier 395,486 par 7,65 et raisonner l'opération.*

2° PROBLÈME. — *Un vase plein de vin pèse autant qu'une somme de 6950 francs, composée de 6820 francs en or et de 130 francs en argent. Plein d'huile, ce vase pèse 2 kilogrammes 760 grammes. Étant donné qu'à volume égal le vin pèse les 0,95 de l'eau pure et l'huile les 0,90, on demande : 1° la capacité du vase; 2° le poids du vin et le poids de l'huile qu'il peut contenir.*

En argent 6820 francs pèseraient $5^{gr} \times 6820.$
En or leur poids est 15 fois et demie moindre, c'est-à-dire :

$$\frac{5^g \times 6820}{15,5} = \frac{50 \times 6820}{155} = \frac{68\,200}{31} = 2200 \text{ gr.}$$

Le poids des 130 fr. en argent est $5^{gr} \times 130 = 650$ gr.
Le poids de la somme totale est donc :

$$2200^{gr} + 650^{gr} = 2850 \text{ grammes};$$

Le poids du vase plein de vin est.............. 2850 gr.
Le poids quand il est plein d'huile est............ 2760 gr.

Différence........................ 90 gr.

Ce résultat est précisément la différence qu'il y a entre le poids du vin et le poids de l'huile qui rempliraient le vase.
Or 1 litre de vin pèse..................... 950 gr.
1 litre d'huile pèse..................... 900 gr.

Différence........................ 50 gr.

Autant de fois il y a 50 gr. dans 90 gr., autant il y a de litres dans la capacité du vase.
Le nombre de litres du vase est donc............90 : 50 = 1ˡ,80.
Le poids du vin est............. 950ᵍʳ × 1,8 = 1710 grammes.
Le poids de l'huile est.......... 900ᵍʳ × 1,8 = 1620 grammes.

Réponse. — Le vase contient 1 litre 80 centilitres.
Le vin qui le remplit pèse 1 kilogramme 710 grammes.
L'huile qui le remplit pèse 1 kilogramme 620 grammes.

LIV. — Paris. Séance du 19 juillet.

1° THÉORIE. — *Trouver un nombre qui, étant divisé par 11, par 5, par 15, par 33, donne toujours pour reste le nombre 1, et s'il y a plusieurs nombres répondant à cette question, indiquer le plus petit.*

Le nombre demandé doit être un multiple commun des nombres 11, 5, 15, 33, augmenté de 1.
Sans écrire la décomposition de ces nombres en facteurs premiers, on voit tout de suite que 33 étant un multiple de 11, il suffit de le multiplier par 5 pour avoir le plus petit multiple commun de ces quatre nombres.
Le plus petit multiple commun est 33 × 5 = 165.
Le plus petit nombre demandé est donc 166.
Il y en a une infinité d'autres qu'on obtiendra en ajoutant 1 aux divers multiples de 165.

2° PROBLÈME. — *Un jardinier pépiniériste a loué une pièce de terre de 75 ares 8 centiares, pour le prix annuel de 120 francs. Il y plante des arbres qu'il achète à raison de 0ᶠ,90 le pied. Les frais de culture coûtent tous les ans 0ᶠ,30 par arbre planté, conservé ou non. Au bout de 3 ans, la moitié des arbres a péri et le pépi-*

niériste vend le reste pour 2100 francs, en faisant un bénéfice de 843^f,60. Trouver combien il a vendu d'arbres et combien il a vendu chaque arbre.*

Au bout des 3 ans on a déboursé :
pour la location du terrain............ $120^f \times 3 = 360^f,00$
pour chaque arbre............ $0^f,90 + 0^f,30 \times 3 = \underline{1^f,80}$
Total...................... 361^f,80.
La vente au bout des 3 ans a produit............ 2100^f,00
Le bénéfice a été.......................... 843^f,60

La dépense totale est $2100^f - 843^f,60$ c'est-à-dire 1256^f,40.
Prélevons les frais de location............... 360^f,00
Il reste pour le prix des arbres achetés......... 896^f,40
Le nombre des arbres achetés sera :
$$\frac{896,40}{1,80} = \frac{4482}{9} = 498.$$
Le nombre des arbres vendus en est la moitié c'est-à-dire 249.
Leur vente a produit 2100 francs.
Le prix de vente de chaque arbre a été $2100 : 249 = 8^f,433$.

Réponse. — On a vendu 249 arbres au prix de 8^f,43.

LV. — Paris. Séance du 3 novembre.

1° THÉORIE. — *Expliquer pourquoi la division que l'on fait pour convertir la fraction $\frac{9}{14}$ en fraction décimale ne se termine pas et pourquoi la fraction décimale est périodique.*

2° PROBLÈME. — *D'un tonneau de vin coûtant 145 fr. on a cédé les $\frac{2}{5}$ à 0^f,72 le litre et les $\frac{3}{8}$ à 0^f,70 le litre. Le reste, vendu au prix de 0^f,68 le litre, a produit 36^f,72. Calculer la contenance du tonneau, le bénéfice total fait dans la vente et le bénéfice pour 100 sur le prix d'achat.*

Les deux premières ventes ont pris :
$$\frac{2}{5} + \frac{3}{8} \text{ ou } \frac{16}{40} + \frac{15}{40} = \frac{31}{40} \text{ du tonneau.}$$
Le reste, composant la 3e vente, est $\frac{9}{40}$ du tonneau.

Or ce reste contient autant de litres qu'il y a de fois 0',68 dans 36',72. Ce nombre de litres égale donc :
$$36,72 : 0,68 = 54 \text{ litres.}$$

Ainsi $\frac{9}{40}$ du tonneau égalent 54 litres.

$\frac{1}{40}$ du tonneau égale la 9ᵉ partie de 54ˡ, c'est-à-dire 6 litres.

Les deux premières ventes comprennent donc :
la 1ʳᵉ...........................	6ˡ × 16 =	96 litres ;
la 2ᵉ...........................	6ˡ × 15 =	90 —
la 3ᵉ comprend...............		54 —
La contenance du tonneau égale...............		240 litres.

La vente de ces trois quantités de vin a produit :
la 1ʳᵉ...........................	0ᶠ,72 × 96 =	69ᶠ,12 ;
la 2ᵉ...........................	0ᶠ,70 × 90 =	63ᶠ,00 ;
la 3ᵉ...........................		36ᶠ,72 ;
Produit total...............		168ᶠ,84.
Le prix d'achat était...............		145ᶠ,00.
Bénéfice...............		23ᶠ,84.

Avec 145 francs on a gagné 23ᶠ,84.
Avec 1 franc le bénéfice serait............23,84 : 145 = 0ᶠ,1644.
Le bénéfice pour 100 francs sera 16ᶠ,44.

Réponse. — Le tonneau contient 240 litres.
On gagne en tout 23ᶠ,84 et pour 100 du prix d'achat on gagne 16ᶠ,44.

LVI. — DÉPARTEMENT DE LA HAUTE-VIENNE (Octobre).

1° THÉORIE. — *Expliquer la multiplication et la division des fractions ordinaires. Quel rapport y a-t-il entre le produit d'une part, le quotient d'autre part et les deux fractions données ?*

Opérer sur les fractions $\frac{4}{5}$ *et* $\frac{8}{9}$.

2° PROBLÈME. — *On achète des pains de sucre de deux qualités ; on paye pour les uns 620 francs et pour les autres 1122 francs. Un pain de la 2ᵉ qualité coûte 3ᶠ,20 de moins qu'un pain de la 1ʳᵉ, et 2 pains de chaque qualité coûtent ensemble 34ᶠ,20. On demande combien on a acheté de pains de chaque qualité.*

L'excès de 34^f,20 sur 3^f,20, c.-à-d. 31 fr. est le prix de 2 pains de la 2e qualité.

Le pain de la 2e qualité coûte donc la moitié de 31 fr. c.-à-d. 15^f,50.
Celui de la 2e qualité coûte :
$$15^f,50 + 3^f,20,\text{ c'est-à-dire } 18^f,70.$$
Les nombres de pains de sucre achetés sont :

de la 1re qualité........ $\dfrac{620}{18,7} = \dfrac{6200}{187} = 33,15$;

de la 2e qualité........ $\dfrac{1122}{15,5} \quad \dfrac{11\,220}{155} = 72,38.$

Réponse. — On a acheté : de la 1re qualité 33 pains et 0,15 d'un pain ; de la 2e qualité 72 pains et 0,38 d'un pain.

LVII. — DÉPARTEMENT DE LA LOIRE (Octobre).

1° THÉORIE. — *Expliquer la soustraction des nombres suivants :* $\quad 23\dfrac{6}{7} - 15\dfrac{3}{4}.$

2° PROBLÈME. — *Les olives rendent en moyenne 10 % de leur poids d'huile. En admettant qu'un litre d'huile d'olives revienne à 2^f,30 et que les frais d'extraction soient de 0^f,15 par litre, on demande quel doit être le prix d'un hectolitre d'olives pesant 42 kilogrammes. La densité de l'huile d'olives est 0,915.*

Le poids de l'huile extraite de 42 kilogrammes d'olives est la 10e partie de ce poids, c'est-à-dire 4^{kg},2 ou 4200 grammes.
Le litre de cette huile pèse 915 grammes.
Le nombre de litres des 4200 grammes d'huile est donc :
$$4200 : 915 = 4^l,59.$$
Le litre d'huile, déduction faite des frais d'extraction, vaut :
$$2^f,30 - 0^f,15 = 2^f,15.$$
Le prix de l'hectolitre d'olives est donc :
$$2^f,15 \times 4,59 = 9^f,8685.$$

Réponse. — On payera l'hectolitre d'olives 9^f,87.

LVIII. — DÉPARTEMENT DES BASSES-PYRÉNÉES (Juillet).

1° THÉORIE. — *Définir et calculer le plus grand commun diviseur des deux nombres 952 et 357.*

On emploiera, en l'expliquant, la méthode des divisions successives.

2º PROBLÈME. — *Un propriétaire vend deux qualités de blé à des prix différents. Il vend d'abord 3 hectolitres et demi de la 1ʳᵉ qualité et 24 doubles décalitres de la 2ᵉ pour le prix total de 206ᶠ,20. Il touche ensuite 268ᶠ,40 en vendant ensemble les 0,7 d'un mètre cube de la 1ʳᵉ qualité et 360 000 centimètres cubes de la 2ᵉ. Calculer le prix de l'hectolitre de chaque qualité.*

Évaluons tout en litres.
La 1ʳᵉ vente comprend 350ˡ de la 1ʳᵉ q. et 480ˡ de la 2ᵉ pour 206ᶠ,20;
la 2ᵉ.............. 700ˡ de la 1ʳᵉ q. et 360ˡ de la 2ᵉ pour 268ᶠ,40.
En doublant la 1ʳᵉ vente, on aurait vendu :
700ˡ de la 1ʳᵉ q. et 960ˡ de la 2ᵉ pour 412ᶠ,40.
Dans cette dernière vente et dans la 2ᵉ, le nombre de litres de la 1ʳᵉ qualité est le même, 700 litres ; la différence des prix provient donc de la différence des nombres de litres de la 2ᵉ qualité.
Or on trouve :
960ˡ — 360ˡ = 600 litres ;
412ᶠ,40 — 268ᶠ,40 = 144 francs.
Le prix du litre de la 2ᵉ qualité était donc :
144ᶠ : 600 = 0ᶠ,24.
A 0ᶠ,24 le litre, les 480 litres de la 2ᵉ vente ont rapporté :
0ᶠ,24 × 480 = 115ᶠ,20.
La vente des 350 litres de la 1ʳᵉ qualité a rapporté :
206ᶠ,20 — 115ᶠ,20 = 91 francs.
Le prix du litre de la 1ʳᵉ qualité est donc :
91ᶠ : 350 = 0ᶠ,26.

Réponse. — Le prix de l'hectolitre était: pour 2ᵉ qualité 24 francs; pour la 1ʳᵉ qualité 26 francs.

LIX. — DÉPARTEMENT DES BASSES-PYRÉNÉES (Octobre).

1º THÉORIE. — *Que devient une expression fractionnaire, quand on ajoute un même nombre à ses deux termes ? Faire la démonstration en prenant successivement pour exemples* $\frac{3}{5}$ *et* $\frac{11}{7}$.

2º PROBLÈME. — *Un tonneau est rempli de vin. On tire les* $\frac{3}{16}$ *du contenu et on le remplace par de l'eau, de* manière à remplir le tonneau. Cela fait, on enlève encore les $\frac{3}{16}$ du contenu, qu'on remplace par de l'eau. Calculer la capacité du tonneau, en sachant que la quantité de vin qui reste dans le tonneau après la 2ᵉ opération surpasse de 65 litres et demi la moitié de la capacité totale.

Soit x le nombre de litres de vin remplissant le tonneau.
La 1ʳᵉ fois on enlève $\frac{3}{16}$ de x; il reste $\frac{13x}{16}$ de vin.
Le tonneau est alors rempli avec de l'eau.
On enlève $\frac{3}{16}$ du tout et par conséquent $\frac{3}{16}$ du vin qui s'y trouve. Le vin qui reste dans le tonneau est donc :
$\frac{13}{16}$ de $\frac{13x}{16}$, c'est-à-dire $\frac{13^2}{16^2} \times x$ ou $\frac{169x}{256}$.
Ce résultat montre que le vin qui reste après la 2ᵉ opération est les $\frac{169}{256}$ du vin qui remplissait d'abord le tonneau.

D'après l'énoncé on a alors :
$$\frac{169x}{256} = \frac{x}{2} + \frac{655}{10}.$$
ou
$$\frac{169x}{256} = \frac{5x}{10} + \frac{655}{10}.$$
En multipliant tous les termes par 2560 on trouve :
$$1690x = 1280x + 167\,680.$$
On a ensuite :
$$169x - 128x = 16\,768;$$
$$41x = 16\,768;$$
$$x = \frac{16\,768}{41} = 408^l,97.$$

Réponse. — La capacité du tonneau est de 409 litres.

LX. — DÉPARTEMENT D'INDRE-ET-LOIRE (Octobre).

1° THÉORIE. — *Indiquer la marche à suivre pour apprendre à des élèves du cours moyen à effectuer la division des nombres décimaux. — Justifier par le raisonnement les règles données.*

ASPIRANTS.   315

2° Problème. — *Un tonneau contient 210 litres de vin. On en tire 45 litres, qu'on remplace par une quantité égale d'eau. On tire du mélange 45 litres, qu'on remplace par une quantité égale d'eau; puis on répète une troisième fois l'opération. Combien le tonneau contient-il alors de litres de vin?*

Après qu'on a tiré 45 litres de vin la 1ʳᵉ fois, il en reste :
$$210^l - 45 = 165 \text{ litres.}$$
On y verse 45 litres d'eau et on tire 45 litres du mélange.
On tire ainsi $\dfrac{45}{210}$ ou $\dfrac{3}{14}$ de 165 litres de vin,

c.-à-d. $\dfrac{165 \times 3}{14} = \dfrac{495}{14} = 35^l,35$ de vin.

Le nombre de litres de vin qui reste à ce moment est :
$$165^l - 35^l,35 = 129^l,65.$$
Une 3ᵉ fois on remplit le vase avec 45 litres d'eau; puis on retire encore $\dfrac{3}{14}$ des 129ˡ,65 de vin.

Le vin qui reste est les $\dfrac{11}{14}$ de 129ˡ,65, ce qui fait :
$$\frac{129^l,65 \times 11}{14} = \frac{1426,15}{14} = 101,86.$$

Réponse. — Il reste dans le tonneau 101ˡ,86 de vin.

LXI. — DÉPARTEMENT DE LA CHARENTE-INFÉRIEURE (Octobre).

1° Théorie. — *Dans la multiplication de deux nombres de plusieurs chiffres, pourrait-on former les produits partiels en commençant par la gauche du multiplicateur ? Expliquer comment se ferait l'opération.*

2° Problème. — *Une personne place une somme de 21 420 francs à 5 % et 8 mois après elle place à 6 % un capital de 20 610 francs. Calculer en mois et jours le temps au bout duquel les intérêts simples produits par ces deux capitaux auront la même valeur.*

L'intérêt de 21 420 francs à 5 % serait :
pour 1 an............ 21 420 : 20 = 1071 fr;
pour 8 mois $\dfrac{1071 \times 2}{3} = 357 \times 2 = 714$ fr.

L'intérêt de 20610 francs à 6 % est pour 1 an :
$$0^f,06 \times 20\,610 = 1236^f,60.$$
L'intérêt du 2ᵉ capital surpasse l'intérêt du 1ᵉʳ après 1 an de
$$1236^f,60 - 1071^f = 165^f,60.$$
Ainsi au bout de 1 an, à partir du moment du placement du 2ᵉ capital, la différence de 714 francs qu'il y a entre les intérêts à ce moment est diminuée de 165ᶠ,60.

Autant de fois il y a 165ᶠ,60 dans 714 fr., autant il y a d'années à partir de ce moment pour que la différence des intérêts soit nulle.

Ce nombre d'années est......... $\dfrac{714}{165,6} = \dfrac{7140}{1656} = 4^a\ 3^m\ 22^j$.

Réponse. — L'intérêt du 2ᵉ capital sera égal à l'intérêt du 1ᵉʳ au bout de 4 ans 3 mois 22 jours.

LXII. — ARRONDISSEMENT DE BÉFORT (Octobre).

1° THÉORIE. — *Démontrer le principe sur lequel on s'appuie pour réduire plusieurs fractions au même dénominateur. Réduire au plus petit dénominateur commun, en expliquant le marché du calcul :*

1° *les fractions* $\dfrac{2}{3}$, $\dfrac{4}{5}$, $\dfrac{7}{8}$;

2° *les fractions* $\dfrac{5}{6}$, $\dfrac{11}{24}$, $\dfrac{13}{48}$, $\dfrac{7}{84}$, $\dfrac{17}{144}$.

2° PROBLÈME. — *On a placé au même taux 1200 francs pendant 60 jours, et 800 francs pendant 30 jours. Le 1ᵉʳ capital a rapporté 8 francs de plus que le 2ᵉ. Quel est le taux ?*

Supposons un taux de 1 %. Les intérêts des deux capitaux seront :
pour le 1ᵉʳ $\dfrac{12}{6}$ ou 2 fr.; pour le 2ᵉ $\dfrac{8}{12}$ ou $\dfrac{2}{3}$ de fr.

La différence entre 2 et $\dfrac{2}{3}$ est $1\dfrac{1}{3}$ ou $\dfrac{4}{3}$.

Autant de fois il y a $\dfrac{4}{3}$ dans la différence 8, autant de fois il y aura de francs dans le taux demandé.

On trouve par la division :
$$8 : \dfrac{4}{3} = \dfrac{24}{4} = 6.$$

Réponse. — Le taux était 6 %.

LXIII. — Département du Rhone (Octobre).

1° Théorie. — *Comment réduit-on des fractions au plus petit dénominateur commun ?*

Exemple : $\frac{13}{105}$, $\frac{17}{126}$, $\frac{23}{270}$.

2° Problème. — *Une personne a marché avec une vitesse constante pendant 3 heures et demie ; puis elle a pris une voiture qui lui faisait parcourir par heure 5 kilomètres de plus qu'elle n'en faisait à pied. Son voyage en voiture a duré 3 heures 20 minutes, et la distance totale qu'elle a parcourue, tant à pied qu'en voiture, a été de 54 kilomètres et quart. Quel chemin parcourait-elle dans une heure à pied ?*

Soit x le nombre de kilomètres parcourus à pied pendant 1 heure. Le nombre de kilomètres en voiture pendant 1 heure sera $x + 5$. Cette personne a parcouru :

à pied............ $x \times 3\frac{1}{2}$ ou $\frac{7x}{2}$;

en voiture.......... $(x + 5) \times 3\frac{1}{3}$ ou $(x + 5) \times \frac{10}{3}$.

Le total de ces deux espaces est $54^{km}\frac{1}{4}$ ou $\frac{217}{4}$ de kilom.

On peut donc écrire :

$$\frac{7x}{2} + (x + 5) \times \frac{10}{3} = \frac{217}{4}.$$

Pour résoudre cette équation on a successivement :

$$\frac{42x}{12} + (x + 5) \times \frac{40}{12} = \frac{651}{12} ;$$
$$42x + 40x + 200 = 651 ;$$
$$82x = 451 ;$$
$$x = \frac{451}{82} = 5,5.$$

Réponse. — A pied la personne parcourait par heure 5 kilomètres et demi.

LXIV. — Département d'Ille-et-Vilaine (Octobre).

1° Théorie. — *Division des fractions.* — Donner la

18.

définition et la théorie de l'opération. Application aux deux fractions $\frac{80}{126} : \frac{12}{21}$. Simplifier le résultat.

2° PROBLÈME. — *Avec une pièce de toile écrue de 36 mètres de longueur et $0^m,80$ de largeur, qui se retire par le blanchissage de $0^m,012$ par mètre sur la longueur et de $0^m,015$ sur la largeur, on confectionne des draps de lit en mettant 2 lés de largeur.*

Quelle largeur auront les draps après le blanchissage, si la couture prend $0^m,003$?

Quelle longueur de toile écrue faut-il pour un drap, si les ourlets des extrémités prennent chacun $0^m,008$, pour que le drap cousu ait juste $2^m,80$?

Combien peut-on confectionner de draps avec la pièce et combien reste-t-il de toile ?

La diminution produite par le blanchissage est :
sur la longueur de la pièce............ $0^m,012 \times 36 = 0^m,432$;
sur la largeur....................... $0^m,015 \times 0,8 = 0^m,012$.
Après le blanchissage, la pièce de toile a :
en longueur................. $36^m - 0^m,432 = 45^m,568$;
en largeur................... $0^m,80 - 0^m,012 = 0^m,788$.
La largeur d'un drap après le blanchissage sera :
$$0^m,788 \times 2 - 0^m,003 = 1^m,576 - 0^m,003 = 1^m,573.$$
La longueur de toile blanchie entrant dans un drap est :
$$2^m,80 \times 2 + 0^m,008 \times 4 = 5^m,60 + 0^m,032 = 5^m,632.$$
Pour avoir $35^m,568$ de toile blanchie, il faut 36 m. de toile écrue.
Pour 1 mètre de toile blanchie, la longueur de toile écrue serait :
$$\frac{36}{35,568} \text{ m.}$$
Pour $5^m,632$ de toile blanchie, c'est-à-dire pour un drap, la longueur à prendre sur la toile écrue sera :
$$\frac{36 \times 5,632}{35,568} = \frac{202\,752}{35\,568} = 5^m,70.$$
Le nombre de draps qu'on pourra faire est égal au nombre de fois qu'il y aura $5^m,70$ dans 36 mètres.
Ce nombre est $\frac{36}{5,7} = \frac{360}{57} = \frac{120}{19} = 6\frac{6}{19}$,
ce qui fait 6 draps, plus $\frac{6}{19}$ de $5^m,70$, de toile écrue ou $1^m,80$.

REMARQUE. — En divisant 35,568 par 5,632, on trouve aussi le même nombre de chemises 6 ; mais le reste de la division, qui est 1776 millimètres ou $1^m,776$, exprime ce qui reste de toile blanchie.

ASPIRANTS.

Réponse. — La largeur des draps blanchis est de 1^m,573.

Pour un drap il faut prendre 5^m,70 de toile écrue.

La pièce de toile fournira 6 draps plus 1^m,80 de toile écrue.

LXV. — DÉPARTEMENT DE LA LOIRE (Juillet).

1° THÉORIE. — *Le plus grand commun diviseur de deux nombres est* 18. *Trouver quels sont ces deux nombres, en sachant que la série des quotients qu'on a obtenus dans la recherche de leur plus grand commun diviseur est :*

$$11, 5, 1, 1, 2.$$

Rappelons d'abord qu'en cherchant le plus grand diviseur de deux nombres, on reconnaît les deux principes suivants :

1° Dans les divisions que l'on fait successivement pour trouver le plus grand commun diviseur de deux nombres, le diviseur de chaque division devient le dividende et le reste devient le diviseur de la division suivante ;

2° Le plus grand commun diviseur trouvé est le diviseur de la dernière division, et par suite, le reste de l'avant-dernière division.

Maintenant si pour mettre plus de clarté, on désigne par a et b les deux nombres demandés et par r_1, r_2, r_3, r_4, les restes des quatre premières divisions, celui de la 5e étant o, on pourra écrire le tableau suivant :

$$a = b \times 11 + r_1;$$
$$b = r_1 \times 5 + r_2;$$
$$r_1 = r_2 \times 1 + r_3;$$
$$r_2 = r_3 \times 1 + r_4;$$
$$r_3 = r_4 \times 2 + 0.$$

Or le dernier reste r_4, qui est le plus grand commun diviseur cherché, est égal à 18.

On aura donc, en remontant de la dernière égalité à la première

$$r_3 = 18 \times 2 = 36;$$
$$r_2 = 36 \times 1 + 18 = 54;$$
$$r_1 = 54 \times 1 + 36 = 90;$$
$$b = 90 \times 5 + 54 = 450 + 54 = 504;$$
$$a = 504 \times 11 + 90 = 5544 + 90 = 5634.$$

Réponse. — Les deux nombres sont 5634 et 504.

2º Problème. — *On demande combien il faut de pièces de 10 centimes en bronze pour fabriquer un boulet de canon ayant 2 décimètres cubes 500 centimètres cubes.*

On prendra : 8,79 pour la densité du cuivre ; 7,29 pour celle de l'étain et 6,86 pour celle du zinc.

D'abord 10 pièces de 10 centimes pèsent 100 grammes.
Dans 100 grammes de cette monnaie il y a :
95 grammes de cuivre ; 4 grammes d'étain ; 1 gramme de zinc.
En admettant que le volume du bronze soit le total des volumes des trois métaux fondus ensemble, on aura le volume de chacun en divisant le poids par la densité.
Les volumes de ces métaux qui entrent dans 100 grammes de cette monnaie sont donc en centimètres cubes :

pour le cuivre.................... 95 : 8,79 = 10,807 ;
pour l'étain..................... 4 : 7,29 = 0,548 ;
pour le zinc..................... 1 : 6,86 = 0,145.
Volume total........................ 11^{cc},500.

Or le volume du boulet est de 2500 centimètres cubes.
Autant de fois ce volume contient 11^{cc},5, autant il faudra de pièces de 10 centimes. Le nombre de ces pièces sera :
$$2500 : 11,5 = 217,39.$$

Réponse. — On devra employer 2714 pièces.

LXVI. — DÉPARTEMENT DE LA CHARENTE-INFÉRIEURE (Juillet).

1º Théorie. — *Expliquez théoriquement comment on trouve deux nombres dont la somme égale 1512 et qui fassent avec 4 et 5 une proportion.*

Le rapport de deux nombres demandés doit être le même que le rapport des nombres 4 et 5 ; par conséquent le plus petit des deux nombres doit être les $\frac{4}{5}$ du plus grand.

Pour diviser 1512 en deux parties dont l'une soit les $\frac{4}{5}$ de l'autre, il suffit de partager 1512 en 9 parties égales, puis d'en prendre 4 pour le plus petit des deux nombres et 5 pour le plus grand.
La 9º partie de 1512 est 168.

Réponse. — Les deux nombres demandés sont :
le plus petit......................... 168 × 4 = 672 ;
le plus grand........................ 168 × 5 = 840.

2° PROBLÈME. — *On a deux lingots d'argent et de cuivre : le 1ᵉʳ au titre de 0,800 et pesant $2^{kg},5$; le second au titre de 0,750 et pesant $3^{kg},750$. On fond les $\frac{2}{3}$ du premier avec les $\frac{4}{5}$ du second. Combien faut-il ajouter d'argent pur pour avoir un lingot au titre propre à fabriquer des pièces de cinq francs et combien pourra-t-on fabriquer de ces pièces ?*

On fait fondre ensemble :

du lingot à 0,80............ $2500^{gr} \times \frac{2}{3} = \frac{5000}{3}$ de gramme ;

du lingot à 0,75............ $3750^{gr} \times 0,8 = 3000$ grammes.

Le poids du lingot ainsi obtenu est :
$$\frac{5000}{3}\text{ gr.} + 3000\text{ gr. ou } \frac{14\,000}{3} \text{ de gramme.}$$

Les poids d'argent fin des deux lingots fondus ensemble sont :

dans le 1ᵉʳ................. $\frac{5000}{3} \times 0,8 = \frac{4000}{3}$ de gramme ;

dans le 2ᵉ.............. $3000 \times 0,75 = 2250 = \frac{6750}{3}$ de gramme.

Le total de ces deux poids d'argent fin est :
$$\frac{4000}{3} + \frac{6750}{3} = \frac{10\,750}{3} \text{ de gramme.}$$

Le poids du cuivre contenu dans ce lingot unique est :
$$\frac{14\,000}{3} - \frac{10\,750}{3} = \frac{3250}{3} \text{ de gramme.}$$

Ce poids de cuivre est un 10ᵉ du poids que le lingot doit avoir. Le poids de ce lingot sera 10 fois ce poids, c'est-à-dire :
$$\frac{32\,500}{3} \text{ de gramme.}$$

Le poids de l'argent à ajouter sera :
$$\frac{32\,500}{3} - \frac{14\,000}{3} = \frac{18\,500}{3} = 6166^{gr},6.$$

La pièce de 5 francs pesant 25 grammes, le nombre de pièces qu'on pourra fabriquer sera :
$$\frac{32\,500}{3} : 25 = \frac{1300}{3} = 433,33.$$

Réponse. — On ajoutera 6166 grammes d'argent fin. Le lingot obtenu fournira 433 pièces de cinq francs.

LXVII. — DÉPARTEMENT DE LA CHARENTE (Octobre).

1° Théorie. — *Démontrer qu'on ne change pas la valeur du produit de deux nombres, quand on intervertit l'ordre des facteurs. Étendre cette proposition au produit de deux fractions.*

2° Problème. — *Un lingot d'argent au titre de 0,812 pèse 120 kilogrammes. Quel poids d'un autre lingot d'argent au titre de 0,888 doit-on lui allier pour obtenir un lingot au titre de 0,835 ?*

$$\begin{array}{ccc|c} 120^{kg} & 0,812 & & 53 \\ & & 0,835 & \\ x & 0,888 & & 23 \end{array}$$

Les poids d'argent fin contenus dans 1 gramme des trois lingots sont :

au 1er 812 milligr.; au 2e 888 milligr.; au 3e 835 milligr.

Quand on met dans le creuset 1 gramme du 1er, il manque un poids d'argent fin égal à.................. 835 — 812 = 23 milligr.

Quand on y met 1 gramme du 2e, il y a en trop un poids d'argent fin égal à.................................. 888 — 835 = 53 milligr.

D'après ces différences, on devra mettre :

53 grammes du 1er avec 23 grammes du 2e.

En effet, avec 53 grammes du 1er, il manque un poids d'argent fin égal à.. 53 fois 23 milligr.

Avec 23 grammes du 2e, il y a en trop un poids d'argent fin égal à 23 fois 53 milligrammes.

Ces deux poids d'argent fin étant égaux se font compensation.

Ainsi le poids à prendre dans le 2e lingot doit être les $\frac{23}{53}$ du poids à prendre dans le 1er.

Donc avec 120 kilogrammes du 1er lingot, le poids à prendre dans le 2e sera les $\frac{23}{53}$ de 120 kilogrammes, c'est-à-dire :

$$120^{kg} \times \frac{23}{53} = \frac{2760}{53} = 50^{kg},075.$$

Réponse. — Le 2e lingot, qui doit être allié à 120 kilogrammes du 1er, doit peser 52 kilogr. 75 grammes.

LXVIII. — DÉPARTEMENT DE LA HAUTE-VIENNE (Octobre).

1° THÉORIE. — 1° *Théorèmes fondamentaux relatifs à la divisibilité des nombres. — Caractères de divisibilité par 3 et par 9 ; démonstration.*

2° *Étant donné un nombre, si on écrit ses chiffres dans un ordre quelconque et qu'on fasse la différence du nombre ainsi obtenu et du nombre donné, cette différence est toujours un multiple de 9.*

Nous n'avons à nous occuper ici que de la seconde question.
Soit par exemple le nombre.......................... 87 431,
et le nombre composé des mêmes chiffres............ 14 783.
On a :
$$87\,431 = \text{mult. de } 9 + 23 = \text{mult. de } 9 + 5 ;$$
$$14\,783 = \text{mult. de } 9 + 23 = \text{mult. de } 9 + 5.$$
Si on retranche ces deux nombres l'un de l'autre, le nombre 5 disparaît et le reste est égal à un multiple de 9 diminué d'un autre multiple de 9.
La différence des deux nombres est donc un multiple de 9.

2° PROBLÈME. — *On a trois lingots d'argent allié à du cuivre ; le 1ᵉʳ au titre de 0,75 ; le 2ᵉ au titre de 0,67 ; le 3ᵉ au titre de 0,56. On mêle les deux premiers dans le rapport de 1 à 3 ; puis avec l'alliage résultant et le 3ᵉ lingot, on veut faire un nouvel alliage au titre de 0,62. Quels poids des trois alliages donnés y aura-t-il dans 1 kilogramme de l'alliage définitif ?*

1° Supposons que, d'après l'énoncé, on fasse fondre ensemble :
  1 gramme du 1ᵉʳ lingot avec 3 grammes du 2ᵉ.
Le poids du lingot ainsi obtenu sera de 4 grammes.
Les poids d'argent fin sont :
dans 1 gramme du 1ᵉʳ lingot............................ 0^{gr},75
dans 3 grammes du 2ᵉ lingot............. 0^{gr},67 × 3 = 2^{gr},01
                                    Total........... 2^{gr},76.
Le titre de ce nouveau lingot (lingot A) sera :
$$2{,}76 : 4 = 0{,}69.$$

Dans ce lingot A le poids du 1ᵉʳ lingot donné qui y entre est $\frac{1}{4}$ du poids total ; le poids du 2ᵉ lingot est les $\frac{3}{4}$ de ce poids total.

2° On a maintenant à chercher dans quel rapport il faut mêler un poids du lingot A, qui est au titre de 0,69, avec un poids du 3ᵉ lingot donné au titre de 0,56 pour obtenir un lingot B au titre de 0,62.

Dans 1 gr. du lingot A, le poids d'argent fin est 69 centigr.
Dans 1 gr. du 3ᵉ lingot, le poids d'argent fin est 56 centigr.
Dans 1 gr. du lingot B, le poids d'argent doit être 62 centigr.
Quand on met dans le creuset 1 gramme du lingot A, il y a en trop un poids d'argent fin égal à......... 69 — 62 = 7 centigrammes.
Quand on y met 1 gramme du 3ᵉ lingot, il manque un poids d'argent fin égal à........................ 62 — 56 = 6 centigrammes.
D'après cela on mêlera ensemble :
pour 6 gr. du lingot A 7 gr. du 3ᵉ lingot donné[1].
Le total de ces deux poids est 13 grammes.

Ainsi le poids du 3ᵉ lingot entrant dans le lingot B est les $\frac{7}{13}$ du poids de ce lingot B.

Le poids fourni par le lingot A est $\frac{6}{13}$ du poids du lingot B.

Or les poids pris dans le 1ᵉʳ lingot et dans le 2ᵉ pour former le lingot A sont :

$$\text{le 1}^{er} \ \frac{1}{4} \ \text{et le 2}^{e} \ \frac{3}{4} \ \text{du lingot A.}$$

Le poids pris dans le 1ᵉʳ lingot est donc $\frac{1}{4}$ des $\frac{6}{13}$ du lingot B, c'est-à-dire $\frac{6}{52}$ ou $\frac{3}{26}$ du poids de B.

Le poids pris dans le 2ᵉ lingot est les $\frac{3}{4}$ des $\frac{6}{13}$ du lingot B c'est-à-dire $\frac{9}{26}$ du poids du lingot B.

Réponse. — Les poids des trois lingots donnés qui entrent dans 100 grammes du lingot définitif B seront :

pour le 1ᵉʳ.......... $1000 \times \frac{3}{26} = \frac{3000}{26} = 115^{gr},38$;

pour le 2ᵉ.......... $1000 \times \frac{9}{26} = \frac{26}{9000} = 346^{gr},15$;

pour le 3ᵉ.......... $1000 \times \frac{14}{26} = \frac{14000}{26} = 538^{gr},46.$

---

1. On démontrera comme dans les problèmes précédents que la compensation est établie.

LXIX. — DÉP^T DES PYRÉNÉES-ORIENTALES (Juillet).

1° THÉORIE. — *Définir les expressions : droite horizontale ; droite verticale ; plan horizontal ; plan vertical.*

Comment peut-on faire pour construire cette ligne ou ce plan, quand on connaît un de ses points ?

2° PROBLÈME. — *Deux trains partent au même instant de Paris et de Bordeaux, dont la distance est de 578 kilomètres, et vont au devant l'un de l'autre. L'un parcourt 15 kilomètres en 20 minutes, l'autre 5 myriamètres en 1 heure. Quelle sera leur distance après 2 heures $\frac{3}{4}$ de marche ?*

Le train de Paris parcourt 15 kilomètres en 20 minutes.
En 1 heure il parcourt le triple, c'est-à-dire 45 kilomètres.
Dans le même temps celui de Bordeaux parcourt 50 kilomètres.
En 2 heures $\frac{3}{4}$ ou $2^h,75$ les trains ont parcouru :

celui de Paris......... $45^{km} \times 2,75 = 123^{km},750$.
celui de Bordeaux..... $50^{km} \times 2,75 = 137^{km},500$.
Total.................. $261^{km},250$.

La distance qui les sépare au bout de 2 h. $\frac{3}{4}$ est
$$578^{km} - 261^{km},250 = 316^{km},750.$$

Réponse. — Entre les deux trains il y a au bout de 2 heures 3 quarts 317 kilomètres.

LXX. — DÉPARTEMENT DE VAUCLUSE (Juillet).

1° THÉORIE. — *Théorie de la réduction des fractions au même dénominateur ; l'appliquer à trois fractions.*

2° PROBLÈME. — *Un bûcher, ayant $6^m,50$ de longueur, avec $4^m,25$ de largeur et $2^m,75$ de hauteur, est rempli aux $\frac{3}{4}$ de bois de chauffage pesant actuellement 350 kilogrammes le stère. Or la dessiccation lui a fait* *perdre la 8ᵉ partie de son poids et ce bois avait été payé vert à raison de* $1^f,75$ *les 100 kilogrammes.*

On demande le prix coûtant de cette provision.

La capacité du bûcher est en mètres cubes :
$$6,5 \times 4,5 \times 2,75 = 75^{mc},96875.$$
Le quart de cette capacité est $18^{mc},992$.
Le volume du bois renfermé dans ce bûcher est en stères :
$$18^{st},992 \times 3 = 56^{st},976.$$
Le poids de ce bois est :
$$350^{kg} \times 56,976 = 19941^{kg},6.$$
Or 350 kilogrammes sont les $\frac{7}{8}$ du poids du stère de bois vert.
La 8ᵉ partie de ce poids est $350^{kg} : 7 = 50$ kilogrammes.
Le poids du stère de bois vert était donc :
$$50^{kg} \times 8 = 400^{kg} = 4 \text{ quintaux}.$$
Le stère de bois vert avait coûté :
$$1^f,75 \times 4 = 7 \text{ francs}.$$
Pour l'achat du bois du bûcher on avait payé :
$$7^f \times 56,976 = 398^f,832.$$

Réponse. — Ce bois avait coûté $398^f,83$.

LXXI. — DÉPᵀ DES BOUCHES-DU-RHONE (Juillet).

1° THÉORIE. — *Théorie de la multiplication de deux nombres décimaux. On prendra pour exemple la multiplication de 13,56 par 7,341.*

2° PROBLÈME. — *Le toit, à une seule pente, d'une serre est un rectangle de* $6^m,80$ *de longueur sur* $3^m,96$ *de largeur. On emploie pour couvrir cette serre des tuiles plates rectangulaires de 34 centimètres de longueur sur 22 centimètres de largeur. Les tuiles, se recouvrant en partie, perdent dans leur ensemble* $\frac{3}{8}$ *de leur surface.*

La dépense totale, comprenant l'achat des tuiles, la pose et les menus frais, s'élève à $91^f,52$. *Or le prix de la pose et les menus frais équivalent aux* $\frac{2}{9}$ *du prix d'achat. Trouver le prix d'achat d'une tuile.*

1° La surface d'une tuile est en centimètres carrés
$$34 \times 22 = 748.$$

Or on utilise seulement $\frac{5}{8}$ de cette surface pour couvrir le toit.
La surface couverte par une tuile est donc
$$748 \times \frac{5}{8} = \frac{3740}{8} = 567^{cq},5.$$
Or la surface du toit égale :
$$6,8 \times 3,96 = 26^{mq},928 = 269\,280 \text{ centimètres carrés.}$$
Le nombre des tuiles à employer égale
$$\frac{269\,280}{467,5} = \frac{2\,692\,800}{4675} = 576.$$

2° Le prix des tuiles augmenté de ses $\frac{2}{9}$ égale $\frac{11}{9}$ de ce prix.

Ainsi les $\frac{11}{9}$ du prix des tuiles égalent 91ᶠ,52.

Le 9ᵉ de ce prix est............ 91ᶠ,52 : 11 = 8ᶠ,32.
Ce prix est.................. 8ᶠ,32 × 9 = 74ᶠ,88.
Le prix d'achat d'une tuile serait :
$$\frac{74,88}{576} = \frac{9,36}{72} = 0^f,13.$$

Réponse. — Une tuile coûte 13 centimes chez le marchand.

LXXII. — DÉPARTEMENT DE L'ISÈRE (Juillet).

1° THÉORIE. — *Donner la définition générale de la multiplication. L'appliquer à la multiplication : d'une fraction par un nombre entier; d'un nombre entier par une fraction.*
Énoncer et démontrer la règle dans les deux cas.

2° PROBLÈME. — *Un bassin qui a la forme d'un parallélipipède rectangle a 15 décimètres de long, 85 centimètres de large et 3 mètres de profondeur. Un robinet y amène 4 litres et demi d'eau par minute. Trouver au bout de combien d'heures et de minutes le bassin sera plein aux 3 quarts.*

Prenons le décimètre pour unité de longueur, ce qui fait exprimer le volume en décimètres cubes ou litres.
La capacité du bassin est égale à :
$$15 \times 8,5 \times 30 = 3825 \text{ litres.}$$
Le quart de cette capacité est 956ᶫ,25.
Les trois quarts égalent 956ᶫ,25 × 3 = 2868ᶫ,75.
Autant de fois il y aura 4ᶫ,5 dans ces 3 quarts autant il faudra de minutes pour les remplir.

Ce nombre de minutes est :
$$\frac{2868,75}{4,5} = \frac{28\,687,5}{45} = 637^m \frac{22}{45}.$$
Les 637 minutes font 10 heures 37 minutes.

Réponse. — Il faudra 10 heures 37 minutes.

LXXIII. — DÉPARTEMENT DE LA HAUTE-MARNE (Juillet).

1° THÉORIE. — *Convertir la fraction $\frac{1}{125}$ en fraction décimale par voie de multiplication et montrer que le résultat obtenu doit être le même qu'en divisant le numérateur par le dénominateur.*

2° PROBLÈME. — *Le mois de juin 1887 a compté 42 classes de demi-journée. Dans une école de 45 élèves il y en a eu 1 sur 5 dont l'assiduité a été parfaite; chacun de ceux qui composent la moitié du reste a manqué $\frac{1}{6}$ des classes; chaque élève du tiers de l'effectif total a été absent le 7ᵉ des classes; enfin les élèves non compris dans les catégories précédentes ne sont venus que 2 jours. Combien y a-t-il eu d'absences en tout ?*

Quelle est pour 100 la proportion des absences relativement au nombre total des demi-journées ?

Le nombre des élèves ayant eu une assiduité parfaite est
$$45 : 5 = 9.$$
Le nombre des élèves ayant manqué des classes est
$$45 - 9 = 36.$$
Il y a donc 18 élèves qui ont manqué le 6ᵉ des classes.
Le nombre des classes manquées par ces 18 élèves égale
$$7 \times 18 = 126.$$
Le tiers de l'effectif égale 15 élèves.
Le nombre des classes manquées par ces 15 élèves égale
$$6 \times 15 = 90.$$
Le nombre total des élèves de ces trois catégories est
$$9 + 18 + 15 = 42.$$
Il reste pour la 4ᵉ catégorie $\quad 45 - 42 = 3$ élèves.
Chacun a manqué un nombre de classes égal à
$$42 - 4 = 38 \text{ classes.}$$
Ensemble ils ont manqué $38 \times 3 = 114$ classes.
Le nombre total des classes manquées dans le mois égale
$$126 + 90 + 114 = 330.$$
Le nombre total des classes était $42 \times 45 = 1890.$

ASPIRANTS.

Sur 100 classes le nombre des absences serait :
$$\frac{374}{18,90} = \frac{3740}{189} = 19,78.$$

Réponse. — Le nombre total des absences a été 374. Ce nombre est environ de 20 % du nombre des classes.

LXXIV. — DÉP^T DES COTES-DU-NORD (Juillet).

1° THÉORIE. — *Déterminer le plus petit commun multiple de deux ou plusieurs nombres. Dans quel cas la recherche du plus petit multiple commun trouve-t-elle une application?*

2° PROBLÈME. — *Un ouvrier peut faire $\frac{2}{3}$ d'un travail en 7 jours, en travaillant 5 heures par jour; un deuxième ouvrier en fait $\frac{3}{5}$ en 8 jours, en travaillant 8 heures par jour. Combien pour faire l'ouvrage entier les deux ouvriers mettraient-ils de temps en travaillant ensemble 6 heures par jour?*

Le 1er fait $\frac{2}{3}$ de l'ouvrage en 7 fois 5 heures ou 35 heures.

Le 2e fait $\frac{3}{5}$ de l'ouvrage en 8 fois 8 heures ou 64 heures.

Le 1er mettrait : pour $\frac{1}{3}$ de l'ouvrage $\frac{35}{2}$ d'heure;

Pour l'ouvrage entier............ $\frac{35 \times 3}{2}$ ou $\frac{105}{2}$ d'heure.

Le 2e mettrait : pour $\frac{1}{5}$ de l'ouvrage $\frac{64}{3}$ d'heure;

pour l'ouvrage entier............ $\frac{64 \times 5}{3}$ ou $\frac{320}{3}$ d'heure.

En réduisant les deux fractions au même dénominateur, on trouve que le temps nécessaire pour faire l'ouvrage entier serait : pour le 1er $\frac{315}{6}$ d'heure; pour le 2^e $\frac{640}{6}$ d'heure.

En $\frac{1}{6}$ d'heure ils font une partie du travail qui est :

pour le 1er $\frac{1}{135}$; pour le 2^e $\frac{1}{640}$.

En 1 heure ils font donc :

le 1ᵉʳ $\frac{6}{315}$ ou $\frac{2}{105}$ de l'ouvrage; le 2° $\frac{6}{640}$ ou $\frac{3}{320}$.

Le total de ces deux fractions est :

$$\frac{2}{105} + \frac{3}{320} = \frac{4}{210} + \frac{3}{320} = \frac{191}{6720}.$$

Ainsi ces ouvriers ensemble font par heure $\frac{191}{6720}$ de l'ouvrage.

Pour le faire en entier ils mettront autant d'heures que cette fraction $\frac{191}{6720}$ est contenue de fois dans $\frac{6720}{6720}$.

Ce nombre d'heures est.................. 6720 : 191 = 35,18.

Réponse. — Pour faire l'ouvrage en travaillant ensemble, les deux ouvriers mettront 5 journées de 6 heures, plus 5 heures.

LXXV. — DÉPARTEMENT DE LOIR-ET-CHER (Juillet).

1° THÉORIE. — *Démontrer que le produit de deux facteurs contient au plus autant de chiffres qu'il y en a dans ces deux facteurs et au moins autant moins un qu'ils en contiennent eux-mêmes.*

Soit un facteur a de trois chiffres et un facteur b de deux chiffres.

1° a est au moins égal à 100 et b à 10.

Le produit des nombres a et b est donc au moins égal à 1000, c'est-à-dire qu'il contient au moins quatre chiffres.

Ainsi le nombre des chiffres du produit est au moins égal au nombre des chiffres des deux facteurs moins un.

2° a est moindre que 1000 et b moindre que 100.

Le produit des nombres a et b est donc moindre que 100 000, c'est-à-dire qu'il a moins de six chiffres.

Le nombre des chiffres du produit est donc au plus égal au nombre des chiffres qui composent les deux facteurs.

2° PROBLÈME. — *L'eau de mer contient environ 25 p. 1000 de son poids de sel. Combien en faudra-t-il pour obtenir un quintal de sel, si 1 litre d'eau de mer pèse 1 kilogramme 263 décigrammes?*

Le litre d'eau de mer pèse 1026^{gr},3.
Le poids de sel qu'il renferme est les 0,025 de ce poids, c'est-à-dire :
1026^{gr},3 × 0,025 = 25^{gr},6575.

On devra employer autant de litres d'eau de mer qu'il y a de fois 25^{gr},6575 dans 1 quintal ou 100 000 grammes.

Ce nombre de litres égale :

$$\frac{100\,000}{25,6575} = \frac{4000}{1,0263} = \frac{40\,000\,000}{10\,263} = 3897,4.$$

Réponse. — On emploiera 38 hectolitres 97 litres.

LXXVI. — DÉPARTEMENT DU MORBIHAN (Juillet).

1° THÉORIE. — *On divise l'un par l'autre deux nombres divisibles eux-mêmes par 23; le reste trouvé est 41. Était-il possible d'obtenir ce reste?*

Dans le cas de la négative, exposer et démontrer le principe sur lequel on s'appuiera.

Désignons par a et b deux nombres entiers quelconques; les deux nombres divisibles par 23 peuvent être représentés par 23 a et 23 b.

Soit q leur quotient et 41 le reste de leur division; on aura

$$23\,a = 23\,b \times q + 41.$$

Or quand on divise le dividende et le diviseur par un même nombre, le quotient ne change pas, mais le reste se trouve divisé par ce nombre.

Si donc on divise les nombres 23 a et 23 b par 23, le quotient des nouveaux nombres a et b sera encore q, mais le reste sera égal au précédent divisé par 23.

On aura donc :

$$a = b \times q + \frac{41}{23}.$$

Le reste devant être un nombre entier, il s'ensuit que le reste de la 1re division devait être 23 ou un multiple de 23; elle n'a donc pu fournir le reste 41 qui n'est pas divisible par 23.

2° PROBLÈME. — *Les élèves d'un externat payent 80 francs par an s'ils se trouvent dans la 1re classe et 60 francs s'ils sont admis dans la 2e. Le nombre total des élèves est 61, parmi lesquels sont 4 gratuits, dont 3 de la 1re classe et 1 de la 2e. La somme représentant la rétribution de ces quatre élèves est égale aux $\frac{5}{72}$ de la rétribution totale payée par les autres. On demande combien cet externat a d'élèves de chaque catégorie.*

Le nombre des élèves payants est seulement 57.
Soit x le nombre des élèves de la 1re classe.
Le nombre des élèves de la 2e classe sera $57 - x$.
La rétribution payée par ces 57 élèves sera :
$$80\, x + (57 - x) \times 60,$$
ou $80\, x + 3420 - 60\, x$ ce qui fait $20\, x + 3420$.
D'un autre côté la rétribution des 4 élèves gratuits serait :
$$80 \times 3 + 60 \text{ c'est-à-dire } 300 \text{ francs}.$$
On peut donc écrire :
$$300 = (20\, x + 3420) \times \frac{5}{72}.$$
En divisant les deux membres par 5 et en les multipliant par 72 on obtient :
$$60 \times 72 = 20\, x + 3420.$$
De là on tire :
$$4320 = 20\, x + 3420,$$
$$4320 - 3420 = 20\, x,$$
$$900 = 20\, x,$$
$$x = 45.$$

Réponse. — 48 élèves dans la 1re classe et 13 dans la 2e.

LXXVII. — DÉPARTEMENT DE LA CORSE (Juillet).

1° THÉORIE. — *Réduire une fraction ordinaire en fraction décimale. Démontrer l'opération et dire dans quel cas une fraction qui ne peut se réduire exactement en fraction décimale donnera une fraction périodique simple ou mixte.*

2° PROBLÈME. — *Un vase contient le tiers de sa capacité de mercure, les $\frac{3}{5}$ du reste d'eau et le restant d'huile; son poids est alors de 5 kilogrammes. Vide il pèse 1120 grammes. Trouver sa capacité, en sachant que la densité du mercure est 13,6 et celle de l'huile 0,9.*

Le mercure occupe $\frac{1}{3}$ du vase. Il reste $\frac{2}{3}$ du vase.

L'eau occupe $\frac{3}{5}$ des $\frac{2}{3}$ du vase ou $\frac{6}{15}$ du vase.

Le volume de ces deux liquides est donc :
$$\frac{1}{3} + \frac{6}{15} = \frac{5}{15} + \frac{6}{15} = \frac{11}{15} \text{ du vase.}$$

Il reste pour l'huile $\frac{4}{15}$ du vase.

Soit x le nombre de centimètres cubes du vase. Les volumes occupés par les trois liquides sont :

le mercure $\frac{x}{3}$ ou $\frac{5x}{15}$; l'eau $\frac{6x}{15}$; l'huile $\frac{4x}{15}$.

Les poids de ces trois liquides en grammes sont :

pour le mercure........ $\frac{5x}{15} \times \frac{136}{10}$ c.-à-d. $\frac{680x}{150}$;

pour l'eau........................... $\frac{6x}{15}$ ou $\frac{60x}{150}$;

pour l'huile........... $\frac{4x}{15} \times \frac{9}{10}$ c.-à-d. $\frac{36x}{150}$.

Le total de ces trois poids est :

$$\frac{680x}{150} + \frac{60x}{150} + \frac{36x}{150} \text{ c.-à-d. } \frac{776x}{150}.$$

D'un autre côté le poids des trois liquides est
$$5000 - 1120 = 3880 \text{ grammes.}$$
On a donc l'égalité :

$$\frac{776x}{150} = 3880.$$

De là on tire :

$$776x = 3880 \times 150,$$
$$x = \frac{3880 \times 150}{776} = \frac{582\,000}{776} = 750.$$

Réponse. — La capacité du vase est de 750 centimètres cubes ou 75 centilitres.

LXXVIII. — DÉPARTEMENT DE L'AIN (Juillet).

1° THÉORIE. — *Une division de deux nombres entiers ayant été effectuée et ayant donné un reste, on en fait une seconde en conservant le dividende et en prenant pour diviseur le quotient trouvé. Déduire de la 1re opération le nouveau quotient et le nouveau reste.*

Il est facile de voir que le quotient de la 2e division est égal au diviseur de la 1re et que le reste est le même dans les deux divisions.

2° PROBLÈME. — *Une personne place un certain capital dans une banque, qui lui donne 5 % par an; et* après 2 ans 3 mois elle retire son argent (intérêts simples et capital) pour faire un nouveau placement.

Si elle plaçait à 6 %, les $\frac{5}{11}$ de la somme retirée et le reste à 5 %, elle retirerait 89 francs de moins par an que si elle plaçait les $\frac{5}{11}$ à 5 % et le reste à 6 %.

Trouver la somme qui avait été déposée en banque.

D'abord les intérêts simples de 1 franc à 5 % pour 2 ans 3 mois, ou $2^a,25$, sont................................ $0^f,05 \times 2,25 = 0^f,1125$.
1 franc au bout de ce temps devient donc................ $1^f,1125$.

Désignons par a le capital demandé; sa valeur au bout de 2 ans et 3 mois à 5 % sera :

$$a \times 1,1125.$$

Si les $\frac{5}{11}$ de cette somme sont placés à 6 % et le reste $\frac{6}{11}$ à 5 %, le total des intérêts de ces deux parties pour 1 an est :

$$a \times 1,1125 \times \frac{5}{11} \times \frac{6}{100} + a \times 1,1125 \times \frac{6}{11} \times \frac{5}{100}$$

ou

$$a \times 1,1125 \times \frac{60}{1100}.$$

Au contraire si les $\frac{5}{11}$ de cette somme sont placés à 5 % et les $\frac{6}{11}$ à 6 %, le total des intérêts de ces deux parties est :

$$a \times 1,1125 \times \frac{6}{11} \times \frac{6}{100} + a \times 1,1125 \times \frac{5}{11} \times \frac{5}{100}$$

ou

$$a \times 1,1125 \times \frac{61}{1100}.$$

Or ce dernier intérêt surpasse l'autre de 89 francs; on peut donc écrire cette égalité :

$$a \times 1,1125 \times \frac{61}{1100} - a \times 1,1125 \times \frac{60}{1100} = 89,$$

ou ce qui est la même chose,

$$a \times 1,1125 \times \frac{1}{1100} = 89.$$

On en déduit :

$$a \times 1,1125 = 89 \times 1100.$$
$$a = \frac{97900}{1,1125} = \frac{979\,000\,000}{11125} = 88\,000 \text{ francs.}$$

Réponse. — Le capital placé était de 88000 francs.

LXXIX. — DÉPARTEMENT DU TARN (Juillet).

1° THÉORIE. — *Que devient le produit d'une multiplication lorsqu'on ajoute 2 unités au multiplicande et 3 au multiplicateur ?*

Soit par exemple 15×11.
En augmentant le multiplicande de 2 et le multiplicateur de 3, on a cette autre multiplication :
$$(15 + 2) \times (11 + 3).$$
Ce produit doit contenir 11 fois le multiplicande $(15 + 2)$, plus 3 fois ce multiplicande.
Il est donc égal à :
$$15 \times 11 + 2 \times 11 + 15 \times 3 + 2 \times 3.$$
On voit par là que si l'on ajoute 2 à un facteur et 3 à l'autre, le produit de ces deux facteurs augmente de 2 fois l'un de ces facteurs plus 3 fois l'autre facteur plus 2×3.

2° PROBLÈME. — *Un homme ayant perdu dans une affaire la moitié plus le tiers de son argent, trouve en rentrant chez lui qu'il lui reste un 8ᵉ de ce qu'il a perdu plus 8 francs. Combien avait-il avant cette perte ?*

Pour abréger, désignons par a l'argent de cet homme.
Il a perdu $\frac{1}{2} + \frac{1}{3}$ de a, c'est-à-dire $\frac{5}{6}$ de a ou $\frac{5a}{6}$.
Il lui reste donc $\frac{1}{6}$ de a ou $\frac{a}{6}$.
Or ce reste égale $\frac{1}{8}$ de $\frac{5a}{6}$ plus 8 francs, ou $\frac{5a}{48} + 8$ francs.
On peut donc écrire :
$$\frac{a}{6} = \frac{5a}{48} + 8 \text{ ou } \frac{8a}{48} = \frac{5a}{48} + 8.$$
On voit par là que 8 francs sont les $\frac{3}{48}$ de a.
$$\frac{1}{48} \text{ de } a \text{ égale } \frac{8}{3} \text{ de franc.}$$
La somme a égale donc $\frac{8 \times 48}{3} = 8 \times 16 = 128.$

Réponse. — Cet homme avant la perte avait 128 francs.

LXXX. — DÉP^T DES ALPES-MARITIMES (Juillet).

THÉORIE. — *Quelle modification subit un produit de deux facteurs quand on ajoute 2 unités à chacun de ses facteurs?*

En se reportant à la démonstration donnée au numéro précédent, on verra que le nouveau produit surpasse le premier de 2 fois le multiplicande, plus 2 fois le multiplicateur, plus le carré de 2.

2° PROBLÈME. — *On a tapissé deux pièces de* 3^m,30 *de hauteur avec des rouleaux de papier ayant* 0^m,50 *de large et* 6^m,80 *de long. La seconde pièce a même longueur et même hauteur que la première; mais elle est plus large et a deux fenêtres au lieu d'une : ces fenêtres ont* 1^m,15 *de large et* 2^m,85 *de haut. On demande de combien la* 2e *pièce est plus large que la* 1re, *s'il a fallu pour la tapisser 3 rouleaux* $\frac{4}{5}$ *de plus.*

La surface occupée par une fenêtre est
$$2{,}85 \times 1{,}15 = 3^{mq}{,}2775.$$
La surface d'un rouleau de papier égale
$$6{,}8 \times 0{,}5 = 3^{mq}{,}40.$$
La surface de 3 rouleaux $\frac{4}{5}$ ou 3,8 est
$$3^{mq}{,}4 \times 3{,}8 = 12^{mq}{,}92.$$

Pour plus de clarté nommons P le périmètre de la 1re chambre. Celui de la 2e sera P $+ a$, la lettre a représentant l'excès du périmètre de la 2e sur celui de la 1re.

La surface à couvrir de papier dans la 1re chambre égale
$$P \times 3{,}3 - 3^{mq}{,}277.$$
La surface à couvrir dans la 2e chambre égale
$$P \times 3{,}3 + a \times 3{,}3 - 3^{mq}{,}277 \times 2,$$
ou
$$P \times 3{,}3 - 3^{mq}{,}277 + a \times 3{,}3 - 3^{mq}{,}277.$$

On voit ainsi que la surface du papier de la 2e chambre surpasse celle du papier de la 1re de la quantité
$$a \times 3{,}3 - 3^{mq}{,}277.$$

Cette quantité égale celle des 3 rouleaux $\frac{4}{5}$; on aura donc
$$a \times 3{,}3 - 3{,}277 = 12{,}92.$$

En augmentant les deux membres de 3,277, on obtient
$$a \times 3,3 = 16,197.$$
De là on tire :
$$a = \frac{16,197}{3,3} = \frac{161,97}{33} = \frac{53,99}{11} = 4,90.$$

Réponse. — Le périmètre de la 2ᵉ chambre surpasse de $4^m,90$ celui de la 1re.

Si les côtés opposés sont égaux, la largeur de la 2ᵉ chambre surpasse de $2^m,45$ celle de la 1re.

LXXXI. — DÉPARTEMENT DE LA MARNE (Juillet).

1° THÉORIE. — *Que devient le produit de la multiplication de deux nombres : 1° si l'on ajoute l'unité à chaque facteur, 2° si l'on retranche l'unité à chaque facteur ? Raisonner sur le produit* 5135×43.

1° En ajoutant 1 aux deux facteurs on a :
$$(5135 + 1) \times (43 + 1).$$
Ce produit doit contenir :
43 fois le multiplicande plus 1 fois le multiplicande.
Il est donc égal à
$$5135 \times 43 + 1 \times 43 + 5135 \times 1 + 1 \times 1,$$
ou
$$5135 \times 43 + 43 + 5135 + 1.$$
On voit que le nouveau produit égale le premier plus le multiplicande, plus le multiplicateur, plus 1.

2° En ôtant 1 aux deux facteurs, on a :
$$(5135 - 1) \times (43 - 1).$$
Pour trouver ce produit il faut connaître la règle des signes de la multiplication algébrique, dont voici l'énoncé[1] :

Quand les deux termes multipliés entre eux ont tous deux le signe + ou tous deux le signe —, leur produit prend le signe + ; quand les deux termes ont l'un le signe + et l'autre le signe —, leur produit a le signe —.

En multipliant donc chaque terme du multiplicande par chaque terme du multiplicateur, on aura :
$$5135 \times 43 - 1 \times 43 - 5135 \times 1 + 1 \times 1,$$
ou
$$5135 \times 43 - 43 - 5135 + 1.$$
On voit que le nouveau produit égale le premier augmenté de 1 et diminué de la somme du multiplicande et du multiplicateur.

---

1. Voir cette règle avec sa démonstration dans notre *Algèbre simplifiée*.

2° **Problème.** — *Le colza d'hiver rend en moyenne 32 % de son poids d'huile et la navette d'été 30 %. Dans une fabrique on a obtenu avec 4700 kilogr. de graines des deux espèces 1468 kilogr. d'huile.*

Combien a-t-on employé de kilogrammes de grains de chaque espèce ?

Combien a-t-on obtenu d'huile de chaque espèce ?

Supposons qu'on n'emploie que de la graine de navette.
Le poids d'huile obtenu sera............ $47^{kg} \times 30 = 1410$ kilogr.
Or le poids d'huile donné est..........   1468 kilogr.

Il manquerait en ce cas.............   58 kilogr.
Le poids de l'huile fournie par 1 kilogr. de chaque espèce est :
  pour 1 kilogr. de colza................   320 gr.
  pour 1 kilogr. de navette..............   300 gr.
            Différence...................   20 gr.

Si on remplace 1 kilogr. de graine de navette par 1 kilogr. de colza, on a 20 grammes d'huile de plus.

On a donc employé autant de kilogr. de graines de colza qu'il y a de fois 20 grammes dans 58 kilogrammes.

Ce nombre est.................... $58000 : 20 = 2900$ kgr.
Le poids de l'autre graine est...... $4700 - 2900 = 1800$ kgr.
Le poids d'huile obtenu est :
  avec 2900 kilogr. de colza.... $29^{kg} \times 32 = 928$ kgr.
  avec 1800 kilogr. de navette.. $18^{kg} \times 30 = 540$ kgr.
            Total......   1468 kgr.

Réponse. — On a employé 2900 kilogr. de graines de de colza et 1800 kilogr. de graines de navette.

Du colza on a retiré 928 kilogrammes d'huile et de la navette 540 kilogrammes d'huile.

LXXXI. — DÉPARTEMENT DU NORD (Juillet).

1° **Théorie.** — *Que devient le produit de deux facteurs quand on augmente l'un de 3 unités et l'autre de $\frac{5}{9}$?*

Justifier la réponse.

En répétant la démonstration donnée dans les n°ˢ LXXIX et LXXXI, on trouvera qu'après l'augmentation faite à chacun des deux facteurs, l'augmentation du produit égale :

3 fois le multiplicateur, plus $\frac{5}{9}$ du multiplicande,

plus 3 fois $\frac{5}{9}$.

2° PROBLÈME. — *Dans une école le nombre des élèves du cours supérieur et du cours moyen réunis n'est que les $\frac{3}{5}$ de celui des élèves du cours élémentaire, lequel est 5 fois plus nombreux que le cours supérieur. Le cours moyen comprend 28 élèves de plus que le cours supérieur. On demande combien il y a d'élèves dans chacun des cours de cette école.*

Représentons par x le nombre des élèves du cours supérieur.
Le nombre des élèves du cours moyen sera............ $x + 28$.
Le total de ces deux nombres d'élèves est............ $2x + 28$.
Or le nombre des élèves du cours élémentaire est $5x$. On a donc :
$$2x + 28 = 5x \times \frac{3}{5} \text{ ou } 2x + 28 = 3x.$$
On en tire................................ $x = 28$.

Réponse. — Il y a dans le cours supérieur 28 élèves ; dans le cours moyen 56 ; dans le cours élémentaire 140.

LXXXIII. — DÉP^t DE LA HAUTE-GARONNE (Juillet).

1° THÉORIE. — *Quel est le caractère de divisibilité d'un nombre par 4 ?*

2° PROBLÈME. — *Trois négociants se partagent un bénéfice de 27 000 francs. La part du 2° surpasse de 3000 fr. les $\frac{2}{3}$ de la part du 1er ; celle du 3e est inférieure de 2550 fr. aux $\frac{5}{4}$ de celle du 2°. Quelles sont ces trois parts ?*

Représentons la part du 1er par x.
La part du 2e sera $\frac{2x}{3} + 3000$ ou $\frac{2x + 9000}{3}$.

La part du 3ᵉ sera :
$$\frac{2x + 9000}{3} \times \frac{5}{4} - 2550, \text{ c.-à-d. } \frac{10x + 45000}{12} - 2550.$$

Or le total de ces trois parts doit égaler 27 000 francs.
On peut donc écrire l'égalité suivante :
$$x + \frac{2x + 9000}{3} + \frac{10x + 45000}{12} - 2550 = 27000,$$

ou en augmentant les deux membres de 2550,
$$x + \frac{2x + 9000}{3} + \frac{10x + 45000}{12} = 29550.$$

En réduisant tous les termes au même dénominateur 12, on obtient :
$$\frac{12x}{12} + \frac{8x + 36000}{12} + \frac{10x + 45000}{12} = \frac{29550}{12} \times 12$$

puis en supprimant le dénominateur commun
$$30x + 81000 = 354600.$$

On a ensuite :
$$10x + 27000 = 118200,$$
$$10x = 91200 \text{ et } x = 9120.$$

Les $\frac{2}{3}$ de 9120 sont $3040 \times 2 = 6080$.

La part du 2ᵉ négociant est donc $6080^f + 3000^f = 9080$ fr.

Les $\frac{5}{4}$ de 9080 sont $2270 \times 5 = 11350$.

La part du 3ᵉ est donc............ $11350 - 2550 = 8800$ fr.

Réponse. — La part du 1ᵉʳ est de 9120 francs ; la part du 2ᵉ 9080 francs ; la part du 3ᵉ 8800 francs.

LXXXIV. — DÉPARTEMENT DE LA MAYENNE (Juillet).

1° THÉORIE. — *Règle de la multiplication des nombres décimaux. La justifier sur l'exemple*
$$7,825 \times 0,0473$$
et énoncer le résultat de l'opération.

2° PROBLÈME. — *Les $\frac{3}{8}$ d'un poteau sont peints en blanc ; les $\frac{3}{5}$ du reste sont peints en bleu et le nouveau reste, qui a $1^m,25$, est peint en rouge. Trouver la hauteur du poteau et la longueur de chaque partie.*

En blanc il y a $\frac{3}{8}$ du poteau ; le reste est $\frac{5}{8}$ du poteau.

En bleu il y a $\frac{3}{5}$ de $\frac{5}{8}$ du poteau, c.-à-d. $\frac{3}{8}$ du poteau.

Ainsi la 2ᵉ partie est égale à la 1ʳᵉ; les deux font $\frac{6}{8}$ du poteau.

Il reste donc en rouge $\frac{2}{8}$ ou $\frac{1}{4}$ du poteau.
Or le quart du poteau a 1ᵐ,25.
La longueur du poteau est donc 1ᵐ,25 × 4 = 5 mètres.
La partie blanche et la partie bleue ont chacune :

$$5^m \times \frac{3}{8} = \frac{15}{8} = 1^m,875.$$

Réponse. — Partie blanche.................... 1ᵐ,875
          Partie bleue...................... 1ᵐ,875
          Partie rouge....................... 1ᵐ,250
              Longueur totale............. 5ᵐ,000.

LXXXV. — DÉPᵀ DES HAUTES-PYRÉNÉES (Juillet).

1° THÉORIE. — *Division d'un nombre quelconque par une fraction. Règle et démonstration.*

2° PROBLÈME. — *Une vigne coûte 17 247 fr.; une prairie d'étendue double a coûté 25 870ᶠ,50. L'hectare de vigne coûte 1500 fr. de plus que l'hectare de prairie.*

Trouver la superficie de chaque propriété et le prix d'un are de vigne.

Avec la même étendue que la vigne la prairie aurait coûté la moitié de 25 870ᶠ,50 c'est-à-dire.............. 12935ᶠ,25.
  La vigne coûtait........................... 17247ᶠ,00.
          Différence..................... 4311ᶠ,75.
Le prix de l'are de vigne surpasse de 15 fr. celui de l'are de prairie.
Il y a donc dans la vigne autant d'ares que 15 francs sont contenus de fois dans 4311ᶠ,75.
Le nombre d'ares de la vigne est........ 4311,75 : 15 = 287ᵃ,45.
La surface de la prairie en est le double, c'est-à-dire... 574ᵃ,90.
Le prix de l'are de la prairie égale

$$\frac{25\,870,50}{574,90} = \frac{258\,705}{5\,749} = 45 \text{ francs.}$$

Réponse. — La prairie a 574 ares 90 centiares coûtant 45 francs l'are. La vigne a 287 ares 45 centiares coûtant 60 francs l'are.

LXXXVI. — DÉPARTEMENT DU DOUBS (Juillet).

1° THÉORIE. — *Énoncer les principes relatifs au produit de plusieurs facteurs entiers, et montrer par des exemples l'usage qu'on peut faire de ces principes dans le calcul pratique et le calcul mental.*

2° PROBLÈME. — *On a fondu 30 pièces de 5 francs en argent avec un certain nombre de pièces de 2 francs et l'on a obtenu un alliage contenant $1017^{gr},35$ d'argent pur. Combien a-t-on employé de pièces de 2 francs ?*

Les 30 pièces de 5 francs pèsent.. $25^{gr} \times 30 = 750$ gr.
Leur poids d'argent pur égale.... $750^{gr} \times 0,9 = 675$ gr.
Le poids d'argent pur fourni par les pièces de 2 francs est :
$$1017^{gr},35 - 675^{gr} = 342^{gr},35.$$
Ainsi 835 millièmes du poids des pièces de 2 francs égalent $342^{gr},35$.
La 1000° partie de ce poids serait...... $342^{gr},35 : 835 = 0^{gr},41$.
Le poids de ces pièces est 1000 fois $0^{gr},41$, c'est-à-dire 410 grammes.
Or la pièce de 2 francs pèse 10 grammes.
Le nombre de ces pièces est donc............. $410 : 10 = 41$.

Réponse. — Avec les 30 pièces de 5 francs on a employé 41 pièces de 2 francs.

LXXXVII. — DÉPARTEMENT DE LA SOMME (Juillet).

1° THÉORIE. — *Comment divise-t-on une fraction par une fraction ? Démontrer la règle sur l'exemple suivant : $\frac{5}{9}$ à diviser par $\frac{4}{7}$.*

2° PROBLÈME. — *Un fabricant de sucre vend à un épicier une certaine quantité de sucre à 105 francs les 100 kilogr. et il doit recevoir en paiement 80 kilogr. de café et 2520 francs en argent. Mais il ne peut fournir que $\frac{4}{7}$ de la quantité de sucre qu'il a vendue et il reçoit en payement les 80 kilogr. de café et 1320 francs en argent. Combien de kilogr. de sucre le fabricant devait-il fournir et quel est le prix du kilogr. de café?*

Le prix du sucre vendu égale le prix du café plus 2520 fr.

Les $\frac{4}{7}$ du prix du sucre égalent le prix du café plus 1320 fr.

Donc les $\frac{3}{7}$ du prix du sucre égalent 2520^f — 1320^f = 1200 fr.

La 7e partie du prix du sucre égale............ 400 fr.
Le total de ce prix égale 7 fois 400 francs, c'est-à-dire 2800 fr.
Le nombre de kilogrammes de sucre égale
$$\frac{2800}{1,05} = \frac{280\,000}{105} = 2666^{kg},666.$$
Le prix payé pour le café sera
$$2800^f — 2520^f = 280 \text{ francs.}$$
Le prix du kilogr. de café est donc..... 280^f : 80 = 3^f,50.

Réponse. — On avait vendu 2666 kilogrammes de sucre. Le kilogramme de café coûtait 3^f,50.

LXXXVIII. — DÉPARTEMENT DE L'ARIÈGE (Juillet).

1° THÉORIE. — *Comment trouve-t-on le reste de la division d'un nombre par 6 sans faire la division ?*
Énoncer la règle et la démontrer sur le nombre 8534.

2° PROBLÈME. — *Un homme place les $\frac{14}{19}$ de son avoir en rentes 3 %, au cours de 84 francs et le reste en rentes 5 %, au cours de 114 francs. Le second placement lui rapporte 200 francs de moins que le premier. Trouver son avoir et son revenu annuel.*

Soit un capital de 1900 fr. ; il y a 1400 fr. en 3 % et 500 fr. en 5 %.
Le revenu produit par ces deux sommes ainsi placées sera :

pour les 1400 francs $\frac{1400}{84} \times 3$, c'est-à-dire $\frac{1400}{28}$ ou 50 francs ;

pour les 500 francs $\frac{500}{114} \times 5$, c'est-à-dire $\frac{2500}{114}$ ou $\frac{1250}{57}$ fr.

La différence entre ces deux revenus est :
$$50 — \frac{1250}{57} = \frac{2850 — 1250}{57} = \frac{1600}{57} \text{ de franc.}$$

Autant de fois cette différence est contenue dans 200 fr., autant de fois il y a 1400 fr. placés en 3 % et 500 fr. placés en 5 %.
Ce nombre de fois est exprimé par le quotient :
$$200 : \frac{1600}{57} = \frac{2 \times 57}{16} = \frac{57}{8}.$$

Les deux parties placées sont donc :

en 3 %.... $1400^f \times \dfrac{57}{8} = \dfrac{700 \times 57}{4} = 9975$ fr. ;

en 5 %.... $500^f \times \dfrac{57}{8} = \dfrac{250 \times 57}{4} = 3562^f,50.$

Réponse. — L'avoir est le total....... $13537^f,50$.
La partie en 3 % produit $356^f,25$; l'autre partie $156^f,25$.

LXXXIX. — DÉPARTEMENT DES LANDES (Juillet).

1° THÉORIE.— *Exposer la multiplication des fractions, en prenant pour exemple $\dfrac{3}{4} \times \dfrac{5}{6}$.*

Mesures effectives de capacité.

2° PROBLÈME. — *Une propriété vendue aux enchères a été adjugée pour 36 000 francs. Trouver la mise à prix, en sachant qu'à la 1re enchère l'augmentation a été le 5e de la mise à prix, qu'à la 2e enchère l'augmentation a été le quart du prix de cette enchère et qu'à la 3e enchère l'augmentation a été la 29e partie de cette 3e enchère.*

Pour abréger désignons par a la mise à prix.
A la 1re enchère la somme offerte est :

$$a + \dfrac{a}{5} \text{ c'est-à-dire } \dfrac{6\,a}{5}.$$

A la 2e enchère la somme offerte est :

$$\dfrac{6\,a}{5} + \dfrac{6\,a}{20} \text{ ou } \dfrac{30\,a}{20} \text{ c'est-à-dire } \dfrac{3\,a}{2}.$$

A la 3e enchère la somme offerte est :

$$\dfrac{3\,a}{2} + \dfrac{3\,a}{2 \times 29} \text{ ou } \dfrac{87\,a + 3\,a}{58} \text{ c'est-à-dire } \dfrac{90\,a}{58}.$$

Ainsi $\dfrac{90}{58}$ de la mise à prix valaient 36 000 francs.

Le 58e de cette mise était...... $36\,000 : 90 =$ 400 francs.
La mise à prix était donc...... $400^f \times 58 = 23\,200$ francs.

Réponse. — La mise à prix a été de 23 200 francs

XC. — DÉPARTEMENT DE L'AISNE (Juillet).

1° THÉORIE. — *Quel usage fait-on en arithmétique du plus grand commun diviseur de plusieurs nombres ? Faire une application numérique et la justifier.*

2° PROBLÈME. — *Avec 1260^f,40 on a acheté 3 barils d'huile de même qualité, contenant en tout 11 hectolitres 75 litres. Le plus grand contient 9 décalitres 4 litres de plus que les deux autres ensemble et l'un de ces derniers a 40 litres de plus que l'autre. On demande le prix de chaque baril.*

Représentons le nombre de litres du plus petit baril par x.
La capacité du 2° sera $x + 40$; le total des deux est $2x + 40$.
La capacité du 1er sera $2x + 40 + 94$, c.-à-d. $2x + 134$.
Le total des capacités des trois barils est donc :
$$2x + 40 + 2x + 134 \text{ ou } 4x + 174.$$
On peut ainsi écrire l'équation :
$$4x + 174 = 1175.$$
De là on tire :
$$4x = 1175 - 174 ;$$
$$4x = 1001 ;$$
$$x = 1001 : 4 = 250^l,25.$$
Ainsi le plus petit baril a 250^l,25 ; le second............ 290^l,25.
Ces deux barils ensemble ont................................. 540^l,50.
Le plus grand contient..... 540^l,50 + 94 litres, c.-à-d. 634^l,50.
Les 1175 litres ont coûté 1260^f,40.
Le prix du litre est donc............ 1260^f,40 : 1175 = 1^f,07268.
Le prix de chaque baril sera :
pour le plus grand............... 1^f,07268 × 634,5 = 680^f,61546 ;
pour le second.................. 1^f,07268 × 290,25 = 311^f,34537 ;
pour le plus petit............... 1^f,07268 × 250,25 = 268^f,43817.

Réponse. — Les prix sont : pour le 1er baril 680^f,62 ; pour le 2e, 311^f,34 ; pour le 3°, 268^f,44.

XCI. — DÉPARTEMENT D'EURE-ET-LOIR (Juillet).

1° THÉORIE. — *Quelle est la règle à suivre pour calculer le plus grand commun diviseur de deux nombres ? En donner la démonstration en se servant des nombres 1026 et 189.*

2° Problème. — *Un jardin rectangulaire de 50 mètres de long est plus grand de 257 mètres carrés qu'un autre de même forme, d'une longueur de 42 mètres et dont la longueur surpasse celle du premier de 1^m,50. Calculer la surface et la largeur de chacun des deux jardins.*

La longueur du 1er jardin est de 50 mètres; celle du 2° 42 mètres.
Soit x la largeur du 1er jardin; celle du 2° sera $x + 1^m,5$.
La surface du 1er est exprimée par............ $50 \times x$ ou $50 x$.
Celle du 2° est.......... $(50 + 1,5) \times 42$, c.-à-d. $42 x + 63$.
On a donc d'après l'énoncé l'équation :
$$50 x = 42 x + 63 + 257,$$
ou $\qquad 8 x = 320.$
De là on tire pour la largeur du 1er jardin :
$$x = 320 : 8 = 40 \text{ mètres.}$$
La largeur du 2° jardin est. $\quad 40^m + 1^m,50$ ou $41^m,50$.
La surface du 1er est........ $50 \times 40 = 2000$ mètres carrés.
Celle du 2° est.............. $42 \times 41,5 = 1743^{mq}$.
$\qquad\qquad$ Différence..... $\qquad 257^{mq}$.

Réponse. — Les deux jardins ont :
en largeur, le 1er 40 mètres et le second 41^m,50;
en surface, le 1er 2000 mètres carrés et le second 1743 mètres carrés.

XCII. — Département d'Ille-et-Vilaine (Juillet).

1° Théorie. — *Expliquer la conversion des fractions ordinaires en fractions décimales et en faire l'application à la fraction $\frac{18}{104}$.*

2° Problème. — *Un homme achète une maison pour 20000 francs. Il est convenu de payer 5000 francs comptant; 5000 francs au bout de 30 jours; 5000 francs dans 60 jours et le reste dans 90 jours. On lui propose de payer le tout ensemble. A quelle époque doit s'effectuer ce payement, si l'on escompte à 5 % par la méthode ordinaire?*

Cherchons à combien se réduisent par l'escompte au jour de l'acquisition les sommes payables dans 1 mois, 2 mois, 3 mois.
A 5 % l'escompte sur 5000 francs est 250 francs pour 1 an.

L'escompte sera donc :

$$\frac{250}{12} \text{ pour 1 mois} ; \frac{500}{12} \text{ pour 2 mois} ; \frac{750}{12} \text{ pour 3 mois}.$$

Le total des trois escomptes est $\frac{1500}{12} = 125$ francs.

Il s'agit maintenant de trouver au bout de combien de mois est payable une somme de 20 000 francs, en sachant que son escompte pour ce nombre de mois à 5 % est de 125 francs.

L'escompte de 20 000 francs pour 1 an est de 1000 francs.
L'escompte serait :

pour 1 mois $\frac{1000}{12}$ de fr. ; pour le nombre x mois $\frac{1000}{12} \times x$.

On aura donc l'égalité :

$$\frac{1000}{12} \times x = 125.$$

De là on tire :

$$1000\, x = 1500 \text{ et } x = 1,5.$$

Réponse. — On paiera le tout dans 1 mois et demi.

XCIII. — DÉPARTEMENT DE LA SARTHE (Juillet).

1° THÉORIE. — *Donner une définition de la division. Démontrer que le quotient de deux nombres entiers peut s'écrire sous la forme d'une fraction ayant pour numérateur le dividende et pour dénominateur le diviseur.*

Démontrer la règle à suivre pour diviser une fraction par une fraction, par exemple $\frac{3}{4}$ par $\frac{5}{7}$.

2° PROBLÈME. — *Un commerçant présente à la Banque un billet payable dans 37 jours et reçoit, déduction faite de l'escompte, une somme de 397ᶠ,60. On demande quelle était la valeur portée sur le billet, le taux étant de 6 % (escompte en dehors).*

D'après la règle, l'intérêt de 1 franc à 6 % pour 37 jours serait :

$\frac{1 \times 37}{6000}$ c'est-à-dire $\frac{37}{6000}$ de franc.

Par l'escompte 1 franc se réduirait à

$$1 - \frac{37}{6000} \text{ c.-à-d. } \frac{6000 - 37}{6000} \text{ ou } \frac{5963}{6000}.$$

Autant de fois cette valeur de 1 franc après l'escompte est contenue dans 397ᶠ,60, autant il y a de francs dans le montant du billet.

La valeur inscrite sur le billet égale donc

$$397,50 : \frac{5963}{6000} = \frac{397,60 \times 6000}{5963} = \frac{2\,385\,600}{5963}.$$

Le quotient de cette division est 400,06.

Réponse. — Le montant du billet était de 400 francs.

XCIV. — DÉPARTEMENT DE LA GIRONDE (Juillet).

1° THÉORIE. — *Expliquer et démontrer la preuve de la multiplication par 9. Prendre pour exemple 5228 à multiplier par 37.*

2° PROBLÈME. — *On demande le poids de l'air déplacé par une pièce de fer qui pèse 314 kilogr. 159 grammes. La densité du fer est 7,788 et 1 litre d'air pèse* $1^{gr},293\,197$.

Le poids de la pièce de fer est de 314 159 grammes.
Le poids d'un centimètre cube de fer est $7^{gr},788$.
Le volume de la pièce est donc en centimètres cubes :

$$\frac{314\,159}{7,788} = \frac{314\,159\,000}{7788} = 40\,338,8.$$

Ce volume égale 40 litres 34 centilitres.
Le poids de l'air déplacé par la pièce de fer est en grammes
$$1^{gr},293\,197 \times 40,34 = 52,167\,566\,98.$$

Réponse. — Le poids de l'air est 52 grammes 16 centigr.

XCV. — DÉPARTEMENT DE LA VIENNE (Juillet).

1° THÉORIE. — *Expliquez la multiplication de $\frac{3}{4}$ par $\frac{5}{6}$. Donnez la règle à suivre. Dites si le produit obtenu est plus grand ou plus petit que le multiplicande et expliquez pourquoi.*

2° PROBLÈME. — *L'eau en se congelant augmente d'un 15ᵉ de son volume. Trouver le poids d'un bloc de glace rectangulaire de $0^m,50$ de long, $0^m,35$ de large et $0^m,15$ d'épaisseur.*
Exprimer en litres, décilitres et centilitres la quantité d'eau qu'il donnera en se fondant.

(*On supposera que cette eau est à la température de 4 degrés centigrades, avant de se congeler et après la fusion de la glace.*)

D'abord 15 litres d'eau pèsent 15 kilogrammes.
Leur volume s'augmente de 1 litre dans la congélation.
Donc 15 litres d'eau donnent 16 décimètres cubes de glace.
Ainsi 16 décimètres cubes de glace pèsent 15 kilogrammes.
1 décimètre cube de glace pèse $\frac{15}{16}$ de kilogramme.
Or si on prend le décimètre pour unité, le volume du bloc de glace en décimètres cubes égale :
$$5 \times 3,5 \times 1,5 = 26^{dc},25.$$
Son poids en kilogrammes est donc :
$$\frac{15}{16} \times 26,25 = \frac{393,75}{16} = 24^{kg},609.$$
Le poids de l'eau fournie par la glace est le même.
Donc le décimètre cube de glace donne 24 litres 61 centilitres d'eau.

Réponse. — Le bloc pèse 24 kilogr. 609 grammes.
Il fournira 24 litres 61 centilitres d'eau.

XCVI. — Département du Jura (Juillet).

1° Théorie. — *Expliquer la réduction des fractions au même dénominateur sur les fractions :*
$$\frac{14}{36}, \frac{91}{104}, \frac{29}{54}.$$

2° Problèmes. — 1ᵉʳ. *Avec 492 grammes d'acide sulfurique et 345 grammes de zinc on obtient 10 grammes d'hydrogène. Combien faut-il d'acide et de zinc pour produire le gaz nécessaire au gonflement d'un ballon, dont la contenance équivaut à celle d'une salle ayant pour dimensions :* 8ᵐ,75; 64 *décimètres;* 375 *centimètres.*
Un litre d'air pèse 1ᵍʳ,3 *et le poids de l'hydrogène est les* 0,069 *de celui de l'air.*

La capacité du ballon égale :
$8,75 \times 6,4 \times 3,75 = 210$ mètres cubes, ou 210 000 litres.
Or le litre d'hydrogène pèse 1ᵍʳ,3 × 0,069 = 0ᵍʳ,0897.
Les 210 000 litres d'hydrogène pèseront :
0ᵍʳ,0897 × 210 000 = 897 × 21 = 18 837 grammes.

Pour obtenir 1 gramme d'hydrogène, on doit employer :
$49^{gr},2$ d'acide sulfurique et $34^{gr},5$ de zinc.
Pour obtenir 18.837 grammes d'hydrogène on emploiera :
en acide sulfurique $49^{gr},2 \times 18\,837 = 926\,780^{gr},4$.
en zinc.......... $34^{gr},5 \times 18\,837 = 649\,876^{gr},5$.

Réponse. — On emploiera 926 kilogr. 780 grammes d'acide sulfurique et 649 kilogr. 876 grammes de zinc.

2°. *Un marchand a acheté deux pièces de drap, la 1ʳᵉ de $32^m,50$ au prix de $12^f,25$ le mètre ; la 2° de $18^m,25$ au prix de $11^f,35$ le mètre. Il revend la 1ʳᵉ pièce avec un bénéfice de 15 % sur le prix d'achat. A quel prix doit-il vendre le mètre de la 2ᵉ pièce pour que le bénéfice total soit de 12 % sur le prix d'achat ?*

La somme déboursée pour l'achat comprend :
pour la 1ʳᵉ pièce......... $12^f,25 \times 32,50 = 398^f,125$;
pour la 2ᵉ................. $11^f,35 \times 18,25 = 207^f,137$.
Total... $605^f,262$.
Les 0,12 de ce total sont..... $605,262 \times 0,12 = \overline{72^f,631}$.
Le marchand doit retirer de la vente........... $677^f,893$.
Or il a retiré de la vente de la 1ʳᵉ pièce :
le prix d'achat................................ $398^f,125$;
le bénéfice de 0,15 c'est-à-dire $398^f,125 \times 0,15 = \overline{59,718}$.
Total... $457^f,843$.
La vente des $18^m,25$ de la 2ᵉ pièce doit lui rapporter :
$677^f,89 - 457^f,84 = 220^f,05$.
Le prix de vente du mètre sera donc :
$220^f,05 : 18,25 = 12^f,057$.

Réponse. — On revendra le mètre de la 2ᵉ pièce au prix de $12^f,06$.

XCVII. — DÉPARTEMENT DU CHER (Juillet).

1° THÉORIE. — *Exposer la théorie de la réduction des fractions ordinaires en fractions décimales.*

2° PROBLÈME. — *Un marchand a acheté une pièce de drap à raison de 15 francs le mètre. Il en a revendu les $\frac{2}{7}$*

à 19 francs le mètre ; les $\frac{2}{9}$ à 18ᶠ,50 ; les $\frac{2}{11}$ à 18 francs ; les $\frac{2}{13}$ à 17ᶠ,50 et le reste à 17 francs le mètre. Il a ainsi gagné 285 francs sur le marché. Quelle était la longueur de cette pièce de drap ?

De la pièce on a vendu :

$\frac{2}{7}$ à 19 fr. le mètre ; $\frac{2}{9}$ à 18ᶠ,50 ; $\frac{2}{11}$ à 18 fr. ; $\frac{2}{13}$ à 17ᶠ,50.

Le total de ces fractions réduites au même dénominateur est :

$$\frac{2574}{9009} + \frac{2002}{9009} + \frac{1638}{9009} + \frac{1386}{9009} = \frac{7600}{9009}.$$

Il reste pour la dernière partie, vendue à 17 francs le mètre,

$$\frac{9009}{9009} - \frac{7600}{9009} = \frac{1409}{9009} \text{ de la pièce.}$$

Si pour simplifier on désigne par x le nombre de mètres de la pièce, les nombres de mètres de chacune des cinq ventes seront :

$x \times \frac{2574}{9009}$; $x \times \frac{2002}{9009}$; $x \times \frac{1638}{9009}$; $x \times \frac{1386}{9009}$; $x \times \frac{1409}{9009}$.

Les produits de ces cinq ventes sont :

1ʳᵉ vente $x \times \frac{2574}{9009} \times 19 = x \times \frac{48\,906}{9009}$;

2ᵉ   — $x \times \frac{2002}{9009} \times 18,5 = x \times \frac{37\,037}{9009}$;

3ᵉ   — $x \times \frac{1638}{9009} \times 18 = x \times \frac{29\,484}{9009}$;

4ᵉ   — $x \times \frac{1386}{9009} \times 17,5 = x \times \frac{24\,255}{9009}$;

5ᵉ   — $x \times \frac{1409}{9009} \times 17 = x \times \frac{23\,953}{9009}$.

Le total de ces cinq produits est

$$x \times \frac{163\,635}{9009}.$$

Le prix d'achat payé par le marchand était

$$15\,x \text{ ou } x \times \frac{135\,135}{9009}.$$

Or, la différence entre le prix d'achat et le produit de la vente est égale à 285 francs ; on peut donc écrire :

$$x \times \frac{163\,635}{9009} - x \times \frac{135\,135}{9009} = 285.$$

En effectuant la soustraction, on obtient :

$$x \times \frac{28\,500}{9009} = 285.$$

352   BREVET ÉLÉMENTAIRE.

De là on tire :
$$100\,x = 9009 \text{ et } x = 90,09$$

Réponse. — La pièce avait 90 mètres 9 centimètres.

XCVIII. — DÉPARTEMENT DU LOIRET (Juillet).

1° THÉORIE. — *Démontrer que pour multiplier un nombre par le produit de plusieurs facteurs, par exemple $2 \times 3 \times 5$, on peut le multiplier d'abord par 2, puis le produit par 3, puis le nouveau produit par 5.*

2° PROBLÈME. — *Pour évaluer la capacité de trois tonneaux, A, B, C, on remplit A avec le contenu de B qui est plein et il reste dans B les 0,125 de ce qu'il contenait. On remplit ensuite B supposé vide avec le contenu de C qui est plein et il reste dans C les 0,2 de ce qu'il contenait. Enfin pour remplir C supposé vide avec le contenu de A qui est plein, il manque 33 litres.*

Quelles sont les capacités des trois tonneaux ?

Désignons respectivement par x, y, z, les nombres de litres des trois tonneaux A, B, C.

D'après l'énoncé la capacité du tonneau A égale celle du tonneau B moins 0,125 de B, ce qui peut s'écrire ainsi :
$$x = y - \frac{125}{1000} y \text{ ou } \frac{1000\,x}{1000} = \frac{1000\,y}{1000} - \frac{125\,y}{1000}.$$

En multipliant les termes par 1000 et en les divisant par 25, on a :
$$40\,x = 35\,y \text{ ou } 8\,x = 7\,y. \qquad (1)$$

La capacité du tonneau B égale celle du tonneau C moins 0,2 de C ; on a donc :
$$y = z - \frac{2\,z}{10} \text{ c.-à-d. } \frac{10\,y}{10} = \frac{10\,z}{10} - \frac{2\,z}{10},$$
$$\text{ou} \quad 5\,y = 4\,z. \qquad (2)$$

La capacité du tonneau C égale celle de A plus 33 litres. On a donc :
$$z = x + 33. \qquad (3)$$

L'énoncé du problème est ainsi exprimé par les trois équations :
$$8\,x = 7\,y \ (1); \qquad 5\,y = 4\,z \ (2); \qquad z = x + 33 \ (3).$$

Pour résoudre ces équations, on peut multiplier par 4 les termes de l'équation (3), ce qui donne :
$$4\,z = 4\,x + 132.$$

En remplaçant $4\,z$ par $5\,y$, d'après l'équation (2), on obtient à la place des équations (2) et (3) cette nouvelle équation :

ASPIRANTS. 353

$$5y = 4x + 132.$$
Or en multipliant ses termes par 2 on a :
$$10\,y = 8x + 264. \qquad (4)$$
Remplaçons-y $8x$ par le terme équivalent $7y$ d'après l'équation (1); nous aurons :
$$10\,y = 7y + 264.$$
De là on tire :
$$3y = 264.$$
$$y = 264 : 3 = 88.$$
L'équation (1) donne ensuite :
$$8x = 7 \times 88 \quad \text{ou} \quad x = 77.$$
L'équation (3) donne enfin :
$$z = 77 + 33 = 110.$$

Réponse. — La capacité des trois tonneaux est : pour A 77 litres; pour B 88 litres; pour C 110 litres.

XCIX. — DÉPARTEMENT DU VAR (Juillet).

1° THÉORIE. — *Division des nombres décimaux. Démonstration.*

2° PROBLÈME. — *Un commerçant augmente la 1ʳᵉ année sa fortune de $\frac{2}{15}$; la 2ᵉ année il augmente encore son nouveau capital de $\frac{2}{15}$ et ainsi de suite pendant 4 ans. Alors il s'aperçoit que si sa fortune, au lieu d'augmenter de $\frac{2}{15}$, avait augmenté de $\frac{2}{13}$, il aurait 25 000 francs de plus qu'il ne possède.*

Quelle somme avait-il au commencement de la 1ʳᵉ année? Quelle somme possède-t-il actuellement?

Un capital de a fr., au bout de la 1ʳᵉ année serait devenu égal à
$$a + \frac{2a}{15} \text{ ce qui fait } a \times \frac{17}{15}.$$
Ainsi pour avoir la valeur acquise au bout de l'année par le capital il faut le multiplier par $\frac{17}{15}$.

Le capital $a \times \frac{17}{15}$ vaut donc au bout de la 2ᵉ année
$$a \times \frac{17}{15} \times \frac{17}{15} \text{ c'est-à-dire } a \times \frac{17^2}{15^2}.$$

Ce nouveau capital au bout de la 3ᵉ année devient

$$a \times \frac{17^2}{15^2} \times \frac{17}{15}$$ c'est-à-dire $a \times \frac{17^3}{15^3}$.

Au bout de la 4ᵉ année la valeur de ce dernier capital est

$$a \times \frac{17^4}{15^4}.$$

On verra de même que, si l'augmentation à la fin de l'année était de $\frac{2}{13}$, la valeur acquise par le capital a au bout de 4 ans serait

$$a \times \frac{15^4}{13^4}.$$

Or cette dernière valeur surpasse la précédente de 25 000 fr. On a donc l'égalité :

$$a \times \frac{15^4}{13^4} - a \times \frac{17^4}{15^4} = 25\,000,$$

ou ce qui est la même chose :

$$a \times \left(\frac{15^4}{13^4} - \frac{17^4}{15^4} \right) = 25\,000.$$

Par le calcul on trouve :

$17^4 = 83\,521$; $15^4 = 50\,625$; $13^4 = 28\,561$;

$$\frac{15^4}{13^4} = \frac{50\,625}{28\,561} = 1{,}772\,521\,;$$

$$\frac{17^4}{15^4} = \frac{83\,521}{50\,625} = 1{,}649\,797\,;$$

$$\frac{15^4}{13^4} - \frac{17^4}{15^4} = 0{,}122\,724\,;$$

$$a \times 0{,}122\,724 = 25\,000\,;$$

$$a = \frac{25\,000}{0{,}122\,724} = \frac{25\,000\,000\,000}{122\,724} = 203\,717 \text{ francs}.$$

Réponse. — Le capital demandé était de 203 717 francs.

C. — DÉPARTEMENT DE LA HAUTE-SAVOIE (Juillet).

1° THÉORIE. — *Expliquer comment, en réduisant une fraction ordinaire en fraction décimale avec une approximation indéfinie, on doit nécessairement obtenir un quotient limité ou bien un quotient périodique.*

Combien d'opérations au plus faudra-t-il faire avant d'arriver à l'un ou à l'autre de ces deux résultats?

2° PROBLÈME. — *Une personne place une partie de sa fortune à 5 %, et l'autre à 4 %, et son revenu annuel* est de 3700 *francs. Ce revenu annuel serait de 3860 francs si la somme placée à 4 % était placée à 5 % et réciproquement. Trouver d'après cela le capital total et les deux parties dans lesquelles il a été divisé.*

Représentons par x la partie placée à 5 %;
par y la partie placée à 4 %.
Les intérêts produits par ces deux parties sont :
$$\frac{5\,x}{100} \text{ et } \frac{4\,y}{100}.$$
Leur total étant 3 700 francs, on a l'équation :
$$\frac{5\,x}{100} + \frac{4\,y}{100} = 3\,700,$$
ou en multipliant tous les termes par 100,
$$5\,x + 4\,y = 370\,000 \qquad (1).$$
Si on suppose la partie x placée à 4 % et la partie y à 5 %, on aura de la même manière l'équation :
$$\frac{4\,x}{100} + \frac{5\,y}{100} = 3860$$
ou en multipliant tous les termes par 100,
$$4\,x + 5\,y = 386\,000. \qquad (2).$$
Pour résoudre les équations (1) et (2), tirons de chacune la valeur de x, comme si y était un nombre connu.
Nous aurons :
$$x = \frac{370\,000 - 4\,y}{5}\,;\ x = \frac{386\,000 - 5\,y}{4}. \qquad (3).$$
Ces deux expressions de la valeur de x étant égales, donnent l'équation à une seule inconnue :
$$\frac{370\,000 - 4\,y}{5} = \frac{386\,000 - 5\,y}{4}.$$
En réduisant les deux membres au même dénominateur et en le supprimant, on obtient :
$$1\,480\,000 - 16\,y = 1\,930\,000 - 25\,y.$$
De là on tire :
$$25\,y - 16\,y = 1\,930\,000 - 1\,480\,000;$$
$$9\,y = 450\,000;$$
$$y = 50\,000.$$
En remplaçant y par 50 000 dans l'une des valeurs (3) de x, on trouve :
$$x = 34\,000.$$

Réponse. — Le capital total est 84 000 francs.
On a placé à 5 % 34 000 francs; à 4 % 50 000 francs.

BREVET SUPÉRIEUR

ASPIRANTES. — EXAMENS A PARIS

CI. — Séance du 9 mai.

PHYSIQUE.

Description de la pile de Bunsen.
Effets chimiques de la pile. Décomposition de l'eau et de la potasse ; décomposition du sulfate de cuivre.

ARITHMÉTIQUE.

PROBLÈME. — *Dans une cuve rectangulaire ayant une longueur de $0^m,63$ et une largeur de $0^m,51$ on avait mis de l'eau de mer que l'on a fait évaporer et dont on a retiré 4 kilogr. 6 hectogr. de sel. Or 1 kilogramme d'eau de mer contient 50 grammes de sel et la densité de cette eau est 1,025. On demande d'après cela quel était le volume de l'eau mise dans la cuve et à quelle hauteur elle s'élevait.*

Prenons le gramme pour unité de poids et par suite le centimètre cube pour unité de volume.
Le sel retiré de l'eau de la cuve par l'évaporation pèse 4600 grammes.
En outre 1000 gr. d'eau de mer contiennent 50 gr. de sel.
Autant de fois il y a 50 grammes dans 4600 grammes, autant de fois il y a 1000 grammes dans le poids de l'eau de la cuve.
Ce nombre de fois est $4600 : 50 = 92$.
Ainsi le poids de l'eau de la cuve était 92000 grammes.
Or 1 centimètre cube d'eau salée pèse $1^{gr},025$.
Le nombre de centimètres cubes de cette eau est égal au nombre de fois qu'il y a $1^{gr},025$ dans 92000 grammes.
Ce nombre de centimètres cubes est égal à
$$\frac{92\,000}{1,025} = \frac{92\,000\,000}{1025} = 89\,756,$$
ce qui fait 89 décimètres cubes 756 centimètres cubes,
La surface du fond est $63 \times 51 = 3213$ centimètres carrés.

Le volume de cette masse d'eau rectangulaire est égal au produit de la base 3213 par la hauteur; on aura cette hauteur en divisant le volume par la surface de la base.

Cette hauteur en centimètres égale 89 756 : 3213 = 27,9.

Réponse. — Il y avait dans le vase 89 litres 75 centilitres d'eau de mer. — La hauteur de cette eau au-dessus du fond était de 28 centimètres.

CII. — Séance du 11 juillet.

PHYSIQUE.

Froid produit par l'évaporation. Applications.

ARITHMÉTIQUE.

Un négociant achète 2525 hectolitres de blé à 16 francs l'hectolitre. Il en revend les $\frac{2}{5}$ avec un bénéfice de 8 % sur le prix d'achat; le tiers à raison de 21^f,50 l'hectolitre, payable dans 60 jours, et le reste avec un bénéfice net de 225 francs. En comptant l'escompte à 6 %, on demande quelle a été la totalité du gain.

Les $\frac{2}{5}$ ou 0,4 de 2525 hectolitres sont

$$2525 \times 0,4 = 1010 \text{ hectolitres.}$$

Dans la vente de 1 hectolitre, on gagne 0^f,08 par franc, c.-à-d.
$$0^f,08 \times 16 = 1^f,28.$$

Le bénéfice de la 1re vente est donc
$$1^f,28 \times 1010 = 1292^f,80.$$

La 2e vente comprend 2525 : 3 = 841 hectol. $\frac{2}{3}$.

L'achat avait coûté :
pour 841 hectolitres............ $16^f \times 841$ = 13 456^f,00;
pour $\frac{2}{3}$ d'hectolitre........... $16^f \times \frac{2}{3} = \frac{32}{3} = 10^f,66.$

Total.......... 13 466^f,66.

Le produit de la vente payable dans 60 jours est :
pour 841 hectolitres..... $21^f,50 \times 841 = 18\,081^f,50.$
pour $\frac{2}{3}$ d'hectolitre $21^f,50 \times \frac{2}{3} = \frac{43}{3} = 14^f,33.$

Total.......... 18 095^f,83.

Sur cette somme l'escompte pour 60 jours à 6 % est
$$\frac{18\,095,83 \times 60}{6000} = 180^t,958.$$
Au moment de la vente la somme retirée est
$$18\,095,83 - 180^t,96 = 17\,914^t,87.$$
L'achat avait coûté .... $13.466^t,67.$
Le bénéfice égale la différence .... $4.448^t,20.$
Ainsi le bénéfice demandé comprend :
bénéfice de la 1ʳᵉ vente...................... $1292^t,80.$
bénéfice de la 2ᵉ............................ $4448^t,20.$
bénéfice de la 3ᵉ............................ $225^t,00.$
Réponse. — Le bénéfice total est........ $5966^t,00.$

EXAMENS DANS LES DÉPARTEMENTS

CIII. — DÉPARTEMENT DU LOIRET (Octobre).

PHYSIQUE.

Décomposition et recomposition de la lumière blanche.

ARITHMÉTIQUE.

1° THÉORIE. — *Démontrer que, si le dénominateur d'une fraction ordinaire irréductible ne contient pas d'autres facteurs premiers que 2 et 5, la fraction est exactement réductible en fraction décimale.*

2° PROBLÈME. — *On a mis 490 litres de vin dans 580 bouteilles, contenant les unes $\frac{6}{7}$ de litre et les autres $\frac{5}{6}$ de litre. Combien y a-t-il de bouteilles de chaque espèce ?*

D'abord les deux fractions $\frac{6}{7}$ et $\frac{5}{6}$ égalent $\frac{36}{42}$ et $\frac{35}{42}$.
Supposons que toutes les bouteilles soient de la 2ᵉ espèce.
Leur contenance serait égale à
$$\frac{5}{6} \times 580 = \frac{2900}{6} = 483^t\,\frac{1}{3}.$$
Il manque alors un nombre de litres égal à
$$490^t - 483^t\,\frac{1}{3} = 6^t\,\frac{2}{3} = \frac{20}{3} \text{ de litre.}$$

ASPIRANTES.

Quand on remplace une de ces bouteilles par une de la 1re espèce, la contenance des 580 bouteilles augmente de $\frac{1}{42}$ de litre.

On devra donc prendre autant de bouteilles de la 1re espèce qu'il y a de fois $\frac{1}{42}$ dans $\frac{20}{3}$ ou dans $\frac{280}{42}$.

Ce nombre de fois est 280.

Réponse. — Il y a 280 bouteilles de $\frac{6}{7}$ de litre et 300 des autres.

MÉTHODE ALGÉBRIQUE. — Soit x le nombre des bouteilles de la 1re espèce; celui des autres bouteilles sera $580 - x$.

La contenance de ces deux nombres de bouteilles en litres est :

pour les x bouteilles $\frac{36\,x}{42}$; pour les autres $(580 - x) \times \frac{35}{42}$.

On a donc l'équation

$$\frac{36\,x}{42} + (580 - x) \times \frac{35}{42} = 490.$$

On en tire :

$$36\,x + 20\,300 - 35\,x = 20\,580;$$
$$x = 280.$$

CIV. — DÉPARTEMENT DE L'ORNE (Octobre).

CHIMIE.

De l'eau. — Sa composition chimique. — Matières étrangères que renferment ordinairement les eaux naturelles. — Propriétés qui résultent de la présence de ces matières. — Eaux impropres à la cuisson des légumes.

ARITHMÉTIQUE.

PROBLÈME. — *La longitude de Vienne (Autriche) est de 14° 2′ 36″ à l'est et celle de Londres est 2° 26′ 12″ à l'ouest. Quand il est midi à Vienne, quelle heure est-il à Londres ?*

La distance de Vienne au 1er méridien est.......... 14° 2′36″ ;
celle de Londres.................................... 2° 26′12″.
La distance entre les méridiens de ces villes est.. 16°28′48″.

Or dans son mouvement diurne apparent le soleil parcourt :
360 degrés en 24 heures ;

1° en $\frac{24}{360}$ d'heure ou $\frac{1440}{360}$ c.-à-d. 4 minutes ;

1' en $\frac{4}{60}$ de minute c.-à-d. 4 secondes ;

1" en $\frac{4}{60}$ de seconde c.-à-d. $\frac{1}{15}$ de seconde.

Pour aller du méridien de Vienne à celui de Londres, le temps employé par le soleil comprend :
pour 16°.................... 4 minutes × 16 = 64 minutes ;
pour 28'..... 4 secondes × 28 = 112 secondes = 1 m. 52 secondes ;
pour 48"................. $\frac{48}{15}$ de seconde = 3 secondes $\frac{1}{3}$.

Le total est 65 min. 55 sec. $\frac{1}{3}$ ou............ $1^h\ 5^m\ 55^s$.
Otons ce temps de 12 heures ou de............ $11^h\ 59^m\ 60^s$.
La différence est.............. $10^h\ 54^m\ 5^s$.

Réponse. — Quand il est midi à Vienne, il est à Londres 10 heures 54 minutes 5 secondes.

CV. — DÉPARTEMENT DU LOT (Octobre).

SCIENCES NATURELLES.

Le système nerveux chez l'homme.

ARITHMÉTIQUE.

PROBLÈME. — *Trois personnes se sont associées pour fournir chaque jour à un régiment, la 1re 900 kilogrammes de pain, la 2e 300 kilogrammes de viande, la 3e 2750 kilogrammes de légumes frais. Le prix du kilogramme de légumes est les* $\frac{3}{11}$ *de celui du kilogramme de pain et 9 kilogrammes de pain valent autant que 2 kilogrammes de viande.*

Trouver ce qui revient à chacune des trois personnes sur un bénéfice total de 14 220 francs.

ASPIRANTES. 361

Le prix du kilogr. de légumes est $\dfrac{3}{11}$ du prix du kilogr. de pain ; le prix du kilogr. de pain est $\dfrac{2}{9}$ du prix du kilogr. de viande.

Supposons que le prix du kilogramme de viande soit 99 centimes.
Le kilogramme de pain vaudra.................. 22 c.
Le kilogramme de légumes..................... 6 c.
Les sommes fournies chaque jour par les trois personnes seraient :
 par la 1ʳᵉ en pain............ 0ᶠ,22 × 900 = 198 francs
 par la 2ᵉ en viande.......... 0ᶠ,99 × 300 = 297 fr.
 par la 3ᵉ en légumes......... 0ᶠ,06 × 2750 = 165 fr.
    Total..................... 660 fr.
Les sommes fournies par les trois personnes sont des parties de la somme totale indiquées par les fractions suivantes :

1ʳᵉ personne $\dfrac{198}{660}$ ou $\dfrac{6}{20}$; 2ᵉ $\dfrac{297}{660}$ ou $\dfrac{9}{20}$; 3ᵉ $\dfrac{165}{660}$ ou $\dfrac{5}{20}$.

Les bénéfices de chaque jour, et par suite ceux de l'année, doivent être proportionnels aux fractions :
  6 vingtièmes ; 9 vingtièmes ; 5 vingtièmes,
et, par conséquent, proportionnels aux nombres : 6 ; 9 ; 5.
Le total de ces trois nombres est 20.
On partagera donc le bénéfice total en 20 parties égales et on en donnera : 6 à la 1ʳᵉ personne, 9 à la 2ᵉ et 5 à la 3ᵉ.
La 20ᵉ partie des 14 220 francs est 711 francs.

Réponse. — Les parts de bénéfice sont :
 pour la 1ʳᵉ personne 711 × 6 = 4266 francs.
 pour la 2ᵉ . . . 711 × 9 = 6399 fr.
 pour la 2ᵉ . . . 711 × 5 = 3555 fr.
 . . . Total. 14 220 fr.

CVI. — DÉPARTEMENT DE LA CHARENTE (Octobre).

CHIMIE.

L'acide sulfureux. — Préparation, propriétés, usage.

ARITHMÉTIQUE.

PROBLÈME. — *Un négociant veut remplir un fût de 380 litres avec du vin de 30 centimes et du vin de 40 centimes le litre. Il y met 25 litres de 40 centimes ; puis pour remplir le fût il ajoute du vin de 30 centimes et de l'eau. Le litre de mélange revient à 20 centimes.*

BOYER-LAPIERRE.

Trouver : 1° *le nombre de litres de vin de* 30 *centimes et le nombre de litres d'eau qui ont été versés dans le fût;* 2° *le prix de vente des* 380 *litres, en sachant qu'en revendant son vin, le négociant fait un bénéfice de* 7 % *sur le prix d'achat.*

L'eau ne coûtant rien, le mélange vaut.. $0^f,20 \times 380 = 76$ fr.
Les 25 litres à 40 centimes valent....... $0^f,40 \times 25 = 10$ fr.
Le vin de 30 centimes vaut la différence................ 66 fr.
Le nombre de litres de ce vin est donc........ $66 : 0,3 = 220$.
Le nombre total de litres de vin du mélange est
$$25 + 220 = 245 \text{ litres.}$$
Le nombre de litres d'eau mis dans le mélange égale :
$$380 - 245 = 135 \text{ litres.}$$
Dans la vente le marchand a retiré :
le prix d'achat...................................... $76^f,00$
le bénéfice (0,07 de 76 francs) ou... 76 fr. $\times 0,07 =$ $5^f,32$
Total................................. $81^f,32$.

Réponse. — On a mis dans ce mélange :
220 litres de vin de 30 centimes et 135 litres d'eau.
La vente du mélange a rapporté $81^f,32$.

CVII. — DÉPARTEMENT DE LA MAYENNE (Juillet).

SCIENCES NATURELLES.

Quels sont les rapports de la plante avec l'atmosphère? En déduire les règles d'hygiène relatives aux plantes d'appartement.

ARITHMÉTIQUE.

PROBLÈME. — *Un délégué cantonal met à la disposition d'une institutrice une somme de* $64^f,50$, *pour être distribuée en livrets de caisse d'épargne aux cinq élèves du cours supérieur de l'école, suivant leur force en orthographe. Les copies de la composition donnée à cet effet accusent respectivement* 1 *faute et demie,* 2 *fautes,* 2 *fautes et demie,* 3 *fautes et* 4 *fautes.*

Faire un partage équitable d'après ces données.

La récompense doit être en raison inverse du nombre de fautes.

La question revient donc à partager 64f,50 en cinq parties qui soient inversement proportionnelles aux nombres :

$$1\frac{1}{2}, 2, 2\frac{1}{2}, 3, 4 \text{ ou } \frac{3}{2}, \frac{4}{2}, \frac{5}{2}, \frac{6}{2}, \frac{8}{2}.$$

c'est-à-dire 3 demies, 4 demies, 5 demies, 6 demies, 8 demies.

Ainsi on n'a qu'à partager la somme donnée en parties inversement proportionnelles aux nombres entiers : 3, 4, 5, 6, 8.

La règle à appliquer ici est la suivante :

Pour diviser une quantité en parties inversement proportionnelles à des nombres donnés, on la divise en parties proportionnelles aux inverses de ces nombres[1].

(L'inverse d'un nombre est le quotient de 1 divisé par ce nombre.)

On résoudra donc le problème proposé en divisant 64f,50 en cinq parties proportionnelles aux nombres :

$$\frac{1}{3}, \frac{1}{4}, \frac{1}{5}, \frac{1}{6}, \frac{1}{8} \text{ ou } \frac{40}{120}, \frac{30}{120}, \frac{24}{120}, \frac{20}{120}, \frac{15}{120}.$$

et par conséquent en parties proportionnelles aux nombres entiers : 40, 30, 24, 20, 15.

Le total de ces cinq nombres est 129.

La 129e partie de 64f,50 est 0f,50 ou un demi-franc.

Réponse. — Les parts sont : 1re 20 fr.; 2e 15 fr.; 3e 12 fr.; 4e 10 fr.; 5e 7f,50.

CVIII. — DÉPARTEMENT DE LOIR-ET-CHER (Octobre).

SCIENCES NATURELLES.

Structure de la peau; ses fonctions. Préceptes hygiéniques qui s'y rapportent.

ARITHMÉTIQUE.

PROBLÈME. — *Un particulier, qui a mis des fonds dans une entreprise, reçoit 19 200 francs au bout de 5 ans, pour le capital placé et le bénéfice produit. Le bénéfice est les $\frac{2}{5}$ du capital. Trouver le capital, le bénéfice et le taux du placement.*

---

1. Dans un examen comme celui du brevet supérieur, il ne suffirait pas d'énoncer cette règle; il serait indispensable d'en donner la démonstration.

Elle se trouve exposée très simplement dans notre *Cours d'arithmétique pour l'enseignement primaire (Degré supérieur)*.

Pour un capital de 5 fr. il y aurait 2 fr. de bénéfice ; total 7 fr.
Autant de fois il y a 7 francs dans 19200 francs, autant de fois il y a 5 francs dans le capital et 2 francs dans le bénéfice.

Ce nombre de fois est exprimé par le quotient $\dfrac{19200}{7}$.

On a donc :

pour le capital... $5 \times \dfrac{19200}{7} = \dfrac{96000}{7} = 13714^f,29$;

pour le bénéfice $2 \times \dfrac{19200}{7} = \dfrac{28400}{7} = 5485^f,71$.

Le bénéfice a été :

en 5 ans les $\dfrac{2}{5}$ du capital ; en 1 an $\dfrac{2}{25}$, c.-à-d. 0,08 du capital.

Le taux du placement a donc été 8 %.

Réponse. — Capital $13714^f,29$; bénéfice $5485^f,71$.
Taux du placement 8 %.

CIX. — DÉPARTEMENT DE LA MAYENNE (Octobre).

CHIMIE.

L'oxygène. — *Sa présence dans l'eau et dans l'air. Son rôle dans les combustions.*

ARITHMÉTIQUE.

PROBLÈME. — *Un capital de 67000 francs est partagé en deux parties ; dont la 1re, placée à 4,50 % pendant 9 mois, donne un intérêt triple de celui que produirait la 2e pendant 5 mois au taux de 4 %. Quelles sont les deux parties de ce capital ?*

Cherchons deux capitaux, tels que le 1er placé à 4,50 % produise en 9 mois un intérêt de 3 francs et que le 2e, placé à 4 %, produise en 5 mois un intérêt de 1 franc.

De la formule qui exprime l'intérêt i, d'un capital c au taux t, pour un nombre n de mois, on tire :

$$c = \dfrac{1200 \times i}{t \times n}.$$

Le capital qui, à 4,50 %, produit en 9 mois 3 francs sera :

$\dfrac{1200 \times 3}{4,5 \times 9}$ ou $\dfrac{4000}{45}$ c'est-à-dire $\dfrac{800}{9}$ de franc.

Le capital qui, à 4 %, produit en 5 mois 1 franc sera :

$\dfrac{1200 \times 1}{4 \times 5}$ ou 60, c'est-à-dire $\dfrac{540}{9}$ de franc.

Ainsi le 2ᵉ capital est les $\frac{540}{800}$ ou les $\frac{27}{40}$ du 1ᵉʳ.

Partageons le capital en deux parties dont la 2ᵉ soit les $\frac{27}{40}$ de la 1ʳᵉ.

Si la 1ʳᵉ partie était de 40 fr., le 2ᵉ serait de 27 fr. : total 67 fr.
Or, le capital proposé étant égal à 1000 fois 67 francs, les deux parties cherchées valent 1000 fois 40 francs et 1000 fois 27 francs.

Réponse. — La partie qui produit le plus fort intérêt est 40 000 francs, l'autre partie est 27 000 francs.

CX. — DÉPARTEMENT D'EURE-ET-LOIR (Juillet).

SCIENCES NATURELLES.

Classification des substances organiques d'après leurs fonctions chimiques.

ARITHMÉTIQUE.

PROBLÈME. — *Une personne, qui a souscrit à un même créancier deux billets, l'un de 3200 francs payable dans 60 jours et l'autre de 4000 francs payable dans 90 jours, a été autorisée à remplacer ces deux billets par un seul payable dans 42 jours. Le taux de l'escompte pris en dehors étant de 6 %, trouver le montant de ce billet unique.*

L'échéance étant portée à 42 jours, est devancée :
pour le billet de 3200 francs de.... 60 — 42 = 18 jours ;
pour le billet de 4000 francs de.... 90 — 42 = 48 jours.
Or à 6 % l'escompte est égal au capital multiplié par le nombre de jours et divisé par 6000.
L'escompte à faire subir aux deux billets est donc :

pour le 1ᵉʳ $\frac{3200 \times 18}{6000} = 3{,}2 \times 3 = 9^f{,}60$;

pour le 2ᵉ $\frac{4000 \times 48}{6000} = 2 \times \frac{48}{3} = 32$ francs.

Les deux billets se réduisent à l'échéance de 42 jours :
le 1ᵉʳ à.................. 3200 fr. — 9ᶠ,60 = 3190ᶠ,40
le 2ᵉ à.................. 4000 fr. — 32ᶠ,00 = 3968ᶠ,00
Total.............. 7158ᶠ,40.

Réponse. — Le nouveau billet est de 7158ᶠ,40.

CXI. — DÉPARTEMENT DE LA MARNE (Octobre).

PHYSIQUE.

De la galvanoplastie. — Son application dans l'industrie.

ARITHMÉTIQUE.

PROBLÈME. — *Une personne achète des marchandises pour 1780 francs et profite d'un escompte de 3 %. Elle les revend 4 mois après pour 1980 francs payables dans 2 mois. Les frais d'emmagasinage et de transport s'élèvent à 20 francs, qu'elle paie le jour où elle vend ses marchandises.*

On demande combien elle a gagné, en tenant compte de l'intérêt de son argent à 6 %.

Le prix d'achat des marchandises est............ 1780^f,00.
L'escompte à 3 % est......... 0^f,03 × 1780 = 53^f,40.
L'acheteur a donc déboursé..................... 1726^f,60.

Jusqu'au moment du paiement de la vente, c'est-à-dire pendant 4 mois plus 2 mois, ou 6 mois, l'intérêt de cette somme à 6 % serait :

$$\frac{0^f,06 \times 1726,60}{2} = 0^f,03 \times 1726,6 = 51^f,798.$$

A ce moment ces marchandises coûtent au marchand :
$$1726^f,60 + 51^f,80 = 1778^f,40.$$

A cette somme il faut encore ajouter les 20 francs payés le jour de la vente pour frais de magasin et de transport, plus l'intérêt de ces 20 fr. pour 2 mois. L'intérêt de ces 20 fr. égale 0^f,20.

On a ainsi 1778^f,40 + 20^f,20 = 1798^f,60.

Au jour du paiement, le marchand reçoit.......... 1980^f,00
Les marchandises lui coûtent..................... 1798^f,60
Différence....................... 181^f,40

Réponse. — Le gain produit par la vente est de 181^f,40.

NOTA. — Ce problème a été emprunté au 1er volume de notre *Arithmétique appliquée*, où il se trouve sous le n° 525.

CXII. — DÉPARTEMENT DE LA CREUSE (Octobre).

SCIENCES NATURELLES.

De la respiration chez les mammifères, les poissons et les insectes.

ARITHMÉTIQUE.

PROBLÈME. — *Une personne a placé, à intérêt simple, deux capitaux, l'un à 5 % et l'autre, qui est le double du premier, à 4 %. Au bout de 5 ans 8 mois, cette personne a retiré, capitaux et intérêts compris, la somme de 6372^f,40. Trouver ces deux capitaux.*

Supposons qu'il y ait 100 francs placés à 5 %.
L'autre capital sera 200 francs placés à 4 %.

Les 5 ans 8 mois font 5 ans $\frac{2}{3}$ ou $\frac{17}{3}$ d'année.

Les intérêts simples produits pendant ce temps sont :

pour 100 francs à 5 %......... $5 \times \frac{17}{3} = \frac{85}{3}$ de fr.

pour 200 francs à 4 %......... $8 \times \frac{17}{3} = \frac{136}{3}$ de fr.

Le total de ces deux intérêts est :

$$\frac{85}{3} + \frac{136}{3} = \frac{221}{3} \text{ de fr.}$$

Ainsi 100 francs à 5 % et 200 francs à 4 %, ont pris, au bout de 5 ans 8 mois, une valeur totale égale à

$$300^f + \frac{221}{3} \text{ de franc ou } \frac{1121}{3} \text{ de franc.}$$

Autant de fois cette valeur est contenue dans 6372^f,40, autant il y a de fois 100 fr. dans le capital placé à 5 %.

Ce nombre de fois est marqué par le quotient

$$6372,40 : \frac{1121}{3} = \frac{6372,40 \times 3}{1121} = 17,0537.$$

Réponse. — Le 1er capital placé à 5 % est 1705^f,37.
Le 2e en est le double, c'est-à-dire 3410^f,74.

CXIII. — DÉPARTEMENT DU RHONE (Juillet).

SCIENCES NATURELLES.

1re QUESTION. — *De la respiration. Description sommaire des organes de la respiration chez les vertébrés. Phénomènes chimiques qui se rapportent à cette fonction.*

2e QUESTION. — *Décrire une plante vulgaire de la famille des labiées.*

ARITHMÉTIQUE.

PROBLÈME. — *Une personne, qui possède un titre de rente* 3 %, *le vend lorsque cette rente est au cours de* 81^f,75, *et elle emploie la somme qu'elle en retire à acheter de la rente* 4 $\frac{1}{2}$ % *dont le cours est alors* 108^f,45. *Elle augmente ainsi son revenu annuel de* 315 fr. *Quel était son revenu avec la rente* 3 % ?

On ne tiendra pas compte des courtages.

En rente 3 % une somme de 81^f,75 rapporte 3 francs.

1 franc rapporterait $\dfrac{3}{81,75} = \dfrac{300}{8175} = \dfrac{12}{327}$ de franc.

En rente 4 $\frac{1}{2}$ % une somme de 108^f,45 rapporte 4^f,50.

1 franc rapporterait $\dfrac{4,50}{108,45} = \dfrac{10}{241}$ de franc.

La différence entre ces deux intérêts de 1 franc est :

$$\dfrac{10}{241} - \dfrac{12}{327} = \dfrac{3270 - 2892}{78807} = \dfrac{378}{78807} = \dfrac{126}{26269} \text{ fr.}$$

C'est l'accroissement du revenu produit par un capital de 1 franc passant du 3 % au 4 $\frac{1}{2}$ %.

Autant de fois cette différence sera contenue dans l'accroissement total 315 francs, autant il y aura de francs dans le capital. Ce capital est donc

$$315 : \dfrac{126}{26269} = \dfrac{315 \times 26269}{126} = \dfrac{105 \times 26269}{42}.$$

En effectuant les opérations indiquées, on trouve

$$\dfrac{2758244}{42} = 65672^f,50.$$

Cherchons les intérêts produits par ce capital dans les deux rentes.
En 3 % il produit autant de fois 3 francs qu'il contient de fois 81^t,75 ; cet intérêt est donc :

$$\frac{65\,672{,}50}{81{,}75} \times 3 = \frac{6\,567\,250}{2725} = \frac{262\,690}{109} = 2410 \text{ francs.}$$

En 4 $\frac{1}{2}$ % le capital produit autant de fois 4^t,50 qu'il contient de fois 108^t, 45; cet intérêt est donc :

$$\frac{65\,672{,}50}{108{,}45} \times 4{,}5 = \frac{656\,725}{241} = 2725 \text{ francs.}$$

La différence de ces deux intérêts est 2725 — 2410 = 315 fr.

Réponse. — En rente 3 %, cette personne avait un revenu de 2410 francs.

CXIV. — DEPARTEMENT DES BASSES-ALPES (Juillet).

CHIMIE.

Le soufre. — *Ses propriétés physiques et chimiques; sa préparation; ses principaux composés et leurs usages.*

ARITHMÉTIQUE.

PROBLÈME. — *Un teneur de livres reçoit le 18 mai trois billets d'un client : le 1er de 275 fr. payable le 30 juin; le 2e de 548^t,50 payable le 15 octobre; le 3e de 1250 fr. payable le 30 novembre de la même année.*

Pour simplifier les écritures, il porte à l'avoir du client une somme égale au total des valeurs nominatives des trois billets. A quelle date doit-il fixer l'échéance commune.

Quelle somme portera-t-il à l'avoir du client à la date du 31 décembre, le taux de l'intérêt étant de 6 %?

1° Le total des montants des trois billets est 2073^t,50.
Si l'on compte les mois avec leur nombre réel de jours, il y a du 18 mai non compris ce jour :
au 30 juin 43 jours; au 15 octobre 150 jours; au 30 nov. 196 jours.
Le total des escomptes des trois billets au jour du 18 mai doit être égal à l'escompte du billet unique.
Soit x le nombre de jours du 18 mai au jour de l'échéance de ce billet unique.

A 6 %, l'escompte commercial est égal au capital multiplié par le nombre de jours et divisé par 6000.

L'escompte de 2073f,50 pour x jours est donc
$$\frac{2073^f,50 \times x}{6000}.$$

Le produit de chaque billet multiplié par le nombre de jours est :

pour le 1er............ $275 \times 43 = 11\,825$;
pour le 2e............ $548,5 \times 150 = 82\,275$;
pour le 3e............ $1250 \times 196 = 245\,000$.

Total..... 339 100.

On aura donc l'égalité
$$\frac{2073,5 \times x}{6000} = \frac{339\,100}{6000},$$

et par suite
$$20\,735 \times x = 3\,391\,000.$$

De là on tire :
$$x = \frac{3\,391\,000}{20\,735} = 163,5.$$

Réponse. — L'échéance du billet unique arrivera 163 jours après le 18 mai, c'est-à-dire le 28 octobre.

2e Du 28 octobre exclus jusqu'au 31 décembre inclus, il y a 64 jours.

L'intérêt produit pendant ce temps par le total des trois billets c'est-à-dire par 2073f,50 sera :
$$\frac{2073,5 \times 64}{6000} = \frac{132,704}{6} = 22^f,117.$$

Ajoutons cet intérêt au capital   2073f,50.

Total................. 2095f,617.

Réponse. — La somme à inscrire à l'avoir du client au 31 décembre sera de 2095f, 62.

CXV. — DÉPARTEMENT DU VAR (Octobre).

PHYSIQUE.

Indiquer ce qu'on entend par thermomètre en général. Pourquoi, dans la construction des thermomètres à liquide, a-t-on employé le mercure et l'alcool ?
Construction et graduation du thermomètre à mercure.
Différentes échelles thermométriques.

ASPIRANTES.

ARITHMÉTIQUE.

PROBLÈME. — *Un négociant a acheté 27 barriques de vin dont le poids total est de 24 453 kilogr. pour 2945 fr. Le poids des barriques vides est la 12ᵉ partie du poids du vin et la densité de ce vin est 0,99.*

Le négociant en vend 26 hectolitres avec un bénéfice brut de 12 %; l'acheteur le paie avec un billet qu'il fait le 1ᵉʳ novembre, jour de l'achat, et dont l'échéance est au 1ᵉʳ mars de l'année suivante.

Trouver le montant de ce billet, en sachant que le vendeur exige un intérêt de $5\frac{2}{3}$ *% par an.*

1° Le poids des barriques vides est la 12ᵉ partie du poids du vin. Les 24 453 kilogr. égalent ainsi 13 fois la 12ᵉ partie du poids du vin.
Cette 12ᵉ partie égale...... 24 453^{kg} : 13 = 1881 kilogr.
Le poids du vin est donc... 1881^{kg} × 12 = 22 572 kilogr.

2° Le litre de ce vin pèse 990 grammes.
Le nombre de litres de vin est le nombre de fois que 0^{kg},99 sont contenus dans 22 572 kilogrammes; ce nombre est :

$$\frac{22\,572}{0,99} = \frac{2\,257\,200}{99} = 22\,800 \text{ litres} = 228 \text{ hectolitres.}$$

3° Le prix des barriques vides étant négligé, le prix d'achat de l'hectolitre est égal à........................ 2945 : 228.
Le prix de vente de 26 hectolitres, sans bénéfice, serait :

$$\frac{2945}{228} \times 26 = \frac{2945 \times 13}{114} = 335^f,83.$$

Le bénéfice est les 0,12 du prix de vente, c'est-à-dire
$$335^f,83 \times 0,12 = 40^f,2996.$$
La vente de 26 hectolitres a donc produit
$$335^f,83 + 40^f,30 = 376^f,13.$$

4° Le billet souscrit le 1ᵉʳ novembre est payable le 1ᵉʳ mars, c'est-à-dire dans 4 mois ou $\frac{1}{3}$ d'année.

Le billet portera donc 376^f,13, plus l'intérêt de cette somme pour $\frac{1}{3}$ d'année, au taux de $5\frac{2}{3}$ % ou de $\frac{17}{3}$ %.

L'intérêt sera :

pour 1 an............ $\dfrac{376,13}{100} \times \dfrac{17}{3}$ ou $\dfrac{3,7613 \times 17}{3}$

pour $\frac{1}{3}$ d'année....... $\dfrac{3,7613 \times 17}{9} = \dfrac{63,9421}{9} = 7^f,104.$

Le montant du billet sera 376^f,13 + 7^f,10 = 383^f,23.

Réponse. — Le billet payable au 1ᵉʳ mars portera 383ᶠ,23.

CXVI. — DÉPARTEMENT DU FINISTÈRE (Octobre).

HISTOIRE NATURELLE.

Appareil respiratoire et mécanisme de la respiration chez l'homme.

ARITHMÉTIQUE.

PROBLÈME. — *En présentant à l'escompte deux billets payables, l'un dans 24 jours et l'autre dans 35 jours, on a reçu une somme avec laquelle on a acheté de la rente $4\frac{1}{2}$ % au cours de 109ᶠ,25. Le coupon trimestriel est de 74ᶠ,75. Trouver les valeurs des deux billets, en sachant que le montant du 1ᵉʳ était les $\frac{5}{12}$ du second et que le taux de l'escompte était 6 %.*

1° L'intérêt annuel du capital en rentes $4\frac{1}{2}$ % est égal à
$$74^\text{f},75 \times 4 = 299 \text{ francs.}$$
Autant de fois il y a 4ᶠ,50 dans 299 francs, autant de fois il y a 109ᶠ,25 dans le capital; ce capital est donc :
$$109,25 \times \frac{299}{4,5} = \frac{218,5 \times 299}{9} = 7259^\text{f},05.$$

2° Supposons que le 2ᵉ billet soit de 1200 francs.
Le montant du 1ᵉʳ sera............ 500 francs.
Au taux de 6 %, l'escompte est égal au capital multiplié par le nombre de jours et divisé par 6000.
Les escomptes sur ces deux sommes seraient donc :

sur 500 francs pour 24 jours....... $\frac{500 \times 24}{6000}$ = 2 francs.

sur 1200 francs pour 35 jours....... $\frac{1200 \times 35}{6000}$ = 7 francs.

Après l'escompte ces deux sommes se réduisent :
la 1ʳᵉ à........................ 500 — 2 = 498 francs.
la 2ᵉ à........................ 1200 — 7 = 1193 francs.
Total...... 1691 francs.

Autant de fois il y a 1691 francs dans 7259ᶠ,05, autant de fois il y aura 500 francs dans le montant du 1ᵉʳ billet et 1200 francs dans celui du second.

Les montants des deux billets étaient donc :

pour le 1ᵉʳ $\dfrac{7259,05}{1691} \times 500 = 2146^f,38$;

pour le 2ᵉ $\dfrac{7259,05}{1691} \times 1200 = 5151^f,30$.

Réponse. — Le billet payable à 24 jours était de $2146^f,38$; le billet payable à 35 jours était de $5151^f,30$.

CXVII. — DÉPARTEMENT DES VOSGES (Octobre).

PHYSIQUE.

Description du télégraphe Morse.

ARITHMÉTIQUE.

PROBLÈME. — *Une personne remplace un billet de 1300 francs payable dans 48 jours par trois billets, le premier de 500 fr. payable dans 15 jours, le second de 300 fr. payable dans 60 jours et le troisième de 500 fr. A combien de jours est fixée l'échéance de ce dernier billet ?*

(Cette composition a été donnée aux aspirants.)

Le total des escomptes des trois billets doit être égal à l'escompte de 1300 francs montant des trois billets.

Le taux n'étant pas indiqué, désignons-le par t ; représentons par x le nombre de jours de l'échéance du 3ᵉ billet.

L'escompte du billet de 1300 francs pour 48 jours est
$$\dfrac{13 \times t \times 48}{360}.$$

Les escomptes sur les trois billets partiels sont :

1ᵉʳ, $\dfrac{5 \times t \times 15}{360}$; 2ᵉ, $\dfrac{3 \times t \times 60}{360}$; 3ᵉ, $\dfrac{5 \times t \times x}{360}$.

On a donc l'égalité
$$\dfrac{5 \times t \times 15}{360} + \dfrac{3 \times t \times 60}{360} + \dfrac{5 \times t \times x}{360} = \dfrac{13 \times t \times 48}{360}.$$

En multipliant tous les termes de l'égalité par 360, et en les divisant par le facteur commun t, on a
$$5 \times 15 + 3 \times 60 + 5 x = 13 \times 48.$$

De là on tire :
$$5 x + 255 = 624 ;$$
$$5 x = 624 - 255 = 369 ;$$
$$x = 369 : 5 = 73,8.$$

Réponse. — L'échéance du 3ᵉ billet est à 74 jours.

OBSERVATION. — Le taux t ayant disparu du calcul, on voit que le taux n'influe en rien sur le problème.

CXVIII. — DÉPARTEMENT DU FINISTÈRE (Juillet).

SCIENCES NATURELLES.

Principaux caractères de la famille des graminées. Indiquer les espèces les plus utiles.

ARITHMÉTIQUE.

PROBLÈME. — *On a deux points A et B distants de 225 kilomètres. Les 100 kilogr. de charbon coûtent $3^f,75$ en A et $4^f,25$ en B. Trouver quel est le point de la ligne A B où le charbon reviendra au même prix, qu'il vienne de A ou de B, le prix du transport étant de $0^f,08$, par tonne et par kilomètre.*

Soit x le nombre de kilomètres du point A au point demandé.
La distance de ce point à B sera.............. $225 - x$.
Le prix par kilomètre pour le transport du quintal est la 10ᵉ partie de $0^f,08$ c'est-à-dire $0^f,008$.
Au point demandé le quintal de charbon coûte :
venant de A................. $3^f,75 + 0^f,008 \times x$;
venant de B................. $4^f,25 + 0^f,008 \times (225 - x)$.
On a donc l'équation :
$$3,75 + 0,008 \times x = 4,25 + 0,008 \times (225 - x),$$
ou
$$3750 + 8x = 4250 + 1800 - 8x.$$
On a ensuite :
$$8x + 8x = 4250 + 1800 - 3750;$$
$$16x = 2300;$$
$$x = \frac{2300}{16} = \frac{575}{4} = 143,75.$$

Réponse. — La distance du point cherché au point A est de 143 kilomètres 750 mètres.

OBSERVATION. — Ce problème a été proposé plusieurs fois dans les examens, tantôt pour le brevet élémentaire, tantôt pour le brevet supérieur. Il se trouve déjà au n° 230 de ce volume, où il est résolu sans le secours de l'algèbre.

ASPIRANTES.

CXIX. — DÉPARTEMENT DE LA HAUTE-LOIRE (Octobre).

SCIENCES PHYSIQUES.

Électroscope à feuilles d'or.
Propriétés chimiques et préparation du chlore.

ARITHMÉTIQUE.

PROBLÈME. — *Une pièce de toile, longue de 45 aunes et $\frac{5}{6}$, large de $\frac{3}{4}$ d'aune, coûte $2^f,40$ l'aune. En outre, 3 fils juxtaposés forment une longueur de 1 millimètre.*

On demande quel serait, à un demi-centime près, le prix d'une pelote composée de 180 mètres de fil de même qualité que celui qui a servi à fabriquer la toile.

L'aune vaut $1^m,20$ et la toile est formée de deux séries de fils, les uns parallèles à la longueur, les autres à la largeur.

Observons d'abord que l'on ne considère ici dans le prix de la toile que la valeur du fil employé, sans tenir compte des frais de tissage.

La largeur de l'étoffe qui est de $\frac{3}{4}$ d'aune égale :

$$1^m,20 \times \frac{3}{4} = 0^m,3 \times 3 = 0^m,9 = 900 \text{ millimètres.}$$

Or 3 fils juxtaposés font 1 millimètre.
Le nombre des fils parallèles à la longueur est donc
$$3 \times 900 = 2700.$$
Sur un coupon d'étoffe de 1 aune, les fils ont une longueur de $1^m,20$.
La longueur totale des fils parallèles à la longueur sur ce coupon est égale à.................. $1^m,20 \times 2700 = 3240$ mètres.
La longueur totale des fils placés parallèlement à la largeur est évidemment la même, c'est-à-dire 3240 mètres.
La longueur de tous les fils composant le coupon de 1 aune est donc
$$3240^m \times 2 = 6480 \text{ mètres.}$$
Ainsi 6480 mètres de fils valent $2^f,40$.
La valeur de 1 mètre de fil serait
$$\frac{2^f,40}{6480} = \frac{0^f,3}{810} = \frac{0^f,01}{27}.$$
Les 180 mètres de la pelote valent donc :
$$\frac{0^f,01}{27} \times 180 = \frac{1,80}{27} = \frac{0,20}{3} = 0^f,0666.$$

Réponse. — La pelote vaut 7 centimes.

Observation. — On voit que pour répondre à la question la longueur 45 aunes $\frac{5}{6}$ de la pièce est inutile.

CXX. — Département de la Dordogne (Octobre).

SCIENCES NATURELLES.

Analyse d'un épi de blé au moment de sa floraison.
Description des principales graminées : 1° alimentaires ; 2° fourragères ; 3° industrielles. S'attacher aux espèces indigènes et exotiques les plus utiles à l'homme et aux animaux domestiques.

ARITHMÉTIQUE.

Problème. — *Un homme possède un champ rectangulaire, dont le grand côté est double du petit et dont la superficie a 4 hectares 99 ares 28 centiares. Il veut l'entourer d'un mur qui coûtera 23 francs le mètre courant.*

Pour payer cette dépense, il vend, sans perte ni profit, de la rente $4\frac{1}{2}$ *%, qui lui avait coûté 92 francs. De combien son revenu est-t-il diminué par cette opération ?*

La longueur étant double de la largeur, le rectangle comprend deux carrés égaux ayant pour côté la largeur du rectangle.
La surface de chaque carré égale la moitié de 49928 mètres carré c'est-à-dire 24 964 mètres carrés.
Le petit côté du rectangle égale donc
$$\sqrt{24\,964} = 158 \text{ mètres.}$$
Le grand côté du rectangle a le double, c'est-à-dire 316 mètres.
Le total de la longueur et de la largeur du champ égale :
$$316^m + 158^m = 474 \text{ mètres.}$$
Le contour est donc........ $474^m \times 2 = 948$ mètres.
Le mur coûtera............ $23^f \times 948 = 21\,804$ francs.
Or, 92 francs rapportaient 4^f,50 de rente.
1 franc aurait rapporté............................ 4,50 : 92.
La rente rapportée par 21 804 francs était :
$$\frac{4,50 \times 21\,804}{92} = \frac{98\,118}{92} = 1066^f,50.$$

Réponse. — Le revenu est diminué de 1066 fr. 50 c.

CXXI. — DÉPᵀ DES BASSES-PYRÉNÉES (Juillet).

HISTOIRE NATURELLE

Des racines. — Structure et espèces diverses. — Leur fonction.

ARITHMÉTIQUE

PROBLÈME. — *Trois frères, respectivement âgés de 15 ans, 18 ans et 24 ans, se partagent un héritage de telle sorte que leurs parts sont inversement proportionnelles à leurs âges. Le plus jeune emploie la 100ᵉ partie de la somme qu'il a de plus que l'aîné à garnir d'une clôture le tour d'un jardin carré, ayant une superficie de 6320 mètres carrés 25 décimètres carrés; la clôture coûte 0ᶠ,90 le mètre courant.*
On demande la valeur totale de l'héritage.

Le côté du jardin carré est.... $\sqrt{6320,25}$ = 79ᵐ,50.
Le contour du jardin égale.... 79ᵐ,50 × 4 = 318 mètres.
Le prix de la clôture du jardin est 0ᶠ,90 × 318 = 286ᶠ,20.
La part du plus jeune surpasse donc celle de l'aîné de 28 620 fr.
Si l'on désigne par x la part de l'aîné, celle du cadet est $x + 28620$.
Or le rapport entre x et $x + 28620$ doit être égal au rapport des deux âges pris en sens inverse, c'est-à-dire au rapport de 15 à 24.
On a donc la proportion :

$$\frac{x}{x+28620} = \frac{15}{24} \quad \text{ou} \quad \frac{x}{x+28620} = \frac{5}{8}.$$

On peut diminuer chaque dénominateur de son numérateur, ce qui ne détruit pas la proportion; on a ainsi :

$$\frac{x}{28620} = \frac{5}{3}.$$

De là on tire :

$$x = \frac{28620 \times 5}{3} = 9540 \times 5 = 47700 \text{ francs.}$$

La part de l'aîné est........................ 47 700 fr.
Celle du plus jeune la surpasse de............ 28 620 fr.
La part du plus jeune est donc................ 76 320 fr.

Entre la part y du 2ᵉ et 47 700 francs, part de l'aîné, il doit y avoir le même rapport qu'entre leurs deux âges pris en sens inverse, c'est-à-dire le même rapport qu'entre 24 et 18.

378 BREVET SUPÉRIEUR.

On a donc la proportion :

$$\frac{y}{47\,700} = \frac{24}{18} \text{ ou } \frac{y}{47\,700} = \frac{4}{3}.$$

De là on tire :

$$y = \frac{47\,700 \times 4}{3} = 15\,900 \times 4 = 63\,600 \text{ francs}.$$

Réponse. — Part de l'aîné.................... 47 700 francs.
Part du second.................... 63 600 fr.
Part du cadet.................... 76 320 fr.
Héritage total............. 187 620 fr.

CXXII. — DÉPᵀ D'ILLE-ET-VILAINE (Octobre).

CHIMIE

Le soufre et ses principaux acides.

ARITHMÉTIQUE

PROBLÈME. — *On a fait enclore d'un mur, ayant $3^m,15$ de hauteur et $0^m,32$ de largeur, un terrain carré, dont la superficie à l'intérieur de la clôture est de 71 ares 40 centiares et 1 quart de centiare. Le prix du mètre cube de maçonnerie est de $8^f,75$.*

Après avoir obtenu un rabais de 3 % sur le prix de revient de la construction, le propriétaire solde la dépense en donnant $561^f,15$ plus une somme qui était placée chez un banquier depuis 3 ans à intérêts composés au taux de 5 %. Quelle était la somme placée?

En mètres carrés, le terrain a $7140^{mq},25$.
La longueur du côté égale............ $\sqrt{7140,25} = 84^m,50$.
En raison de l'épaisseur du mur, qui est de $0^m,32$, la longueur de deux murs opposés est pour chacun

$$84^m,50 + 0^m,32 \times 2 = 85^m,14.$$

Les deux autres, compris entre les deux premiers, ont $84^m,50$.
Les quatre murs font donc un mur unique ayant pour longueur :

$$85^m,14 \times 2 + 84^m,50 \times 2 = 339^m,28.$$

Le volume de ce mur en mètres cubes est :

$339,28 \times 3,15 \times 0,32 = 341^{mc},99424$ ou 342 mètres cubes.
Le prix de la maçonnerie est.... $8^f,75 \times 342 = 2992^f,50$.

ASPIRANTES. 379

A raison de 0ᶠ,03 par franc, le rabais obtenu égale
$$0^f,03 \times 2992,5 = 89^f,775.$$
La somme déboursée est donc
$$2992^f,50 - 89^f,77 = 2902^f,73.$$
La somme prise chez le banquier est égale à
$$2902^f,73 - 561^f,15 = 2341^f,58.$$
Cette somme comprend le capital placé plus ses intérêts composés à 5 % pour 3 ans.

Or, les valeurs de 1 franc à intérêts composés à 5 % sont :
au bout de 1 an 1,05 ; au bout de 2 ans $1,05^2$ ou 1,1025 ;
au bout de 3 ans $1,05^3$ ou 1,157625.

Autant de fois cette valeur de 1 franc est contenue dans 2341ᶠ,58, autant il y avait de francs dans le capital placé.

Ce capital était.......... 2341,58 : 1,157625 = 2022ᶠ,744.

Réponse. — On avait placé 2022ᶠ,75.

OBSERVATION. — La division à effectuer ici est un peu longue. Ce serait le cas d'employer la méthode connue sous le nom de *division abrégée*[1].

CXXIII. — DÉPARTEMENT DU CANTAL (Octobre).

HISTOIRE NATURELLE

De l'œil chez l'homme. Description ; mécanisme de la vision. Myopie et presbytisme.

ARITHMÉTIQUE

PROBLÈME. — *Un propriétaire possède un champ carré d'une superficie égale à 8 hectares 76 ares 16 centiares. Il fait creuser tout autour et sur ce champ un fossé à pic ayant 1ᵐ,30 de largeur et 1ᵐ,40 de profondeur.*

Calculer : 1° le côté du champ avant le creusement du fossé ; 2° le côté du champ réduit après le creusement ; 3° la surface du champ réduit ; 4° la capacité du fossé creusé ; 5° le nombre de mètres cubes de terre meuble que l'on retirera de la terre tassée qui remplissait le

---

1. On trouvera cette méthode au chapitre des *Approximations numériques*, dans notre *Cours d'arithmétique pour l'enseignement spécial.* Volume de 2ᵉ et 6ᵉ année.

fossé, le mètre cube de terre tassée donnant 1 mètre cube 350 décimètres cubes de terre meuble ; 6° l'exhaussement que subira le terrain enclos par le fossé, si l'on répand uniformément sur ce terrain la terre extraite du fossé.

1° La surface du champ carré est de 87 616 mètres carrés.

La longueur du côté égale donc... $\sqrt{87\,616} = 296$ mètres.

2° Par le creusement du fossé, la longueur du côté du champ est réduite de $1^m,30$ à chaque bout, c'est-à-dire de $2^m,60$.

La longueur du champ après le creusement du fossé est donc
$$296^m - 2^m,60 = 293^m,40.$$

3° La surface du champ circonscrit par le fossé est égale à
$$293,4 \times 293,4 = 86\,083^{mq},56,$$
ce qui fait.............. 8 hectares 60 ares 83 centiares.

4° La capacité totale du fossé comprend :
deux fossés opposés ayant chacun 296 mètres ;
deux fossés placés entre les deux autres et ayant chacun $293^m,4$.

Le total revient à un fossé unique ayant une longueur égale à
$$296^m \times 2 + 293^m,4 \times 2 = 592^m + 586^m,8 = 1178^m,8.$$

La largeur a $1^m,30$; la profondeur a $1^m,40$.

La capacité du fossé est donc :
$$1178,8 \times 1,3 \times 1,4 = 2145^{mc},416.$$
c'est-à-dire 2145 mètres cubes.

5° Le nombre de mètres cubes de terre meuble provenant de la terre tirée du fossé est :
$$1^{mc},35 \times 2145,416 = 2896^{mc},311.$$

6° Le champ carré compris entre les fossés a $86\,083^{mq},56$.

Le volume de la terre meuble qu'on y répand est de $2896^{mc},311$.

L'épaisseur de la couche de terre meuble sera :
$$\frac{2896,311}{86\,083,56} = \frac{289\,631,1}{8\,608\,356} = 0^m,033.$$
c'est-à-dire 3 centimètres.

CXXIV. — DÉPARTEMENT DE L'ISÈRE (Juillet).

SCIENCES NATURELLES

La germination.

ARITHMÉTIQUE

PROBLÈME. — *Deux substances ont des densités exprimées par $\frac{4}{15}$ et $\frac{11}{10}$. Quels poids faut-il prendre de chacune pour avoir un mélange du poids de 125 kilogrammes avec une densité exprimée par $\frac{5}{6}$?*

ASPIRANTES.

1° Pour abréger, désignons par m le mélange demandé; par a la 1re des deux substances; par b la seconde.

Les trois fractions étant réduites au même dénominateur, les densités sont exprimées :

celle de a par $\frac{8}{30}$; celle de b par $\frac{33}{30}$; celle de m par $\frac{25}{30}$.

Le mélange m doit peser 125 000 grammes.
En divisant ce poids par sa densité, on aura son volume.
Le volume de m est donc en centimètres cubes :

$$125\,000 : \frac{25}{30} = \frac{125\,000 \times 30}{25} = 150\,000 \text{ centimètres cubes.}$$

2° Le centimètre cube de chaque substance et du mélange pèse :

pour a $\frac{8}{30}$ de gr.; pour b $\frac{33}{30}$ de gr.; pour m $\frac{25}{30}$ de gramme.

Si on met dans le mélange 1 centimètre cube de a, il manque

$$\frac{25}{30} - \frac{8}{30} = \frac{17}{30} \text{ de gramme.}$$

Quand on y met 1 centimètre cube de b, il y a en trop

$$\frac{33}{30} - \frac{25}{30} = \frac{8}{30} \text{ de gramme.}$$

D'après ces différences, on devra mêler ensemble :
8 centimètres cubes de a pour 17 centimètres cubes de b.

En effet, dans les 8 centimètres cubes de a, il manque 8 fois $\frac{17}{30}$ de gramme, c'est-à-dire $\frac{17 \times 8}{30}$ de gramme.

Dans les 17 centimètres cubes de b, il y a en trop 17 fois $\frac{8}{30}$ de gramme, c'est-à-dire $\frac{17 \times 8}{30}$ de gramme.

Ces deux poids, étant égaux, sont compensés l'un par l'autre.

3° Le mélange demandé m doit avoir 150 000 centimètres cubes.
Or 8 centimètres cubes de a plus 17 centimètres cubes de b font un mélange de 25 centimètres cubes.
Mais 25 centim. cubes sont 6000 fois dans 150 000 centim. cubes.
On prendra donc pour faire le mélange demandé :
6000 fois 8 centimètres cubes, ou 48 000 centimètres cubes de a;
6000 fois 17 centimètres cubes ou 102 000 centimètres cubes de b.
Pour faire un mélange de 125 kilogrammes on prendra :

$$\frac{8}{30} \times 48\,000 = 12\,800 \text{ gr. de } a;$$

$$\frac{33}{30} \times 102\,000 = 112\,200 \text{ gr. de } b.$$

Réponse. — De la 1re on prendra 12 800 grammes; de la seconde 112 200 grammes.

CXXV. — DÉPARTEMENT DE SEINE-ET-OISE (Octobre).

SCIENCES NATURELLES

Caractères distinctifs des poissons. — En quoi les cétacés diffèrent-ils des poissons ?

ARITHMÉTIQUE

PROBLÈME. — *Un corps solide, dont la densité est 2,17, pèse 525 grammes ; on l'attache à un fil et on le suspend au plateau d'une balance. Quel poids faudra-t-il mettre dans l'autre plateau pour maintenir la balance en équilibre : 1° si le corps est plongé dans l'eau ; 2° si le corps est plongé dans un liquide dont la densité est 0,79 ?*

Le poids d'un centimètre cube de ce corps est $2^{gr},17$.
Le volume du corps en centimètres cubes est donc :
$$\frac{525}{2,17} = \frac{52500}{217} = 241^{cmc},935.$$

1° D'après le principe d'Archimède, la perte de poids éprouvée par le corps suspendu dans l'eau est de $241^{gr},935$.
On mettra donc dans l'autre plateau pour établir l'équilibre
$$525^{gr} - 241^{gr},935 = 283^{gr},065.$$

2° Lorsque le corps est suspendu dans le liquide dont la densité est 0,79, le poids du volume du liquide déplacé est :
$$241^{gr},935 \times 0,79 = 191^{gr},128.$$
Le poids à mettre dans l'autre plateau pour l'équilibre sera alors
$$525^{gr} - 191^{gr},128 = 333^{gr},872.$$

Réponse. — Dans le 1er cas, on mettra $283^{gr},065$ sur le plateau ; dans le 2° cas, $333^{gr},872$.

PROBLÈME. — *Sur une route en ligne droite ABC sont trois courriers, qui la parcourent dans le même sens de A vers C. Ils partent en même temps : le 1er du point A, avec une vitesse de $1^m,25$ par seconde ; le 2° du point B, avec une vitesse de $0^m,80$; le troisième du point C, avec une vitesse de 1 mètre. Les distances AB et AC sont respectivement 1000 et 1600 mètres. On demande au bout de* *combien de temps le 1er courrier sera placé entre les autres, à égales distances de ces deux autres.*

```
A       B        C            B'       A'        C'
|———————|————————|————————————|————————|—————————|
```

Supposons les trois courriers arrivés le 1er en A', le 2e en B', le 3e en C', le point A' étant au milieu de la distance B' C' et prenons le centimètre pour unité.

Les vitesses par seconde sont :
pour le courrier A, 125 centimètres; pour le courrier B, 80 centimètres; pour le courrier C, 100 centimètres.

On a ainsi : AB = 100 000 centimètres; BC = 60 000 centimètres.

Soit x le nombre de secondes au bout duquel les trois courriers sont arrivés aux points A', B', C'.

Les distances parcourues sont :
au 1er AA' ou 125 x; au 2e BB' ou 80 x; au 3e CC' ou 100 x.

On a d'abord l'égalité :
$$AA' = AC + CB' + \frac{B'C'}{2},$$
ou
$$125\,x = 160\,000 + CB' + \frac{B'C'}{2}. \qquad (1)$$

Mais d'après la figure on a :
$$CB' = BB' - BC \quad \text{ou} \quad CB' = 80\,x - 60\,000. \qquad (2)$$

On a aussi :
$$B'C' = CC' - CB' \quad \text{ou} \quad B'C' = 100\,x - (80\,x - 60\,000),$$
ce qui donne, en effectuant la soustraction indiquée :
$$B'C' = 100\,x - 80\,x + 60\,000 \quad \text{ou} \quad B'C' = 20\,x + 60\,000.$$

De là on a :
$$\frac{B'C'}{2} = 10\,x + 30\,000. \qquad (3)$$

En remplaçant dans l'égalité (1) les termes CB' et $\frac{B'C'}{2}$ par leurs valeurs (2) et (3), on obtient :
$$125\,x = 160\,000 + 80\,x - 60\,000 + 10\,x + 30\,000,$$
ou
$$125\,x = 90\,x + 130\,000.$$

De là on tire :
$$125\,x - 90\,x = 130\,000,$$
$$35\,x = 130\,000,$$
$$x = \frac{130\,000}{35} = \frac{26\,000}{7} = 3714,2.$$

Réponse. — Les trois courriers arrivent à la position indiquée au bout de 3714 secondes, c'est-à-dire au bout de 1 heure 1 minute 54 secondes.

CXXVI. — DÉP^T DES BASSES-PYRÉNÉES (Octobre).

PHYSIQUE

Description, théorie et usages du siphon.

ARITHMÉTIQUE

PROBLÈME. — *On fond ensemble deux alliages d'or et de cuivre, ce qui donne un lingot d'or au titre des monnaies, représentant une somme de 35 805 francs. Calculer le titre de chacun de ces deux alliages, en sachant que le poids de l'un est les $\frac{2}{5}$ du poids de l'autre et que la différence de ces titres est 0,105.*

1° Le poids de 35 805 francs en argent est 35 805 : 5 = 7161 gr.
En or, le poids est seulement............ 7161 : 15,5 = 462 gr.
Pour avoir le poids de chaque alliage, il suffit de diviser 462 gr. en deux parties dont l'une soit les $\frac{2}{5}$ de l'autre.

Pour cela on divise 462 en 7 parties égales et on en prend 2 pour le poids du 1er alliage et 5 pour le poids du 2e.
La 7e partie de 462 grammes est 66 grammes.
Le poids du 1er est donc.......... 66 gr. × 2 = 132 grammes.
Le poids du 2e est............... 66 gr. × 5 = 330 grammes.

2° Pour plus de simplicité, désignons par x le nombre de *millièmes* exprimant le titre du 1er alliage; le titre du 2e sera $x + 105$.
Le titre du lingot obtenu est 900 millièmes.
Les poids d'or pur de ces deux alliages sont :
pour le 1er 132 × x; pour le 2e 330 × ($x + 105$).
On a donc l'équation :

$$132 x + 330 \times (x + 105) = 462 \times 900.$$

On en tire successivement :

$$132 x + 330 x + 34 650 = 415 800;$$
$$132 x + 330 x = 415 800 - 34 650;$$
$$462 x = 381 150;$$
$$x = 381 150 : 462 = 825.$$

Réponse. — Le titre de l'alliage de 132 gr. est 0,825.
Le titre de l'alliage de 330 grammes est 0,930.

ASPIRANTES.

CXXVII. — DÉPᵗ DE MEURTHE-ET-MOSELLE (Octobre).

PHYSIQUE.

Dilatation des solides, des liquides et des gaz. Faire connaître les principales applications.

ARITHMÉTIQUE.

PROBLÈME. — *Deux lingots d'or, l'un au titre de 0,850 et l'autre au titre de 0,920 ont des poids tels que, si on les fond ensemble, on obtient un lingot au titre de 0,900 et pesant autant que 1085 pièces de 20 francs. Calculer les poids des deux lingots.*

D'abord 1085 pièces de 20 francs font 21700 francs.
Cette somme pèse en argent.................... $5^{gr} \times 21\,700$;

en or $\dfrac{5 \times 21\,700}{15,5} = \dfrac{217\,000}{31} = 7000$ grammes.

Cherchons dans quelle proportion le mélange des deux lingots a été fait pour composer le 3ᵉ.
Les poids d'or pur contenus dans 1 gramme de chacun sont :
dans le 1ᵉʳ $0^{gr},85$; dans le 2ᵉ $0^{gr},92$; dans le 3ᵉ $0^{gr},90$.
Quand on a mis dans le mélange 1 gramme du 1ᵉʳ, il manquait un poids d'or pur égal à............ $90 - 85 = 5$ centigrammes.
Quand on y a mis 1 gramme du 2ᵉ, il y avait en trop un poids d'or pur égal à.............. $92 - 90 = 2$ centigrammes.
D'après ces différences, on a dû mettre dans le mélange :
2 grammes du 1ᵉʳ avec 5 grammes du 2ᵉ.
En effet avec 2 grammes du 1ᵉʳ, le poids d'or pur manquant était :
2 fois 5 centigrammes, c'est-à-dire 10 centigrammes.
Avec 5 grammes du 2ᵉ le poids d'or pur en trop était :
5 fois 2 centigrammes, c'est-à-dire 10 centigrammes.
Or 2 gr. du 1ᵉʳ et 5 gr. du 2ᵉ font un total de 7 grammes.
Ainsi les poids des deux lingots donnés sont :

le 1ᵉʳ $\dfrac{2}{7}$ du 3ᵉ ; le 2ᵉ $\dfrac{5}{7}$ du 3ᵉ.

Réponse. — On trouve pour les poids demandés :
1ᵉʳ lingot, 2 septièmes de 7000 gr., c'est-à-dire 2000 grammes.
2ᵉ lingot, 5 septièmes de 7000 gr., c'est-à-dire 5000 grammes.

NOTA. — Ce problème se trouve textuellement au n° 410 dans le 1ᵉʳ volume de notre *Arithmétique appliquée.*

BOVIER-LAPIERRE.

CXXVIII. — DÉPARTEMENT DE LA LOZÈRE (Octobre).

SCIENCES NATURELLES.

Organes de la respiration chez l'homme. Phénomènes chimiques qui se rapportent à cette fonction.

ARITHMÉTIQUE.

PROBLÈME. — *On a une somme de 9700 francs, formée de pièces de 10 francs en or et de pièces de 5 francs en argent, le nombre des pièces de 10 francs étant à celui des pièces de 5 francs dans le rapport de 27 à 43. On fond toutes ces pièces en un seul lingot en y ajoutant $271^{gr},63$ de cuivre.*

Trouver combien 1000 parties de cet alliage contiennent de parties d'or, d'argent et de cuivre.

Supposons qu'il y ait 27 pièces de 10 francs.
Il y aura en ce cas 43 pièces de 5 francs.
Les 27 pièces de 10 francs valent.................... 270 fr.
Les 43 pièces de 5 francs valent......... $5^f \times 43 =$ 215 fr.
                                                 Total...... 485 fr.
Autant de fois il y a 485 francs dans 9700 francs, autant il y a de fois 27 pièces de 10 francs et autant de fois 43 pièces de 5 francs.
Ce nombre de fois est.............. $9700 : 485 = 20$.
Le nombre des pièces de chaque espèce est donc :
  en pièces de 10 francs.................. $27 \times 20 = 540$;
  en pièces de 5 francs.................. $43 \times 20 = 860$.
Les poids de ces deux nombres de pièces sont :
pour les pièces d'argent.......... $25^{gr} \times 860 = 21500$ gr.
pour les pièces d'or $\dfrac{25^{gr} \times 540}{15,5} = \dfrac{54000}{31} = 1741^{gr},93$.
Le poids de cuivre ajouté est.............. $271^{gr},63$.
                Le poids total de l'alliage est....... $23513^{gr},56$.
Les poids d'or et d'argent qui entrent dans l'alliage sont :
en or............................. $1741^{gr},93 \times 0,9 = 1567^{gr},737$;
en argent..................... $21500^{gr} \times 0,9 = 19350^{gr},000$.
Le poids du cuivre comprend :
  le cuivre des pièces d'or................. $174^{gr},193$;
  le cuivre des pièces d'argent............. $2150^{gr},000$;
  le cuivre ajouté......................... $271^{gr},630$.
            Poids total du cuivre.......... $2595^{gr},823$.

Dans 23513^{gr},56 de l'alliage il y a :
en or .... 1567^{gr},737 ;
en argent................................. 19350^{gr},000 ;
en cuivre .... 2595^{gr},823.

Réponse. — Dans 1000 grammes de cet alliage, il y aura :
en or .... 1567737 : 23513,56 = 66^{gr},67 ;
en argent .... 19350000 : 23513,56 = 822^{gr},93 ;
en cuivre .... 2595823 : 23513,56 = 110^{gr},40.

CXXIX. — DÉPARTEMENT DE SEINE-ET-OISE (Juillet).

SCIENCES NATURELLES.

Fonction de la respiration et appareil respiratoire chez l'homme.

ARITHMÉTIQUE.

1° THÉORIE. — *Qu'appelle-t-on rapport de deux nombres ? Après avoir donné la définition du rapport, tirez-en la définition du titre en général.*

Appliquez cette dernière définition au cas particulier d'un lingot composé de 18 gr. d'or, 22 gr. d'argent et 10 gr. de cuivre[1].

2° PROBLÈME. — *On fond ensemble une pièce française de 100 francs en or, un souverain, pièce anglaise pesant 7^{gr},988 ; un poids d'or pur de 28^{gr},644 et un poids de cuivre de 6^{gr},11. On obtient ainsi un lingot qui est au titre de $\frac{13}{15}$. Trouver quel était le titre du souverain.*

Cherchons d'abord le poids total du lingot d'or ainsi formé.
Une somme de 100 francs en argent pèse 500 grammes.
En or le poids est 15 fois et demie moindre c'est-à-dire
$$\frac{500}{15,5} = \frac{5000}{155} = \frac{1000}{31} = 32^{gr},258.$$
Le poids du lingot comprend :
le poids de la pièce de 100 francs .... 32^{gr},258 ;
le poids du souverain .... 7^{gr},988 ;
un poids d'or fin égal à .... 28^{gr},644 ;
un poids de cuivre égal à .... 6^{gr},110.

Poids du lingot... 75^{gr},000.

---

1. Pour toute réponse nous ferons remarquer que cette dernière question est inintelligible.

Le poids d'or fin contenu dans la pièce de 100 francs est 0,9 de $32^{gr},258$, c'est-à-dire........ $32^{gr},258 \times 0,9 = 29^{gr},0322$.
Ajoutons le poids d'or fin................ $28^{gr},644$.
                                    Total... $57^{gr},6762$.
Il reste à y ajouter le poids d'or fin contenu dans le souverain.
Désignons par x le nombre de millièmes qui représente le titre de cette pièce, ce qui s'écrira ainsi : $\dfrac{x}{1000}$.

Le poids d'or fin du souverain sera en grammes :
$$7,988 \times \dfrac{x}{1000}.$$
Le poids d'or fin contenu dans le lingot est donc :
$$57^{gr},6762 + \dfrac{7^{gr},988 \times x}{1000},$$
ou
$$57,6762 + 0,007988 \times x.$$
Or le rapport entre ce poids et le poids total du lingot doit être égal à la fraction
$$\dfrac{13}{15}.$$
On peut donc écrire l'équation :
$$\dfrac{57,6762 + 0,007988 \times x}{75} = \dfrac{13}{15}.$$
En multipliant les deux membres par 75 et par 1 000 000, on a
$$57\,676\,200 + 7988\,x = 65\,000\,000.$$
De là on tire :
$$7988\,x = 65\,000\,000 - 57\,676\,200;$$
$$7988\,x = 7\,323\,800;$$
$$x = 7\,323\,800 : 7988 = 916.$$

Réponse. — Le titre du souverain est 916 millièmes.

CXXX. — DÉPARTEMENT DE VAUCLUSE (Octobre.)

PHYSIQUE.

La pompe aspirante et la pompe foulante.

ARITHMÉTIQUE.

PROBLÈME. — *On place un capital inconnu à un taux inconnu. Ce capital, retiré au bout de 1 an, augmenté de 1000 francs et placé à 1 % de plus, a produit un revenu annuel supérieur de 80 fr. au revenu précédent.*

ASPIRANTES.

Un an après, on retire de nouveau le capital; on y joint 500 francs et on le place de nouveau à 1 % de plus que la 2ᵉ année. Le revenu annuel augmente encore de 70 francs.

Trouver le capital primitif, le 1ᵉʳ taux et les revenus annuels successifs. Vérifier si les diverses conditions du problème sont remplies.

Pour plus de simplicité, désignons le capital par c et le taux par t.

L'intérêt produit par ce capital c au taux t au bout de la 1ʳᵉ année est, d'après la règle générale :

$$\frac{c \times t}{100} \text{ ou } \frac{c\,t}{100}.$$

Le capital dans la 2ᵉ année est $(c + 1000)$; le taux $(t + 1)$.
L'intérêt produit pendant cette 2ᵉ année est :

$$\frac{(c + 1000) \times (t + 1)}{100}.$$

Cet intérêt surpasse de 80 francs celui de la 1ʳᵉ année; on a donc l'équation :

$$\frac{(c + 1000) \times (t + 1)}{100} = \frac{c\,t}{100} + 80. \qquad (1)$$

Le capital dans la 3ᵉ année est $(c + 1500)$; le taux $(t + 2)$.
L'intérêt produit pendant la 3ᵉ année est :

$$\frac{(c + 1500) \times (t + 2)}{100}.$$

Cet intérêt surpasse de 70 francs celui de la 2ᵉ année; on a donc cette autre équation :

$$\frac{(c + 1500) \times (t + 2)}{100} = \frac{c\,t}{100} + 150. \qquad (2)$$

En multipliant les deux membres des équations (1) et (2) par 100, et en effectuant la multiplication dans le 1ᵉʳ membre, on obtient :

$$\left.\begin{array}{l} c\,t + 1000\,t + c + 1000 = c\,t + 8000, \\ c\,t + 1500\,t + 2c + 3000 = c\,t + 15000; \end{array}\right\} \qquad (3)$$

puis par une nouvelle simplification :

$$\left.\begin{array}{l} 1000\,t + c = 7000, \\ 1500\,t + 2c = 12000; \end{array}\right\} \qquad (4)$$

et enfin en divisant les termes de la 2ᵉ par 2,

$$\left.\begin{array}{l} 1000\,t + c = 7000, \\ 750\,t + c = 6000. \end{array}\right\} \qquad (5)$$

En retranchant la 2ᵉ de la 1ʳᵉ membre à membre, on trouve

$$250\,t = 1000,$$

d'où l'on tire

$$t = 1000 : 250 = 4.$$

Ainsi le taux du placement pendant la 1ʳᵉ année était 4 %.

Pour avoir le capital c, il suffit de remplacer t par 4 dans l'une des équations (5).

Avec la 1re on obtient : $\quad 4000 + c = 7000;$
d'où l'on tire $\quad c = 3000.$

Réponse. — Le capital placé la 1re année était de 3000 francs au taux de 4 %.

CXXXI. — DÉPARTEMENT DES DEUX-SÈVRES (Octobre).

PHYSIQUE.

Lentilles. — *Définition. Leurs propriétés établies expérimentalement.*

MATHÉMATIQUES.

PROBLÈME. — *Un dé à coudre a la forme d'un cylindre surmonté d'un hémisphère. La hauteur du cylindre est triple du rayon de l'hémisphère. Trouver ce rayon, si 2 grammes et demi d'eau pure remplissent le dé.*

Le volume de 2^{gr},50 d'eau pure en centimètres cubes est 2^{cc},5.
Soit r le rayon de l'hémisphère, qui est aussi celui du cylindre.
La surface du cercle qui servirait de base à ce cylindre est πr^2 ; la hauteur du cylindre est $3r$.
Le volume du cylindre est donc .... $\pi r^2 \times 3r$ ou $3\pi r^3$.

Le volume de l'hémisphère est $\dfrac{2}{3}\pi r^3$.

Le volume intérieur du dé est donc :
$$3\pi r^3 + \frac{2}{3}\pi r^3 \text{ c.-à-d. } \frac{11\pi r^3}{3}.$$

On a par conséquent l'équation :
$$\frac{11\pi r^3}{3} = 2,5.$$

De là on tire successivement :
$$r^3 = \frac{2,5 \times 3}{11 \times 3,1416} = \frac{25}{11 \times 10,472} = \frac{25000}{115192} = 0,217;$$
$$r = \sqrt[3]{0,217} = 0,6.$$

Réponse. — Le rayon est égal à 6 millimètres.

CXXXII. — ORAN (Juin).

PHYSIQUE.

Décrire une pile. Constater l'existence d'un courant électrique et son sens. Applications des électro-aimants.

ARITHMÉTIQUE.

PROBLÈME. — *On a un lingot en or pesant 1250 grammes, au titre de 0,740. On le fond avec un autre lingot au titre de 0,900, et l'alliage se trouve porté au titre de 0,845. On ajoute l'or nécessaire pour avoir le titre des monnaies (0,900) et on convertit le tout en pièces de 20 francs.*
On demande le nombre de pièces qu'on obtiendra ainsi.

Le titre du 1ᵉʳ lingot est 0,740 et son poids 1250 grammes.
Le titre du 2ᵉ lingot est 0,900 ; soit x son poids.
Le poids total obtenu par la fusion de ces deux lingots est $1250 + x$.
Le poids d'or fin contenu dans ce nouveau lingot comprend :
l'or fin du 1ᵉʳ, c.-à-d. $1250^{gr} \times 0,74 = 925$ gr.

l'or fin du 2ᵉ, c.-à-d. $x \times \dfrac{9}{10} = \dfrac{9x}{10}$ gr.

$$\text{Total}\ldots\ldots 925 + \dfrac{9x}{10} \text{ ou } \dfrac{9250 + 9x}{10}.$$

Le quotient de ce poids d'or fin par le poids total du lingot doit être égal à 0,845.
On peut donc écrire cette égalité :

$$\dfrac{9250 + 9x}{10} : (1250 + x) = \dfrac{845}{1000},$$

ou

$$\dfrac{9250 + 9x}{1250 + x} = \dfrac{845}{100}.$$

En réduisant les deux fractions au même dénominateur et en supprimant ce dénominateur commun, on obtient :
$$925\,000 + 900\,x = 1\,056\,250 + 845\,x.$$
De là on tire :
$$900\,x - 845\,x = 1\,056\,250 - 925\,000 ;$$
$$55\,x = 131\,250 ;$$
$$x = 131\,250 : 55 = 2386^{gr},363.$$

Le poids du 1ᵉʳ lingot était........ $1250^{gr},000$.
Poids total des deux lingots..... $3636^{gr},363.$

2° On a maintenant à résoudre cette autre question :

Un lingot d'or pesant 3636^{gr},363 est au titre de 0,845 ; quel poids d'or fin faut-il lui ajouter pour avoir un lingot au titre de 0,900 ?

Le poids du cuivre restant le même, calculons ce poids.

La différence entre 0,845 et 1,000 est 0,155.

Le poids du cuivre est égal à
$$3636^{gr},363 \times 0,155 = 563^{gr},636265.$$

Or, dans le nouveau lingot qui doit être au titre de 0,9, ce poids de cuivre est la 10° partie du poids total.

Le poids total de ce lingot sera donc....... 5636^{gr},362.
Or le poids du lingot donné est............ 3636^{gr},345.
La différence égale......... 2000^{gr},017.

Le poids d'or fin à ajouter est de 2000 grammes.

3° Une somme de 20 francs en argent pèse 100 grammes.

Une pièce d'or de 20 fr. pèse 15 fois et demie moins, ou
$$\frac{100}{15,5} = \frac{1000}{155} = \frac{200}{31} \text{ de gramme.}$$

Autant de fois ce poids est contenu dans 5636^{gr},362 autant on aura de pièces de 20 francs.

Ce nombre de pièces sera
$$5636,362 : \frac{200}{31} = \frac{5636,362 \times 31}{200} = 873,63.$$

Réponse. — On obtiendra 873 pièces de 20 francs, avec un reste équivalent aux 63 centièmes du poids d'une pièce.

CXXXIII. — DÉPARTEMENT DU GERS (Octobre).

SCIENCES NATURELLES.

Structure, division et rôle des feuilles.

ARITHMÉTIQUE.

PROBLÈME. — *Une somme d'argent est composée de pièces de 5 francs. On les fond et on ajoute la quantité de cuivre nécessaire pour obtenir un alliage qui puisse servir à la fabrication des pièces de 1 franc. A la suite de cette opération la somme obtenue se trouve augmentée de* 99^f,251.

On demande quelle était la somme primitive.

Opérons sur une pièce de 5 francs. Elle pèse 25 grammes.
Le poids d'argent pur qu'elle contient est 9 dixièmes de 25 grammes, c'est-à-dire............................ $25^{gr} \times 0,9 = 22^{gr},5$.
Ce poids d'argent doit être augmenté du cuivre nécessaire pour en faire un petit lingot au titre de 0,835.
Donc les 0,835 du poids de ce petit lingot sont $22^{gr},5$.
La 1000° partie du poids du petit lingot serait $22^{gr},5 : 835$.
Le poids de ce lingot devra être en grammes :
$$\frac{22^{gr},5 \times 1000}{835} = \frac{22\,500}{835} = \frac{4500}{167}.$$
Il vaudra autant de francs qu'il y a de fois 5 grammes dans ce poids ; sa valeur est donc en francs :
$$\frac{4500}{167} : 5 = \frac{900}{167}.$$
La différence entre $\frac{900}{167}$ de franc et 5 francs sera l'augmentation de valeur obtenue sur une pièce de 5 francs.
Cette augmentation égale :
$$\frac{900}{167} - 5 = \frac{900}{167} - \frac{835}{167} = \frac{65}{167} \text{ de franc.}$$
Autant de fois cette augmentation est contenue dans l'augmentation donnée $99^f,251$, autant il y avait de pièces de 5 francs dans la somme primitive.
Le nombre de ces pièces était :
$$99,251 : \frac{65}{167} = \frac{99,251 \times 167}{65} = \frac{16\,574,917}{65} = 255.$$

Réponse. — La somme primitive était 1275 francs.

CXXXIV. — DÉPARTEMENT DU TARN (Juillet).

SCIENCES PHYSIQUES.

De la galvanoplastie. Son but. Principe sur lequel elle repose. Détail des opérations qu'elle comporte.

ARITHMÉTIQUE.

PROBLÈME. — *On a un lingot d'argent au titre de 0,825. On y ajoute 2000 grammes d'argent pur et on obtient ainsi un lingot au titre de 0,850. On demande quel était le poids du premier lingot.*

Désignons par x le nombre de grammes du poids du lingot donné. Le poids du nouveau lingot sera :

$$x + 2000.$$

Son titre étant 0,850, le poids d'argent pur qu'il contient est :

$(x + 2000) \times 0,850$ c'est-à-dire $x \times 0,850 + 1700.$

D'un autre côté, le lingot donné étant au titre de 0,825, son poids d'argent pur est :

$$x \times 0,825.$$

On peut donc écrire :

$$x \times 0,850 + 1700 = x \times 0,825 + 2000.$$

De là on tire :

$$x \times 0,850 - x \times 0,825 = 2000 - 1700 ;$$
$$x \times 0,025 = 300 ;$$
$$x = 300\,000 : 25 = 12\,000.$$

Réponse. — Le lingot donné pesait 12 000 grammes.

CXXXV. — DÉPARTEMENT DES HAUTES-PYRÉNÉES (Juillet).

SCIENCES NATURELLES.

Organe de l'ouïe chez l'homme. Production et propagation du son dans l'air. Mécanisme de l'audition.

ARITHMÉTIQUE.

PROBLÈME. — *Un homme a placé à intérêt simple deux sommes, l'une en argent et l'autre en or ; la 1re à 6 % et la 2e à $4\frac{1}{2}$ %. Trouver ces deux sommes, en sachant qu'elles ont le même poids et que la différence de leurs intérêts au bout d'un an est de 2868^f,75.*

Soit x le nombre de francs de la somme en argent.
La somme en or de même poids vaudra........ $x \times 15,5.$
Les intérêts de ces deux sommes sont :

pour la 1re........................ $\dfrac{6\,x}{100}$;

pour la 2^e $\dfrac{x \times 15,5 \times 4,5}{100}$ ou $\dfrac{x \times 69,75}{100}.$

On a donc d'après l'énoncé :

$$\dfrac{x \times 69,75}{100} - \dfrac{6\,x}{100} = 2868,75.$$

ASPIRANTES. 395

De là on tire :
$$x \times 63,75 = 286\,875;$$
$$x = \frac{286\,875}{63,75} = \frac{28\,687\,500}{6375} = 4500 \text{ francs.}$$

La somme en or est :
$$4500^{\text{f}} \times 15,5 = 69\,750 \text{ francs.}$$

Réponse. — Les deux sommes de même poids valent, la somme en argent 4500 francs, la somme en or 69 750 francs.

CXXXVI. — DÉPARTEMENT DE LA VENDÉE (Juillet).

PHYSIQUE.

Lois de la réflexion de la lumière. Applications aux miroirs plans.

ARITHMÉTIQUE.

1° *Une fraction dont les deux termes sont premiers entre eux ne peut pas se réduire. Pourquoi ?*

2° PROBLÈME. — *On transforme 7432 pièces de 5 francs en pièces de 1 franc. Le prix du cuivre est de* $2^{\text{f}},25$ *le kilogramme, la main-d'œuvre revient à* $1\frac{1}{4}$ °/₀ *de la valeur primitive des pièces transformées.*

Trouver : 1° *combien de pièces de 1 franc on pourra fabriquer ;* 2° *combien on aura gagné ou perdu par cette opération ?*

Les 7432 pièces de 5 francs valent $5^{\text{f}} \times 7432 = 37\,160$ francs.
Leur poids est .... $5^{\text{gr}} \times 37\,160 = 185\,800$ grammes.
Le poids d'argent pur qui s'y trouve égale :
$$185\,800 \times 0,9 = 167\,220 \text{ grammes.}$$
Le lingot formé par les pièces et le cuivre qu'il faut y ajouter doit être au titre de 0,835.
Ainsi 835 millièmes du poids de ce lingot sont 167 220 grammes.
La 1000ᵉ partie de ce poids serait .... 167 220 gr. : 835.
Le poids de ce lingot sera donc :
$$167\,220\,000 : 835 = 200\,263^{\text{gr}},47.$$
Le poids des pièces était .... $185\,800^{\text{gr}},00.$
Le poids du cuivre à ajouter sera .... $14\,463^{\text{gr}},47.$

La dépense comprend :
pour l'achat du cuivre....... : $2^f,25 \times 14,463 = 32^f,54$.
pour main-d'œuvre.......... $1^f,25 \times 371,6 = 464^f,50$.

Dépense totale....... $497^f,04$.

Le nombre de pièces de 1 franc qu'on fabriquera est :
$200263,47 : 5 = 40052^f,70$.
Otons la dépense....................... $497,04$.
La valeur ainsi obtenue est............. $39555^f,66$.
La valeur des pièces de 5 francs était....... $37160^f,00$.

Différence....... $2395^f,66$.

Réponse. — On obtiendra 40 052 pièces de 1 franc. L'opération donne un bénéfice de 2395 francs.

CXXXVII. — DÉPARTEMENT DU LOIRET (Juillet).

SCIENCES NATURELLES

Décrire sommairement l'appareil digestif chez l'homme. — Dire comment se produisent la transformation des aliments et l'absorption des aliments assimilables.

ARITHMÉTIQUE

1° *Démontrer que si un nombre est divisible séparément par deux nombres premiers entre eux, il est divisible par leur produit. Appliquer à la divisibilité par 36.*

2° PROBLÈME. — *Un lingot d'or pèse 600 grammes. Si on lui ajoute 20 grammes d'or pur, le nouveau lingot se trouve au titre de 0,910. Calculer le titre du 1ᵉʳ lingot.*

Soit p le poids d'or pur contenu dans le lingot de 600 grammes. Après l'addition de 20 grammes d'or pur, le nouveau lingot pèse 620 grammes et son poids d'or pur est $p + 20$.

Or son titre est 0,91.

Donc $p + 20 = 0,91$ de 620 grammes ou $564^{gr},20$.

Par suite $p = 564^{gr},20 - 20$ grammes, c'est-à-dire $544^{gr},20$.

Le titre du premier lingot est donc :
$$\frac{544,20}{600} = \frac{5,442}{6} = 0,907.$$

Réponse. — Le lingot était au titre de 0,907.

CXXXVIII. — DÉPARTEMENT DU GERS (Juillet).

PHYSIQUE

Baromètre. — Description et usages.

ARITHMÉTIQUE

PROBLÈME. — *Un train allant de Paris à Marseille passe à une gare M à $6^h\ 25^m$ du matin et parcourt 39 kilomètres en 2 heures. Un autre qui doit suivre la même voie part de Paris à $7^h\ 12^m$ et fait 97 kilomètres en 3 heures. La distance de Paris à la gare M étant de 21 kilomètres, on demande à quelle heure le 2e train atteindra le 1er et à quelle distance de Paris.*

Le 1ᵉʳ train par heure parcourt 39 demi-kilomètres.
Pour parcourir 21 kilomètres de Paris à la gare M, c'est-à-dire 42 demi-kilomètres, il a mis $\dfrac{42}{39}$ d'heure ou 1 heure 4 minutes.
Il était donc parti de Paris à
$$6^h\ 25^m - 1^h\ 4^m \text{ ou } 5^h\ 21^m.$$
Entre son départ et le départ du 2ᵉ train, le temps écoulé égale :
$$7^h\ 12^m - 5^h\ 21^m,$$
ou $\quad 6^h\ 72^m - 5^h\ 21^m = 1^h\ 51^m.$

Au moment où le 2ᵉ train part le 1ᵉʳ train est donc en avant d'un nombre de kilomètres égal à :
$$\frac{39}{2} \times 1\frac{51}{60} = \frac{39}{2} \times \frac{111}{60} = \frac{1443}{40} = 36 \text{ kilomètres.}$$

Or les deux trains par heure parcourent :
$$\text{le } 1^{er}\ \frac{39}{2}\ ;\ \text{le } 2^e\ \frac{97}{3}\ \text{de kilomètre.}$$

La différence entre ces deux fractions est :
$$\frac{194}{6} - \frac{117}{6} = \frac{77}{6} \text{ de kilomètre.}$$

Autant de fois il y a $\dfrac{77}{6}$ dans 36, autant il faudra d'heures au 2ᵉ train pour atteindre le 1ᵉʳ.

Ce nombre d'heures est donc :
$$36 : \frac{77}{6} = \frac{216}{77} = 2^h\ 48^m.$$

Or $2^h\ 48^m$ font en nombre décimal $2^h,8$.

BOVIER-LAPIERRE.

Le chemin parcouru par le 2ᵉ train pendant ce temps égale :
$$\frac{97}{3} \times 2,8 = \frac{271,6}{3} = 90^k,5.$$

Réponse. — Le 2ᵉ train atteindra le 1ᵉʳ à 90 kilomètres de Paris et à 10 heures.

CXXXIX. — DÉPARTEMENT DU DOUBS (Juillet).

PHYSIQUE ET CHIMIE

Production d'électricité par influence. Électrophore. — Oxyde de carbone.

ARITHMÉTIQUE

1° *Chercher le plus grand commun diviseur des deux deux nombres 864 et 486. Raisonnement.*

2° PROBLÈME. — *Partager 10 000 francs entre quatre personnes de manière que la part de la 1ʳᵉ soit les 0,9 de celle de la 2ᵉ, celle de la 2ᵉ les 0,8 de la 3ᵉ, celle de la 3ᵉ les 0,7 de celle de la 4ᵉ.*

Regardons la somme comme composée d'un certain nombre de parties égales et supposons que la 4ᵉ personne en reçoive... 1000.
La 3ᵉ aura les 0,7 de 1000 parties, c'est-à-dire... 700.
La 2ᵉ aura les 0,8 de 700 parties, c'est-à-dire... 560.
La 1ʳᵉ aura les 0,9 de 560 parties, c'est-à-dire... 504.
    Total............................. 2764 parties.
La 2764ᵉ partie de 10 000 francs est :
$$10\,000 : 2764 = 3^f,617\,945.$$
On donnera donc :
à la 4ᵉ personne........... $3^f,617\,945 \times 1000 = 3617^f,945$
à la 3ᵉ.................. $3^f,617\,945 \times 700 = 2532^f,561$
à la 2ᵉ.................. $3^f,617\,945 \times 560 = 2026^f,049$
à la 1ʳᵉ................. $3^f,617\,945 \times 504 = 1823^f,444$

Réponse. — La 1ʳᵉ aura 1823ᶠ,44 ; la 2ᵉ 2026ᶠ,05 ; la 3ᵉ 2532ᶠ,56 ; la 4ᵉ 3610ᶠ,95.

REMARQUE. — Comme la 2764ᵉ partie de 10 000 francs devait être multipliée par 10 000, on a dû la calculer avec six chiffres décimaux pour obtenir à moins de 1 centime près la part de chaque personne.

(Voir pour les approximations notre *Cours d'arithmétique pour l'enseignement primaire* degré supérieur, ou le volume de 2ᵉ et 6ᵉ année de notre *Cours d'arithmétique pour l'enseignement secondaire spécial*, dans lequel cette théorie est exposée d'une manière complète, en même temps que les procédés de la multiplication et de la division abrégées.)

CXL. — DÉPARTEMENT DE LA MARNE

SCIENCES NATURELLES

Feuilles. — *Structure; forme; disposition sur la tige; fonctions.*

ARITHMÉTIQUE

PROBLÈME. — *Un particulier partage son capital en trois parties, qui sont entre elles comme les fractions* $\frac{2}{3}, \frac{5}{6}, \frac{8}{9}$.

La 3ᵉ est placée à 4 %, et produit un intérêt annuel de 2400 francs. Quel est ce capital ?

D'abord la 3ᵉ partie vaut autant de fois 100 francs qu'il y a de fois 4 francs dans 2400 francs; ce nombre de fois est 600.
La 3ᵉ partie égale donc 60 000 francs.
Les trois fractions énoncées étant réduites au même dénominateur deviennent :

$$\frac{12}{18}, \frac{15}{18}, \frac{16}{18},$$

ou 12 dix-huitièmes; 15 dix-huitièmes; 16 dix-huitièmes.
La 1ʳᵉ partie du capital est donc $\frac{12}{15}$ ou $\frac{4}{5}$ ou 0,8 de la 2ᵉ.
La 2ᵉ est les $\frac{15}{16}$ de la 3ᵉ.

La 3ᵉ partie du capital égale............		60 000 francs.
La 2ᵉ vaut....	$\frac{60\,000 \times 15}{16} = 3750 \times 15 =$	56 250 fr.
La 1ʳᵉ vaut.............	$56\,250 \times 0,8 =$	45 000 fr.
Total..................		161 250 francs.

Réponse. — Le capital est de 161 250 francs.

CXLI. — DÉPARTEMENT DU CALVADOS (Juillet).

PHYSIQUE

De l'œil et de la vision. — Différentes espèces de vues. — Bésicles ou lunettes.

ARITHMÉTIQUE

Problème. — *Partager 9102 francs en deux parties telles que ces deux parties placées, la 1re à 3 % pendant 7 mois et la 2e à 4 % pendant 5 mois produisent le même intérêt.*

Représentons par x la partie placée à 3 % pendant 7 mois. L'autre partie placée à 4 % pendant 5 mois sera $9102 - x$.
D'après la règle ordinaire, les intérêts de ces deux parts sont :
pour la 1re $\dfrac{x \times 3}{100} \times \dfrac{7}{12}$; pour la 2^e $\dfrac{(9102 - x) \times 4}{100} \times \dfrac{5}{12}$.
Ces intérêts étant égaux, on peut écrire :
$$\frac{21\,x}{1200} = \frac{(9102 - x) \times 20}{1200}$$
et par suite
$$21\,x = 182\,040 - 20\,x.$$
De là on tire :
$$21\,x + 20\,x = 182\,040;$$
$$x = 182\,040 : 41,$$
$$x = 4440.$$
La 2e partie égale $9102^f - 4440^f$, c'est-à-dire 4662^f.

Réponse. — A 3 % pendant 7 mois il y avait 4440 francs ;
à 4 % pendant 5 mois.......... 4662 francs.

CXLII. — DÉPARTEMENT DE VAUCLUSE (Juillet).

CHIMIE

Le chlore. — Ses propriétés. — Sa préparation dans le laboratoire, dans l'industrie. — Ses usages.

ARITHMÉTIQUE

PROBLÈME. — *On a partagé un capital en trois parties telles que le rapport de la 1re à la 2e est égal au rapport de 1 à 3 et que le rapport de la 1re à la 3e est égal au rapport de 1 à 6.*

La 1re partie ayant été placée à 4 % pendant 1 an 3 mois, la 2e à 5 % pendant 2 ans, la 3e à 6 % pendant 1 an, ces intérêts réunis ont fait une somme de 7100 francs. Calculer le capital entier et les trois parties.

Soit a la 1re partie du capital; la 2e partie sera $3a$; la 3e partie $6a$.
Or 1 an et 3 mois font 5 fois le quart d'une année.
D'après la règle, les intérêts simples de ces trois parties seront :

pour la 1re $\quad \dfrac{a \times 4}{100} \times \dfrac{5}{4}$ ou $\dfrac{5a}{100}$;

pour la 2^e $\quad \dfrac{3a \times 5}{100} \times 2$ ou $\dfrac{30a}{100}$;

pour la 3^e $\quad \dfrac{6a \times 6}{100}$ ou $\dfrac{36a}{100}$.

On a donc :
$$\dfrac{5a}{100} + \dfrac{30a}{100} + \dfrac{36a}{100} = 7100,$$

ou ce qui est la même chose,
$$71a = 710\,000.$$

De là on tire :
$$a = 10\,000 \text{ fr.}$$

Réponse. — La 1re partie du capital est 10 000 francs.
La 2e .... 30 000 fr.
La 3e .... 60 000 fr.

Capital total .... 100 000 fr.

CXLIII. — DÉPARTEMENT DE LA MANCHE (Juillet).

SCIENCES NATURELLES

La feuille. — Sa structure. — Son rôle physiologique.

ARITHMÉTIQUE

PROBLÈME. — *Un capitaliste place une partie de sa fortune à 5 % et l'autre partie à 3 %. Il se fait ainsi un revenu de 1810 francs.*

Si les placements étaient intervertis il perdrait 180 francs par an. Quelle est sa fortune ?

(Voir pour la résolution un problème semblable à la page 355.)

Réponse. — Il y a 26 000 fr. à 5 % et 1700 fr. à 3 %.

CXLIV. — DÉPARTEMENT DES BOUCHES-DU-RHÔNE (Juillet).

CHIMIE

Corps gras. — *Leur composition chimique.* — *Leurs propriétés principales.* — *Bougies, savons.*

ARITHMÉTIQUE

PROBLÈME. — *Un banquier escompte trois billets : le 1er de 1100 francs payable dans 163 jours ; le 2e de 1082 francs payable dans 68 jours ; le 3e de 1075 francs. Il donne la même somme en échange de chacun des trois billets. Trouver le taux de l'escompte et l'échéance du 3e billet.*

1° Désignons par x le taux de l'escompte.
L'escompte des deux premiers billets est :

pour le 1er $\dfrac{1100\, x \times 163}{36\,000}$, c.-à-d. $\dfrac{179\,300\, x}{36\,000}$;

pour le 2e $\dfrac{1082\, x \times 68}{36\,000}$, c.-à-d. $\dfrac{73\,576\, x}{36\,000}$.

Après l'escompte les deux billets valent :

le 1er $1100 - \dfrac{179\,300\, x}{36\,000}$, c.-à-d. $\dfrac{39\,600\,000 - 179\,300\, x}{36\,000}$;

le 2e $1082 - \dfrac{73\,576\, x}{36\,000}$, c.-à-d. $\dfrac{38\,952\,000 - 73\,576\, x}{36\,000}$.

Ces deux valeurs étant égales et ayant le même dénominateur 36 000, leurs numérateurs sont égaux, ce qui donne :

$$39\,600\,000 - 179\,300\, x = 38\,952\,000 - 73\,576\, x.$$

De cette équation on tire :

$$39\,600\,000 - 38\,952\,000 = 179\,300\, x - 73\,576\, x ;$$
$$648\,000 = 105\,724\, x ;$$
$$x = \dfrac{648\,000}{105\,724} = 6,129.$$

Le taux était 6,13 %.

En effectuant les calculs, on trouve que l'escompte est :
pour le 1ᵉʳ billet 30ᶠ,50 ; pour le 2ᵉ 12ᶠ,50.

Les sommes payées pour les deux billets sont :
1ᵉʳ billet   1100ᶠ — 30ᶠ,50 = 1069ᶠ,50;
2ᵉ billet   1082ᶠ — 12ᶠ,50 = 1069ᶠ,50;

2° Maintenant soit y le nombre de jours de l'échéance du 3ᵉ billet de 1075 francs.

Son escompte sera :
$$\frac{1075 \times 6,13 \times y}{36\,000}, \text{ c.-à-d. } \frac{6589,75 \times y}{36\,000}.$$

Après l'escompte le billet vaut :
$$1075 - \frac{6589,75 \times y}{36\,000}, \text{ c.-à-d. } \frac{38\,700\,000 - 6589,75 \times y}{36\,000},$$

On a donc l'équation :
$$\frac{38\,700\,000 - 6589,75 \times y}{36\,000} = 1069,50.$$

En multipliant les deux membres par 36 000, on trouve :
$$38\,700\,000 - 6589,75 \times y = 38\,502\,000.$$

On a ensuite :
$$38\,700\,000 - 38\,502\,000 = 6589,75 \times y;$$
$$198\,000 = 6589,75 \times y;$$
$$y = \frac{19\,800\,000}{658\,975} = 30.$$

Réponse. — Le taux de l'escompte était 6,13 %.
L'échéance était à 30 jours.

CXLV. — DÉPᵀ DES ALPES-MARITIMES (Juillet).

HISTOIRE NATURELLE

Organes et phénomènes de la digestion chez l'homme.

MATHÉMATIQUES

PROBLÈME. — 1° *On a un terrain rectangulaire dont on peut faire un nombre exact de lots de 150, 120, 180 mètres carrés. La surface totale est inférieure à 20 ares.*

Trouver les dimensions de ce terrain, en sachant que sa longueur est double de sa largeur.

2° On a vendu ce terrain et on a placé au taux de

$4\frac{1}{2}$ % *le prix de vente. Au bout de 2 ans 4 mois, on a retiré, capital et intérêts simples compris, la somme de 23 868 francs. Quel est le prix de vente du mètre carré?*

1° Cherchons le plus petit multiple commun des trois nombres : 150; 120; 180. Pour cela on décompose les nombres en facteurs premiers; puis on fait le produit des facteurs obtenus, en écrivant chacun une fois avec son plus grand exposant.

On trouve d'abord :

$$150 = 2 \times 3 \times 5^2;$$
$$120 = 2^3 \times 3 \times 5;$$
$$180 = 2^2 \times 3^2 \times 5.$$

Le plus petit multiple de ces trois nombres est :

$$2^3 \times 3^2 \times 5^2 = 8 \times 9 \times 25 = 1800.$$

Ce nombre 1800 mètres carrés étant inférieur à 2000 mètres carrés représente la surface du champ.

2° Soit x la largeur; la longueur sera $2x$.
On aura donc :

$$x \times 2x = 1800;$$
$$x^2 = 900;$$
$$x = 30 \text{ mètres.}$$

La longueur a 60 mètres.

3° L'intérêt de 1 franc à 4,50 % serait :
pour 2 ans.................................... $0^f,045 \times 2 = 0^f,090$
pour 4 mois le tiers de $0^f,045$ c'est-à-dire............ $0^f,015$.
Pour 2 ans 4 mois l'intérêt est.................... $0^f,105$.

Ainsi au bout de 2 ans 4 mois 1 franc devient $1^f,105$.

Autant de fois il y a $1^f,105$ dans 23 868 francs, autant il y a de francs dans le prix de vente du terrain.

Le prix des 1800 mètres carrés du terrain égale :

$$\frac{23\,868}{1,105} = \frac{23\,868\,000}{1,105} = 21\,600 \text{ francs.}$$

Le prix du mètre carré est donc :

$$\frac{21\,600}{1800} = \frac{108}{9} = 12 \text{ francs.}$$

Réponse. — La surface du terrain est de 1800 mètres carrés.

La largeur a 30 mètres et la longueur 60 mètres.

Le mètre carré a été vendu 12 francs.

CXLVI. — DÉPARTEMENT DE LA CHARENTE-INFÉRIEURE (Juillet).

SCIENCES NATURELLES

Organe de l'ouïe. — Description. — Perception des sons.

ARITHMÉTIQUE

PROBLÈME. — 1° *Un marchand achète* 630 *hectolitres de blé de trois qualités différentes. Le nombre d'hectolitres de la* 1re *qualité est les* $\frac{3}{4}$ *de celui de la* 2e *et le nombre d'hectolitres de la* 3e *est la moyenne arithmétique de ceux de la* 1re *et de la* 2e. *Combien d'hectolitres de chaque qualité a-t-il acheté ?*

2° *S'il vend l'hectolitre de la* 2e *qualité* 0^f,50 *de plus que celui de la* 1re *et celui de la* 3e 0^f,75 *de plus que celui de la* 2e, *il reçoit autant que s'il vendait les* 630 *hectolitres du mélange au prix unique de* 25 *francs l'hectolitre.*

Quel est le prix de l'hectolitre de la 1re *qualité ?*

1° Désignons par x le nombre d'hectolitres de la 2e qualité.

Le nombre d'hectolitres de la 1re sera $\frac{3x}{4}$.

Le total de ces deux nombres est $\frac{7x}{4}$.

Le nombre de litres de la 3e est donc $\frac{7x}{8}$.

Ainsi on a :
$$x + \frac{3x}{4} + \frac{7x}{8} = 630.$$

De là on tire :
$$\frac{21x}{8} = 630 \text{ ou } \frac{x}{8} = 30,$$

puis
$$x = 240.$$

Ainsi il y a de la 2e qualité 240 hectolitres ;
de la 1re les 3 quarts de 240 hectolitres, c'est-à-dire 180 hectolitres
de la 3e la demi-somme des deux autres ou 210 hectolitres.

2° Représentons le prix de l'hectolitre de la 1ʳᵉ qualité par y. Celui de la 2ᵉ qualité sera $y + \frac{1}{2}$; celui de la 3ᵉ $y + \frac{5}{4}$.

180 hectolitres à y donnent.................... 180 y;

240 hectolitres à $\left(y + \frac{1}{2}\right)$ donnent

$\left(y + \frac{1}{2}\right) \times 240$ c'est-à-dire............... 240 y + 120;

210 hectolitres à $\left(y + \frac{5}{4}\right)$ donnent

$\left(y + \frac{5}{4}\right) \times 210$ c'est-à-dire............... 210 y + 262,50.

Le produit total des trois ventes est............ 630 y + 382,50

Or ce produit doit égaler... 25ᶠ × 630 c.-à-d. 15 750 fr.

On a donc :

$$630\,y + 382,50 = 15750.$$

De là on tire :

$$630\,y = 15750 - 382,50;$$
$$y = \frac{15\,367,50}{630} = 24{,}392\,85.$$

Réponse. — Le prix de l'hectolitre de la 1ʳᵉ qualité était de 24ᶠʳ,39.

REMARQUE. — Il est bon de faire observer que dans la vérification il ne suffirait pas de prendre le prix de l'hectolitre de chaque qualité à moins de 1 centime près; car la multiplication du prix par 630 donnerait un produit où l'erreur serait seulement moindre que 630 centimes et pourrait ainsi atteindre 6 francs. On devra prendre le prix de l'hectolitre avec 5 chiffres décimaux.

CXLVII. — DÉPARTEMENT DE L'HÉRAULT (Juillet).

SCIENCES NATURELLES

Du poumon. — Sa structure. — Son rôle chez l'homme et chez les animaux.

ARITHMÉTIQUE

PROBLÈME. — *Un vase est rempli d'un mélange d'eau-de-vie et d'eau distillée pesant 7 kilogrammes.*

On demande le poids de l'eau qui remplirait ce vase, en sachant que le mélange contient 4 fois autant d'eau-de-vie que d'eau distillée et que le poids de l'eau-de-vie est à volume égal les $\frac{19}{20}$ du poids de l'eau.

(Ce problème se trouve au 1ᵉʳ volume de l'Arithmétique appliqué sous le n° 343.)

Réponse. — Le poids de l'eau qui remplirait le vase serait de 7 kilogrammes 294 grammes.

CXLVIII. — DÉPARTEMENT D'ILLE-ET-VILAINE
(Juillet).

CHIMIE

De la chaux et de ses principaux composés. — Leurs propriétés et leurs usages.

MATHÉMATIQUES

PROBLÈME. — *Un ouvrier a peint, à raison de $1^{fr},20$ le mètre carré, les surfaces de trois carrés mesurant ensemble 136 mètres carrés 87 décimètres carrés 25 centimètres carrés.*
Il a reçu pour l'un des carrés $43^{fr},20$ et la différence de prix pour les deux autres est de $52^{fr},353$. Calculer les côtés des trois carrés.

La dépense totale pour les trois carrés égale :
$1^f,20 \times 136,8725 = 164^f,247$.
L'un des carrés a coûté.................... $43^f,20$.
Le total des deux autres coûte............. $121^f,047$.
Otons de ce total leur différence........... $52^f,353$.
Reste................. $68^f,694$.
Le plus petit de ces deux carrés coûte la moitié de ce reste, ce qui fait..................... $34^f,347$.
Ajoutons à ce prix..................... $52^f,353$.
Le prix du plus grand égale.............. $86^f,700$.

La surface de chacun des trois carrés est :

pour le plus petit..... $\dfrac{34{,}347}{1{,}2} = \dfrac{343{,}47}{12} = 28^{mq},62$;

pour le moyen........ $\dfrac{43{,}20}{1{,}2} = \dfrac{432}{12} = 36^{mq}$;

pour le plus grand.... $\dfrac{86{,}70}{1{,}2} = \dfrac{867}{12} = 72^{mq},25$.

On aura la longueur du côté de chaque carré en extrayant la racine carrée du nombre qui exprime sa surface.

Réponse. — On trouve ainsi pour la longueur du côté : $5^m,34$ dans le plus petit carré ; 6 mètres dans le moyen ; $8^m,50$ dans le plus grand.

CXLIX. — DÉPARTEMENT DE L'INDRE (Juillet).

CHIMIE

Soufre. — Propriétés. — Extraction. — Usages.

MATHÉMATIQUE

PROBLÈME. — *Un vase de forme cylindrique plein d'eau pèse 900 grammes ; le vase vide pèse un 5ᵉ du poids de l'eau qui y est contenue.*

Un autre vase cylindrique est placé à côté du 1ᵉʳ et il est tel qu'en y versant l'eau contenue dans le 1ᵉʳ, celle-ci ne s'élève qu'au quart de la hauteur du cylindre.

La hauteur commune des deux cylindres est 1 décimètre et demi.

On demande : 1° *les volumes des deux cylindres ;* 2° *le rapport des rayons des bases ;* 3° *les valeurs des rayons des bases en millimètres.*

1° Le poids du vase vide est un 5ᵉ du poids de l'eau qui le remplit. Donc les $\dfrac{6}{5}$ du poids de cette eau égalent 900 grammes.

La 5ᵉ partie de ce poids égale...... $900^{gr} : 6 = 150$ grammes.
Le poids de cette eau est donc..... $150^{gr} \times 5 = 750$ grammes.
Ainsi la capacité du 1ᵉʳ cylindre est de 750 centimètres cubes.
La capacité du 2ᵉ est le quadruple de 750 centimètres cubes ou 3000 centimètres cubes.

2° Soit h la hauteur commune qui est de 15 centimètres.
Désignons par r et r' les rayons du 1er et du 2e cylindre.
Leurs volumes sont :

pour le 1er $\pi\ r^2 \times h$; pour le 2e $\pi\ r'^2 \times h$.

On a par conséquent :

$$\pi\ r'^2\ h = 4\ \pi\ r^2\ h \quad \text{ou} \quad r'^2 = 4\ r^2.$$

De là on tire :

$$r' = 2\ r.$$

3° La capacité du 2e cylindre est de 3000 centimètres cubes.
Sa profondeur a 15 centimètres.
La surface du cercle de sa base égale....... $3000 : 15 = 200$.
On a donc :

$$\pi\ r'^2 = 200.$$

De là on tire :

$$r'^2 = \frac{200}{3,1416} = \frac{50}{0,7854} = \frac{500000}{7854} = 63,66.$$

$$r' = \sqrt{63,66} = 7,97.$$

Le rayon r est la moitié de r', c'est-à-dire 3,98.

Réponse. — Le rayon du 1er cylindre est la moitié du rayon du 2e ; l'un a 80 millimètres ; l'autre en a 40.

La capacité du plus petit est de 75 centilitres.

Celle du plus grand est de 300 centilitres ou 3 litres.

CL. — DÉPARTEMENT DES DEUX-SÈVRES (Juillet).

CHIMIE

Phosphore. — *Propriétés.* — *Extraction.* — *Usages.*

MATHÉMATIQUES

PROBLÈME. — *Un verre de forme conique, plein d'eau jusqu'au bord, pèse 900 grammes. Le poids du verre vide est un 5e du poids de l'eau.*

On demande : 1° *la capacité du vase en centilitres ;* 2° *le rayon du cercle formant le bord du verre, la hauteur de ce dernier étant de 10 centimètres.*

Les 900 grammes égalent le poids de l'eau plus le 5e de ce poids.
Donc 6 fois la 5e partie du poids de l'eau égalent 900 grammes.
Le 5e de ce poids égale........ $900^{gr} : 6 = 150$ grammes.
Le poids de l'eau est donc...... $150^{gr} \times 5 = 750$ grammes.

Ainsi la capacité du vase égale 750 centimètres cubes.
Or le volume d'un cône est égal au tiers du produit de sa base par sa hauteur.
En désignant par c la surface du cercle de l'ouverture, on a :
$$\frac{c \times 10}{3} = 750 \text{ ou } c = 225.$$
Soit r le rayon de ce cercle, on a :
$$\pi\, r^2 = 225.$$
De là on déduit :
$$r^2 = \frac{225}{\pi} = \frac{225}{3{,}1416} = \frac{750\,000}{10\,472} = 71{,}619;$$
$$r = \sqrt{71{,}619} = 8{,}46.$$

Réponse. — Le vase contient 75 centilitres.
Le rayon de son ouverture a 84 millimètres.

CLI. — DÉPARTEMENT DE LA SAVOIE (Juillet).

PHYSIQUE

Expériences établissant la pression atmosphérique. — Baromètre normal; ses applications.

ARITHMÉTIQUE

PROBLÈME. — *Le café vert en grains vaut* $3^{fr},85$ *le kilogramme; torréfié il perd un* 5e *de son poids.*
On demande : 1° *à combien revient le kilogramme de café torréfié;* 2° *combien il faudra vendre le kilogramme de ce café pour réaliser un bénéfice de* 12 %.

Les 1000 grammes de café vert coûtent $3^{fr},85$.
Le 5e de 1000 grammes est 200 grammes.
Les 1000 grammes de café vert après la torréfaction pèsent donc 800 grammes.
Ainsi 800 grammes de café torréfié valent $3^{fr},85$.
(On néglige les frais de torréfaction).
Le gramme de café torréfié vaudrait :
$$3^{fr},85 : 800 = 0^{fr},0048125.$$
Le kilogramme vaut donc $4^{fr},8125$.

ASPIRANTES.

Le bénéfice à faire doit égaler... $4^{fr},81 \times 0,12 = 0^{fr},5772$.
Le kilogramme vaut.................... $4^{fr},8125$
                     Total............. $5^{fr},3897$.

Réponse. — Le kilogramme de café torréfié revient à $4^{fr},81$. — Pour gagner 12 %, on le vendra $5^{fr},39$.

CLII. — DÉPARTEMENT DE L'ARDÈCHE (Juillet).

PHYSIQUE

Principe d'Archimède. — Applications

ARITHMÉTIQUE

PROBLÈME. — *En fondant ensemble 230 grammes de cuivre et une certaine quantité d'argent au titre de 0,950 on obtient un lingot au titre de 0,885. Quel sera le poids de ce lingot? Combien pourra-t-il donner de pièces d'un franc?*

Pour plus de simplicité représentons par x le nombre de grammes du poids de l'argent à 0,950.

Le poids d'argent fin qui s'y trouve est $\frac{950\,x}{1000}$.

Or le poids total du nouveau lingot est $x + 230$.
Mais il est au titre de 0,835.
On a donc l'équation :

$$\frac{950\,x}{1000} = (x + 230) \times \frac{835}{1000},$$

ou
$$950\,x = (x + 230) \times 835.$$

De là on tire :
$$950\,x = 835\,x + 192050;$$
$$115\,x = 192050;$$
$$x = \frac{192050}{115} = 1670 \text{ grammes.}$$

Le poids du lingot formé est :
$1670^{gr} + 230^{gr}$ c'est-à-dire 1900 grammes.
Le nombre de pièces de 1 franc qu'on en tirera est :
$1900 : 5 = 380$.

Réponse. — On obtient un lingot pesant 1900 grammes pouvant donner 380 pièces de 1 franc.

CLIII. — DÉPARTEMENT DU PAS-DE-CALAIS (Juillet).

CHIMIE

De l'amidon. — Sa fabrication. — Ses usages.

ARITHMÉTIQUE

On a 800 grammes d'or au titre de 0,750.

Dites : 1° combien on doit retrancher de cuivre pour que cet alliage soit au titre monétaire ; 2° combien il faut ajouter d'or pur pour arriver au même résultat ; 3° la quantité d'alcool nécessaire pour faire équilibre à la monnaie obtenue dans les deux cas.

La densité de l'alcool est les $\frac{4}{5}$ de celle de l'eau.

Dans le lingot pesant 800 grammes au titre de 0,75, il y a :
en or pur 800^{gr} × 0,75 = 600 gr.; en cuivre 200 gr.;

1° Quand on veut ôter du cuivre, il reste toujours 600 grammes d'or fin dans le lingot; mais ces 600 grammes sont les 0,9 du poids qu'aura le lingot à former.

Ainsi 9 dixièmes du poids de ce lingot égalent 600 grammes.
La 10° partie de ce poids serait 600^{gr} : 9 =   66^{gr},666
Le poids du lingot sera......................   666^{gr},666
Ôtons ce poids du poids primitif............   800^{gr},000
Réponse. — Le poids du cuivre à enlever sera..   133^{gr},334.

2° Quand on veut ajouter de l'or au lingot primitif, le poids du cuivre reste le même, égal à 200 grammes.

Ce poids de cuivre est un 10° du poids du lingot à former.
Le poids de ce lingot sera donc.............. 2000 grammes.
Réponse. — Le poids de l'or à ajouter sera.. 1200 grammes.

3° Le litre d'eau pèse 1000 grammes.

Le poids du litre d'alcool en est les 0,8 c'est-à-dire 800 grammes.

Le nombre de litres d'alcool pouvant faire équilibre à chaque lingot sera :

pour le lingot obtenu dans le 1er cas :
$$\frac{666,666}{800} = \frac{6,666}{8} = 0^l,833;$$

pour le lingot obtenu dans le 2° cas :
$$\frac{2000}{800} = \frac{10}{4} = 2^l,50.$$

Réponse. — 83 centilitres d'alcool pour le 1er lingot;
2 litres et demi d'alcool pour le 2° lingot.

ASPIRANTES. 413

CLIV. — DÉPARTEMENT DE SAONE-ET-LOIRE (Juillet).

PHYSIQUE

Du baromètre et de ses usages.

ARITHMÉTIQUE

PROBLÈME. — *Le traitement d'une institutrice est tel qu'en dépensant le tiers de ce traitement pour sa nourriture, le tiers du reste pour ses vêtements, et en envoyant les $\frac{2}{5}$ du nouveau reste à ses parents, il lui reste une somme suffisante pour lui assurer, au bout de 2 ans et demi, à intérêts simples et au taux de $4\frac{1}{2}$ %, un intérêt de $78^{fr},30$. Quel est le traitement de cette institutrice ?*

1° L'intérêt pour 2 ans et demi ou $2^a,5$ est $78^{fr},30$.
Pour 1 an l'intérêt serait :
$$\frac{78,3}{2,5} = \frac{783}{25} = 31^{fr},32.$$
L'intérêt annuel de 1 franc est $0^{fr},045$.
Le capital qui reste à l'institutrice est égal à autant de francs qu'il y a de fois $0^{fr},045$ dans $31^{fr},32$.
Ce capital est donc :
$$\frac{31,32}{0,045} = \frac{31320}{45} = 696 \text{ francs.}$$
2° Cherchons quelle partie ce capital est du traitement annuel.
Pour abréger désignons le traitement par a.

On dépense pour la nourriture $\frac{a}{3}$; il reste donc $\frac{2a}{3}$.

Pour les vêtements on dépense $\frac{1}{3}$ de $\frac{2a}{3}$, c'est-à-dire $\frac{2a}{9}$.

Il reste alors $\frac{2}{3}$ de $\frac{2a}{3}$ ou $\frac{4a}{9}$.

L'institutrice envoie à ses parents $\frac{2}{5}$ de $\frac{4a}{9}$ ou $\frac{8a}{45}$.

Le reste définitif est $\frac{3}{5}$ de $\frac{4a}{9}$, c.-à-d. $\frac{12a}{45}$ ou $\frac{4a}{15}$.

Ainsi 4 fois le 15ᵉ du traitement valent........ 696 francs.
Le 15ᵉ du traitement égale........ 696ᶠʳ : 4 = 174 francs.
Le traitement entier est donc 174ᶠʳ × 15 = 2610 francs.

Réponse. — L'institutrice a 2610 francs de traitement.

CLV. — DÉPARTEMENT DU CHER (Juillet).

SCIENCES NATURELLES

*Plantes les plus utiles de la famille des légumineuses.
— Leurs caractères principaux.*

ARITHMÉTIQUE

PROBLÈME. — *Une personne a fait quatre parts de son capital. La 1ʳᵉ a été placée à $3\frac{1}{2}$ %; la 2ᵉ à $4\frac{1}{3}$ %; la 3ᵉ à $4\frac{1}{2}$ %; la 4ᵉ à $4\frac{3}{4}$ %. Ces parts sont entre elles comme les fractions :*

$$\frac{2}{3}, \frac{3}{5}, \frac{4}{7}, \frac{5}{11}.$$

Elle a retiré 33115ᶠʳ,44 au bout de l'année, capital et intérêts réunis.

Trouver chaque part et le capital entier.

Réduites au même dénominateur, les fractions données sont :

$$\frac{770}{1155}, \frac{693}{1155}, \frac{660}{1155}, \frac{525}{1155}.$$

Le dénominateur n'étant que le nom de l'unité fractionnaire, les quatre parts du capital seront proportionnelles aux nombres :

770, 693, 660, 525.

Supposons que la 1ʳᵉ soit égale à 770 francs.
La 2ᵉ sera 693 francs; la 3ᵉ 660 francs; la 4ᵉ 525 francs.
Le total de ces quatre parts est 2648 francs.
Leurs intérêts seront :

pour 770 francs à 3,50 %........... 7,70 × 3,5 = 26ᶠʳ,95
pour 693 francs à $4\frac{1}{3}$ %........ 6,93 × $\frac{13}{3}$ = 30ᶠʳ,03
pour 660 francs à 4,50 %.......... 6,60 × 4,5 = 29ᶠʳ,70
pour 525 francs à 4,75 %.......... 5,25 × 4,75 = 24ᶠʳ,94
Total des intérêts..... 111ᶠʳ,62.
Total des capitaux.... 2648ᶠʳ,00.
Pour ces parts et leurs intérêts on aurait............ 2759ᶠʳ,62.

Autant de fois il y aura 2759^{fr},62 dans 33115^{fr},44, autant de fois il y aura 770 francs dans la 1re part demandée ; 693 francs dans la 2e ; 660 francs dans la 3e ; 525 francs dans la 4e.

Ce nombre de fois égale :

$$\frac{33115{,}44}{2759{,}62} = \frac{3{,}311544}{275962} = 12.$$

Réponse. — Les quatre parts du capital sont :

1re placée à 3,50 %... 770 × 12 = 9240 francs.
2e — à 4 $\frac{1}{3}$ %... 693 × 12 = 8316 fr.
3e — à 4,50 %... 660 × 12 = 7920 fr.
4e — à 4,75 %... 525 × 12 = 6300 fr.

Le capital total est.... 31776 francs.

CLVI. — DÉPARTEMENT DE LA MEUSE (Juillet).

PHYSIQUE

Décrivez les diverses applications que l'on fait dans les arts et l'industrie du phénomène des dilatations et contractions produites dans les corps par la chaleur.

ARITHMÉTIQUE

PROBLÈME. — *Un négociant a souscrit trois billets au profit d'un fabricant. Le 1er se montant à 7500 francs est payable dans 5 mois ; le 2e se montant à 3450 francs est payable dans 8 mois ; le 3e se montant à 5480 francs est payable dans 3 mois.*

Il convient avec son créancier de remplacer ces trois billets par un seul à l'échéance de 4 mois. Quelle sera la somme portée sur ce billet, le taux de l'escompte étant de 4 $\frac{1}{2}$ % ? (Escompte rationnel ou en dedans.)

L'échéance portée à 4 mois est devancée :
de 1 mois pour les 7500 francs payables dans 5 mois ;
de 4 mois pour les 3450 francs payables dans 8 mois.
L'échéance est au contraire reculée :
de 1 mois pour les 5480 francs payables dans 3 mois.
A ce billet de 5480 francs on ajoutera donc son intérêt pour 1 mois.

L'intérêt de 1 franc pour 1 mois est $0^{fr},045 : 12 = 0^{fr},00375$.
L'intérêt du 3ᵉ billet pour 1 mois aussi sera :
$$0^{fr},00375 \times 5480 = 20^{fr},55$$
Le montant du 3ᵉ billet s'élèvera donc à :
$$5480^{fr} + 20^{fr},55 = 5500^{fr},55.$$
Il faut maintenant chercher à combien se réduisent les deux premiers billets par l'escompte en dedans.
L'intérêt de 1 franc pour 1 mois est................ $0^{fr},00375$.
L'intérêt de 1 franc pour 4 mois sera quadruple ou $0^{fr},0150$.
Le montant des deux premiers billets réduits par l'escompte en dedans sera :

pour le 1ᵉʳ $\dfrac{7500}{1,00375} = \dfrac{750\,000\,000}{100375} = 7471^{fr},98$;

pour le 2ᵉ $\dfrac{3450}{1,015} = \dfrac{3450000}{1015} = 3399^{fr},01.$

Le total de ces deux billets sera............. $10870^{fr},99.$
Ajoutons le montant du 1ᵉʳ................ $5500^{fr},55.$
Réponse. — Le montant du billet unique sera $16371^{fr},54.$

CLVII. — DÉPARTEMENT DE LA LOIRE (Juillet).

CHIMIE

Sulfure de carbone.

ARITHMÉTIQUE

1° *Donner la définition précise des termes usités dans les règles d'escompte : billet, échéance du billet, escompte du billet, taux de l'escompte, valeur nominale du billet et sa valeur actuelle, escompte commercial ou en dehors, escompte rationnel ou en dedans.*

2° *Calculer l'escompte d'un billet de 784 francs payable dans 72 jours, le taux de l'escompte étant de 4 %.*

Trouver sa valeur actuelle en appliquant les deux méthodes (commerciale et rationnelle).

Pourquoi les deux méthodes donnent-elles des résultats fort peu différents ?

OBSERVATIONS

Presque tous les auteurs, après avoir défini l'escompte,

ASPIRANTES.

se font un devoir de dire qu'il y a deux espèces d'escompte : l'escompte en dehors ou l'escompte commercial et l'escompte en dedans ou escompte rationnel.

Quelques mots suffisent pour faire comprendre en quoi consiste l'escompte commercial, puisque ce n'est autre chose que l'intérêt de la somme à escompter. Mais il en est tout autrement de l'escompte en dedans ; aussi la définition qu'on en donne est-elle peu intelligible et même erronée dans certains ouvrages.

Aussi cette question, fort simple en elle-même, est-elle une de celles où les élèves rencontrent le plus de difficultés. Pour y apporter la lumière il suffit de changer un mot, de dire ce que c'est qu'*escompter* au lieu de chercher à dire ce que c'est que l'*escompte*.

Escompter une somme *en dedans*, c'est la remplacer par le capital qui augmenté de l'intérêt qu'il produirait depuis le jour du paiement jusqu'à l'échéance, prendrait une valeur égale à cette somme.

La règle à suivre est aussi facile à démontrer qu'à appliquer ; c'est ce que nous allons faire voir en résolvant le problème ci-dessus, sans nous occuper de l'escompte en dehors [1].

D'abord 72 jours sont la 5e partie de l'année.
Or l'intérêt de 1 franc à 4 % serait pour 1 an $0^f,04$.
Pour 72 jours il est le 5e de $0^f,04$ c'est-à-dire $0^f,008$.
Ainsi 1 franc au bout de 72 jours vaudrait $1^f,008$.
Autant de fois il y a $1^f,008$ dans 784 francs, autant il y a de francs dans le capital cherché.
Ce capital est égal à

$$\frac{784}{1,008} = \frac{784000}{1008} = 777,777...$$

Ainsi par l'escompte en dedans la somme de 784 francs payable dans 72 jours se réduit à $777^f,78$.
De ce qui précède résulte la règle suivante :
Pour trouver le capital qui augmenté de son intérêt au bout d'un certain temps a pris une valeur donnée, il faut diviser cette valeur

---

[1]. Voir le chapitre de l'escompte dans notre *Arithmétique pour l'enseignement primaire*; volume du *Degré supérieur*.

CLVIII. — DÉPARTEMENT DE L'ISÈRE (Juillet).

PHYSIQUE

Vision.

ARITHMÉTIQUE

Problème. — *Une personne souscrit un billet de 3000 francs payable dans 1 mois et un autre de 2500 francs payable dans 2 mois et demi. Elle veut les remplacer par un billet unique payable dans 2 mois.*

Quel est le montant de ce billet unique, le taux de l'escompte étant 6 %ₒ ?

Résoudre le problème : 1° *par l'escompte en dehors ;* 2° *par l'escompte en dedans.*

Escompte en dehors. — L'échéance du billet de 3000 francs es reculée de 1 mois; on doit donc l'augmenter de son intérêt pour 1 mois à 6 %ₒ.

Cet intérêt égale $\dfrac{30 \times 6}{12} = 15$ francs.

Le 1ᵉʳ billet sera remplacé par un billet de 3015 francs.
L'échéance du 2ᵉ billet est devancée d'un demi-mois.
Il doit donc être diminué de son escompte pour un demi-mois.

L'escompte en dehors égale $\dfrac{25 \times 6}{12 \times 2} = \dfrac{25}{4} = 6^f,25$.

Le montant du 2ᵉ billet sera :
$$2500^f - 6^f,25 = 2493^f,75.$$
Le montant du billet unique sera donc :
$$3015^f + 2493^f,75 = 5508^f,75.$$

2° *Escompte en dedans.* — Cherchons à combien se réduit le 2ᵉ billet de 2500 francs escompté en dedans pour un demi-mois.

D'après la règle on cherche d'abord l'intérêt de 1 franc à 6 %ₒ pour la 24ᵉ partie de l'année.

Cet intérêt est égal à $0^f,06 : 24 = 0^f,0025$.

Le capital cherché sera :
$$\dfrac{2500}{1,0025} = \dfrac{25000000}{10250} = 2493^f,765.$$

On voit que par l'escompte en dedans le montant du billet qui remplace le 2ᵉ dépasse de 1 centime et demi seulement le montant fourni par l'escompte en dehors.

ASPIRANTES.

Réponse. — Par l'escompte en dehors le montant du billet unique est de 5508^f,75.

Par l'escompte en dedans il sera de 5508^f,765.

CLIX. — DÉPARTEMENT DE LA HAUTE-SAVOIE (Juillet).

SCIENCES PHYSIQUES

De l'eau. — Sa composition normale. — Ses propriétés. — Caractère des eaux potables. — Moyens de rendre potable de l'eau qui ne l'est pas.

ARITHMÉTIQUE

PROBLÈME. — *Au taux de 4,50 %, une somme devient au bout de 2 ans 8 mois 6258 francs, capital et intérêts simples compris. Quel était le capital primitif?*

Si ce capital avait été placé à intérêts composés, que serait-il devenu?

1° L'intérêt de 1 franc au bout d'un an serait...... 0^f,045.
Pour 2 ans il égale 0^f,090; pour 8 mois 0^f,030.
Pour 2 ans 8 mois il est donc................... 0^f,120.

Or pour trouver la valeur acquise par un capital augmenté de ses intérêts, on peut multiplier ce capital par 1 augmenté de l'intérêt de 1 franc pour le même temps.

Réciproquement pour avoir le capital on divisera la valeur acquise par 1 augmenté de son intérêt.

Le capital demandé est donc :
$$\frac{6258}{1,12} = \frac{625800}{112} = 5587^f,50.$$

2° En appliquant la règle qui vient d'être énoncée pour connaître la valeur acquise par un capital augmenté de ses intérêts au bout de 1 an, on trouve que le capital primitif 5587^{fr},50 placé à intérêts composés vaudrait :
au bout de la 1re année................. 5587,50 $\times$ 1,045 ;
au bout de la 2e année.................. 5587,50 $\times$ 1,045^2
ou   5587,50 $\times$ 1,092025 = 6101,6896.
c'est-à-dire   6101^f,69.

La valeur de ce dernier capital au bout de 8 mois sera :
6101^f,69 $\times$ 1,03 = 6284^f,7407.

Réponse. — Le capital placé était 5587^f,50.
A intérêts composés il serait devenu 6284^f,74.

CLX. — DÉPARTEMENT DE L'EURE (Juillet).

SCIENCES NATURELLES

Organe de l'ouïe. — Structure des différentes parties. — Mécanisme de l'audition. — Défectuosités de l'appareil. — Dureté d'oreille; surdité.

ARITHMÉTIQUE

PROBLÈME. — *Quelle somme faut-il placer à 5 %, au commencement de chaque année pour avoir au bout de 3 ans 1655^t,06 ? On aura égard aux intérêts composés.*

Supposons 1 franc placé à 5 % et à intérêts composés :
Le 1er placement de 1 franc reste placé pendant 3 ans ;
le 2e pendant 2 ans ; le 3e pendant 1 an.
Les valeurs prises par 1 franc sont :
au bout de 1 an........................ $1,05 = 1^f,05000$
au bout de 2 ans....................... $1,05^2 = 1^f,10250$
au bout de 3 ans....................... $1,05^3 = 1^f,15762$
Total...... $\overline{3^f,31012}$

Autant de fois il y a 3^f,31012 dans 1655^f,06, autant il y a de francs dans le montant du versement annuel.
On trouve :

$$\frac{1655,06}{3,31012} = \frac{165\,506\,000}{33\,1012} = 500.$$

Réponse. — Chaque versement doit être de 500 francs.

CLXI. — DÉPARTEMENT DU MORBIHAN (Juillet).

CHIMIE

De l'acide sulfureux. — Sa préparation. Ses propriétés. — Ses usages.

ARITHMÉTIQUE

PROBLÈME. — *Un négociant voulant acheter une maison se décide à retirer d'entre les mains de ses débiteurs* la somme nécessaire pour en payer le montant. En demandant à chacun 1250 francs il lui manquerait 10 000 francs, tandis qu'il aurait 1200 francs de trop s'il leur demandait 1600 francs.

Trouver le nombre des débiteurs et la somme que le négociant doit demander à chacun.

Pour plus de simplicité, désignons par x le nombre des débiteurs. Quand on demande à chacun 1250 francs, ils donnent 1250 x.

Pour faire le prix de la maison il faut ajouter 10 000 francs à 1250 x.

Ce prix égale donc.......................... $1250 x + 10 000$.

D'un autre côté si chaque débiteur donne 1600 francs, on reçoit 1600 x et cette somme surpasse de 1200 francs le prix de la maison.
On a ainsi l'équation suivante :
$$1600 x - 1200 = 1250 x + 10 000.$$
On en tire :
$$1600 x - 1250 x = 10 000 + 1200;$$
$$350 x = 11 200;$$
$$x = \frac{1120}{35} = 32.$$

Réponse. — Ce négociant a 32 débiteurs.

CLXII. — DÉPARTEMENT DE L'AIN (Juillet).

CHIMIE

Alcool. — Boissons fermentées.

ARITHMÉTIQUE

Problème. — *Un homme achète une vigne, un pré et une terre. Le prix du pré est $\frac{2}{3}$ du prix de la vigne moins 119 francs; le prix de la terre surpasse celui de la vigne de 500 francs. Il revend le pré avec un bénéfice égal au 7e de son prix d'achat et la terre avec un bénéfice égal aux $\frac{2}{25}$ de son prix d'achat. Ces deux bénéfices étant égaux, trouver le prix d'achat de la vigne, du pré et de la terre.*

Désignons par x le prix de la vigne.

Le prix du pré sera $\dfrac{2x}{3} - 119$ ou $\dfrac{2x - 357}{3}$.

Le prix de la terre est $x + 500$.

Dans la vente on a gagné :

sur le pré le 7e du prix d'achat, c'est-à-dire $\dfrac{2x - 357}{21}$;

sur la terre les $\dfrac{2}{25}$ ou $\dfrac{8}{100}$ du prix d'achat, c'est-à-dire $\dfrac{(x + 500) \times 8}{100}$.

Ces deux bénéfices étant égaux, on a l'équation :
$$\dfrac{2x - 357}{21} = \dfrac{(x + 500) \times 8}{100}.$$

De là on tire successivement :
$$200x - 35\,700 = 168x + 84\,000 ;$$
$$200x - 168x = 84\,000 + 35\,700 ;$$
$$32x = 119\,700 ;$$
$$x = \dfrac{119\,700}{32} = \dfrac{29\,925}{8} = 3\,740^f,62.$$

Les $\dfrac{2}{3}$ de $3\,740^f,62$ sont $\dfrac{7481,24}{3} = 2493,746$.

Le pré coûte............ $2493^f,75 - 119^f = 2374^f,75$.
La terre coûte.......... $3740^f,62 + 500^f = 4240^f,62$.

Réponse. — L'achat a coûté : pour la vigne........ $3740^f,62$;
pour le pré........... $2374^f,75$;
pour la terre.......... $4240^f,62$.

CLXIII. — DÉPARTEMENT DES ARDENNES (Juillet).

PHYSIQUE

Le paratonnerre. — Définition et description. Théorie. — Sa sphère d'action.

MATHÉMATIQUES

PROBLÈME. — *Un bassin contient de l'eau jusqu'au quart de sa hauteur ; ses parois sont verticales et il a 2 mètres de long sur $1^m,50$ de large. On y fait couler pendant 31 minutes et quart l'eau amenée par un robinet, à raison de 6 litres par minute, et alors l'eau s'élève au tiers de la hauteur du bassin.*

ASPIRANTES.

On demande : 1° *combien de temps encore on devra laisser couler l'eau amenée par le robinet pour que le bassin soit complètement rempli ;* 2° *quelle est en hectolitres la capacité du bassin ;* 3° *quelle en est la hauteur.*

1° Le volume de l'eau versée pendant 31^m,25 égale

$$\frac{1}{3} - \frac{1}{4} \text{ c'est-à-dire } \frac{1}{12} \text{ du bassin.}$$

Ce volume est 6^l × 31,25 = 187^l,50.
La capacité totale du bassin est 187^l,5 × 12 = 2250 litres.

2° Au bout des 31^m,25 la partie du bassin qui n'est pas remplie est

$$\text{les } \frac{2}{3} \text{ c'est-à-dire les } \frac{8}{12} \text{ du bassin.}$$

Pour remplir cette partie l'eau coulera pendant :
31^m,25 × 8 = 250 minutes ou 4 heures 10 minutes.

3° En décimètres carrés la surface du fond du bassin est :
20 × 15 = 300.

La profondeur du bassin égale donc en décimètres :
2250 : 300 = 7,5.

Réponse. — La capacité est de 22 hectolitres 50 litres.
La profondeur a 75 centimètres.
Pour achever de le remplir après les 31 minutes et quart d'écoulement, l'eau devra couler encore pendant 4 heures 10 minutes.

CLXIV. — DÉP^T DE LOT-ET-GARONNE (Juillet).

SCIENCES PHYSIQUES

Quels sont les principaux modes d'éclairage employés dans l'économie domestique ?

Mettre en évidence, en partant des données de la physique et de la chimie, les avantages et les inconvénients de chacun.

ARITHMÉTIQUE

PROBLÈME. — *Un homme a versé chez un banquier, le 6 avril, une somme dont on doit lui servir les intérêts à* 3 $\frac{1}{2}$ %. *Le 16 août suivant il a reçu en remboursement* 4557^l,50. *Trouver quelle somme avait été versée le 6 avril.*

On devra, pour le calcul des intérêts, compter exactement le nombre de jours écoulés depuis le jour du versement jusqu'à celui du remboursement, en n'y comprenant toutefois que l'un de ces deux jours ; mais l'année ne sera évaluée qu'à 360 jours au lieu de 365.

La durée du placement comprend :
du 6 avril inclus jusqu'au 30 de ce mois, 25 jours ; mai 31 ;
juin 30 ; juillet 31 ; du 1ᵉʳ août au 16 exclus 15 ;
total : 25 + 31 + 30 + 31 + 15 = 132 jours.
Pour 132 jours à 3,50 % l'intérêt de 1 franc serait :
$$\frac{0^f,035 \times 132}{360}, \text{ c.-à-d. } \frac{0^f 035 \times 11}{30} \text{ ou } \frac{0^f,0385}{3}.$$

Avec un placement de 1 franc, on aurait au bout de ce temps :
$$1^f + \frac{0^f,0385}{3}, \text{ c.-à-d. } \frac{3^f,0385}{3}.$$

Autant de fois cette somme sera contenue dans 4557ᶠ,50, autant il y a de francs dans la somme placée.
Cette somme égale
$$4557,50 : \frac{3,0385}{3} = \frac{4557,50 \times 3}{3,0385} = \frac{136\,725\,000}{30\,385}.$$

La division donne pour quotient 4499,75.

Réponse. — Le capital placé était 4499ᶠ,75.

CLXV. — DÉPARTEMENT DE L'AISNE (Juillet).

SCIENCES NATURELLES

Famille des rosacées. — *Indiquer sommairement leurs caractères botaniques et leur division en tribus. Faire connaître les principales espèces de chaque tribu en citant leurs propriétés ou leurs usages.*

ARITHMÉTIQUE

PROBLÈME. — *Une personne possède deux capitaux qu'elle a placés pendant le même temps, le 1ᵉʳ à $5\frac{1}{2}$ %, et le 2ᵉ à $6\frac{1}{2}$ %. Le premier a produit 6378ᶠ,75. Le 2ᵉ, qui surpasse le 1ᵉʳ de 8100 francs, a donné 11 846ᶠ,35 d'intérêt.*

On demande : 1° *le temps pendant lequel ces capitaux ont été placés ;* 2° *le montant de chacun d'eux.*

1° Désignons par x le capital qui est placé à 5,50 %.
L'autre capital placé à 6,50 % sera $x + 8100$.
Pour trouver l'intérêt simple d'un capital on multiplie le capital par le taux et par le nombre de jours et on divise le produit par 36 000.
Soit donc n le nombre de jours de la durée du placement.
On aura les deux équations :
$$\frac{x \times 5{,}50 \times n}{36\,000} = 6378{,}75;$$
$$\frac{(x + 8100) \times 6{,}50 \times n}{36\,000} = 11\,846{,}35.$$
Pour les résoudre multiplions d'abord les deux membres de chacune par 100, puis par 36 000, ce qui donne :
$$550\,x \times n = 637\,875 \times 36\,000;$$
$$(x + 8100) \times 650 \times n = 1\,184\,635 \times 36\,000.$$
En divisant ces deux nouvelles équations membre à membre, on obtient :
$$\frac{550\,x \times n}{(x + 8100) \times 650 \times n} = \frac{637\,875 \times 36\,000}{1\,184\,635 \times 36\,000};$$
puis en simplifiant les deux fractions, on a :
$$\frac{55\,x}{(x + 8100) \times 65} = \frac{637\,875}{1\,184\,635},$$
ou en divisant encore les deux termes de chacune par 5,
$$\frac{11\,x}{(x + 8100) \times 13} = \frac{127\,575}{236\,927}.$$
En réduisant les deux fractions au même dénominateur et en supprimant ce dénominateur, on trouve :
$$11\,x \times 236\,927 = (13\,x + 105\,300) \times 127\,575.$$
En effectuant les multiplications indiquées, on a :
$$2\,606\,197\,x = 1\,658\,475\,x + 13\,433\,647\,500.$$
De là on tire :
$$2\,606\,197\,x - 1\,658\,475\,x = 13\,433\,647\,500;$$
$$947\,722\,x = 13\,433\,647\,500;$$
$$x = \frac{13\,433\,647\,500}{947\,722} = 14\,174^f{,}67.$$
L'autre capital vaut 8100 francs de plus, ce qui fait :
$$22\,274^f{,}67.$$
2° Cherchons l'intérêt du capital $14\,174^f{,}67$ à 5,50 % pour 1 an.
Cet intérêt est égal à :
$$141{,}7467 \times 5{,}5 = 779{,}60685.$$
En cherchant combien de fois cet intérêt d'un an est contenu dans l'intérêt donné 6378,75 on aura le temps de la durée du placement.

Ce temps égale :
$$\frac{6378,75}{779,66685} = \frac{637\,875\,000}{77\,960\,685} = 8 \text{ ans } 2^{\text{m}},18.$$

En opérant de la même manière sur l'autre capital on doit retrouver le même temps.

Réponse. — Les deux capitaux demandés sont :
14174ᶠ,67 à 5,50 %; 22274ᶠ,67 à 6,50 %.
La durée du placement a été de 8 ans 2 mois 5 jours.

EXAMENS DES ASPIRANTS

CLXVI. — Paris. Séance du 24 mai.

CHIMIE

Exposer, avec exemples à l'appui, les lois de l'action des acides sur les sels, des bases sur les sels, des sels sur les sels.

GÉOMÉTRIE

PROBLÈME. — *Étant donné un cône, dont la hauteur est de 12 décimètres et dont le cercle de base a une longueur de circonférence égale à 40 centimètres, on coupe ce cône suivant une génératrice et on développe sa surface latérale sur un plan. Exprimer en degrés, minutes et secondes l'angle au centre du secteur ainsi obtenu. On prendra $\pi = 3,14$.*

Désignons par h la hauteur et par c la circonférence de base, de sorte qu'on a, en prenant le décimètre pour unité :
$$h = 12 \text{ et } c = 40.$$

Cherchons l'apothème a du cône. Le rayon du cercle de base est $\frac{c}{2\pi}$.

D'après le théorème du carré de l'hypoténuse, on a
$$a^2 = h^2 + \frac{c^2}{4\pi^2} = \frac{4\pi^2 h^2 + c^2}{4\pi^2};$$
$$a = \frac{\sqrt{4\pi^2 h^2 + c^2}}{2\pi}. \qquad (1)$$

Or la surface latérale S d'un cône étant égale au demi-produit de la circonférence de la base par l'apothème, on a
$$S = \frac{c}{2} \times \frac{\sqrt{4\pi^2 h^2 + c^2}}{2\pi} = c \times \frac{\sqrt{4\pi^2 h^2 + c^2}}{4\pi}. \qquad (2)$$

D'un autre côté l'apothème a est le rayon du secteur.
L'aire du cercle qui aurait a pour rayon égale πa^2.

L'aire du secteur de 1 degré de ce cercle serait $\dfrac{\pi a^2}{360}$.

Soit x le nombre de degrés du secteur résultant du développement du cône.

$$\text{Sa surface sera } S = \frac{\pi a^2 x}{360} \qquad (3)$$

Les deux expressions (2) et (3) fournissent ainsi l'équation

$$\frac{\pi a^2 x}{360} = \frac{c \times \sqrt{4\pi^2 h^2 + c^2}}{4\pi},$$

ou

$$\frac{\pi a^2 x}{90} = \frac{c \times \sqrt{4\pi^2 h^2 + c^2}}{\pi}.$$

De là on tire

$$x = \frac{c \times 90 \times \sqrt{4\pi^2 h^2 + c^2}}{\pi^2 a^2}.$$

En remplaçant a^2 par sa valeur (1) on obtient

$$x = \frac{c \times 90 \times \sqrt{4\pi^2 h^2 + c^2}}{\pi^2} : \frac{4\pi^2 h^2 + c^2}{4\pi^2}.$$

En divisant les deux numérateurs par le facteur commun $\sqrt{4\pi^2 h^2 + c^2}$ et les deux dénominateurs par le facteur commun π^2, on trouve

$$x = c \times 90 : \frac{\sqrt{4\pi^2 h^2 + c^2}}{4},$$

d'où l'on tire enfin

$$x = \frac{360 \times c}{\sqrt{4\pi^2 h^2 + c^2}}.$$

Tableau du calcul.

$4\pi^2 h^2 = 4 \times 3{,}14^2 \times 12^2 = 5679{,}1296$
$c^2 = \phantom{4 \times 3{,}14^2 \times} 40 \times 40 = 1600{,}0000$
$4\pi^2 h^2 + c^2 \ldots\ldots\ldots\ldots = 7279{,}1296.$
$\sqrt{4\pi^2 h^2 + c^2} = \sqrt{7279{,}1296} = 85{,}317;$
$360 \times c = 360 \times 40 = 14400.$

$$x = \frac{14400}{85{,}317} = \frac{14\,400\,000}{85\,317} = 168°\,46'\,56''.$$

Calcul du rayon a du secteur.

Par la substitution des valeurs numériques dans (1), on obtient :

$$a = \frac{\sqrt{7279{,}1296}}{2 \times 3{,}14} = \frac{85{,}317}{6{,}28} = 13{,}583.$$

Réponse. — Le rayon du secteur a $1^m{,}358$.
L'angle du secteur a $168°\,46'\,56''$.

CLXVII. — Paris. Séance du 25 juillet.

SCIENCES NATURELLES

Décrire les organes de la circulation chez l'homme.

ARITHMÉTIQUE

PROBLÈME. — *Une personne lègue une somme de 102 050 francs à ses trois petits-enfants, sous la condition que les trois parts, savoir : celle du 1er augmentée des intérêts à 5 %, pendant un an, celle du 2e augmentée des intérêts à 4,70 %, pendant un an, celle du 3e augmentée des intérêts à 4,25 %, pendant le même temps, soient inversement proportionnelles à leurs âges qui sont : 6 ans, 9 ans et 12 ans.*

Cherchons les valeurs acquises par 1 franc augmenté de ses intérêts au bout d'un an.
Les valeurs de 1 franc au bout de 1 an sont :
à 5 %, 1^f,05 ; à 4,70 %, 1^f,047 ; à 4,25 %, 1^f,0425.
Désignons par x, y, z les trois parts demandées.
Augmentées de leurs intérêts au bout de 1 an :

la 1re devient............... $x \times 1,05$;
la 2e...................... $y \times 1,047$;
la 3e...................... $z \times 1,0425$.

Ces valeurs doivent être inversement proportionnelles aux âges : 6 ans, 9 ans, 12 ans.
Cela revient à dire qu'il y aura entre la 1re et la 2e le même rapport qu'entre 9 l'âge du 2e et 6 l'âge du 1er, ce qui donne :

$$\frac{x \times 1,05}{y \times 1,047} = \frac{9}{6} \quad \text{ou} \quad \frac{1050x}{1047y} = \frac{3}{2}. \quad (1).$$

Entre la 2e valeur et la 3e il doit y avoir le même rapport qu'entre 12 l'âge du 3e et 9 l'âge du 2e, ce qui donne :

$$\frac{y \times 1,047}{z \times 1,0425} = \frac{12}{9} \quad \text{ou} \quad \frac{10470y}{10425z} = \frac{4}{3}. \quad (2).$$

Avec les deux équations (1) et (2) le problème fournit encore
$$x + y + z = 102\,050. \quad (3).$$

Pour résoudre ces trois équations il vaut mieux appliquer les propriétés des proportions que de suivre l'une des trois méthodes générales de l'élimination enseignées dans l'algèbre.
Changeons les moyens de place dans les deux proportions, et divisons par 3 les numérateurs de chacune ; nous aurons :

$$\frac{350x}{3} = \frac{349y}{2};$$
$$\frac{3490y}{4} = \frac{3475z}{3}.$$

De ces deux proportions on tire :

$$\frac{x}{3 \times 349} = \frac{y}{2 \times 350} \text{ ou } \frac{x}{1047} = \frac{y}{700}; \quad (4)$$

$$\frac{y}{4 \times 3475} = \frac{z}{3 \times 3490} \text{ ou } \frac{y}{1390} = \frac{z}{1047}. \quad (5)$$

Pour que y ait le même dénominateur dans ces deux nouvelles proportions, multiplions les dénominateurs de la proportion (4) par 1390 et ceux de la proportion (5) par 700.

Nous obtiendrons ainsi :

$$\frac{x}{1047 \times 1390} = \frac{y}{700 \times 1390};$$
$$\frac{y}{1390 \times 700} = \frac{z}{1047 \times 700},$$

ou

$$\frac{x}{145\,533} = \frac{y}{97\,300} = \frac{z}{73\,290}.$$

Or dans une suite de rapports égaux, le rapport entre la somme des numérateurs et la somme des dénominateurs est égal à chacun de ces rapports.

La somme des trois dénominateurs est 316 123.
La somme $x + y + z$ des trois numérateurs est 102 050.
On a donc les trois proportions suivantes :

$$\frac{x}{145\,533} = \frac{102\,050}{316\,123} \text{ d'où } x = \frac{102\,050}{316\,123} \times 145\,533;$$

$$\frac{y}{97\,300} = \frac{102\,050}{316\,123} \ldots y = \frac{102\,050}{316\,123} \times 97\,300;$$

$$\frac{z}{73\,290} = \frac{102\,050}{316\,123} \ldots z = \frac{102\,050}{316\,123} \times 73\,290.$$

Réponse. — $x = 46\,080^f,60$.
$y = 31\,410^f,10$.
$z = 23\,659^f,30$.

CLXVIII. — Paris. Séance du 14 novembre.

PHYSIQUE.

Expériences propres à définir et à démontrer l'état de saturation et le maximum de tension des vapeurs dans le vide et dans l'air.

GÉOMÉTRIE

Problème. — *Un cône droit a pour rayon de sa base 12 centimètres et pour hauteur 42 centimètres. On développe sa surface latérale en surface plane. Quel est en degrés, minutes et secondes l'angle des deux rayons qui limitent le secteur?*

On prendra $\pi = 3,14$.

Cherchons d'abord l'arête a du cône, c'est-à-dire le rayon du secteur provenant du développement de la surface latérale du cône.

Prenons le centimètre pour unité. Cette arête est l'hypoténuse d'un triangle rectangle dont les côtés de l'angle droit sont la hauteur égale à 42 centimètres et le rayon de base qui a 12 centimètres.

On a, d'après le théorème du carré de l'hypoténuse

$$a = \sqrt{12^2 + 42^2} = \sqrt{1908} = 43^{cm},6.$$

La circonférence de la base du cône est égale à

$$12 \times 2 \times 3,14 = 75^{cm},36.$$

Dans le développement, cette circonférence devient l'arc du secteur qui a pour rayon $43^{cm},6$.

Or, la demi-circonférence à laquelle appartient cet arc est égale à

$$43,6 \times 3,14 = 136^{cm},9.$$

Ainsi l'arc de $136^{cm},9$ contient 180°.

Un arc de 1 centimètre contiendrait.............. 180° : 136,9.

L'arc égal à $75^{cm},36$ contient

$$\frac{180° \times 75,36}{136,9} = \frac{135\,648}{1369} = 99°5'7''.$$

Réponse. — L'angle du secteur a $99°5'7''$.

EXAMENS DANS LES DÉPARTEMENTS.

CLXIX. — DÉPARTEMENT DE LA SARTHE (Octobre).

CHIMIE

Le fer : son origine; son extraction; ses composés. Métallurgie du fer.

MATHÉMATIQUES

Problème 1er. — *Les deux aiguilles d'une montre se rencontrent à midi précis. On demande à quelle heure exacte elles se rencontreront de nouveau.*

ASPIRANTS. 431

Observons d'abord que le point de la première rencontre sera au delà du numéro marquant 1 heure.

Soit x le nombre de minutes parcourues par la petite aiguille depuis midi jusqu'au point de rencontre.

Pendant ce temps la grande aiguille en a parcouru $60 + x$.

Or, ce nombre $60 + x$ vaut 12 fois le nombre x.

On a donc l'équation
$$12x = 60 + x \text{ ou } 11x = 60.$$

On en tire $x = \dfrac{60}{11} = 5\dfrac{5}{11}$.

Réponse. — La rencontre arrive à $1^h 5^m \dfrac{5}{11}$ de minute.

PROBLÈME 2°. — *On demande le poids en kilogrammes d'une sphère de plomb qui aurait 1 mètre de rayon, la densité du plomb étant 11,35.*

Prenons le décimètre pour unité, ce qui donne pour unité de volume le décimètre cube et pour unité de poids le kilogramme.

Le rayon étant r le volume de la sphère est $\dfrac{4}{3}\pi r^3$.

Celui de la sphère de plomb est en décimètres cubes
$$\dfrac{4}{3}\pi \times 10^3.$$

Son poids en kilogrammes sera :
$$\dfrac{4}{3}\pi \times 10^3 \times 11,35 \text{ ou } \dfrac{4 \times 3,1416 \times 11\,350}{3}.$$

En divisant par 3 le facteur 3,1416, on obtient
$$4 \times 11\,350 \times 1,0472 = 45\,400 \times 1,0472.$$

Réponse. — On trouve 47 542 kilogr. 88 décagr.

CLXX. — DÉPARTEMENT DE L'OISE (Octobre).

CHIMIE

Du chlore. Ses composés. Eau régale. Propriétés et usages du chlore.

MATHÉMATIQUES

PROBLÈME. — *Un cercle a $6^m,25$ de circonférence. Quel rayon devrait-on donner à un autre cercle pour qu'il fût double du 1er en surface ?*

Soit le rayon de $0^m,25$ et x le rayon du cercle demandé.
Les surfaces de ces cercles sont : πr^2 pour le 1er et πx^2 pour le 2e.
On doit donc avoir.............. $\pi x^2 = 2 \pi r^2$ ou $x^2 = 2 r^2$.
De là on tire :

$$x = \sqrt{2 r^2} = r \times \sqrt{2};$$
$$x = 0,25 \times 1,414 = 8,8375.$$

Réponse. — Le rayon demandé aura $8^m,837$.

CLXXI. — DÉPARTEMENT DU LOIRET (Octobre).

CHIMIE

Les sels de chaux.

MATHÉMATIQUES

Étant donnés dans un cercle, dont le centre est O, deux diamètres rectangulaires AC et BD, on décrit du point A pris pour centre avec AB pour rayon un arc BID et on tire les deux cordes AB et AD. Démontrer que l'aire du croissant, compris entre les deux arcs BID et BCD, est équivalente à celle du triangle ABD.

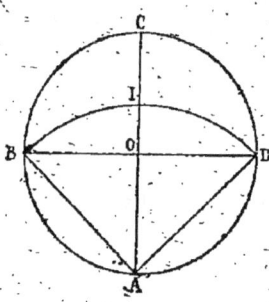

Soit r le rayon du cercle. L'aire du demi-cercle BCD est $\dfrac{\pi r^2}{2}$.

Celle du triangle rectangle ABD est $AO \times OD$, c'est-à-dire r^2.
Le total de ces deux aires est donc

$$\dfrac{\pi r^2}{2} + r^2. \qquad (1).$$

D'un autre côté, le rayon AB du secteur ABID égale $r \times \sqrt{2}$.
La surface du cercle qui aurait ce rayon serait :

$$\pi \times (r \times \sqrt{2})^2 \text{ c'est-à-dire } 2 \pi r^2.$$

Mais l'angle BAD étant droit, le secteur ABID est le quart du cercle $2 \pi r^2$; il est donc égal à $\dfrac{\pi r^2}{2}$. $\qquad (2)$

Or l'aire du croissant BCDI est l'excès de l'aire (1) sur l'aire (2). Cette aire égale donc

$$\frac{\pi\, r^2}{2} + r^2 - \frac{\pi\, r^2}{2} = r^2.$$

L'aire du croissant est donc, comme celle du triangle rectangle, égale au carré du rayon.

CLXXII. — DÉPᵀ DE LA HAUTE-GARONNE (Juillet).

PHYSIQUE.

Principaux moyens de produire des courants électriques.

MATHÉMATIQUES.

PROBLÈME. — *Une feuille de papier carrée a 825 millimètres de côté. On veut la diviser en trois parties équivalentes en traçant deux carrés situés l'un dans l'autre et dont le centre soit celui de la feuille[1]. A quelle distance du bord de la feuille tracera-t-on le côté de chaque carré? Calculer chaque distance à 1 millimètre près.*

Soit ABCD le carré dont le côté a 825 millimètres. Construisons à l'intérieur deux carrés conformément à l'énoncé du problème.

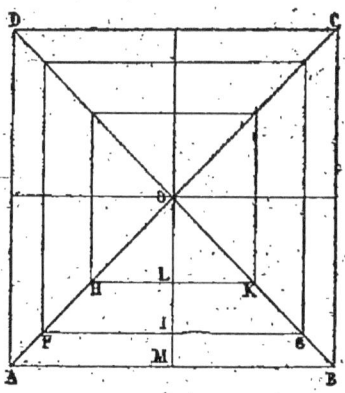

1° La surface du petit carré qui a pour côté HK est le tiers de la surface du grand carré ABCD.

---

[1]. On aurait dû ajouter que les côtés des deux carrés intérieurs doivent être parallèles à ceux du carré donné.

En désignant par x le côté HK, on aura
$$x^2 = \frac{825^2}{3} = \frac{825^2}{3^2} \times 3,$$
et en extrayant la racine carrée,
$$x = \frac{825}{3} \times \sqrt{3} = 275 \times 1{,}732.$$
En effectuant la multiplication, on trouve
$$x = 476{,}3.$$
On a ensuite :
$$OL = 476{,}3 : 2 = 238 ;$$
$$OM = 825 : 2 = 412 ;$$
$$LM = 412 - 238 = 174.$$

2° La surface du carré qui a pour côté FG est les deux tiers du carré ABCD.

En désignant son côté par y, on aura
$$y^2 = 825^2 \times \frac{2}{3} = \frac{825^2}{3^2} \times 6.$$
De là on tire
$$y = \frac{825}{3} \times \sqrt{6} = 275 \times 2{,}449 ;$$
$$y = 673{,}475.$$
On a ensuite :
$$OI = 673{,}4 : 2 = 336{,}7,$$
$$MI = 412 - 336{,}7 = 75{,}3.$$

Réponse. — Les distances entre les côtés des deux carrés inscrits et le côté du carré donné sont :
75 millimètres pour l'un et 174 millimètres pour l'autre.

CLXXIII. — DÉPARTEMENT DU MORBIHAN (Octobre).

CHIMIE.

Fermentation alcoolique. — *Sucres qui peuvent se dédoubler immédiatement sous l'influence du ferment.* — *Substances qui, après une première fermentation, sont susceptibles de fermenter.* — *Nature et rôle du ferment alcoolique.* — *Boissons fermentées : vin, cidre, bière.* — *Provenance des alcools du commerce.*

MATHÉMATIQUES.

PROBLÈME. — *Deux capitaux sont entre eux comme*

les nombres $\frac{2}{7}$ *et* $\frac{4}{9}$. *Ils sont placés, le plus petit pendant* 41 *mois au taux de* $\frac{5}{4}$ *de franc* % *pour un trimestre de l'année, l'autre pendant* 33 *mois au taux de* $\frac{9}{4}$ *de franc* % *par demi-année. L'intérêt produit par le* 2ᵉ *capital a surpassé de* 546 *francs celui qu'a donné le premier. Quel est le montant de chaque capital?*

Avec ces deux capitaux réunis, non compris les intérêts produits, on veut acheter : 1° *une maison estimée* 24 000 *francs*; 2° *un enclos qui est un hexagone régulier et qui coûtera* 100 *francs l'are. Trouver quel est le périmètre de cet hexagone, en sachant que les frais d'acquisition du tout ont été prélevés d'abord sur les deux capitaux et qu'ils s'élèvent à* 1982ᶠ,72.

1° D'abord en réduisant les deux fractions au même dénominateur, on trouve pour $\frac{2}{7}$ et $\frac{4}{9}$ les fractions $\frac{18}{63}$ et $\frac{28}{63}$.

Le rapport des deux capitaux est égal à
$$\frac{18}{28} \text{ ou plus simplement à } \frac{9}{14}.$$

Ainsi le plus petit capital est les $\frac{9}{14}$ du plus grand.

Supposons 1400 fr. pour le plus grand; le plus petit sera 900 fr.

Le taux de $\frac{5}{4}$ % pour 3 mois revient à 5 % pour l'année.

Le taux de $\frac{9}{4}$ % pour une demi-année revient à 4,5 pour l'année.

Les intérêts des deux capitaux supposés sont :
pour 1400 francs à 4,5 % au bout de 33 mois,
$$\frac{4,5 \times 14 \times 33}{12} = \frac{1,5 \times 7 \times 33}{2} = 173^f,25;$$
pour 900 francs à 5 % au bout de 41 mois,
$$\frac{5 \times 9 \times 41}{12} = \frac{5 \times 3 \times 41}{4} = 153^f,75.$$

La différence des intérêts de ces deux sommes est :
$$173^f,25 - 153^f,75 = 19^f,50.$$

Autant de fois cette différence est contenue dans la différence des intérêts des deux capitaux demandés, autant de fois il y a 1400 francs dans le plus grand et 900 francs dans le plus petit.

Ce nombre de fois égale .... 546 : 19,5 = 28.

Ainsi les deux capitaux demandés sont :
le plus grand............ $1400^f \times 28 = 39\,200$ fr.
le plus petit............ $900^f \times 28 = 25\,200$ fr.
  Total................... $64\,400$ fr.
2° Sur ce total prélevons :
le prix d'achat de la maison................ $24\,000^f,00$
les frais d'achat pour la maison et l'enclos.. $1\,982^f,72$
  Total...................... $25\,982^f,72$

Il reste pour le prix d'achat de l'enclos :
$$64\,400^f - 25\,982^f,72 = 38\,417^f,28.$$

Au prix de 100 francs l'are, la surface de l'enclos a :
384 ares 17 centiares ou 38 417 mètres carrés.

Or d'après la formule démontrée plus loin (page 466), la surface S d'un hexagone régulier ayant a pour côté est :
$$S = \frac{3\,a^2 \times \sqrt{3}}{2}.$$

De là on tire :
$$a^2 = \frac{2\,S}{3 \times \sqrt{3}} = \frac{2\,S \times \sqrt{3}}{9};$$
$$a = \frac{\sqrt{2\,S \times \sqrt{3}}}{3}.$$

Le périmètre P de l'hexagone égale 6 fois a; on a donc :
$$P = 2 \times \sqrt{2 \times 38\,417 \times 1{,}732};$$
$$P = 2 \times \sqrt{133\,076{,}488};$$
$$P = 2 \times 364{,}796 = 729{,}592.$$

Réponse. — Les deux capitaux demandés sont :
le plus grand 39 200 francs, le plus petit 25 200 francs.
Le périmètre de l'enclos hexagonal est de 730 mètres.

CLXXIV. — DÉPARTEMENT DE SAÔNE-ET-LOIRE (Octobre).

SCIENCES NATURELLES.

La bouche de l'homme. — Description. — Fonctions.

MATHÉMATIQUES.

PROBLÈME. — *Un vase cylindrique vertical, dont le fond est un cercle horizontal ayant $0^m,05$ de rayon intérieur, contient de l'eau à 4 degrés pesant 4 kilo-*

grammes. On y plonge une boule sphérique de 0^m,05 de rayon et il arrive que l'eau monte exactement au bord du vase. Quelle est la hauteur de celui-ci ?

Prenons le centimètre pour unité et soit h la hauteur demandée.
La surface du fond est égale à $\pi \times 5^2$.
La capacité du vase sera ...... $\pi \times 5^2 \times h$.
D'un autre côté elle comprend :
le volume des 4000 grammes d'eau, qui est 4000 centimètres cubes;
le volume de la sphère qui égale $\frac{4}{3} \pi \times 5^3$ ou $4 \times 1{,}0472 \times 5^3$.

On a donc l'égalité :
$$\pi \times 5^2 \times h = 4000 + 4 \times 1{,}0472 \times 5^2 \times 5.$$
En divisant les deux nombres par 25 on obtient :
$$\pi \times h = 160 + 1{,}0472 \times 20.$$
De là on tire :
$$\pi \times h = 180{,}944;$$
$$h = \frac{180{,}944}{3{,}1416} = \frac{1\,809\,440}{31\,416} = 57{,}5.$$

Réponse. — La profondeur a 57 centimètres et demi.

CLXXV. — DÉP^T DU PUY-DE-DÔME (Octobre).

PHYSIQUE.

Définition et mesure de la hauteur du son. — *Gamme et intervalles musicaux.* — *Dièzes et bémols.*
(On ne considèrera que la gamme majeure.)

MATHÉMATIQUES.

Problème. — *Avec une feuille de tôle pesant 44 gr. le décimètre carré, on a fait un tuyau cylindrique de 2^m,75 de longueur et pesant 7 kilogrammes 59 grammes 4 décigrammes. Quel est le diamètre de ce tuyau ? Quelle est la surface de la feuille de tôle ?*

Observation. — Nous supposerons, ce qui aurait dû être indiqué, que la feuille de tôle est rectangulaire, que les deux bords opposés ont été joints l'un à l'autre et non superposés, et qu'on ne tient pas compte de la soudure dans le poids donné.

D'abord la surface de la tôle contient autant de décimètres carrés qu'il y a de fois 44 grammes dans 7059 grammes. Elle égale donc :
7059 : 44 = 160,43 c'est-à-dire 16 043 centimètres carrés.
La hauteur du cylindre est égale à 275 centimètres.
Pour connaître le côté de la feuille qui est devenue la circonférence du cylindre, il faut diviser la surface par la hauteur.
Cette circonférence égale donc.......... 16 043 : 275 = 58,33.
Le diamètre est égal à.................... 58,3 : 3,14 = 18,5

Réponse. — Le diamètre a 18 centimètres et demi.
La surface de la tôle a 1 mètre carré 60 décimètres carrés 43 centimètres carrés.

CLXXVI. — DÉPARTEMENT DE LA CORRÈZE (Octobre).

SCIENCES NATURELLES.

Terrains stratifiés. — *Leurs caractères généraux.* — *Dans quelles circonstances peut-on y obtenir, par le forage, des puits artésiens?* — *Origines des sources et en particulier des sources intermittentes.*

MATHÉMATIQUES.

PROBLÈME. — *Une boîte cylindrique en fer-blanc pèse 80 grammes et le fer-blanc dont elle est formée pèse 21 grammes par décimètre carré. Le diamètre de cette boîte étant de 5 centimètres, trouver sa profondeur et sa capacité.*

OBSERVATION. — L'énoncé de ce problème n'a pas plus de précision que le précédent. Le cylindre étant une boîte il faut admettre qu'il a un fond ; nous le considérons comme sans couvercle.

La surface du fer-blanc en décimètres carrés égale
80 : 21 = 3,8095
ou 380 centimètres carrés 95 millimètres carrés.
Soit h la hauteur inconnue de la boîte, et prenons $\pi = 3,14$.
Le rayon du cercle du fond a 2^{cm},5.
La surface du fond égale :
$$2,5^2 \times \pi = 6,25 \times 3,14 = 19,625.$$
La surface latérale égale :
$$5 \times \pi \times h = 15,7 \times h.$$

ASPIRANTS.

On a donc l'égalité :
$$15,7 \times h + 19,625 = 380,95.$$
De là on tire :
$$h = \frac{380,95 - 19,625}{15,7} = \frac{361,325}{15,7} = 23,01.$$
La capacité est égale au produit de la hauteur par la surface du fond. Elle égale donc en centimètres cubes :
$$19,625 \times 23 = 451,375.$$

Réponse. — La profondeur a 23 centimètres.
La capacité a 451 centimètres cubes.

CLXXVII. — DÉP$^\text{T}$ DES BASSES-PYRÉNÉES (Juillet).

CHIMIE.

Préparation, propriétés et usages de l'acide azotique hydraté.

MATHÉMATIQUES.

PROBLÈME. — *Calculer les dimensions d'un parallélipipède rectangle, dont le volume est de* 13 824 *décimètres cubes. La somme de ses trois dimensions est égale à* 12$^\text{m}$,6 *et l'une d'elles est moyenne proportionnelle entre les deux autres.*

Soit x, y, z les trois dimensions, le décimètre étant l'unité.
L'énoncé du problème donne les trois équations suivantes :
$$xyz = 13\,824, \qquad (1)$$
$$x^2 = yz, \qquad (2)$$
$$x + y + z = 126. \qquad (3)$$
En remplaçant dans (1) la valeur de yz fournie par (2), on a :
$$x^3 = 13\,824,$$
et par conséquent,
$$x = \sqrt[3]{13\,824} = 24.$$
En remplaçant x par 24 dans les équations (2) et (3), on obtient ces deux nouvelles équations :
$$yz = 24^2 \text{ ou } yz = 576, \qquad (4)$$
$$24 + y + z = 126 \text{ ou } y + z = 102. \qquad (5)$$
De l'équation (5), on tire :
$$y = 102 - z.$$
Cette valeur étant substituée à y dans l'équation (4), on a :
$$(102 - z) \times z = 576;$$
$$102\,z - z^2 = 576;$$
$$z^2 - 102\,z + 576 = 0.$$

En appliquant la règle ordinaire pour avoir les racines de cette équation du 2ᵉ degré, on obtient :

$$z = 51 \pm \sqrt{51^2 - 576}.$$

En effectuant les calculs indiqués, on trouve :

$$z = 51 \pm \sqrt{2025} = 51 \pm 45;$$
$$z' = 51 + 45 = 96;$$
$$z'' = 51 - 45 = 6.$$

Les calculs à faire sur les équations (4) et (5) pour avoir y étant les mêmes, on voit que z' est la valeur de y et z'' celle de z.

Réponse. — On a pour les 3 dimensions en décimètres :
$$x = 24;\ y = 96;\ z = 6.$$

CLXXVIII. — DÉPᵗ DE LA HAUTE-MARNE (Octobre).

SCIENCES NATURELLES.

Moyens de conservation les plus usités : 1° *pour les produits d'origine animale ;* 2° *pour les produits d'origine végétale.*

MATHÉMATIQUES.

PROBLÈME. — *Calculer, à moins de 1 millimètre, les dimensions intérieures d'un double litre en étain et d'un litre en fer-blanc. Évaluer en outre la surface intérieure de chacune de ces deux mesures et en donner la formule la plus simple.*

Le litre n'étant autre chose que le décimètre cube, prenons le décimètre pour unité.

1° Les mesures en étain pour les liquides ont une profondeur double du diamètre. Soit R le rayon intérieur du cylindre.

La profondeur est $4R$; la surface du fond sera πR^2.

La capacité étant égale au produit de la surface de la base par la hauteur sera

$$\pi R^2 \times 4R \text{ c'est-à-dire } 4\pi R^3.$$

On a donc l'égalité
$$4\pi R^3 = 2.$$

De là on tire :
$$R^3 = \frac{2}{4\pi} = \frac{1}{2\pi};$$
$$R = \sqrt[3]{\frac{1}{2\pi}} = \sqrt[3]{\frac{1}{2 \times 3{,}1416}}.$$

On trouve :

$$\frac{1}{2 \times 3,1416} = 0,15\,915;$$

$$R = \sqrt[3]{0,15\,915} = 0,54 = 54 \text{ millimètres.}$$

On a ainsi :
- pour le diamètre.......... $54^{mm} \times 2 = 108$ mm.
- pour la profondeur........ $54^{mm} \times 4 = 216$ mm.

2° Dans les mesures en fer-blanc la profondeur égale le diamètre.
Soit r le rayon ; la profondeur sera $2\,r$.
La capacité est $\pi\,r^2 \times 2\,r$, c'est-à-dire $2\,\pi\,r^3$.
On a donc l'égalité

$$2\,\pi\,r^3 = 1, \text{ d'où } r^3 = \frac{1}{2\,\pi}.$$

On a donc comme ci-dessus
$$r = 0,54 \text{ c'est-à-dire } 54 \text{ millimètres.}$$
La profondeur a $54^{mm} \times 2 = 108$ millimètres.

3° La surface intérieure comprend la surface du fond plus la surface courbe du cylindre.
La surface intérieure est :
- pour le double litre........ $\pi R^2 + 2\,\pi R \times 4\,R$ ou $9\,\pi R^2$;
- pour le litre en fer-blanc... $\pi r^2 + 2\,\pi r \times 2\,r$ ou $5\,\pi r^2$.

En effectuant les calculs, on trouve :
$$\pi R^2 = \pi r^2 = 3,1416 \times 0,54^2 = 0,916\,090\,56;$$
$$9\,\pi R^2 = 0,916\,09 \times 9 = 8,244\,81;$$
$$5\,\pi r^2 = 0,916\,09 \times 5 = 4,580\,45.$$

Réponse. — La surface intérieure totale est :
dans le double litre. 8 décim. q. 24 cent. q. 48 mill. q.
dans le litre. . . . . . 4 décim. q. 58 cent. q. 4 mill. q.

EXAMENS POUR LE CERTIFICAT D'ÉTUDES PRIMAIRES SUPÉRIEURES. — 1887.

CLXXIX. — Paris. Aspirantes.

SCIENCES NATURELLES.

Conservation des matières alimentaires.

ARITHMÉTIQUE.

PROBLÈME. — *La distance de Paris à Limoges par le*

chemin de fer d'Orléans est de 400 kilomètres; celle de Paris à Vierzon sur la même ligne est de 200 kilomètres. Un train omnibus part de Paris à $2^h 30^m$ du soir et un train express à $7^h 40^m$.

Le 1er train arrive à Vierzon à $8^h 37^m$ et le 2e à $10^h 56^m$. En supposant que chacun conserve toujours la même vitesse, on demande si le train express atteindrait le train omnibus avant Limoges, en quel point de la ligne et à quelle heure.

1° Pour aller de Paris à Vierzon les deux trains mettent :
l'omnibus.................. $8^h 37^m - 2^h 30^m = 6^h 7^m$ ou 367^m;
l'express................... $10^h 56^m - 7^h 40^m = 3^h 16^m$ ou 196^m.

Pour aller de Paris à Limoges, ils mettent le double :
l'omnibus............................... $12^h 14^m$;
l'express............................... $6^h 32^m$.

Ils arriveraient à Limoges :
l'omnibus à $2^h 30^m + 12^h 14^m = 14^h 44^m$ ou $2^h 44^m$ du matin.
l'express à $7^h 40^m + 6^h 32^m = 14^h 12^m$ ou $2^h 12^m$ du matin.

Ainsi l'express arriverait à Limoges 32 minutes avant l'omnibus.

2° L'intervalle de temps qui sépare les deux départs de Paris est
$$7^h 40^m - 2^h 30^m = 5^h 10^m = 310^m.$$

Les vitesses des deux trains par minute sont en mètres :

pour l'omnibus............. $\dfrac{200\,000}{367} = 544^m,9$ c'est-à-dire 545^m;

pour l'express............. $\dfrac{200\,000}{196} = 1020^m,4$ c'est-à-dire 1020^m.

Au moment du départ de l'express, l'avance du train omnibus est
$$545^m \times 310 = 168\,950 \text{ mètres.}$$

L'avance gagnée en 1 minute par l'express sur l'omnibus égale
$$1020^m - 545^m = 475 \text{ mètres.}$$

Autant de fois il y a 475^m dans $168\,950^m$, autant il y aura de minutes depuis le départ de l'express jusqu'au moment où il atteindrait l'omnibus. Ce nombre de minutes est :
$$\dfrac{168\,950}{475} = 355 \text{ ou } 5^h 55^m.$$

L'espace parcouru pendant ce temps par l'express est égal à
$$1020^m \times 355 = 362\,100 \text{ mètres.}$$

Au moment de la rencontre il sera :
$$7^h 40^m + 5^h 55^m = 13^h 35^m \text{ c'est-à-dire } 1^h 35^m \text{ du matin.}$$

Réponse. — L'express atteindrait l'omnibus à 362 kilomètres de Paris, à 1 heure 35 minutes du matin.

CLXXX. — Paris. Aspirants.

SCIENCES NATURELLES.

Divers modes de reproduction des végétaux. — Graines, boutures, greffes. Différents genres de greffes.

ARITHMÉTIQUE.

PROBLÈME. — *Des omnibus partent d'une même station sur trois directions différentes. Ceux de la 1re ligne reviennent à leur point de départ au bout de 2^h 10^m et séjournent 20 minutes à la station; ceux de la 2e ligne reviennent au bout de 1^h 48^m et séjournent 12 minutes à la station; ceux de la 3e ligne reviennent au bout de 1^h 36^m et séjournent 4 minutes. Cela posé, trois omnibus partent ensemble de la station commune le lundi matin à 7 heures, un dans chaque direction. On demande à quelle heure ils repartiront ensemble de la même station.*

Entre le 1er départ et le suivant, l'espace de temps est :
pour le 1er omnibus 2^h 10^m + 20^m = 150 minutes;
pour le 2e........ 1^h 48^m + 12^m = 120^m;
pour le 3e........ 1^h 36^m + 4^m = 100^m.

Du 1er départ jusqu'au moment où les omnibus partiront de nouveau ensemble, il doit y avoir un nombre de minutes égal au plus petit multiple des trois nombres : 150, 120, 100.
Par la décomposition en facteurs premiers, on trouve :

$$150 = 2 \times 3 \times 5^2;$$
$$120 = 2^3 \times 3 \times 5;$$
$$100 = 2^2 \times 5^2.$$

Le plus petit multiple de ces trois nombres est :
$$2^3 \times 3 \times 5^2 = 600.$$
Or 600 minutes font 10 heures.

Réponse. — Le 2e départ simultané aura lieu à 5 heures du soir.

CONCOURS D'ADMISSION AUX ÉCOLES NORMALES
DANS L'ANNÉE 1887.

Écoles d'institutrices.

CLXXXI. — DÉPARTEMENT DE LA SEINE.

1° THÉORIE. — *Expliquer la multiplication de deux nombres décimaux sur l'exemple suivant :*
37 475 *multiplié par* 7,48.

2° PROBLÈME. — *Un marchand a acheté 175 mètres d'une étoffe au prix de* 10^f,50 *le mètre. Il en a revendu d'abord* $\frac{1}{3}$ *au prix de* 12^f,60 *le mètre, puis* $\frac{1}{5}$ *au prix de 14 francs et il désire gagner 25 0/0 sur le prix total de la vente.*

1° *Combien revendra-t-il le mètre de ce qui lui reste ?*
2° *Combien pour 100 gagnera-t-il sur le prix d'achat ?*
3° *Combien pour 100 a-t-il gagné sur le prix d'achat et combien sur le prix de vente dans chacune de ces trois ventes partielles ?*

1° Le marchand veut retirer de la vente :
le prix d'achat.................. 10^f,50 × 175 = 1837^f,50 ;
le bénéfice qui en est le quart, c.-à-d.   459^f,375
                     Total................... 2296^f,875.
La 1re fois il a vendu................ 175^m : 3 = 58^m,33 ;
La 2e............................... 175^m : 5 = 35^m,00.
   Le total de ces deux ventes est............ 93^m,33.
   Le total acheté était de................... 175^m,00.
   Il reste pour la 3e vente................ 81^m,67.

On a retiré :
de la 1re vente............ 12^f,60 × 58,33 = 734^f,95 ;
de la 2e..................... 14^f × 35 = 490^f,00.
   Ces deux ventes ont produit................ 1224^f,95.
   On veut retirer en tout.................... 2296^f,87.
   Les 81^m,67 de la 3e vente donneront...... 1071^f,92.

INSTITUTRICES.   445.

Dans cette 3ᵉ vente le prix du mètre sera

$$\frac{1071,92}{81,67} = \frac{107\,192}{8167} = 13^f,125.$$

2° Avec un achat de $1837^f,50$ on a gagné $459^f,375$.
Avec un achat de 1 franc le bénéfice serait

$$\frac{459,375}{1837,50} = \frac{4593,75}{18\,375} = 0,250.$$

Avec 100 francs on a gagné 25 francs.
3° Le bénéfice par mètre a été :

 dans la 1ʳᵉ vente....... $12^f,60 \;\; - 10^f,50 = 2^f,10$;
 dans la 2ᵉ .... $14^f \;\; - 10^f,50 = 3^f,50$;
 dans la 3ᵉ .... $13^f,125 - 10^f,50 = 2^f,625.$

Sur le prix d'achat le bénéfice est pour 1 franc :

 dans la 1ʳᵉ vente.......... $\dfrac{2,10}{10,50} = \dfrac{21}{105} = \dfrac{1}{5}$;

 dans la 2ᵉ................ $\dfrac{3,50}{10,50} = \dfrac{35}{105} = \dfrac{1}{3}$;

 dans la 3ᵉ................ $\dfrac{2,625}{10,50} = \dfrac{26,25}{105} = \dfrac{1}{4}.$

Le bénéfice pour 100 sur le prix d'achat est donc :

 dans la 1ʳᵉ vente .... $\dfrac{1}{5} \times 100 = 20$;

 dans la 2ᵉ.................... $\dfrac{1}{3} \times 100 = 33,33$;

 dans la 3ᵉ.................... $\dfrac{1}{4} \times 100 = 25.$

4° Par rapport au prix de vente, le bénéfice est pour 1 franc :

 dans la 1ʳᵉ vente....... $\dfrac{2,10}{12,60} = \dfrac{21}{126} = \dfrac{1}{6}$;

 dans la 2ᵉ........ ..... $\dfrac{3,50}{14} = \dfrac{35}{140} = \dfrac{1}{4}$;

 dans la 3ᵉ............. $\dfrac{2,625}{13,125} = \dfrac{2625}{13\,125} = \dfrac{1}{5}.$

En d'autres termes, à chaque vente le bénéfice est :
 dans la 1ʳᵉ vente, la 6ᵉ partie du produit de la vente ;
 dans la 2ᵉ   —   le quart du produit de la vente ;
 dans la 3ᵉ   —   la 5ᵉ partie du produit de la vente.
Pour 100 francs du prix de vente, le bénéfice est donc :
dans la 1ʳᵉ vente, la 6ᵉ partie de 100 francs, c'est-à-dire 13,33 ;
dans la 2ᵉ   —   le quart de 100 francs, c'est-à-dire 25 ;
dans la 3ᵉ   —   la 5ᵉ partie de 100 francs, c'est-à-dire 20.

CLXXXII. — DÉPARTEMENT DES BASSES-ALPES.

1° THÉORIE. — *Multiplier 45,37 par 0,26 et expliquer l'opération.*

2° PROBLÈME. — *Un marchand a acheté 450 hectolitres de vin au prix de 45 francs l'hectolitre; il les revend avec un bénéfice de 25 0/0 sur le prix d'achat. Il place au taux de 4,50 0/0 le capital résultant de cette vente. Au bout de 8 ans et 5 mois il retire le capital avec les intérêts simples. Quelle somme doit-il toucher ?*

L'achat coûte.................... 45 fr. × 450 = 20 250^f,00.
Dans la vente on gagne un quart ou.................. 5062^f,50.
Le capital placé est donc.......... 25 312^f,50.
L'intérêt de ce capital pour un an est
$0^f,045 \times 25\,312,5 = 1139^f,06.$
L'intérêt est : pour 8 ans............. 1139^f,06 × 8 = 9112^f,48.
pour 5 mois......... $\dfrac{1139^f,06 \times 5}{12}$ = 474^f,60.

Intérêt total........ 9587^f,08.
Ajoutons le capital.............................. 25 312^f,50.
Réponse. — La somme à retirer est.............. 34 899^f,58.

CLXXXIII. — DÉPARTEMENT DES BASSES-PYRÉNÉES.

1° THÉORIE. — *Expliquer comment l'unité des mesures de poids dérive du mètre.*

2° PROBLÈME. — *Un capitaliste, qui a mis des fonds dans une entreprise, reçoit au bout de 5 ans et 2 mois 192 000 fr. pour le capital et les intérêts réunis. Le bénéfice étant les $\dfrac{2}{5}$ du capital, on demande de trouver ces deux sommes et le taux du placement.*

Supposons qu'on ait mis un capital de 1000 francs.

Le bénéfice sera les $\dfrac{2}{5}$ c.-à-d. les 0,4 de 1000 fr. ou 400 fr.

Ainsi dans cette entreprise 1000 francs seraient devenus 1400 francs.

INSTITUTRICES.

Autant de fois il y a 1400 francs dans 192 000 francs, autant de fois il y a 1000 francs dans le capital demandé.
Ce capital est donc

$$\frac{192\,000}{1400} \times 1000 = \frac{960\,000}{7} = 137\,142^f,85.$$

Or la somme retirée est .... $192\,000^f,00.$
Bénéfice pour 5 ans et 2 mois......... $54\,857^f,15.$

Or 5 ans et 2 mois font $\frac{31}{6}$ d'année.

Pour $\frac{1}{6}$ d'année le bénéfice aurait été $\frac{54\,857^f,15}{31}$.

Pour l'année il est égal à

$$\frac{54\,857^f,15 \times 6}{31} = \frac{329\,142,90}{31} = 10\,617^f,51.$$

Avec $137\,142^f,85$ on aurait gagné en 1 an $10\,617^f,51$.
Avec 100 francs le gain aurait été

$$\frac{10\,617,51 \times 100}{137\,142,85} = \frac{106\,175\,100}{13\,714\,285} = 7,74.$$

Réponse. — Le capital est de $137\,142^f,85$.
Le taux est 7,74 0/0.
L'intérêt du capital en 5 ans et 2 mois a été $54\,857^f,15$.

OBSERVATION. — Si pour faire la vérification on se bornait à employer le taux 7,74 qui est seulement approché par défaut, à moins de 0,01 près, on ne retrouverait pas la somme donnée. En effet, le capital $137\,142^f,85$ est inférieur à 2000 centaines; en multipliant le taux par 1371 centaines, on aura un produit trop faible dont l'erreur sera seulement moindre que 2000 centièmes, c'est-à-dire moindre que 20 francs.

On devrait employer pour le taux le nombre 7,74193 approché à moins d'un cent-millième.

CLXXXIV. — DÉPARTEMENT DES CÔTES-DU-NORD.

1° THÉORIE. — *Expliquer la division de $\frac{5}{7}$ par $\frac{9}{13}$ et donner la règle générale.*

2° Problème. — *Une personne qui devait 1200 francs payables au 15 novembre 1886 a voulu régler son compte le 2 septembre de la même année. Elle a donné en payement un billet de 630 francs, payable au 31 décembre suivant et le reste en argent comptant. Le taux de l'escompte étant 4,50 o/o, trouver le montant de cet argent comptant.*

Du 2 septembre exclusivement au 15 novembre inclusivement, il y a : 28 + 31 + 15 = 74 jours.
L'escompte de 1200 francs pour ce temps à 4,50 o/o est
$$\frac{4,5 \times 12 \times 74}{360} = 1,5 \times 7,4 = 11^f,10.$$

Du 2 septembre exclusivement au 31 décembre inclusivement, il y a :
28 + 31 + 30 + 31 = 120 jours.
L'escompte de 630 francs pour 120 jours (un tiers d'année), est
$$\frac{0^f,045 \times 630}{3} = 0^f,045 \times 210 = 9^f,45.$$

Au jour du règlement, les deux billets après l'escompte commercial se réduisent :
le billet dû à............ 1200^f — 11^f,10 = 1188^f,90 ;
le billet donné à............ 630^f — 9^f,45 = 620^f,55.
Différence............ 567^f,35.

Réponse. — Avec le billet de 630 francs on donnera une somme de 567^f,35.

CLXXXV. — DÉPARTEMENT DE LA VENDÉE.

1° Théorie. — *Comment additionne-t-on les fractions $\frac{3}{4}, \frac{5}{6}, \frac{7}{8}$? — Extraire les entiers de la somme.*

2° Problème. — *Une ménagère se rendant au marché achète 3 douzaines d'œufs, qu'elle paye à raison de 0^f,55 les 13. Il ne lui reste plus que les $\frac{5}{7}$ de la somme qu'elle avait. Combien de grammes de viande pourra-t-elle acheter avec ce qui lui reste, la viande se vendant au prix de 1^f,35 le kilogramme ?*

Les 13 œufs coûtent 0ᶠ,55 ; le prix d'un œuf est 0ᶠ,55 : 13.
Pour 3 douzaines ou 36 œufs on a payé
$$\frac{0^f,55}{13} \times 36 = \frac{19^f,80}{13} = 1^f,52.$$

Ce prix est les $\frac{2}{7}$ de la somme qu'avait cette femme.

La 7ᵉ partie de cette somme en est la moitié, c'est-à-dire 0ᶠ,76.

Les $\frac{5}{7}$ de la somme égalent 0ᶠ,76 × 5 = 3ᶠ,80.

Autant de fois il y a 1ᶠ,35 dans cette somme, autant de kilogrammes de viande on aura.

Le poids de cette viande sera...... 3,80 : 1,35 = 2,8148.

Réponse. — On aura 2 kilogr. 815 grammes de viande.

CLXXXVI. — DÉPARTEMENT DE MAINE-ET-LOIRE.

1° THÉORIE. — *Multiplier 2748 par 500 et expliquer l'opération.*

2° PROBLÈME. — *On fait tapisser et parqueter une chambre ayant 6 mètres de longueur, 5 mètres de largeur et 3 mètres de hauteur. Le papier est acheté en rouleaux ayant 8 mètres de longueur sur 0ᵐ,40 de largeur et coûtant 1ᶠ,75. Le carrelage est payé à raison de 8ᶠ,40 le mètre carré.*

Trouver à combien s'élève la dépense, si l'entrepreneur consent à un rabais de 2 0/0.

La surface de la chambre (supposée rectangulaire) est
6 × 5 = 30 mètres carrés.
Au prix de 8ᶠ,40 par mètre carré, le prix du carrelage sera
8ᶠ,40 × 30 = 252 fr.
La surface des 4 murs est celle d'un rectangle qui aurait 3 m. de hauteur et une longueur égale au périmètre de la chambre.
Ce périmètre est égal à 2 fois 11 mètres ou 22 mètres.
La surface des quatre murs égale 22 × 3 = 66 mètres carrés.
La surface d'un rouleau a............ 8 × 0,4 = 3^{mq},20.
Le nombre de rouleaux à acheter sera
$$\frac{66}{3,2} = \frac{660}{32} = 20,6,$$
c'est-à-dire 21 rouleaux.
Le prix d'achat sera 1ᶠ,75 × 21 = 36ᶠ,75.

Le montant de la dépense est donc 252ᶠ + 36ᶠ,75 = 288ᶠ,75.
La réduction égale................ 0ᶠ,02 × 288,75 = 5ᶠ,77.
Net à payer.............................. 282ᶠ,98.

Réponse. — On déboursera 283 francs.

OBSERVATION. — Les quatre murs d'une chambre ne sont pas sans ouverture; il aurait été raisonnable d'en tenir compte dans l'énoncé du problème.

CLXXXVII. – DÉPARTEMENT DE LA MAYENNE.

1° THÉORIE. — *Multiplier* $2\frac{3}{7}$ *par* $\frac{5}{11}$ *et raisonner l'opération.*

2° PROBLÈME. — *L'huile d'olive vaut en fabrique* 2ᶠ,15 *le litre. Les olives rendent environ* 12 0/0 *de leur poids d'huile. Trouver combien un fabricant d'huile doit payer l'hectolitre d'olives pour faire un bénéfice de* 20 0/0.

Le litre d'huile pèse 915 *grammes et l'hectolitre d'olives* 45 *kilogrammes* 75 *décagrammes.*

L'hectolitre d'olives pèse 45 750 grammes.
Le poids de l'huile qu'on en retire est
$$45\,750^{gr} \times 0,12 = 5490 \text{ grammes.}$$
Or 915 grammes d'huile valent en fabrique 2ᶠ,15.
1 gramme seulement vaudrait.................... 2ᶠ,15 : 915.
Les 5490 grammes fournis par l'hectolitre d'olives valent
$$\frac{2^f,15 \times 5490}{915} = \frac{11\,803,50}{915} = 12^f,90.$$
Ce qui coûte 1 franc au fabricant est revendu par lui 1ᶠ,20.
Autant de fois il y a 1ᶠ,20 dans 12ᶠ,90 autant il y a de francs dans le prix qu'il donnera pour un hectolitre d'olives.
On trouve
$$\frac{12,90}{1,20} = \frac{129}{12} = 10^f,75.$$

Réponse. — Le fabricant doit payer 10ᶠ,75 pour l'achat de l'hectolitre d'olives.

INSTITUTRICES.   451

CLXXXVIII. — DÉPARTEMENT DU LOIRET.

1° THÉORIE. — *Expliquer la multiplication des fractions ordinaires, en prenant pour exemple*
$$\frac{2}{3} \times \frac{3}{4}.$$

2° PROBLÈME. — *Un marchand a un troupeau de 65 moutons qui lui coûtent en moyenne 36 francs par tête, et il vend les $\frac{3}{5}$ de son troupeau à raison de 39 francs par mouton. Combien doit-il vendre chacun des moutons restants, s'il veut réaliser un bénéfice de 10 % sur le prix d'achat ?*

De la vente totale on doit retirer :
le prix d'achat.................... $36^f \times 65 =$ 2340 francs.
le 10° de ce prix pour bénéfice......   234. —
                            Total.............. 2574 francs.

Les $\frac{3}{5}$ de 65 moutons sont 39 ; le reste est 26.

La vente de 39 moutons produit $39^f \times 39 = 1521$ francs.
La vente des 26 autres produira :
$$2574^f - 1521^f = 1053 \text{ francs}.$$
Le prix de vente d'un seul de ces moutons sera :
$$\frac{1053^f}{26} = 40^f,50.$$

Réponse. — Dans la 2ᵉ vente, le prix du mouton sera de $40^f,50$.

CLXXXIX. — DÉPARTEMENT DE L'AUDE.

1° THÉORIE. — *Diviser $\frac{3}{4}$ par 0,25. Expliquer l'opération et énoncer la règle à suivre.*

2° PROBLÈME. — *Une personne fait placer, à chacune des deux fenêtres d'une chambre, une paire de petits rideaux de mousseline de $1^m,85$ de hauteur et une paire de rideaux de perse de $2^m,70$.*

Trouver à combien lui revient l'ensemble de ces garnitures de fenêtres, en sachant : 1° *que le mètre de perse vaut* 3^f,60 *et que le mètre de mousseline vaut le cinquième du mètre de perse;* 2° *que la façon et la pose représentent* 25 % *du prix d'achat.*

La longueur d'étoffe employée pour les deux fenêtres est :
en mousseline .... 1^m,85 × 4 = 7^m,40;
en perse .... 2^m,70 × 4 = 10^m,80.
Le mètre de perse coûte............ 3^f,60.
Le mètre de mousseline vaut le 5e de 3^f,60, c'est-à-dire 0^f,72.
L'achat de l'étoffe a coûté :
pour la perse .... 3^f,60 × 10,8 = 38^f,88;
pour la mousseline .... 0^f,72 × 7,4 = 5^f,328.
Total..................... 44^f,208.
La pose et la façon coûtent le quart, c'est-à-dire ..... 11^f,052.

Dépense totale............ 55^f,260.

Réponse. — On a dépensé 55^f,26.

CXC. — DÉPARTEMENT DES ARDENNES.

1° THÉORIE. — *On a répété 125 fois 306. De quel nombre sera augmenté le produit :* 1° *si l'on ajoute 2 au multiplicateur;* 2° *si l'on ajoute 5 au multiplicande?*
Faire la démonstration.

2° PROBLÈME. — *La fortune d'une personne est divisée en deux parties. La* 1re *qui équivaut aux* $\frac{2}{3}$ *de la fortune rapporte* 4^f,75 % *par an; la* 2e *part rapporte* 1800 *francs. Le revenu annuel de cette personne étant de* 6000 *francs, on demande :* 1° *combien la* 2e *part rapporte pour* 100 *de sa valeur;* 2° *quelle est la fortune de cette personne?*

1° Le revenu fourni par la 1re part égale
6000^f — 1800^f = 4200 francs.
Or le revenu de 1 franc serait 0^f,0475.
La 1re partie est égale à autant de francs qu'il y a de fois 0^f,0475 dans 4200 francs.

Les $\frac{2}{3}$ de la fortune égalent donc

$$\frac{4200}{0,0475} = \frac{42\,000\,000}{475} = 88\,421^f,05.$$

La 2ᵉ partie est la moitié de la 1ʳᵉ, c'est-à-dire... $44\,210^f,52.$

Fortune totale............... $132\,631^f,57.$

2° La 2ᵉ partie 44 210 francs produit 1800 francs.
100 francs de cette partie produiraient

$$\frac{1800}{442,1} = \frac{18\,000}{4421} = 4,071.$$

Réponse. — La fortune totale est de 132 631 francs.
La 2ᵉ partie rapporte 4,07 %.

CXCI. — DÉPARTEMENT DE L'AUDE.

1° THÉORIE. — *Que deviennent le quotient et le reste de la division de deux nombres dont l'un n'est pas un multiple de l'autre, quand on multiplie le dividende et le diviseur par un même nombre?*

2° PROBLÈME. — *Un voyageur a fait 86 kilomètres en chemin de fer, dont une partie en 3ᵉ classe et l'autre partie en 2ᵉ classe. Il a déboursé en tout $9^f,20$; mais dans cette somme entre le prix du transport de ses bagages, qui lui a coûté autant que le tiers de ce qu'il a déboursé pour ses deux billets. Il a payé par kilomètre $0^f,07$ en 3ᵉ classe et $0^f,09$ en 2ᵉ classe.*

On demande : 1° *le prix du transport des bagages;* 2° *les nombres de kilomètres parcourus en 2ᵉ classe et en 3ᵉ classe.*

1° La somme payée $9^f,20$ comprend :
le prix des deux billets, plus le tiers de ce prix, c'est-à-dire 4 fois le tiers du prix des billets.
Le tiers du prix des billets est donc........ $9^f,20 : 4 = 2^f,30.$
Le prix des deux billets est............... $2^f,30 \times 3 = 6^f,90.$
Le prix des bagages est par conséquent
$$9^f,20 - 6^f,90 = 2^f,30.$$

2° Désignons par x le nombre de kilomètres en 2ᵉ classe.
Le nombre de kilomètres en 3ᵉ classe sera............ $86 - x.$
On a payé en comptant par centimes :
$9\,x$ en 2ᵉ classe; $(86 - x) \times 7$ en 3ᵉ classe.

On a donc cette égalité :
$$9x + (86 - x) \times 7 = 690,$$
ou en effectuant la multiplication indiquée,
$$9x + 602 - 7x = 690.$$
De là on tire :
$$2x = 88 \text{ et } x = 44.$$

Réponse. — On a parcouru :
en 2ᵉ classe, 44 kilomètres; en 3ᵉ classe, 42 kilomètres.
Le transport des bagages a coûté 2ᶠ,30.

CXCII. — DÉPARTEMENT DES BASSES-ALPES.

1° THÉORIE. — *Le total de deux fractions dont l'une est trois fois plus grande que l'autre est* $\frac{220}{528}$.

Trouver ces deux fractions; les réduire à leur plus simple expression, si elles sont réductibles; puis les exprimer en décimales à 1 centième près et raisonner les opérations.

Le total donné $\frac{220}{528}$ égale 4 fois la plus petite des deux fractions.

La plus petite est donc $\frac{1}{4}$ du total, c.-à-d. $\frac{55}{528}$ ou $\frac{5}{48}$.

La plus grande égale $\frac{1}{3}$ de l'autre, c.-à-d. $\frac{15}{48}$ ou $\frac{5}{16}$.

En fractions décimales, on trouve :
$$\frac{5}{48} = 0,104 \text{ au } 0,10 \text{ à 1 centième près};$$
$$\frac{5}{16} = 0,3125, \text{ valeur exacte.}$$

2° PROBLÈME. — *De combien a-t-on augmenté la valeur nominale de 120 millions de pièces de monnaie en argent au titre de 0,9 en les convertissant par une addition de cuivre en monnaie au titre de 0,835, si les $\frac{2}{5}$ de ces pièces étaient de 2 francs, les $\frac{8}{15}$ de 1 franc et le reste était des pièces de 50 centimes?*

INSTITUTEURS. 455

Le nombre des pièces de 2 francs est $\frac{2}{5}$ ou 0,4 de 120 000 000,
c'est-à-dire.................. 12 000 000 $\times$ 4 = 48 000 000.
Le nombre des pièces de 1 franc est 8 fois
le 15e de 120 000 000, c.-à-d... 8 000 000 $\times$ 8 = 64 000 000.
Le total de ces deux nombres de pièces est......... 112 000 000.
Le nombre de toutes les pièces est............... 120 000 000.
Le nombre des pièces de 1 franc est le reste... 8 000 000.
Les valeurs de ces trois nombres de pièces sont :
en pièces de 2 francs... 2^f $\times$ 48 000 000 = 96 000 000 fr.
en pièces de 1 franc.... 1^f $\times$ 64 000 000 = 64 000 000 fr.
en pièces de 50 centimes.. 8 000 000 : 2 = 4 000 000 fr.
Valeur totale................ 164 000 000 fr.
Le poids de cette somme est en grammes :
5^{gr} $\times$ 164 000 000 = 820 000 000 grammes.
Le poids d'argent fin est les 0,9 de ce poids, c.-à-d.
82 000 000 $\times$ 9 = 738 000 000 grammes.
Ce poids d'argent fin doit être les 0,835 du poids du lingot qu'on obtiendra après l'addition du cuivre.
La 1000e partie du poids de ce lingot serait
738 000 000 : 835.
Le poids du lingot égalera 1000 fois ce quotient, c'est-à-dire,
$$\frac{738\,000\,000\,000}{835} = 883\,832\,335 \text{ grammes.}$$
La valeur de ce lingot en francs sera
883 832 335 : 5 = 176 766 467 fr.
La valeur primitive était...... 164 000 000 fr.
Différence.......... 12 766 467 fr.

Réponse. — On a obtenu, sans compter les frais, une augmentation de 12 766 467 francs.

Écoles d'instituteurs.

CXCIII. — DÉPARTEMENT DE SEINE-ET-OISE.

1° THÉORIE. — *Définition générale de la division. Expliquer la division de 45 par $\frac{5}{9}$; comparer le quotient obtenu au quotient de 45 divisé par $\frac{9}{5}$, en se basant sur la définition donnée en premier lieu.*

2° Problème. — *On fond 258 pièces d'argent de 5 francs, qui par l'usure ont perdu $\frac{1}{600}$ de leur poids, avec un lingot d'argent au titre de 0,750 pesant 32 hectogrammes.*

 1° *Combien faudra-t-il ajouter de cuivre à l'alliage obtenu pour fabriquer des pièces divisionnaires ?*

 2° *Combien faudrait-il ajouter d'argent pur à ce même alliage, si on voulait fabriquer des pièces de 5 francs ?*

Le poids des 258 pièces de 5 francs était d'abord :
$$25^{gr} \times 258 = 6450 \text{ grammes.}$$
La diminution de poids par l'usure est
$$6450^{gr} : 600 = 10^{gr},75.$$
Le poids de ces pièces est donc à la fonte :
$$6450^{gr} - 10^{gr},75 = 6439^{gr},25.$$
Le poids d'argent fin qui y est contenu égale
$$6439^{gr},25 \times 0,9 = 5795^{gr},325.$$
Le poids du cuivre est.............. $643^{gr},925.$
Le lingot d'argent fondu avec les pièces contient :
en argent fin.......... $3200^{gr} \times 0,75 = 2400$ gr.
en cuivre............. $3200^{gr} - 2400 = 800$ gr.
L'alliage ainsi formé contient donc :
en argent fin..... $5795^{gr},325 + 2400^{gr} = 8195^{gr},325;$
en cuivre........ $643^{gr},925 + 800^{gr} = 1443^{gr},925.$

1° Dans un poids de 1000 grammes de monnaie divisionnaire, il y a : 835 grammes d'argent fin et 165 grammes de cuivre.

Le poids du cuivre est ainsi les $\dfrac{165}{835}$ ou $\dfrac{33}{167}$ du poids de l'argent.

Donc pour fabriquer cette monnaie avec $8195^{gr},325$ d'argent, il faut y joindre un poids de cuivre égal à
$$8195^{gr},325 \times \frac{33}{167} = \frac{270\,445,725}{167} = 1619^{gr},435.$$
Le poids de cuivre à ajouter sera :
$$1619^{gr},435 - 1443^{gr},925 = 175^{gr},510.$$

2° Dans les pièces de 5 francs le poids de l'argent est 9 fois le poids du cuivre.

Donc pour fabriquer ces pièces en employant $1443^{gr},925$ de cuivre il faudra un poids d'argent égal à
$$1443^{gr},925 \times 9 = 12\,995^{gr},325.$$

Réponse. — Le poids d'argent fin à ajouter sera donc :
$$12\,995^{gr},325 - 8195^{gr},325 = 4800 \text{ grammes.}$$

CXCIV. — DÉPARTEMENT DE LA CHARENTE-INFÉRIEURE.

1° THÉORIE. — *Expliquer la règle à suivre pour réduire plusieurs fractions à leur plus petit dénominateur commun.*

Prendre pour exemple les fractions :
$$\frac{12}{135}, \frac{34}{648}, \frac{29}{450}.$$

2° PROBLÈME. — *Un jardin rectangulaire de 82 mètres de longueur a été acheté pour 3845 francs, à raison de 7000 francs l'hectare. On veut l'entourer d'une palissade. Quelle sera la dépense, si la construction de cette palissade coûte 5 francs par mètre linéaire.*

Au prix de 70 francs l'are la surface du jardin égale
$$3845 : 70 = 54^a,93 = 5493 \text{ mètres carrés.}$$
La surface égale $\frac{5493}{82}$ = 67 mètres.
Le total des deux dimensions est $82 + 67 = 149$ mètres.
Le périmètre en est le double, c'est-à-dire 298 mètres.
Au prix de 5 francs le mètre la palissade coûtera :
$$5^f \times 298 = 1490 \text{ francs.}$$

Réponse. — On dépensera 1490 francs.

CXCV. — DÉPARTEMENT DES ALPES-MARITIMES.

1° THÉORIE. — *Multiplier 15,08 par 7,08 et justifier la manière de procéder.*

2° PROBLÈME. — *Le transport du charbon coûte sur un chemin de fer 9 centimes et demi par 1000 kilogrammes et par kilomètre; en outre on paye un droit fixe de 2^f,15 par vagon contenant 31 hectolitres 30 litres.*

Le chef d'une usine a payé à ce chemin de fer 322 fr. pour le transport de ses charbons de l'année, la distance parcourue étant de 27 kilomètres 8 hectomètres. Trouver combien d'hectolitres, pesant chacun 80 kilogrammes, cette usine consomme dans l'année.

Le transport d'une tonne de charbon coûte 0ᶠ,095 par kilomètre.
Pour 27ᵏᵐ,8 le transport de la tonne coûtera
$$0^f,095 \times 27,8 = 2^f,641.$$
Le poids du charbon contenu dans chaque vagon est
$$80^{kg} \times 31,3 = 2504^{kg} = 2^t,504.$$
Par vagon (c'est-à-dire pour 2504 kilogrammes) on paie :
pour le transport............ $2^f,641 \times 2,504 = 6^f,613$
droit fixe..................... $2^f,150$

Total..... $8^f,763$.

Autant de fois il y a 8ᶠ,763 dans 322 francs, autant de fois il y a 2504 kilogrammes de charbon consommés dans l'année.
Ce nombre de fois est exprimé par le quotient
$$\frac{322}{8,763} = \frac{322\,000}{8763}.$$
Le poids du charbon demandé est donc en kilogrammes :
$$\frac{2504^{kg} \times 322\,000}{8763}$$
En divisant ce nombre par 80, on aura le nombre d'hectolitres.
Le nombre d'hectolitres de charbon est donc :
$$\frac{2504 \times 322\,000}{8763 \times 80} = \frac{313 \times 32\,200}{8763} = \frac{10\,078\,600}{8763}$$
On trouve........ $\frac{10\,708\,600}{8\,763} = 1150;13.$

Réponse. — L'usine a consommé 1150 hectolitres de charbon.

CXCVI. — DÉPARTEMENT DE LA VENDÉE.

1° THÉORIE. — *Réduire la fraction $\frac{135}{360}$ à sa plus simple expression. Énoncez les principes sur lesquels vous vous appuyez.*

Dire de combien elle surpasse la fraction $\frac{3}{13}$.

2° PROBLÈME. — *Un bassin à base rectangulaire et à parois verticales a 3 mètres de longueur, 1ᵐ,50 de largeur et 0ᵐ,90 de profondeur. Deux robinets, dont l'un verse 135 litres en $\frac{3}{4}$ d'heure et l'autre 75 litres en 20 minutes, coulent ensemble dans ce bassin pendant 20 minutes.*

On demande : 1° *la hauteur à laquelle l'eau s'élève dans le bassin;* 2° *le poids de cette eau en quintaux, en supposant qu'elle soit pure.*

En $\frac{3}{4}$ h. le 1ᵉʳ robinet verse 135 litres ; en $\frac{1}{4}$ h. il verse 45 litres.
En 1 heure il en verse................ $45 \times 4 = 180$ litres.
En 20 minutes il verse le tiers de 180 litres, c'est-à-dire 60 litres.
Ainsi les deux robinets ensemble versent en 20 minutes :
$$60 + 75 = 135 \text{ litres.}$$
Cette eau forme dans le bassin un parallélipipède rectangle.
La base a en décimètres carrés une surface égale à
$$30 \times 1,5 = 450.$$
La hauteur de l'eau est donc
$$135 : 450 = 0,3.$$

Réponse. — L'eau a 3 centimètres de hauteur.
Son poids est de 135 kilogr. ou 1 quintal 35 kilogrammes.

CXCVII. — DÉPARTEMENT DE MAINE-ET-LOIRE.

1° THÉORIE. — *Diviser 28,447 par 54,25 et expliquer l'opération.*

2° PROBLÈME. — *Les $\frac{3}{5}$ d'une somme sont placés à 4 % et le reste à 5 %. Au bout de 10 ans, cette somme, capital et intérêts simples compris, est devenue 10 800 francs. Combien a-t-on placé à 4 % et combien à 5 % ?*

Supposons un capital de 1000 francs.
Il y aura : 600 francs à 4 % et 400 francs à 5 %.
Au bout de 10 ans les intérêts simples de ces deux sommes sont
pour la 1ʳᵉ..................... $4 \times 6 \times 10 = 240$ fr.
pour la 2ᵉ..................... $5 \times 4 \times 10 = 200$ fr.
Total..... 440 fr.
Ainsi au bout de 10 ans le capital de 1000 francs aurait pris une valeur égale à 1440 francs.
Autant de fois il y a 1440 francs dans 10 800 francs, autant de fois il y a 600 francs dans la partie placée à 4 % et autant de fois 400 francs dans la partie placée à 5 %.
Ce nombre de fois est :
$$\frac{10\,800}{1440} = \frac{1080}{144} = 7,5.$$

Réponse. — Les doux sommes sont donc :
à 4 %................. $600 \times 7,5 = 4500$ francs.
à 5 %................. $400 \times 7,5 = 3000$ francs.
Capital total...... 7500 francs.

3° PROBLÈME. — *Un propriétaire loue à quatre ménages, et au prix total de 360 francs par famille, une portion de maison et le quart d'un jardin rectangulaire ayant $41^m,50$ de longueur sur 51^m de largeur. Ce jardin est partagé en 4 parties égales par deux allées perpendiculaires aux côtés et ayant chacune $1^m,50$ de largeur.*

Trouver la surface de chacune des parties du jardin; trouver aussi le prix de location de l'are du terrain, si le loyer du jardin représente le 5e de celui de la maison.

1° La surface totale du jardin est $41,5 \times 51 = 2116^{mq},50$.
La surface de chaque allée est :
pour la plus longue............ $51 \times 1,5 = 76^{mq},50$
pour la plus courte............ $41,5 \times 1,5 = 62^{mq},25$
Total..... $138^{mq},75$.

Au croisement est un carré ayant pour surface :
$$1,5 \times 1,5 = 2^{mq},25.$$
La surface occupée par les deux allées égale
$$138^{mq},75 - 2^{mq},25 = 136^{mq},50.$$
La surface du terrain cultivé en jardin est :
$$2116^{mq},50 - 136^{mq},50 = 1980 \text{ mètres carrés.}$$
La surface de chacune des quatre parties est :
$$1980 : 4 = 495 \text{ mètres carrés.}$$

2° Le prix total payé pour la maison et le jardin est
$$360^f \times 4 = 1440 \text{ francs.}$$

3° Soit p le prix de location de la maison; celui du jardin est $\frac{p}{5}$.

On peut donc écrire :
$$p + \frac{p}{5} = 1440 \text{ ou } \frac{6p}{5} = 1440.$$

De là on tire :
$$\frac{p}{5} = \frac{1440}{6} = 240 ;$$
$$p = 1200 \text{ francs.}$$

Le prix de location de 1980 mètres carrés est donc 240 francs.
Le prix pour 1 mètre carré serait $240 : 1980 = 0^f,1212$.
Le prix de location de l'are de terrain est $12^f,12$.

Réponse. — Chacune des quatre parties du jardin a 4 ares 95 centiares, ou environ 500 mètres carrés. L'are du terrain est loué au prix de 12f,12.

CXCVIII. — DÉPARTEMENT DE LA MAYENNE.

THÉORIE. — *Calculer à 1 centième près le quotient de la division de 8937 par 29, et raisonner l'opération en ce qui concerne la partie décimale de ce quotient.*

1° PROBLÈME. — *La somme de deux nombres est 69 232 ; leur quotient est 15. Trouver ces deux nombres.*

Désignons le 1er nombre par x et le second par y.
Le problème fournit les deux équations :
$$x + y = 69\,232.$$
$$x = 15\,y.$$
En remplaçant x par sa valeur $15\,y$ dans la 1re, on obtient :
$$16\,y = 69\,232.$$
De là on tire $y = \dfrac{69\,232}{16} = 4327.$
On a donc $x = 69\,232 - 4327 = 64\,905.$

Réponse. — Les deux nombres sont 64 905 et 4327.

2° PROBLÈME. — *Pour vider un fût plein de vin, on fait couler à la fois un siphon introduit par la bonde et un robinet placé à la partie inférieure. Le siphon, coulant seul, pourrait vider le tonneau en 10 heures ; mais sa grande branche se trouvant trop courte, il cesse de couler après 3 heures 20 minutes. Le tonneau est alors vidé aux 3 quarts. Combien de temps à partir de ce moment durera encore l'opération ?*

D'abord 10 heures font 600 minutes ; 3 h. 20 m. font 200 minutes. Le siphon viderait le fût en 600 minutes.

En 200 minutes c.-à-d. le tiers de 600 m. il a vidé seul $\dfrac{1}{3}$ du fût.

La partie vidée pendant ce temps par le robinet est égale à :
$$\dfrac{3}{4} - \dfrac{1}{3} = \dfrac{9}{12} - \dfrac{4}{12} = \dfrac{5}{12} \text{ du fût.}$$

Le robinet a vidé $\frac{5}{12}$ du fût en 200 minutes.

Pour en vider $\frac{1}{12}$ il faudrait le 5° de 200ᵐ ou 40 minutes.

Pour vider le reste, $\frac{1}{4}$ ou $\frac{3}{12}$ du fût, il faudra $3 \times 40^m = 120^m$.

Réponse. — Le reste du fût sera vidé en 2 heures.

CXCIX. — DÉPARTEMENT DES BASSES-PYRÉNÉES.

1° THÉORIE. — *Convertir en fraction décimale la fraction ordinaire $\frac{3}{35}$; expliquer l'opération et indiquer la nature de la fraction décimale obtenue.*

2° PROBLÈME. — *Un vase ouvert a extérieurement la forme et les dimensions d'un décimètre cube; il est en fer, et les parois ont toutes 6 millimètres d'épaisseur. Ce vase renferme de l'eau, et l'ensemble pèse 2 kilogr. 500 gr. On demande la hauteur de l'eau dans ce vase, la densité du fer étant 7,8.*

Prenons le centimètre pour unité.
Le fond intérieur est un carré dont le côté égale
$$10 - 0,6 \times 2 = 10 - 1,2 = 8,8.$$
La profondeur égale.................. $10 - 0,6 = 9,4$.
La surface du fond est en centimètres carrés
$$8,8 \times 8,8 = 77,44.$$
La capacité du vase en centimètres cubes est
$$77,44 \times 9,4 = 727,936.$$
Le volume du fer composant les parois égale
$$1000 - 727,936 = 272,064.$$
Le poids de ce fer en grammes égale ;
$$272,064 \times 7,8 = 2122,0992 \text{ ou } 2122,1.$$
Le poids de l'eau du vase est en grammes
$$2500 - 2122,1 = 377,9.$$
Le volume de cette eau en centimètres cubes est 377,9.
La surface du fond en centimètres carrés est 77,44.
L'épaisseur de la couche d'eau est donc
$$377,9 : 77,44 = 4,88.$$

Réponse. — La hauteur de l'eau dans le vase est de 49 millimètres.

EXAMEN POUR LE BREVET SUPÉRIEUR.

NOTA. — Nous compléterons cette collection de 200 examens en reproduisant le suivant du département de l'Aude. Cet examen et celui du département de la Sarthe (page 431) marqueront en quelque sorte les limites extrêmes du champ dans lequel ont été choisies les épreuves scientifiques pour les Aspirants au brevet supérieur.

CC. — DÉPARTEMENT DE L'AUDE.

CHIMIE.

Préparation de l'acide carbonique. Ses usages. Son action sur l'organisation. — Sa production et son rôle dans la nature.

GÉOMÉTRIE.

PROBLÈME. — *Un vase de fer-blanc a extérieurement la forme d'un cylindre droit à bases circulaires, de hauteur* h, *supportant un tronc de cône droit à bases parallèles, de hauteur* $\frac{h}{8}$, *surmonté lui-même d'un cylindre droit à bases circulaires de hauteur* $\frac{h}{4}$. *Les bases communes au cylindre et au tronc coïncident suivant leur contour. Le diamètre intérieur de chaque cylindre égale la moitié de sa hauteur. Le fond du vase est plan et circulaire et parallèle aux bases; son diamètre est* $\frac{h}{2}$. *Il est soudé à une profondeur telle que la capacité du vase est égale à celle du cylindre inférieur tout entier. Trouver cette profondeur.*

Appliquer au cas où la capacité est de 1 *litre.*

Observons d'abord que le vase proposé comprend trois parties : le cylindre inférieur, le cylindre supérieur et le tronc de cône qui joint les deux cylindres.

En outre, rappelons les trois règles suivantes :

1° la surface d'un cercle est égale au carré du rayon multiplié par le nombre π;

2° le volume d'un cylindre est égal au produit de la surface de sa base multipliée par la hauteur;

3° le volume d'un cône tronqué est égal au tiers du produit de sa hauteur par la somme de ses deux bases et d'une troisième base moyenne proportionnelle entre les deux autres.

Désignons maintenant le rayon du cylindre inférieur par r. Son diamètre sera $2r$ et, d'après l'énoncé, sa hauteur sera $4r$.

Dans le cylindre supérieur, la hauteur étant le quart de celle du cylindre inférieur, sera r; son diamètre $\dfrac{r}{2}$ et son rayon $\dfrac{r}{4}$.

Dans le tronc de cône, la hauteur étant le 8ᵉ de la hauteur du cylindre inférieur est représentée par $\dfrac{r}{2}$.

Les rayons de ses deux bases sont r et $\dfrac{r}{4}$.

Cherchons les volumes des trois parties du vase.

Cylindre inférieur. — Le cercle de base égale πr^2.
Son volume est donc
$$\pi r^2 \times 4r, \text{ c'est-à-dire } 4\pi r^3.$$

Cylindre supérieur. — Le cercle de base égale $\dfrac{\pi r^2}{16}$.
Son volume est donc
$$\dfrac{\pi r^2}{16} \times r, \text{ c'est-à-dire } \dfrac{\pi r^3}{16}.$$

Cône tronqué. — Les deux bases sont celles des deux cylindres
$$\pi r^2 \text{ et } \dfrac{\pi r^2}{16}.$$

La moyenne proportionnelle entre ces deux bases est la racine carrée de leur produit. Or ce produit est
$$\pi r^2 \times \dfrac{\pi r^2}{16} \text{ c'est-à-dire } \dfrac{\pi^2 r^4}{16}.$$

La racine carrée de ce produit est $\dfrac{\pi r^2}{4}$.

La somme des deux bases du tronc de cône et de leur moyenne proportionnelle est
$$\pi r^2 + \dfrac{\pi r^2}{16} + \dfrac{\pi r^2}{4}$$
ou
$$\dfrac{16\pi r^2}{16} + \dfrac{\pi r^2}{16} + \dfrac{4\pi r^2}{16} = \dfrac{21\pi r^2}{16}.$$

La hauteur du tronc de cône est $\dfrac{r}{2}$.

Le volume de ce tronc de cône est donc
$$\dfrac{r}{6} \times \dfrac{21\pi r^2}{16} \text{ ou } \dfrac{7\pi r^3}{32}.$$

Capacité du vase cylindrique inférieur dont la profondeur est à déterminer. — Soit x la profondeur de ce vase cylindrique.

Sa capacité sera
$$\pi\, r^2 \times x \text{ ou } \pi\, r^2\, x.$$

Capacité totale du vase jusqu'au fond intérieur. — La capacité de ce vase plus la capacité du tronc de cône placé au-dessus, plus celle du cylindre supérieur, doit égaler le volume du vase cylindrique inférieur qui a $4\,r$ pour hauteur.

On a donc l'égalité suivante :
$$\pi\, r^2\, x + \frac{7\,\pi\, r^3}{32} + \frac{\pi\, r^3}{16} = 4\,\pi\, r^3.$$

En réduisant tous les termes au dénominateur commun 32 et en le supprimant, on a cette autre égalité
$$32\,\pi\, r^2\, x + 9\,\pi\, r^3 = 128\,\pi\, r^3,$$
ou en divisant tous les termes par $\pi\, r^2$,
$$32\, x + 9\, r = 128\, r.$$

On en tire
$$32\, x = 119\, r,$$
$$x = \frac{119\, r}{32} = r \times \left(3 + \frac{23}{32}\right).$$

Or le rayon r est le quart de la hauteur extérieure du cylindre inférieur; on a donc
$$x = \frac{h}{4} \times \frac{119}{32} = h \times \frac{119}{128}.$$

Ainsi la profondeur du cylindre intérieur qui fait la partie inférieure du vase est égale aux $\frac{119}{128}$ de la hauteur extérieure du cylindre inférieur.

La profondeur des deux autres parties du vase est :

pour le cône tronqué $\frac{h}{8}$; pour le cylindre supérieur $\frac{h}{4}$.

La profondeur du vase depuis le haut jusqu'au fond soudé à l'intérieur est donc
$$\frac{h}{4} + \frac{h}{8} + \frac{119\, h}{128} \text{ ou } \frac{3\, h}{8} + \frac{119\, h}{128}.$$

En multipliant les deux termes de $\frac{3\, h}{8}$ par 16, on obtient
$$\frac{48\, h}{128} + \frac{119\, h}{128} \text{ c.-à-d. } \frac{167}{128}\, h \text{ ou } h \times \left(1 + \frac{39}{128}\right).$$

Réponse. — La profondeur du vase intérieur, ayant une capacité égale au volume extérieur du cylindre inférieur, est égale à la hauteur de ce cylindre plus les $\frac{39}{128}$ de cette hauteur.

Cas où la capacité du vase est de 1 litre.

En ce cas, le volume extérieur du cylindre inférieur est égal à 1 litre ou à 1000 centimètres cubes.

On a donc, en prenant le centimètre pour unité,
$$4\pi r^3 = 1000, \text{ ou } \pi r^3 = 250.$$
De là on tire :
$$r = \sqrt[3]{\frac{250}{\pi}} = 4,30.$$

Or la hauteur h est le quadruple de r; on a ainsi :
$$h = 4 \times 4,30 = 17,2 \text{ ou } 172 \text{ millimètres.}$$

La profondeur du vase qui a une capacité de 1 litre est donc :
$$4,30 \times 4 \times \frac{167}{128} = \frac{4,30 \times 167}{32} = 22,44.$$

Réponse. — Quand le vase composé de trois parties a une capacité de 1 litre, sa profondeur a 224 millimètres.

CCI. — SURFACE DU TRIANGLE ÉQUILATÉRAL
ET DE L'HEXAGONE RÉGULIER
EN FONCTION DU CÔTÉ.

Soit O le centre d'un hexagone régulier.
Le côté AB de cet hexagone régulier est égal au rayon OA.
L'apothème OP est la hauteur du triangle équilatéral AOB.
Désignons par a le côté de l'hexagone.

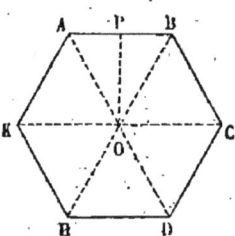

Le triangle rectangle AOP donne
$$\overline{OP}^2 = \overline{OA}^2 - \overline{AP}^2 = a^2 - \frac{a^2}{4} = \frac{3a^2}{4};$$
puis en extrayant la racine carrée, on trouve
$$OP = \frac{a}{2} \times \sqrt{3}.$$

OBSERVATIONS SUR QUELQUES PROBLÈMES.

La surface du triangle équilatéral AOB est égale à la moitié de sa base AB multipliée par la hauteur OP. Elle est égale donc

$$\frac{a}{2} \times \frac{a}{2} \times \sqrt{3} \text{ ou } \frac{a^2}{4} \times \sqrt{3}.$$

La surface S de l'hexagone vaut 6 fois celle du triangle; on a donc

$$S = 6 \times \frac{a^2}{4} \times \sqrt{3} = \frac{3a^2}{4} \times \sqrt{3}.$$

OBSERVATIONS SUR QUELQUES PROBLÈMES.

PROBLÈME LVI. — DÉPARTEMENT DE LA HAUTE-VIENNE.

(Page 311.)

L'énoncé de ce problème manque de précision au sujet du prix.
En prenant 1122 francs pour l'achat de la 1re qualité et 620 francs pour l'achat de la 2e qualité, on trouve que les nombres de pains achetés sont :

de la 1re qualité $\dfrac{1122}{18,7} = \dfrac{11220}{187} = 60$;

de la 2e qualité $\dfrac{620}{15,5} = \dfrac{6200}{155} = 40$.

PROBLÈME LXXVII. — DÉPARTEMENT DE LA CORSE.

(Page 332.)

Autre solution sans l'emploi de x.
La partie occupée dans le vase est :
par le mercure $\dfrac{1}{3}$ ou $\dfrac{5}{15}$; par l'eau $\dfrac{6}{15}$; par l'huile $\dfrac{4}{15}$.

Supposons pour le vase une capacité de 15 centimètres cubes.
Il y en aura : en mercure 5; en eau 6; en huile 4o.
Le poids sera :
en mercure.............. $13,6 \times 5 = 68$ grammes.
en eau.................. 6 gr.
en huile................ $0,9 \times 4 = 3^{gr},6$
Total.................. $77^{gr},6$.

Autant de fois il y a $77^{gr},6$ dans 3880 gr., autant de fois il y a 5 cm. cubes de mercure; 6 cm. cubes d'eau; 4 cm. cubes d'huile.
On trouve.................................. $3880 : 77,6 = 50$.
Les volumes sont donc en centimètres cubes :
pour le mercure.......... $5 \times 50 = 250$
pour l'eau............... $6 \times 50 = 300$
pour l'huile............. $4 \times 50 = 200$
Capacité du vase..... 750 centimètres cubes.

Problème LXXVIII. — Département de l'Ain.

(Page 333.)

Autre méthode sans l'emploi de x.

1° Considérons le 2° placement et supposons un capital de 1100 fr. les deux parties de ce capital sont 500 francs et 600 fr.

500 francs à 6 % rapportent $6^f \times 5 = 30$ fr.
600 francs à 5 %............ $5^f \times 6 = 30$ fr.
     Les 1100 francs rapportent ainsi $\overline{60\text{ fr.}}$
500 francs à 5 % rapportent...... $5^f \times 5 = 25$ fr.
600 francs à 6 %................ $6^f \times 6 = 36$ fr.
     Les 1100 francs rapportent en ce cas $\overline{61\text{ fr.}}$

Ainsi pour un capital de 1100 francs la différence de ces deux intérêts est de 1 franc.

Or la différence des intérêts fournis par le capital retiré de la banque est 89 francs.

Ce capital égale donc $1100^f \times 89 = 97\,900$ francs.

2° Cherchons le capital qui augmenté de ses intérêts simples à 5 %, au bout de 2 ans 3 mois, a pris une valeur égale à 97 900 fr.

L'intérêt de 1 franc à 5 % pour 2 ans 3 mois ou $2^a,25$ est :

$$0^f,05 \times 2,25 = 0^f,1125.$$

1 franc au bout de ce temps devient donc $1^f,1125$.

Autant de fois il y a. $1^f,1125$ dans 96 900 francs, autant il y a de francs dans le capital primitif.

Ce capital était donc :

$$\frac{97\,900}{1,1125} = \frac{979\,000\,000}{11\,125} = 88\,000.$$

Réponse. — Le capital placé était de 88 000 francs.

FIN

À LA MÊME LIBRAIRIE

COLLECTION D'OUVRAGES
POUR LA PRÉPARATION AU BREVET ÉLÉMENTAIRE

MORALE

Petits éléments de morale, par Paul JANET. In-12, cart. .... » 90
Cours d'instruction morale et civique, par THOMAS et GUÉRIN. In-12, cart. ... 1 25
Formulaire de l'enseignement civique, par F. DE FAISONEUC. In-12, cart. ..... 1 »

LANGUE FRANÇAISE

Cours complet de langue française, théorie et exercices, par GUÉRARD.
GRAMMAIRE ET COMPLÉMENTS. — Livre de l'élève. In-12, cart. 1 50
— Livre du maître. In-12, cart. 2 50
CADRES DE GRAMMAIRE ET COMPLÉMENTS, par M. FEILLET, br. rog. .... » 50
— EXERCICES sur chacune des parties de la Grammaire et compléments. In-12, cart. 1 50
— Livre du maître. In-12, cart. 2 50
— LEÇONS ET EXERCICES GRADUÉS D'ANALYSE GRAMMATICALE. In-12, cart. .... » 80
— Livre du maître. In-12, cart. 1 50
— LEÇONS GRADUÉES ET EXERCICES D'ANALYSE ... In-12, cart. .... 1 »
— Livre du maître. In-12, cart. .... 2 »
— COURS DE DICTÉES. In-12, cart. 2 50
Littérature française, principes de composition et de style, par F. DELTOUR. Cours élémentaire. In-18, cart. 1 50
Histoire de la littérature française, par H. TIVIER. Cours élémentaire. In-18, cart. 1 50
Recueil de morceaux choisis de prosateurs français, par RASSAT. In-18, cart. .. 1 50
Recueil de morceaux choisis de poètes français, par LE MÊME, In-18, cart. 1 50

HISTOIRE

Notions sommaires d'Histoire générale et Révision de l'Histoire de France, par Louis CONS. Ouvrage accompagné de récits, notes, exercices oraux ou écrits, devoirs, orné de portraits historiques, costumes du temps, gravures et cartes. In-12, cart. .... 2 »
Notions très sommaires d'Histoire générale, par R. JALLIFIER et H. VAST. 1 vol. avec cartes et gravures historiques. In-12, cart. 2 25

GÉOGRAPHIE

Manuel de géographie, comprenant la Géographie des cinq parties du monde et la Géographie de la France et de ses colonies, par E. LEVASSEUR. In-12, cart. 2 »

ATLAS CORRESPONDANT, 45 cartes. In-12, cart. .... 5 »
Géographie physique et politique de la France, de l'Europe, de l'Afrique, de l'Asie, de l'Océanie et de l'Amérique, par Ch. PÉRIGOT. In-12, cart. 2 50
Atlas universel (n° 1) de géographie physique et politique, ancienne, du moyen âge et moderne, par MM. Ch. BARBERET et PÉRIGOT. Nouvelle édition contenant 80 cartes, 1 beau vol. in-4, relié dos en basane. 15 »

SCIENCES

Leçons d'arithmétique et de géométrie à l'usage du cours supérieur de l'enseignement primaire et des écoles primaires supérieures, par T. LANG et P. BAUEL. 1 vol. in-12, cart. 1 50
Cours complet d'arithmétique, par ARPIN. In-12, cart. 2 50
Arithmétique, par J.-H. FABRE. In-18, cart. 1 50
Physique, par J.-H. FABRE. In-18, cart. 1 50
Chimie, par J.-H. FABRE. In-18, cart. 1 50
Astronomie, par J.-H. FABRE. In-18, cart. 1 50
Éléments d'histoire naturelle, par C. DE MONTMAHOU.
1re partie : Physiologie. In-12, cart. 1 25
2e partie : Zoologie. In-12, cart. 2 50
3e partie : Botanique. In-12, cart. 2 50
Notions élémentaires de sciences physiques et naturelles, à l'usage des candidats au brevet élémentaire, par P. FOURE. In-12, cart. 2 50
Histoire naturelle : Physiologie, Zoologie, Botanique, Géologie, par J.-H. FABRE. In-18, cart. 1 50
Zoologie, par J.-H. FABRE. In-18, cart. 1 50
Botanique, par J.-H. FABRE. In-18, cart. 1 50
Géologie, par J.-H. FABRE. In-18, cart. 1 50
Arithmétique appliquée ou Recueil méthodique de 730 problèmes choisis dans les examens, par BOVIER-LAPIERRE. In-12, cart. 1 25
Solutions développées. In-12, cart. 2 50
Géométrie pratique, par Ed. JOURDAIN. In-12, fig. cart. 2 50
Traité de géométrie appliquée, d'arpentage et de dessin linéaire, avec 225 fig., par DUPUIS. In-12, cart. 2 50
Solutions raisonnées. In-12, br. 2 50
Manuel élémentaire d'agriculture et d'horticulture, par J.-C. Victor BARBIER. Nombreuses illustrations. In-12, cart. .. 1 50
Notions d'hygiène, suivies d'un appendice, avec figures, par le docteur RAIBAUD. In-12, br. .... 1 »

Sceaux. — Imprimerie Charaire et fils.

www.ingramcontent.com/pod-product-compliance
Lightning Source LLC
Chambersburg PA
CBHW050245230426
43664CB00012B/1836